SOCIÉTÉ NATIONALE D'HORTICULTURE DE FRANCE

SECTION POMOLOGIQUE

LES
MEILLEURS FRUITS

AU DÉBUT DU XXᵉ SIÈCLE

HISTOIRE, DESCRIPTION, ORIGINE ET SYNONYMIE

de 250 Variétés fruitières recommandées

NOTICE SUR CHAQUE GENRE, AVEC DESCRIPTION DE L'ARBRE ET DU FRUIT ;
SOLS, SUJETS, SITUATIONS, EXPOSITIONS, ETC. ;
OBSERVATIONS CULTURALES SUR LES FORMES, LA TAILLE, LES INSECTES
ET LES MALADIES

*Le tout suivi de tableaux de classement des variétés par époque de maturité
et par affinité pour chaque forme,*

NOUVELLE ÉDITION REVUE EN 1928

PARIS

AU SIÈGE DE LA SOCIÉTÉ

84, RUE DE GRENELLE, 84

1928

SECTION POMOLOGIQUE

LES
MEILLEURS FRUITS

AU DÉBUT DU XXᵉ SIÈCLE

HISTOIRE, DESCRIPTION, ORIGINE ET SYNONYMIE

de 250 Variétés fruitières recommandées

NOTICE SUR CHAQUE GENRE, AVEC DESCRIPTION DE L'ARBRE ET DU FRUIT ;
SOLS, SUJETS, SITUATIONS, EXPOSITIONS, ETC. ;
OBSERVATIONS CULTURALES SUR LES FORMES, LA TAILLE, LES INSECTES
ET LES MALADIES

*Le tout suivi de tableaux de classement des variétés par époque de maturité
et par affinité pour chaque forme.*

NOUVELLE ÉDITION REVUE EN 1928

PARIS

AU SIÈGE DE LA SOCIÉTÉ

84, RUE DE GRENELLE, 84

1928

Tous droits de reproduction, de traduction et d'adaptation
réservés pour tous pays.

COMPOSITION DE LA SECTION POMOLOGIQUE EN 1907
PREMIÈRE ÉDITION

BUREAU

Présidents d'honneur. . . . . { MM. Charles Baltet.
    Ferdinand Jamin.
    Simon Léon.
Président. . . . . M. Abel Chatenay.
Vice-présidents. . . . . { MM. Georges Boucher.
    Octave Opoix.
Secrétaire . . . . M. Alfred Nomblot.
   — adjoint . . . . M. Georges Duval.
Délégué au Conseil. . . . . M. Amédée Lecointe.
   — au Comité de rédaction . . M. Camille Maheut.

MEMBRES

MM. Ausseur-Sertier, Balochard, Lucien-Ch. Baltet, Albert, Eugène et René Barbier, Bazin, Charles Chevallier, Coudry, Courtois, Croux, Darbour, Dauvesse, Delamarre, Honoré Defresne, Henri Desfossé, Deseine, Célestin Duval, Enfer, Alfred Gravier, Guillot, Grosdemange, A. Monnier, Lapierre, Louis Leroy, Léon Loiseau, Magne, Maheut, Mauvoisin, Millet, Meslé, Nanot, Paillet, P. Passy, Pinguet-Guindon, Sylvestre de Sacy, Rothberg, Salomon, Vasset et Vitry.

COMPOSITION DE LA SECTION POMOLOGIQUE EN 1928
DEUXIÈME ÉDITION

BUREAU

Président. . . . . M. Abel Chatenay.
Vice-présidents. . . . . { MM. O. Opoix.
    P. Passy.
Secrétaire . . . . M. Paul Lécolier.
   — adjoint . . . . M. Chasset.
Délégué au Conseil. . . . . M. J. Nomblot.
   — au Comité de rédaction . . M. L. Chatenay.
Délégués aux Études scientifiques . { MM. G. Rivière.
    G. Duval.
   — aux Collections. . . . . . { MM. L. Aubin.
    M. Marcel.

MEMBRES

MM. Aubin, Balochard, Albert Barbier, René Barbier, Baude, Bonnault, Brion, Chalot-Jollivet, L. Chasset, A. Chatenay, L. Chatenay, E. Chauffour, E. Chevalier, Coudry, Cuny, Darbour, H. Defresne, A. Duclos, G. Duval, Victor Enfer, Godfrin, A. Gravier, Grosdemange, Jugieux, Lalande, Lambert, H. Laplace, Laurençont, Lécolier, Lemaire-Gillet, J. Lenfant, Léon Loiseau, Maheut, Marcel, G. Martin, H. Ménard, Louis Ménard, F. Mercier, Meslé. Ch. Michaux, Milleville (de), Monnier, A. Nomblot, J. Nomblot, Opoix, Passy, Pinelle, Pinguet-Guindon, Rivière, Salomon, Sarrien, Séjourné, Stoltz (Mlle), Vasset.

PRÉFACE

Première édition.

Les membres de la Section Pomologique de la Société nationale d'Horticulture de France ont pensé qu'à côté de l'étude qu'ils font annuellement des variétés fruitières nouvelles et de leur collaboration aux travaux de la Société Pomologique de France, ils devaient concourir, plus directement, au progrès de la science arboricole, en préparant, à l'usage des membres de la Société nationale d'Horticulture, un ouvrage moderne et pratique, répondant aux besoins actuels et aux aspirations de l'avenir.

La Section a cru trouver, ainsi, un moyen efficace de diffusion et de vulgarisation ; en s'adressant aux membres de la Société nationale d'Horticulture, elle s'adresse, en effet, essentiellement aux amis de la science horticole.

Au point de vue pratique, la Section s'est arrêtée à l'étude de 250 variétés reconnues les meilleures parmi tous les genres, marquant ainsi son désir d'opérer par sélection, tout en se réservant la possibilité d'ajouter, par la suite, les nouveautés véritablement méritantes, sans atteindre un nombre total trop élevé.

Enfin, considérant que les ouvrages comme celui-ci doivent être faciles à consulter utilement, non seulement par suite de la sélection des variétés et du plan du travail, mais aussi en raison des éléments réunis de toutes sortes, il a été joint à chaque genre et à chaque variété, un grand nombre de renseignements, susceptibles de diminuer, dans une large mesure, les insuccès trop fréquents dans les plantations.

Dans ce but, à la suite de la liste générale des variétés décrites, des tableaux, dressés dans l'ordre de maturité des fruits ou indiquant les formes à employer pour les différents genres et variétés d'arbres, permettront à l'amateur de guider son choix, suivant l'époque à laquelle il désire obtenir des fruits, ou d'après l'emplacement à occuper dans son jardin, l'exposition, la situation, le sol dont il dispose et de réunir ainsi le maximum de facteurs naturels de succès.

Telle a été la pensée qui a guidé la Section; son but sera-t-il atteint par ce travail simple et modeste, pourtant laborieux? C'est au lecteur à le dire; puisse-t-il au moins s'y intéresser.

Deuxième édition.

Le succès de cet ouvrage a été considérable et la première édition est aujourd'hui épuisée.

La Section Pomologique s'est préoccupée depuis plusieurs années de mettre à jour ce volume en ajoutant les variétés récentes qui, dans la pratique, se sont révélées supérieures à certaines autres.

C'est cette étude que nous offrons aujourd'hui au lecteur dans la deuxième édition.

Tel quel nous espérons qu'il rendra aux amateurs comme aux professionnels les meilleurs services; il aura tout au moins l'avantage d'être mis à jour conformément à notre époque (vingt et un ans après la première édition).

RAPPORT

DE LA COMMISSION DU PRIX JOUBERT DE L'HIBERDERIE

La Commission du prix Joubert de l'Hiberderie a été saisie, dans sa réunion du 29 octobre 1903, d'une demande de la Section de Pomologie, demande qui lui était transmise, avec avis très favorable, par le Bureau de la Société.

La Section de Pomologie, qui s'est consacrée depuis plusieurs années à l'étude approfondie et à la recherche des meilleurs fruits, a l'intention de publier sous le titre de « *Les meilleurs fruits au début du* xx° *siècle* », un ouvrage de vulgarisation dont le besoin, de l'avis des spécialistes et des amateurs, se fait vivement sentir. Ce travail, utile au premier chef, la Société nationale d'Horticulture de France ne saurait manquer de l'encourager par tous les moyens en son pouvoir.

Dix-sept genres et deux cent cinquante variétés de fruits figureront dans cet ouvrage, nombre relativement limité, mais qui se comprend, la Section de Pomologie n'ayant voulu recommander que des variétés de tout premier mérite. Une description très détaillée sera donnée pour chaque fruit, relative à sa forme, ses qualités, l'époque de sa maturité et son utilisation. La description s'étendra également à l'arbre considéré en lui-même et au mode de culture qui lui convient de préférence. Il s'agit donc, tout à la fois, d'un traité pratique d'arboriculture et de pomologie à la portée de tous, qui deviendra le guide indispensable aux amateurs désireux d'établir des plantations fruitières.

La besogne considérable que nécessite l'élaboration d'un pareil ouvrage a été partagée entre tous les membres de la Section pomologique, et chacun d'eux a apporté sa pierre à l'édifice, dans la mesure de ses forces et de ses moyens.

La Section pomologique demandait à la Commission du prix Joubert de l'Hiberderie de bien vouloir mettre à sa disposition une partie des arrérages disponibles de la fondation. Chacun des membres de la Société recevrait, de droit, un exemplaire de l'ouvrage, qui serait tiré à quatre mille exemplaires.

Il reste bien entendu, et *j'insiste sur ce point*, que les attributions futures du prix Joubert n'auront en rien à souffrir de l'attribution de ces arrérages et que le prix pourra être décerné chaque année comme d'habitude.

La Commission du prix Joubert de l'Hiberderie, à l'unanimité de ses membres, s'est montrée très favorable à la demande de la Section de Pomologie et vous propose de bien vouloir ratifier la proposition qu'elle vous fait.

Le rapporteur de la Commission,

P. HARIOT.

*Le Conseil d'administration, dans **sa réunion du** 12 Novembre 1903, **a adopté** cette proposition à l'unanimité.*

Le Conseil, dans sa séance du 12 Juillet 1928, a décidé la réimpression de l'ouvrage *Les meilleurs fruits* d'après les modifications apportées par la Section Pomologique et d'en couvrir les frais pour une part avec les arrérages restant disponibles du prix Joubert de l'Hiberderie et, pour le surplus, vote la somme nécessaire pour ouvrir un crédit de 50.000 fr. (non compris les dessins et clichés), étant bien entendu qu'un exemplaire pourra être remis à chacun des membres de la Société qui en fera la demande avec une participation fixée à 12 fr.

Cet ouvrage, n'étant pas dans le commerce, est réservé exclusivement aux membres de la S. N. H. F.

HISTORIQUE

En Pomologie, comme en toutes choses, les idées s'enchaînent, les générations se succèdent, se léguant les unes aux autres un patrimoine conservé plus ou moins intact.

Avant de faire une étude sur la Pomologie actuelle, il nous a dès lors paru sage de retracer sommairement l'historique de cette science, pour tirer des enseignements du passé, les éléments d'appréciation du présent et les probabilités de l'avenir.

Connaître ce qui a été fait de bien avant soi, remédier aux défectuosités inhérentes à toute idée nouvelle, combler les lacunes et éviter l'éternel recommencement, tel doit être le fruit de l'étude historique. C'est plus qu'il n'en faut pour justifier celle qui suit, très résumée d'ailleurs.

Première période.

Ceux qui, avant nous, se sont occupés de Pomologie, ont reconnu que, dès la plus haute antiquité, les écrivains ont relaté la culture des arbres fruitiers.

Le Poirier est cité dans la Bible, plus de 1000 ans avant Jésus-Christ; vient ensuite le Pommier.

Le Cerisier est noté, avec les deux genres indiqués ci-dessus, par Théophraste, philosophe grec (374-287 av. J.-C.). Caton (234-145) et, plus tard, Varron et Columelle, agronomes romains, mentionnent 6 variétés de Poires.

Avec Pline, le célèbre naturaliste romain, mort en l'an 79 de Jésus-Christ, nous voyons décrites : 31 variétés de Poires, 16 variétés de Pommes, 10 de Cerises, 5 de Pêches et quelques Abricots; c'est une époque prospère, qui devra subir l'arrêt général, relaté par l'histoire des peuples.

Sous Charlemagne, en effet, on ne trouve, en France, trace que de 7 variétés de Pommes, quelques Poires, Cerises et Pêches.

En 1530, Charles-Estienne nous révèle 16 variétés de Poires et 15 variétés de Pommes. Le développement pendant ces quinze siècles a été bien faible.

Les autres pays ne sont pas plus favorisés que le nôtre; si on trouve trace des Pêches en Angleterre, vers 1100, ce n'est qu'au xvie siècle qu'on s'occupe de leur culture, ainsi que de celle des Cerises.

En Italie, ce n'est qu'en 1499 qu'Agostino Gallo expose la culture de 12 variétés de Poires, dont 6 d'été et 6 d'automne et d'hiver. C'est le début du classement par époque de maturité. Un an après, Jean Des Moulins parle de la culture du Pêcher et, en 1554, le Dr Mattioli cite 15 variétés de Cerises.

En Allemagne, au xvie siècle, 30 variétés de Cerises et 4 de Pêches sont indiquées.

Les Américains, d'après Downing, ne paraissent pas avoir connu les Pêches avant 1680; on en trouve, d'après Lacour, 15 variétés en Hollande, en 1752. Hermann Knoop donne, en 1771, le dessin et la description de 94 Pommes et 85 Poires de cette contrée.

Mais revenons à la France et suivons la marche de la Pomologie jusqu'à nos jours.

En 1600, Olivier de Serres cite 32 variétés de Pommes et quelques Abricots.

En 1628, Le Lectier indique 13 variétés de Cerises, 260 de Poires, 27 de Pêches et 35 de Pommes.

Avec Nicolas de Bonnefons, en 1651, nous passons à 305 variétés de Poires, 88 variétés de Pommes, 37 de Pêches et, avec le moine Triquel, à 38 Pêches.

Mais, le record est tenu par Dom Claude Saint-Étienne (1670), qui cite 600 variétés de Poires, 153 de Pommes, 113 de Pêches, ce qui paraît excessif et laisse supposer que plusieurs fruits devaient se répéter sous des noms différents. La synonymie, en effet, n'est encore indiquée dans aucun ouvrage; les descriptions sont incomplètes ou manquent de précision. Il est d'ailleurs toujours difficile de comparer, pour les réunir ou les séparer, un millier de variétés.

Telle est ce qu'on peut appeler la *première période* de l'étude pomologique, peu importante, en somme, mais, d'où ressort nettement le besoin de classer et d'étudier méthodiquement les variétés fruitières.

Deuxième période.

Jean Merlet, dans son ouvrage *L'Abrégé des bons fruits*, dont plusieurs éditions parurent de 1667 à 1690, étudie 20 genres; 481 variétés sont citées avec 211 synonymes. C'est, on le voit, le début de l'étude, si importante, de la synonymie et de la sélection des meilleures variétés.

La Quintinye, dans son *Instruction pour les jardins fruitiers et potagers* en

1690, ne s'occupe, étant donné le goût de l'époque et les difficultés d'acclimatation au sol du Potager de Versailles, que de 8 genres, 153 variétés et 70 synonymes. La Quintinye n'en fut pas moins un habile praticien qui sut rompre avec la routine et donner un réel essor à l'arboriculture. C'est de son époque que datent les cultures, si renommées, du Pêcher à Montreuil et à Bagnolet, grâce à la vulgarisation des systèmes d'abris indispensables à cet arbre.

Duhamel du Monceau, dans son ouvrage *Traité des arbres fruitiers*, publié en 1768, se limite aux fruits de table, rejetant les fruits à cidre et les Raisins de cuve; aussi ne cite-t-il que 15 genres, 337 variétés et 181 synonymes.

Les caractères du bois, des fleurs et des feuilles le préoccupent à juste titre et ses dessins en tiennent compte.

L'abbé René Le Berriays, *Le Nouveau La Quintinye* (1785), étudie 14 genres, 281 variétés et 123 synonymes, puis quelques nouveautés de Cerises

Étienne Calvel (1805) signale 132 Poires, 67 Prunes, 51 Pêches.

Louis Noisette, dans son livre *Le Jardin fruitier* (1821 et 1833), passe en revue 20 genres, 696 variétés et 104 synonymes. Son étude est l'une des plus importantes par le nombre total des variétés et surtout des sortes encore inédites. Il faut dire que, par ses relations personnelles, sa situation et aussi en raison de l'époque moins troublée, il put profiter des échanges internationaux et de nombreux semis Il eut le grand mérite de s'occuper de cette question avec beaucoup de compétence et de persévérance et fit faire ainsi un grand pas à la Pomologie.

Prevost (1827-1852) publie des travaux illustrés bien documentés.

Le comte Lelieur, en 1842, choisit 100 variétés de raisins de table, parmi les 500 cépages de la collection du Luxembourg.

Antoine Poiteau, publiant sa *Pomologie française* (1846), décrivit 20 genres, 397 variétés et 135 synonymes; c'est lui qui insiste, un des premiers, pour différencier les variétés de Pêchers par les glandes des feuilles (d'après Desprez d'Alençon), puis par la dimension et la couleur des fleurs.

Alexandre Bivort (1847 et 1860), J. Decaisne et Carrière (1858), Forney (1862), Paul de Mortillet (1866) et A. Mas (1872), s'occupent aussi, dans leurs ouvrages, de la sélection des bonnes variétés et de leur description, notamment pour les Poires (1).

On constatera, par le tableau de la page suivante, non pas, comme on pourrait le croire, une augmentation régulière du nombre des variétés et des synonymes, mais bien, des oscillations successives d'un auteur à l'autre, ce qui augmente d'autant la valeur de leurs travaux, et montre que chacun a cherché à faire de l'inédit. On peut utilement s'inspirer du travail d'ensemble que ces pomologues nous ont ainsi légué.

(1) Le lecteur comprendra sans peine le sentiment qui a conduit la section à ne citer que les auteurs décédés.

Après ces auteurs, André Leroy, d'Angers, dans ses six volumes *Le Dictionnaire de Pomologie* (de 1867 à 1879), décrit 43 Abricots, 127 Cerises, 125 Pêches, 908 Poires et 526 Pommes, et cite un nombre encore plus grand de synonymes ; c'est évidemment, de nos jours, l'ouvrage le plus complet sur la matière, sauf pour les Prunes et les Raisins qui manquent complètement.

L'étude historique de la Pomologie y est fort bien traitée ; l'origine des genres et des variétés est soigneusement indiquée ; enfin, les caractères de l'arbre sont joints à ceux du fruit et augmentent ainsi la précision descriptive.

Tableau comparatif des genres, variétés et synonymes indiqués par Merlet, La Quintinye, Duhamel-Dumonceau, René Le Berriays, Louis Noisette, et Antoine Poiteau.

GENRES	MERLET 1667-1690 Variétés	Synonymes	LA QUINTINYE 1690 Variétés	Synonymes	DUHAMEL-DUMONCEAU 1768 Variétés	Synonymes	RENÉ LE BERRIAYS 1785 Variétés	Synonymes	LOUIS NOISETTE 1821-1833 Variétés	Synonymes	ANTOINE POITEAU 1846 Variétés	Synonymes
Abricotier . .	4	»	3	»	11	5	9	6	19	5	9	2
Amandier . .	3	»	»	»	9	6	3	»	6	2	13	3
Cerisier . . .	15	1	6	2	34	23	45	20	54	12	26	17
Châtaignier .	3	1	»	»	»	»	»	»	6	1	3	»
Cognassier . .	3	»	»	»	3	»	4	»	5	2	1	»
Cornouiller .	2	»	»	»	»	»	»	»	4	1	2	»
Figuier . . .	19	15	13	2	4	1	3	2	30	5	25	9
Fraisier . . .	7	»	»	»	17	19	»	»	5	»	4	»
Framboisier .	2	»	»	»	2	»	3	»	»	»	»	»
Grenadier . .	2	»	»	»	»	»	»	»	»	»	»	»
Groseilliers :												
A grappes .	4	2	»	»	5	4	6	2	5	1	4	»
Epineux . .	4	»	»	»	4	»	»	»	35	»	27	2
Néflier . . .	3	»	»	»	3	»	3	»	4	1	4	»
Noisetier . .	2	»	»	»	»	»	4	»	3	»	8	»
Noyer	3	»	»	»	»	»	»	»	5	1	3	»
Pêcher . . .	49	7	30	11	43	28	33	17	63	7	39	15
Poirier . . .	187	134	67	47	119	57	91	46	238	28	107	40
Pommier . .	51	12	23	5	41	17	39	14	89	22	57	23
Prunier . . .	69	15	6	2	48	11	25	8	76	7	49	11
Vigne. . . .	49	24	5	1	14	10	11	8	34	9	13	12

Nous avons vu, plus haut, qu'au temps de Louis Noisette un grand mouvement se dessine dans les échanges entre les localités et entre les pays ; de plus, il est fait de nombreux semis, dont les résultats sont étudiés par la

greffe. Ce mouvement s'exagère même et menace de déborder les auteurs les
plus habiles et les plus actifs. C'est alors que se fonde, en 1856, la Société
Pomologique de France, qui en est maintenant, en 1905, à son 46ᵉ Congrès
annuel, se livrant dans chacun d'eux à l'étude des fruits cultivés et s'efforçant
de mettre un peu d'ordre dans une foule de variétés locales, de les classer et
de faire adopter et cultiver celles qui sont véritablement recommandables.

Le dernier recueil paru, avec son supplément, en 1896, renferme l'étude
de :

17	Abricots.	7	Noix.
3	Amandes.	5	Pêches.
29	Cerises.	153	Poires.
3	Coings.	82	Pommes.
19	Figues.	33	Prunes.
10	Framboises.	49	Raisins de table.
9	Groseilles à grappes et Cassis.	1	Poire de pressoir.
1	Mûre.	9	Pommes de pressoir.
5	Noisettes.	23	Raisins de cuve.

Ce recueil contient, en outre, l'indication de nombreux synonymes, ce qui
est intéressant pour un travail de sélection. Mais, la Société Pomologique elle-
même, à laquelle personne plus que nous ne se plaît à rendre hommage, à
peine secondée dans sa tâche, par quelques auteurs d'ouvrages peu complets
ou insuffisamment tenus à jour, sera longtemps encore avant de voir ses travaux entre les mains de toutes les personnes susceptibles d'en faire usage.

C'est pénétré de ce sentiment et avec le désir de collaborer plus directement à l'œuvre commune, que la Section Pomologique a préparé, à l'usage
des Membres de la Société nationale d'Horticulture de France, l'étude dont le
plan détaillé est donné ci-dessous :

10	variétés d'Abricot.	1	variété de	Mûre.
2	— d'Amande.	2	variétés de	Nèfle.
25	— de Cerise.	6	— de	Noisette.
2	— de Châtaigne.	4	— de	Noix.
2	— de Coing.	30	— de	Pêche et Nectarine.
4	— de Figue.	40	— de	Poire.
20	— de Fraise.	6	—	— à cuire.
9	— de Framboise.	1	—	— d'apparat.
5	— de Groseille à grappes.	33	— de	Pomme.
1	— — cassis.	19	— de	Prune.
7	— — à maquereau.	21	— de	Raisin.

A ces descriptions sont jointes des notices, sur chaque genre, comprenant :
origine, caractères de l'arbre et du fruit ; sol, sujet, exposition, situation,

forme de l'arbre, opérations de la taille, insectes et maladies, observations, cultures, etc.

Les variétés recommandées sont classées par ordre alphabétique et, de plus, réunies en des tableaux spéciaux, par époques de maturité, pour le fruit, et par formes d'après les caractères végétatifs, le degré de résistance aux intempéries, aux maladies et aux insectes, etc., pour l'arbre.

Le tableau des formes comprend :

1° HAUTE TIGE (à tout vent).

<table>
<tr><td rowspan="3"></td><td rowspan="3">Formes libres . . .</td><td>Pyramide.</td></tr>
<tr><td>Fuseau.</td></tr>
<tr><td>Vase.</td></tr>
</table>

2° BASSE TIGE.

Formes palissées .	Contre-espalier . .	Palmette.
		Cordon horizontal
		— vertical.
		— oblique.
		Losange.
	Espalier (*exposition*)	Sud.
		Est.
		Ouest.
		Nord.

Ce classement est fait de façon à adapter la Pomologie aux besoins actuels.

Ceux qui font usage d'ouvrages pomologiques ont pu constater combien il est souvent difficile de dénommer, promptement et avec certitude, telle ou telle variété, ce qui tient à l'absence de méthode pratique apportée dans le classement des caractères descriptifs. Nous avons essayé de remédier à cet état de choses, en adoptant un ordre rationnel et constant.

D'autre part, on constate que les variétés nouvelles ou d'introduction récente sont trop souvent lancées sous le couvert de descriptions favorables, parfois peu véridiques ou insuffisantes; il s'ensuit, inévitablement, que, sous le même nom, il n'est pas rare de cultiver deux sortes différentes, tandis que, inversement, on possède parfois la même variété sous deux noms distincts.

On éprouve souvent, dans ces conditions, de grandes difficultés à retrouver la dénomination réelle. Cet état de choses est d'ailleurs facilité par le manque d'état civil régulier et complet, offrant toutes garanties aux intéressés.

Il y a là une question d'un réel intérêt, dont la Section pomologique a cru devoir s'occuper, afin d'éviter, dans l'avenir, les confusions qui se sont trop souvent produites par le passé.

MALADIES DES ARBRES FRUITIERS

ANIMAUX ET INSECTES NUISIBLES

I. — MALADIES

Nos arbres fruitiers, comme d'ailleurs tous les organismes vivants, sont attaqués par un grand nombre de maladies et d'insectes. Il a semblé essentiel, dans ce travail, de donner à cet égard quelques renseignements ; mais, vu l'étendue de l'ouvrage, ceux-ci ne peuvent être, forcément, que très sommaires et ils ne porteront que sur les points principaux.

Les maladies qui attaquent nos arbres fruitiers, sont dues : 1° à des végétaux, le plus souvent des bactéries ou des Champignons, d'où le nom de maladies cryptogamiques ; 2° à des insectes, des arachnides, des nématodes, etc.; 3° à des causes plus ou moins définies (sol, température, nutrition, etc.), qui viennent influer sur les fonctions physiologiques des sujets et en altérer la santé. Ces maladies reçoivent le nom de maladies *organiques*, contrairement aux premières qui sont *parasitaires*.

Les maladies qui attaquent nos arbres fruitiers se sont incontestablement développées depuis que la culture de ceux-ci est pratiquée. Une des causes déterminantes de cette fréquence des maladies est, sans contredit, l'extension et la densité croissante des cultures. Le transport et la conservation des germes sont ainsi facilités.

Dans la majorité des cas, les organismes destructeurs se multiplient avec une rapidité surprenante, ce qui rend leur destruction souvent fort difficile, d'autant plus que les divers agents employés à cet effet ne doivent pas endommager le végétal qui nous intéresse. Il faut donc toujours s'efforcer de combattre les maladies dès le début de leur éclosion et même, dans la majorité des cas, c'est plutôt par des procédés préventifs que par des moyens curatifs, que l'on pourra obtenir un résultat.

En ce qui concerne les maladies cryptogamiques, la guérison proprement dite est presque toujours impossible; la préservation, au contraire, est souvent assez facile.

A ce sujet, il est nécessaire de faire remarquer que les Champignons qui s'attaquent à nos plantes développent, en général, tout leur appareil végétatif au sein même des organes de celles-ci, sans que rien, au début, trahisse leur action. L'attaque devient apparente, lorsque les organes fructifères s'échappent au dehors; mais à ce moment le mal est déjà fait, et il est impossible de détruire le Champignon.

Les *Erysiphées*, ou « *Blancs* » proprement dits, font exception; leur mycélium, entièrement externe, est perceptible (pourvu qu'on y apporte une attention suffisante) dès le début; étant externe, il peut être directement atteint. Le soufre est l'agent qui semble donner dans ce cas les meilleurs résultats; déposé sur les parties atteintes, dès les premières manifestations du mal, il désorganise les tissus du Champignon sans causer, en général, de dégât à la plante. C'est, autant que possible, par les chaudes journées que les soufrages doivent être pratiqués, leur action étant d'autant plus grande que la température est plus élevée. Pour que le soufre, qui doit être en poudre extrêmement fine (soufre sublimé ou fleur de soufre), ne soit pas dissipé par le vent, on choisira un temps calme et l'on opérera, de préférence, le matin, lorsque les organes sont encore un peu humides de rosée, afin d'en augmenter l'adhérence.

Contre les Champignons à mycélium interne, c'est par la méthode préventive qu'il faut agir. Un certain nombre de substances, et notamment le sulfate de cuivre, ont la propriété de détruire la vitalité des spores (corps reproducteurs) des Champignons. Après expériences, on a acquis la preuve qu'un grand nombre de maladies cryptogamiques peuvent, pratiquement, être évitées, si l'on répand, sur les points à préserver, du sulfate, qui tuera les spores déjà déposées ou qui le seront ultérieurement. Mais, pour que le traitement puisse avoir un effet satisfaisant, il doit être absolument préventif et, par conséquent, répété plusieurs fois par an, afin que les organes soient constamment préservés.

Le sulfate de cuivre pur, en solution, ayant la propriété de corroder les tissus végétaux, doit être allié à une base, la chaux en général, qui neutralise l'acidité et forme une bouillie cuprique inoffensive et adhérente.

FORMULE.

1° Faire fondre 3 kilogrammes sulfate de cuivre dans 10 litres d'eau froide, en plaçant le sulfate dans un petit panier, près de la surface de l'eau;
2° Peser 2 kilogrammes de chaux grasse vive, la faire fuser et la délayer ensuite dans 8 à 10 litres d'eau;

:3° Verser lentement le lait de chaux dans la dissolution de sulfate, bien mélanger et ajouter 100 à 300 litres d'eau pour avoir une bouillie plus ou moins concentrée. Pulvériser le mélange sur les organes (1).

Nota : Se servir exclusivement de récipients en bois ou en cuivre. Employer de préférence la bouillie peu de temps après avoir fait le mélange ; le précipité est plus léger, encrasse moins et adhère mieux sur les organes à préserver.

II. — ANIMAUX ET INSECTES NUISIBLES

Quelques animaux supérieurs, loirs, lérots, rats, souris, pies, mésanges à tête noire (ces dernières sont en même temps des insectivores acharnés) s'attaquent à nos fruits ; mais il est assez facile de les combattre. Les ennemis les plus dangereux sont les insectes et les arachnides.

La lutte contre ceux-ci, souvent difficile, donne des résultats moins satisfaisants que contre les Champignons. Les raisons en sont : la rapide multiplication, la mobilité de la plupart, la résistance aux divers insecticides que l'on peut employer.

Pourtant, un très grand nombre d'animaux, de divers ordres, nous sont, en cette circonstance, de précieux auxiliaires en détruisant, de façons diverses, nos ennemis ; mais leur action bienfaisante est trop souvent entravée par le fait de l'ignorance de l'homme, qui s'attaque précisément à ces êtres qu'il devrait protéger. Dans les campagnes, c'est avec un acharnement terrible et cruel que nos meilleurs aides sont impitoyablement pourchassés.

Nous croyons utile de rappeler ici, malgré le peu d'espace consacré à ce sujet, les principaux auxiliaires à ménager : les hiboux, les engoulevents, la chauve-souris et la majorité des petits oiseaux, le hérisson, la musaraigne, le lézard, l'orvet, le crapaud, la grenouille des champs. Les insectes des tribus : des cicindèlides et des carabiques et notamment les carabes ou jardinières ; les calosomes et les coccinelles ou bêtes à bon Dieu, les libellules ou demoiselles, les grillons, les ichneumons, etc.

Un hérisson dévore, dans une nuit, 40 à 50 vers, limaces, etc. ; un carabe doré dévore, en un jour, les entrailles de plusieurs hannetons, et parce qu'on l'a vu s'introduire dans une fraise creusée par une limace, on le détruit comme un ravageur !

(1) La bouillie doit être neutre ; il est prudent de s'en assurer au papier de tournesol, lequel bleuit lorsque l'acidité est neutralisée par la chaux, la potasse ou la soude.

L'appétit d'un crapaud est insatiable. Une femelle d'ichneumon peut déposer, successivement, dans le corps de 100 larves, un œuf, d'où naîtra une larve qui dévorera lentement son hôte, l'empêchera de devenir insecte parfait, et donnera à son tour un nouvel ichneumon, à la place de la chrysalide vidée par la larve.

La protection des animaux et insectes utiles s'impose donc et peut donner de véritables résultats. Les praticiens observateurs ont pu le constater et, dans certains pays, on commence à s'occuper de favoriser le développement de ces auxiliaires. Nous ne sommes malheureusement pas en avance sous ce rapport.

POIRIER

Maladies cryptogamiques.

Feuilles. — BLANC. — Tissu arachnoïde, formé de fins filaments mycéliens d'aspect farineux, étalés à la surface des feuilles et parfois des fruits ; causés par diverses Erysiphées, notamment : *Phyllactinia suffulta et Podosphæra Oxyacanthæ.*

Cette maladie est assez rare.

Traitement : Soufrages aux premières manifestations du mal.

FUMAGINE OU MORPHÉE. *Capnodium salicinum.* — Enduit pulvérulent, continu, assez épais, d'un noir de suie, causé par un Champignon très polymorphe qui attaque un grand nombre de plantes et se développe aux dépens du miellat sécrété par les pucerons, les cochenilles et surtout les psylles. Il nuit beaucoup, en obstruant les stomates.

Traitement : Pulvérisations préventives au cuivre, lavages et surtout destruction des insectes producteurs du miellat.

CLOQUE VÉSICULEUSE DU POIRIER (*Taphrina bullata*). — Sortes de boursouflures lenticulaires de 5 à 20 millimètres, très lisses et luisantes, causées par un Champignon à mycélium interne peu développé.

Maladie peu grave et peu répandue en général.

Traitement au cuivre, destruction par le feu des feuilles atteintes.

ROUILLE (*Ræstelia cancellata*). — Taches rouge-orangé, de 5 à 20 millimètres de diamètre, parsemées de très petits points noirs. A l'automne se forment, à la face inférieure, de longs cornets qui s'ouvrent, par déchirures, pour laisser échapper les spores. Se rencontre aussi sur les bourgeons et les fruits. C'est la forme écidienne d'un Champignon, *Gymnosporangium Sabinæ,* dont une phase de développement s'accomplit sur les divers Genévriers, notamment sur le *Genévrier Sabine,* où il détermine, sur les branches, la formation de sortes de fuseaux, d'où s'échappent des amas gélatineux en forme de langues. Maladie commune dans certaines régions.

Traitement : Pulvérisations préventives, peu efficaces; destruction par le feu des feuilles atteintes. Le plus sûr moyen de préservation (si la chose est possible) est de faire disparaître les Genévriers, même lorsqu'ils sont très éloignés des cultures de Poirier, le transport des spores se faisant à de grandes distances.

TACHES DES FEUILLES. — Petites taches éparses sur les feuilles; le tissu est mort au centre de ces taches; maladie bien caractérisée en août et septembre. Cause parfois d'assez grands dégâts en occasionnant, à cette époque prématurée, la chute des feuilles. Plusieurs Champignons causent cette affection : (*Septoria piricola, Sphœrella sentina, S. Bellona*).

Traitement : Pulvérisations préventives au cuivre, bien efficaces.

TAVELURE. — Taches nuageuses, d'un noir olivâtre, à contours irréguliers. Attaque aussi les bourgeons et jeunes rameaux, qui se gercent et se crevassent, et aussi les fruits qui sont d'abord tachés de noir velouté, puis, souvent, se fendent complètement. Causée par un Champignon à mycélium interne, le *Fusicladium pirinum*. Maladie très grave, fréquente, et qui attaque de préférence certaines variétés (Doyenné d'hiver et d'été, Louise-Bonne, etc.).

Traitement : Pulvérisations préventives au sulfate; bien efficaces pour les feuilles, moins pour les fruits. Préservation des eaux pluviales par des auvents placés au printemps ; mise en sac des fruits jeunes.

Fruits — POURRITURE ET MOMIFICATION. — Un grand nombre de Champignons peuvent, surtout à la suite de blessures accidentelles, souvent déterminées par les insectes, occasionner la pourriture des fruits mûrissants. Un de ces Champignons est particulièrement intéressant à connaître en raison des dégâts, souvent très importants, qu'il occasionne : c'est le *Monilia fructigena*, qui se développe sur tous les fruits, et peut les attaquer, lorsqu'ils sont encore très jeunes et sans qu'une blessure artificielle semble nécessaire. Dans ces conditions, le jeune fruit cesse de grossir, se ramollit d'abord légèrement, puis se dessèche et *se momifie*.

Dans la majorité des cas, c'est sur les fruits mûrissants, mais encore adhérents à l'arbre qu'il exerce ses ravages. Le fruit attaqué se ramollit, sous l'influence du mycélium qui se développe avec une rapidité extraordinaire. En deux jours, un fruit peut être entièrement envahi et si plusieurs fruits sont voisins, le mycélium gagne de l'un à l'autre, contaminant des bouquets entiers.

Les Poires *Madeleine*, les Prunes, les Pêches sont souvent endommagées par le parasite. En Amérique surtout, le tort causé par cette maladie est immense.

Sur les fruits attaqués, on voit bientôt apparaître, *en cercles concentriques*, des touffes d'efflorescences grisâtres, formées par des milliers de spores. Celles-ci peuvent germer avec une rapidité extrême. Les fruits attaqués se dessèchent ensuite, se « momifient » et restent collés sur les branches; on les y trouve encore au printemps suivant.

Préservation très difficile : 1° Ramasser les fruits pourris et enlever, en hiver, les fruits desséchés sur les branches ; 2° Larges pulvérisations cupriques à la fin de l'hiver.

Branches. — Chancre (*Nectria ditissima*). — L'écorce se dessèche, s'exfolie et tombe ; le bois au-dessous est corrodé plus ou moins profondément. Attaque les bourgeons, les jeunes rameaux et les grosses branches, qui peuvent être entièrement circonscrites, dans un temps plus ou moins long et meurent alors. Cette terminaison n'arrive qu'après plusieurs années, dans la majorité des cas. Causé par un Champignon interne, le *Nectria ditissima*.

Traitement : Exciser les jeunes chancres, laver la plaie à la bouillie bordelaise, mastiquer ; détruire par le feu les branches trop attaquées. Éviter les plaies, qui servent de porte d'entrée au parasite ; ne pas couper les branches avec un instrument ayant servi à opérer un chancre, car on inoculerait ainsi le mal. Pulvérisations préventives, aération, assainissement du sol.

Pourriture du cœur. — Le cœur des branches ou de la tige se marbre de blanc, puis se ramollit, devient spongieux, enfin s'effrite. L'arbre se creuse. Causée par divers *Bolets* ou *Polypores* dont le mycélium s'étend dans le bois qu'il corrode. Les réceptacles fructifères, volumineux et très durs, se forment lentement à l'extérieur. Les principales espèces sont : *Polyporus hispidus* et *P. fulvus*.

Traitement : Détruire par le feu les réceptacles. Badigeonner les plaies sur lesquelles se fait la germination des spores avec un antiseptique ou un isolant.

Racines. — Blanc. Pourridié. — Entre l'écorce et le bois des racines et de la base de la tige, on voit s'étendre une sorte de lame feutrée blanche qui, par endroits, se rétrécit en cordons aplatis, à écorce brune. Ces productions sont fortement odorantes. Ce sont les appareils végétatifs (Rhizomorphes) de deux Champignons destructeurs de l'aubier, lequel, sous leur influence, ne tarde pas à se ramollir.

Le premier, *Agaricus melleus*, produit, à l'automne, à la base des troncs, des groupes de grosses fructifications jaunâtres, analogues à celles de l'Agaric champêtre

Le deuxième, *Dematophora necatrix*, produit, sous terre, des fructifications très petites et de diverses formes.

Ces deux Champignons, par leurs attaques, déterminent d'abord un ralentissement de la végétation, souvent une chlorose, puis, en dernier lieu, la mort des individus.

Traitement : Détruire par le feu les racines atteintes, les fructifications, etc. Éviter de replanter là où un arbre est mort de cette maladie ; veiller à ne pas introduire dans le sol des fragments de bois qui peuvent porter le Champignon à l'état plus ou moins latent. Aération, assainissement du sol. Destruction très difficile.

Mousses et Lichens. — Sans être de véritables parasites, les Mousses et

Lichens causent cependant un préjudice certain aux arbres. On prévient leur développement et on les détruit par des chaulages, en hiver, ou encore par des pulvérisations au sulfate de fer en solution à 20 p. 100. Opérer par un temps brumeux.

Gui. — C'est un parasite phanérogame, dont la dissémination est surtout effectuée par les oiseaux. Ses racines s'implantent dans le bois et, une fois installées, il est impossible de les détruire réellement, sans enlever les branches. Coupé ras, le Gui repousse rapidement mais, pendant trois ou quatre ans, ne produit pas de fruits. Il faut chercher à supprimer les touffes dès qu'elles apparaissent, avant que les racines ne soient bien développées. Si les branches de l'arbre ne sont pas indispensables, supprimer celles qui sont atteintes.

Maladies organiques.

Chlorose. — Se manifeste par une décoloration, un jaunissement des feuilles et des jeunes pousses, le ralentissement de la végétation, le dessé chement des bourgeons, enfin, la mort des sujets. On avait pensé que cette affection, dont les causes sont certainement complexes, résultait d'un manque de fer dans le sol. L'analyse a montré qu'il n'en était rien. Le calcaire détermine la chlorose chez un grand nombre d'arbres : Poirier, Châtaignier, etc., mais sa présence n'est pas toujours nécessaire et la chlorose peut apparaître dans des terrains pauvres en cet élément.

Il est aujourd'hui certain que cette maladie provient d'un manque d'équilibre dans la nutrition et que c'est en agissant sur le sol (fumures, engrais phosphatés et potassiques, défoncement, aération, drainages), que l'on peut essayer de lutter, sans cependant être assuré du succès.

Pourriture alcoolique des racines. — Dans les sols compacts et mal aérés, les racines cherchent à lutter contre l'asphyxie. L'amidon est décomposé en alcool et en oxygène que les plantes absorbent, mais la racine meurt en essayant de vivre et de résister à l'asphyxie. L'écorce se détache du bois, qui dégage une odeur d'alcool. Aérer le sol, pour empêcher cette réaction de se produire.

Brulure. — En été, on voit les jeunes bourgeons se flétrir, noircir et se dessécher. La cause de cette affection n'est pas bien dégagée. On avait avancé qu'elle était due à un manque de sève. L'explication est inadmissible, car, dans ces conditions, tout l'arbre se dessécherait. D'ailleurs, c'est dans les sols humides, argileux, que la maladie se manifeste le plus souvent. Elle est donc indubitablement causée par une mauvaise nutrition. C'est en agissant sur le sol, en l'aérant, en le fumant, en le défonçant, qu'on doit lutter contre cette maladie.

Insectes.

Un très grand nombre d'insectes et d'animaux inférieurs s'attaquent au

Poirier; nous ne pouvons indiquer que les plus intéressants à connaître.

Coléoptères. — AGRILUS SINUATUS. — L'écorce de l'arbre se dessèche et s'exfolie légèrement sur un des côtés de la branche; au-dessous, le bois est mort et taché de noir. On observe une galerie très sinueuse, et, en un point, une larve blanche aplatie de 12 à 15 millimètres de longueur, qui, pour se métamorphoser, pénètre dans le bois. La branche périt souvent, sous l'action de cette larve qu'il faut rechercher à l'aide du greffoir. Supprimer les branches trop compromises et les détruire par le feu (1). En juin, sort l'insecte parfait, petit buprestide de couleur violet cuivreux, de 15 à 18 millimètres.

CHARANÇONS. — Insectes à corps de forme très variable, mais caractérisés par une tête allongée, terminée par un bec long, parfois presque filiforme; parmi ceux-ci, les plus dangereux sont :

ANTHONOME (*Anthonomus pirinum*). — Au printemps, un certain nombre de boutons à fruits et d'yeux lambourdes ne s'épanouissent pas et tombent au moindre choc. L'intérieur du bouton est rongé; on y trouve une petite larve de 3 millimètres, qui donne naissance à un charançon gris noisette, assez semblable à l'Anthonome du Pommier. Lutte difficile ; ramasser les boutons atteints et les détruire.

APION POMONÆ. — Très petit charançon bleu d'acier de 2 millimètres de longueur qui ronge, dès le début du printemps, les fleurs et les jeunes feuilles des Poiriers, Pommiers, Cognassiers, etc. ; la femelle dépose, en mai et juin, son œuf dans la feuille, au point de jonction du limbe et du pétiole. La feuille se flétrit, puis tombe ; la larve se nourrit du tissu mort. Rechercher les insectes parfaits, ramasser les feuilles tombées et les brûler.

COUPE-BOURGEON, LISETTE, etc. (*Rhynchites conicus*). — Analogue au précédent mais atteignant 4 millimètres. La femelle dépose, en mai et juin, sous l'écorce et vers l'extrémité des bourgeons, surtout des bourgeons de prolongement, un ou plusieurs œufs ; elle descend ensuite au-dessous et tranche, perpendiculairement, le bourgeon, qui ne reste adhérent que par un lambeau d'écorce. La larve se nourrit du bourgeon flétri. Rechercher les insectes parfaits, qui se laissent tomber à terre dès qu'ils redoutent un danger. Brûler les extrémités de bourgeons renfermant les œufs.

CIGARIER, RHYNCHITE DU BOULEAU (*Rhynchites Betuli*). — De couleur vert brillant, long de 6 millimètres. La femelle roule, en cigare, des feuilles et y dépose deux ou trois œufs. Détruire les paquets de feuilles roulées et les insectes qui sont assez faciles à voir; dégâts modérés.

Plusieurs espèces voisines s'attaquent aux feuilles, dont le parenchyme est plus ou moins rongé.

RHYNCHITES BACCHUS. — Insecte de quatre à cinq millimètres, rouge pourpre cuivré. En mai, la femelle dépose dans les petites Poires, un œuf, d'où naît une larve blanche, qui en ronge l'intérieur. Du fruit attaqué, suinte un

(1) Ne pas confondre cette affection avec le « chancre » (p. 18).

liquide visqueux; après trois semaines, le fruit tombe et la larve s'enterre pour se métamorphoser. Il n'y a guère que la recherche des fruits attaqués, encore sur l'arbre, qui permette de lutter contre ce charançon.

Charançon de la livèche (*Otiorhynchus Ligustici*). — Gros charançon de 12 à 15 millimètres, très bombé, de couleur gris foncé. La larve ronge les racines de Luzerne, de Polygonées, etc. L'insecte, très vorace, s'attaque à la Luzerne, aux Polygonées, etc., et aux arbres fruitiers. La nuit, il sort de ses retraites pour grimper dans les arbres, ronger les fleurs et les feuilles; il s'attaque même aux écorces des tiges.

Diablot (*Otiorhynchus sulcatus*). — Très redouté des horticulteurs et pépiniéristes dans nombre de régions. Il est analogue au précédent, mais un peu plus petit. La larve ronge les racines d'un grand nombre de plantes, notamment des Lilas. Les pépinières, au bord des plantations de Lilas, sont fréquemment dévastées. La nuit, l'insecte exerce ses ravages, rongeant les feuilles et les fleurs. Les jeunes greffes en fente ou en couronne sont souvent complètement dévorées. Pour mettre les greffes à l'abri, on les entoure, aussitôt faites, d'un sac en papier.

Pour la destruction de ces deux espèces, on recommande : de rechercher les insectes, qui, assez gros, sont relativement faciles à reconnaître; de placer sur les tiges des arbres en plein air des collerettes que l'insecte aptère ne peut guère franchir; de creuser dans le sol, perpendiculairement aux espaliers, de petites rigoles dans lesquelles les insectes tombent et s'accumulent. De petits tas de feuilles ou de paille peuvent être disposés, dans lesquels les insectes se réfugient pendant le jour et où l'on vient les capturer. Enfin les plantations attaquées par les larves seraient avec avantage traitées par le sulfure de carbone.

Peritelus griseus. — Petit charançon gris, long de 5 millimètres environ, à corps très bombé. Pendant le jour, il se tient caché sous les mottes de terre, les branches, les feuilles, ou au centre des inflorescences. La nuit, il ronge les fleurs et les jeunes bourgeons. Les indications données ci-dessus s'appliquent également ici.

Quelques espèces voisines se rencontrent sur les feuilles ou les fleurs qu'elles rongent.

Longicornes, Bostriches. — Divers longicornes et bostriches déposent, sous l'écorce, leurs œufs, d'où naissent des larves qui rongent l'aubier. Ces insectes ne se rencontrent, ordinairement, que sur les arbres déjà en décrépitude pour d'autres causes. Cependant quelques Bostriches sont nuisibles.

Lépidoptères ou Papillons. — A l'état de chenilles, plus de 120 espèces s'attaquent aux Poiriers. Plusieurs, il est vrai, ne sont pas exclusivement propres à cet arbre.

Bombyx livrée, Bagueuse, etc. (*Bombyx neustria*). — Papillon brun qui dépose, en été, ses œufs par groupes, disposés en bagues, autour des rameaux. Au printemps éclosent des chenilles, garnies de longs poils, rayées longitudinalement de bleu et brun, à tête bleue, qui vivent d'abord en groupes, sous de fines toiles, puis, plus tard, se dispersent. Rechercher, en hiver, les bagues d'œufs et les détruire; rechercher, au printemps, les nids de jeunes chenilles qui se trouvent au centre d'une région dont les feuilles sont rongées.

PROCESSIONNAIRE (*Bombyx processionea*). — Papillon brun, chenille analogue à la précédente, vivant en fortes colonies, enfermées dans de très grosses bourses soyeuses, attachées sur les tiges et les branches. Attaque surtout le Chêne, mais aussi les divers fruitiers. Asperger les bourses de pétrole ou d'huile.

BOMBYX A CUL BRUN (*Liparis chrysorrhœa*). — Papillon blanc, voletant en juin. Chenille trapue, noire et jaunâtre, garnie de fortes touffes de poils noirs. La femelle dépose, fin juin, ses œufs sous une feuille des bourgeons terminaux. Les jeunes chenilles éclosent en août, ravagent les parties foliacées voisines, puis se tissent une toile serrée, dans laquelle elles emprisonnent, avec l'axe, quelques feuilles et passent ainsi l'hiver. Au printemps elles se réveillent; rongent, pendant la nuit, les jeunes bourgeons environnants, mais rentrent le jour dans un nid commun ; plus tard elles se dispersent.

Rechercher, *en hiver*, les bourses, qui se voient facilement sur les arbres dénudés. Rechercher, au printemps, les nids de chenilles que l'on trouve au centre d'une région dont les feuilles sont dévorées. Couper les nids et les brûler ou les asperger de pétrole.

SPONGIEUSE, BOMBYX DISPARATE (*Liparis dispar*). — Papillon mâle, moyen, gris foncé; femelle, à corps très gros, ailes blanches, marquées de quelques lignes noires. Chenille devenant très grosse, presque noire, poilue, portant des bossettes bleues et rouges; d'une voracité extrême. La femelle dépose, à l'automne, des œufs sur les branches et les couvre d'un amas de poils, qu'elle s'arrache du ventre. Ces masses ont l'aspect de petites éponges. Rechercher les masses d'œufs, pendant l'hiver, et les chenilles, bien visibles sur les feuilles, en été.

ETOILÉE (*Orgya antiqua*). — Papillon mâle, agile, voletant à la recherche de la femelle qui, complètement aptère, reste immobile, près du cocon dont elle vient de sortir et sur lequel elle dépose ses œufs, après l'accouplement. Deux générations par an. Chenille garnie de tubercules orangés et de touffes de poils, dont deux antérieures, près de la tête, semblables à des cornes et une dressée en l'air, à l'arrière du corps. Rechercher les chenilles et, en hiver, à la taille, les cocons sur lesquels sont groupés les œufs.

PYRALES OU TORDEUSES. — Un très grand nombre de petites chenilles, de 7 à 10 millimètres, roulent les feuilles en cornet et sortent de ces abris, pour ronger les feuilles ou les fruits voisins. Il est impossible de citer toutes les espèces. Presser, entre les doigts, les feuilles roulées, pour écraser la chenille qui s'y trouve réfugiée. Supprimer le centre des inflorescences, pour que ces chenilles ne trouvent pas là un repaire, très à leur convenance; seringages à la nicotine.

Les larves de quelques autres petits papillons minent les feuilles.

TEIGNES A FOURREAU. — Sur les feuilles et les fruits, on voit, placés perpendiculairement à leur surface, des sortes de petits fourreaux de 10 millimètres de longueur et de 1 millimètre de diamètre. Ces fourreaux abritent une petite chenille qui se déplace lentement à la surface des organes dont elle se nourrit. Sur les fruits, elle creuse des trous relativement profonds, qui se cicatrisent facilement, mais non sans les déprécier. Destruction très difficile; les larves sont, dans les fourreaux, presque complètement à l'abri des insecticides. Deux espèces se rencontrent : *Coleophora flavipenella*, et l'espèce la plus commune, *C. hemerobiella*, de taille un peu plus élevée.

TACHE NOIRE DES FEUILLES (*Cemyostoma scitellu*). — En juin, apparaissent sur les feuilles des taches noires, d'abord presque imperceptibles, atteignant environ 1 centimètre de diamètre. Entre les deux épidermes morts, on trouve une petite chenille blanche. Dégâts parfois importants. Destruction difficile; écraser, entre les épidermes, les petites chenilles. Nettoyer les écorces en hiver.

PHALÈNE HIÈMALE (*Cheimatobia brumata*). — Petit papillon, le mâle blanc, la femelle grise, presque aptère, se traînant comme une larve; ces papillons éclosent en novembre; la femelle monte le long des tiges, pour aller déposer ses œufs sur les yeux et les boutons. Chenille arpenteuse dont l'éclosion a lieu au printemps; verte, avec une ligne plus claire de chaque côté; avant que la végétation ne commence réellement, elle dévore l'intérieur des bourgeons à peine entr'ouverts; ceux-ci ne s'épanouissent pas et paraissent brûlés. Des invasions très importantes et qui ravageaient en entier des régions étendues, ont, à plusieurs reprises, été signalées. Après quelques années, ces ravages s'arrêtent, entravés par des parasites. Le seul moyen de lutte pratique consiste à entourer la base des arbres d'un collier d'une substance visqueuse, que les femelles ne peuvent franchir.

HIBERNIE DÉFEUILLANTE. — Papillon mâle de 40 millimètres, jaunâtre; femelle *entièrement aptère*, marquée de jaune, à très longues pattes, agile et ressemblant à une araignée. Chenille arpenteuse brune, marquée de lignes nacrées, très vorace. Mœurs tout à fait analogues à celles de la précédente; mêmes indications.

VER DE FRUIT (*Carpocapsa pomonella*). — Petit papillon de 6 à 10 millimètres. Chenille blanc rosé, vivant dans l'intérieur du fruit, dont elle sort à complet développement pour aller se transformer en papillon, après s'être blottie sous les écorces ou d'autres abris. Deux générations par an; les premiers papillons pondent en avril et mai, dans les toutes petites Poires, grosses comme un pois. Une deuxième ponte se fait, en juillet-août, dans les fruits plus gros. L'œuf est déposé de préférence près de l'œil. La petite chenille gagne, progressivement, le centre du fruit dont elle ronge l'intérieur. Placer autour de la base des arbres des bandes de vieux chiffons, sous lesquels les chenilles viennent se transformer; visiter de temps à autre ces pièges;

gratter les écorces, pour ne pas laisser de cachettes; badigeonner les arbres. Ramasser et détruire les fruits véreux. Mettre, fin mai, les jeunes fruits en sacs.

Ver du bois, Cossus gate bois (*Cossus ligniperda*). — Gros papillon gris, qui dépose, sous l'écorce, ses œufs d'où naissent les larves. Ces chenilles s'introduisent vers le cœur et creusent de longues galeries, dont le diamètre augmente à mesure que la chenille grossit. A complet développement, après trois ans, la chenille mesure 6 à 7 centimètres de long, elle est rouge en dessus et blanche en dessous. Pour se métamorphoser, elle se rapproche de l'écorce et creuse, sous celle-ci, une loge, en amincissant l'écorce, qui cède sous la pression du doigt. Chercher à extraire les larves, lorsque les galeries ne sont pas encore profondes; injecter dans les galeries, de la benzine, du brome, etc., boucher l'ouverture. Rechercher, en hiver, les cocons, que l'on trouve vers la base des arbres, dans les loges dont il est parlé plus haut.

Zeuzère du marronnier (*Zeuzera Æsculi*). — Mœurs analogues. Papillon blanc, tacheté de noir; chenille jaunâtre également tachetée.

Hémiptères. — Tigre (*Tingis Piri*). — Petit insecte grisâtre, de 3 millimètres, vivant à la face inférieure des feuilles dont il suce les sucs. A l'automne, les femelles déposent leurs œufs sous les écorces. Les feuilles attaquées se décolorent, deviennent grises, fonctionnent mal et tombent prématurément; le tort causé est important. Multiplication très rapide, surtout pendant les étés chauds et secs. Destruction difficile : seringages à la nicotine, de préférence le soir, en dessous des feuilles; grattage et badigeonnages des écorces pendant l'hiver.

Psylles. — Deux espèces (*Psylla Piri* et *pirisuga*). — Petits insectes de 2 millimètres environ. Les larves ressemblent à des pucerons, à gros yeux saillants, et vivent souvent en familles, accolées sur les bourgeons, les feuilles et les fruits qu'elles piquent et sucent. L'insecte parfait ressemble à une petite mouche noire. Les Psylles, outre le tort qu'elles causent en suçant les organes verts (bourgeons, feuilles, fruits), sécrètent un abondant miellat, qui favorise la naissance de la *fumagine*. Destruction par les pulvérisations d'insecticide; mais la résistance de ces insectes est assez grande, d'autant plus qu'ils accolent les feuilles ensemble et sont ainsi mis à l'abri.

Pucerons. — Plusieurs espèces attaquent le Poirier : *Puceron vert (Aphis pirastri)*, *Puceron noir (A. Piri)*. Ces insectes enfoncent leur trompe dans les jeunes organes : feuilles, bourgeons et fruits, et absorbent les sucs, causant un arrêt de végétation très marqué et des plus préjudiciables. Reproduction très rapide, tantôt par œufs, tantôt par petits vivants. Destruction : par écrasement, en pressant légèrement les organes attaqués ou par la pulvérisation des divers insecticides; les Pucerons sont peu résistants. Les coccinelles et surtout leurs larves, que l'on rencontre constamment au milieu des colonies de pucerons, en détruisent un grand nombre. Le savon noir, émulsionné dans l'eau, à la dose de 30 grammes par litre, donne d'excellents résultats.

Kermès (Pou de bois) et improprement (Tigre sur bois). — Les Kermès sont de petits hémiptères suceurs, comme les pucerons, mais dont les larves, très agiles pendant les premiers jours de leur vie, se fixent bientôt sur un endroit pour ne plus en bouger; elles se couvrent d'une sorte de bouclier protecteur, qui les met complètement à couvert, sous lequel les différentes transformations s'accomplissent et sous lequel, enfin, la femelle dépose ses œufs, qui sont ainsi soustraits aux diverses causes de destruction. Les mâles sont de petits insectes ailés.

On rencontre sur le Poirier:

1° Le gros Kermès (*Lecanium Piri*), qui, à entier développement, ressemble à une verrue accolée sur les branches. Il mesure 5 à 8 millimètres. Les œufs sont retenus, sous la carapace, dans un réseau de fins filaments blancs. Cette espèce, relativement peu abondante, est, par suite, peu redoutable en général; on en trouve cependant sur la Vigne et le Pêcher en espalier.

2° Kermès virgule (*Mytilaspis pomorum*); à son entier développement il mesure environ 3 millimètres de long et sa carapace présente, assez exactement, la forme d'une coquille de moule ou d'une virgule, d'où son nom.

3° *Aspidiotus ostræformis*. — Carapace de 1 à 2 millimètres, grise, bombée.

4° *Aspidiotus fal'ax*. — Carapace de 1 à 1^{mm},5.

Ces trois dernières espèces, qui existent souvent par milliers sur un espace restreint, causent un tort énorme, non seulement en endommageant les branches, qui, sous leur action végètent faiblement et même périssent, entraînant parfois la mort de tout l'arbre, mais encore, en gagnant souvent les fruits, qui sont arrêtés dans leur développement et déformés par la succion des insectes

En Amérique, une espèce voisine l'*A. perniciosus* (Pou de San José) cause des dégâts, paraît-il, encore plus importants.

La destruction de ces insectes est très difficile; leur multiplication, comme celle des pucerons, est des plus rapides et, une fois sous leur carapace, ils sont presque invulnérables.

On peut recommander : 1° Au moment des éclosions, alors que les insectes, encore sans carapaces, sont relativement sensibles (fin mai, juin), le seringage des arbres à la solution de nicotine, etc.; 2° En hiver, lorsque les arbres dépourvus de feuilles sont moins sensibles, un brossage énergique des branches résistantes et badigeonnage avec : sulfure de calcium, mélange Balbiani ou mélange suivant : Pétrole, 9 kilog.; Huile de Poisson, 2 kilog.; Carbonate de soude, 1 kilog.; eau pour dissoudre. Mélanger dans 100 litres d'eau et bien battre le mélange qui devient laiteux. Ou encore, avec : eau 1 litre, sublimé corrosif 2 grammes (Poison violent).

En Amérique, on traite les arbres à l'acide cyanhydrique, après les avoir couverts de bâches, pour maintenir les vapeurs en contact avec les organes attaqués. On a aussi cherché à multiplier des ennemis de ces insectes, notamment le *Vedelia cardinalis*, sorte de coccinelle.

Hyménoptères. — Pique-bourgeon, Cèphe comprimé (*Cephus compressus*).

— En mai-juin, on voit les bourgeons se flétrir, former la crosse, puis se dessécher lentement. Ces bourgeons sont piqués en spirale par la femelle du Cpèbe, qui y dépose un œuf. La larve qui en éclôt descend dans le canal médullaire, rongeant le jeune bois et occasionnant la mort du bourgeon. En mai suivant, l'insecte est parfait. Détacher, en été, les bourgeons flétris. En hiver, à la taille, ramasser et brûler les extrémités desséchées qui renferment la larve prête à éclore. Les petits oiseaux, les mésanges notamment, savent trouver les larves dans leur cachette; un ichneumon (*Pimpla instigator*) est grand destructeur de cet insecte.

Ver Limace, Sangsue (*Selandria atra*). — En été et en automne, on voit souvent sur les feuilles une sorte de petit ver gluant, d'un noir verdâtre, dégageant une odeur nauséabonde. Ce ver, dont la forme rappelle celle d'une sangsue ou d'un têtard, est la larve d'un hyménoptère. Il ronge lentement la partie verte des feuilles, ne laissant que le réseau des nervures. Par suite de sa position, de sa consistance molle, de sa visquosité, il est assez facile à détruire. Les poudres, projetées par un temps sec, adhèrent sur son corps et le tuent (soufre, chaux en poudre, cendres, etc.). Les solutions faibles d'insecticides sont également actives.

Mouche scie (*Lyda Piri*). — L'insecte parfait dépose, par petits groupes, des œufs jaunes sur les rameaux. Il en éclôt des larves, à tête noire, couleur jaune d'œuf foncé, très ressemblantes à des chenilles (fausses chenilles) qui vivent en colonies réunies sous quelques fils de soie et rongent toutes les feuilles voisines. Elles descendent en terre pour se transformer. Couper les paquets de chenilles et les écraser ou asperger le tout d'eau savonneuse, de pétrole, etc.

Guêpes et Frelons. — Les guêpes *Vespa vulgaris et germanica* et les frelons *Vespa crabro*, attaquent les Poires, comme d'ailleurs tous les fruits, et causent souvent des dégâts très importants. On peut en détruire dans des gobe-mouches ou autres bouteilles. C'est surtout au printemps qu'il faut s'acharner à la destruction des individus isolés, car ce sont des femelles ayant passé l'hiver et qui vont commencer l'édification de leur nid et leur ponte. Les nids trouvés dans le sol seront détruits, très facilement et sans danger aucun, en y versant, le soir, 50 à 60 grammes de sulfure de carbone. *Ce traitement détruit infailliblement toute la population.* Le pétrole, employé de même, ne donne pas de résultats; l'essence minérale est peu active; la benzine peut être employée, mais est moins sûre que le sulfure de carbone, car les vapeurs de benzine sont plus légères que l'air et se dégagent, tandis que les vapeurs de sulfure sont plus denses.

Ne jamais approcher le sulfure du feu ou d'une flamme quelconque, ne pas fumer en le manipulant, ne pas le respirer.

Diptères. — Poires calebassées (*Cecidomya nigra* et *piricola*). — Peu après la floraison, on voit des Poires s'accroître très vite en s'arrondissant, puis noircir et tomber à terre. Ces Poires, dites *Calebassées*, sont remplies de petites larves, blanches au début et jaunissant légèrement. Les larves quittent les Poires, pénètrent dans le sol, où elles restent engourdies, puis, au printemps, se transforment en petites mouches, qui vont pondre sur les jeunes fleurs avant leur épanouissement. Cueillir, le plus tôt possible, les fruits atteints et les détruire radicalement. Injecter du sulfure de carbone dans le sol, pour y détruire les larves. Asperger les arbres au printemps, un peu avant la floraison, avec de l'eau vinaigrée, dont l'odeur écarte les cécidomies.

Orthoptères. — PERCE-OREILLES (*Forficula auricularia*). — A l'état de larves ou d'insectes parfaits, ils s'attaquent aux fruits mûrs, surtout lorsqu'ils sont déjà entamés. Accrocher dans les arbres de petits botillons d'herbe, des Romaines à moitié montées, de vieilles toiles repliées, de petits paquets de mousse, dans lesquels les insectes se réfugient le jour. Visiter ces abris et les secouer dans un vase rempli d'eau de savon.

Arachnides. — GRISE (*Acarus telarius*). — Les feuilles se décolorent, prennent une teinte grise, cessent de fonctionner régulièrement. A la face inférieure, on voit un très fin réseau de fils de soie et de petits animaux, à peine visibles à l'œil nu, de teinte rosée et analogues à de très petites araignées. Seringuer fortement, le soir, les arbres à l'eau fraîche pure, ce qui éloigne la « Grise ». Pour éviter la tavelure, on peut y ajouter quelques traces de bouillie bordelaise. Asperger à l'eau nicotinée, qui détruit les acarus.

ERINOSE (*Erineum pirinum*). — Petites boursouflures, garnies à la face inférieure d'un très fin feutrage de poils. Maladie rare, causée par un acarien ; on a cru pendant quelque temps qu'elle était causée par un Champignon. Cette maladie est fréquente sur la Vigne et se rencontre aussi sur le Noyer.

FAUSSE ÉRINOSE (*Phytoptus Piri*). — A l'épanouissement des bourgeons, on voit des feuilles portant d'abondantes pustules rouges; ces pustules grandissent (le tissu foliaire y est spongieux), prennent une teinte vert clair, puis bientôt noircissent. Elles sont habitées par un acarien à corps allongé, dont les piqûres produisent une irritation, déterminant le boursouflement des feuilles. Destruction difficile ; à l'intérieur des pustules, le Phytoptus est à l'abri. Détruire par le feu les feuilles malades; soins de propreté en hiver, pour détruire les acariens hivernants. On a indiqué les soufrages au printemps, mais leur efficacité est douteuse et le soufre occasionne des brûlures sur les Poires.

POMMIER

Maladies. — Le Pommier est, comme le Poirier, attaqué par un grand nombre de maladies. dont plusieurs sont communes au Poirier, et sur lesquelles, dès lors, il sera inutile de revenir.

ROUILLE DU POMMIER (*Gymnosporangium clavariæforme*). — Maladie rare, analogue à la rouille du Poirier. C'est le Genévrier commun qui porte la forme *Gymnosporangium* et transmet la maladie.

BLANC DU POMMIER (*Sphærotheca Mali*). — Ce blanc attaque les feuilles et les fruits du Pommier. C'est une variété du *Sphærotheca Cas agnei* qui attaque le Houblon, les Courges, le Plantain, etc.

BRUNISSURE DES FEUILLES. — Dans certaines années, on a vu toutes les feuilles des Pommiers se dessécher, en commençant par leurs bords, et prendre une apparence analogue à celle du Tabac.

Cette maladie, qui cause parfois de graves dommages, est causée par un Champignon très polymorphe, encore mal connu, le *Cladosporium herbarum*.

Traitement aux solutions cupriques, avant l'apparition du mal.

TAVELURE. — Elle attaque les feuilles et les fruits, rarement les bourgeons. Sa marche est à peu près identique à celle de la tavelure du Poirier. Elle est causée par le *Fusiclodium dendriticum*.

Mêmes remèdes que pour le Poirier (p. 17).

Le Pommier est encore attaqué, sur les feuilles et fruits, par le rot brun (*Monilia fructigena*); sur le bois, par le chancre, la pourriture du cœur; sur les racines, par le blanc des racines.

La chlorose, la pourriture alcoolique, attaquent aussi le Pommier.

Insectes. — La plupart des insectes, que nous avons signalés comme s'attaquant au Poirier, se rencontrent également sur le Pommier. Il en est ainsi de presque tous les charançons, des divers papillons nommés ci-dessus, des kermès, des acarus. Le cèphe intervient rarement.

Nous signalerons comme espèces propres au Pommier :

ANTHONOME DU POMMIER (*Anthonomus pomorum*). — Petit charançon de 3 millimètres de longueur, grisâtre, avec une bande plus claire, en travers des élytres. Les insectes parfaits passent l'hiver engourdis sous les mousses et les lichens, les écorces soulevées, les feuilles amoncelées à la base des troncs. Au printemps, la femelle dépose dans les boutons à fleurs, un peu avant l'épanouissement de ceux-ci, un œuf, dont éclôt une larve blanche qui ronge de suite les étamines et le pistil. Les fleurs, ainsi attaquées, ne s'épanouissent pas; les sépales s'ouvrent, mais les pétales restent rapprochés et forment, à la larve, un abri, où elle se transforme en insecte parfait, qui s'en s'échappera en mai-juin. Les boutons attaqués brunissent et ressemblent assez à des clous de girofle, d'où le nom de *maladie du clou*.

Remèdes : A l'automne, râcler les écorces pour supprimer les retraites; ramasser et brûler les débris. Au printemps, chauler les tiges et avant que les fleurs n'apparaissent, secouer, le matin, les arbres sur un drap étendu par terre, afin de pouvoir récolter et détruire les insectes engourdis par le froid de la nuit. Renouveler cette opération plusieurs fois.

YPONOMEUTE DU POMMIER (*Yponomeuta malinella*). — Petit papillon blanc, dont les ailes sont tachées de points noirs. Il éclôt en juillet et la femelle dépose, sur les écorces des branches, ses œufs qui n'éclosent que l'année suivante, en mai-juin. Les petites chenilles, d'un gris sale, pointillées de noir, vivent en colonies sous des toiles légères et se transportent, de bourgeon en bourgeon, à mesure que la nourriture vient à faire défaut. Dans certaines années, ces chenilles ont causé de véritables désastres. En Normandie, on les a vues périr de faim, après avoir dévoré toutes les feuilles.

Ramasser, sans secousses, les amas de petites chenilles et les détruire par le feu ou asperger les toiles avec du pétrole.

PUCERON LANIGÈRE (*Schizoneura lanigera*). — Ce puceron, de couleur rougeâtre, est garni de sortes de poils cireux, blancs, qui entourent tout son corps, donnant aux colonies l'apparence de petites houppes de laine (d'où le nom de « Blanc », souvent donné) et garantissent les insectes de l'eau et des agents destructeurs.

Pendant l'été, les pucerons attaquent les jeunes bourgeons, de préférence à l'insertion des feuilles ; ils continuent à sucer même les vieilles branches, qui sous leur action se déforment, produisent des sortes de nodosités et, parfois, semblent attaquées par le chancre. En hiver, une partie des insectes se retirent sur les racines, où ils sont à l'abri. Le tort causé par ces pucerons est énorme ; sous l'influence de leurs piqûres, les arbres languissent, les fruits se flétrissent, tombent et, souvent après quelques années, les arbres meurent.

Destruction : Elle est des plus difficiles, par suite de la rapide multiplication et de l'enduit protecteur dont les insectes sont recouverts. On a indiqué une foule de remèdes, qui tous doivent être infaillibles, mais ne donnent généralement que des résultats partiels.

Pour éviter la migration, on peut entourer la base des troncs, à l'automne, puis au printemps, de ceintures de coton cardé. Injecter du sulfure de carbone, pour détruire les insectes sous le sol. Pour ceux qui sont sur les écorces, les insecticides dissous dans l'eau sont presque sans action, car ils ne pénétrent pas jusqu'à leur corps. L'alcool, le pétrole, donnent de meilleurs résultats en dissolvant, plus ou moins, les poils cireux.

Le mélange indiqué pour le kermès donne, en hiver, quelques résultats par pulvérisations. Des brossages avec une brosse dure, imbibée d'alcool, d'alcoolat d'aloès, sont efficaces, en écrasant mécaniquement un grand nombre d'insectes et en empoisonnant les autres ; mais l'application en est longue, minutieuse et, presque toujours, quelques colonies échappent, qui, bientôt, envahissent à nouveau tout l'arbre. Ainsi, ce n'est que par une lutte constante que l'on peut, là où l'insecte existe, se défendre contre lui et limiter son accroissement ; mais la lutte est fort difficile.

Les racines du Pommier, notamment lorsqu'il est greffé sur paradis, sont souvent rongées en hiver par les mulots ; pour les détruire, on peut employer le Blé empoisonné. De petits pièges, amorcés avec des morceaux de noix, permettent d'en capturer un grand nombre.

COGNASSIER

Maladies. — Le Cognassier n'est pas, jusqu'à présent, très exposé aux maladies. On peut citer :

Sur les feuilles, une forme oïdienne du *Podosphæra trilactyla*, causant parfois un dommage assez sérieux, en ralentissant la végétation, qui devient insuffisante au moment du greffage. On rencontre encore de petites taches circulaires causées par les *Sphæropsis Cydoniæ* et *Phyllosticta Cydoniæ*. On observe rarement la rouille.

Les fruits très jeunes sont parfois attaqués et momifiés par un Champignon voisin du *Monilia fructigena*, le *M. Linhartiana* qui attaque aussi les feuilles.

Le blanc des racines, cité au chapitre du Poirier, peut attaquer le Cognassier, comme tous les autres arbres fruitiers.

Insectes. — Les insectes qui se rencontrent sur le Poirier peuvent, d'une façon générale, se trouver aussi sur le Cognassier; mais leurs attaques sont généralement moins fréquentes et moins graves.

NÉFLIER

Maladies. — Le Néflier est assez réfractaire aux attaques des Champignons. Un blanc, causé par le *Podosphæra Oxyacanthæ*, s'observe sur les feuilles. Celles-ci sont aussi, parfois, tachées de petits points, analogues à ceux que l'on observe sur le Poirier, causés par le *Septoria Mespili*. On observe accidentellement la rouille (*Æcidium Mespili*). Les fruits sont aussi attaqués par le *Monilia fructigena*. Les indications données précédemment sont valables ici.

ARBRES FRUITIERS A NOYAU

Les arbres à fruits à noyau sont sujets à un grand nombre de maladies analogues ou même identiques à celles que nous avons indiquées aux arbres à fruits à pépins; mais ils sont, en outre, attaqués par diverses maladies qui leur sont propres.

PÊCHER

Maladies. — BLANC, MEUNIER, LÈPRE, etc. (Forme oïdienne du *Sphærotheca pannosa*). — Ce blanc est, comme aspect, à peu près identique à ceux que nous avons déjà étudiés, ou à l'Oïdium de la Vigne; la forme hivernale seule diffère. Dans certaines localités, le Champignon cause des dégâts sérieux, en s'attaquant aux feuilles, bourgeons et fruits, qui cessent de grossir et finissent par tomber.

Certaines variétés sont beaucoup plus sujettes que d'autres à son attaque; les *Madeleine* et les Brugnons en général.

Appliquer des soufrages de bonne heure et les répéter au besoin.

ROUILLE DU PÊCHER (*Puccinia Pruni spinosæ*). — Elle est rare et n'a, jusqu'à présent, guère d'importance; elle est plus fréquente sur les Pruniers (voir au *Prunier*).

TACHES DES FEUILLES. — Les feuilles apparaissent parfois tachées de petits points noirs dont le centre se détruit bientôt. La feuille apparaît alors criblée de petits trous. Cette affection est causée notamment par le *Coryneum Beyjerincki* dont nous parlons plus loin. Traitements préventifs au sulfate de cuivre.

CLOQUE (*Exoascus deformans*). — C'est une des plus graves maladies du Pêcher. Les feuilles attaquées, s'épaississent, pâlissent, prennent une apparence cornée, se contournent plus ou moins irrégulièrement, puis se colorent souvent en rouge et, finalement, tombent, laissant les bourgeons plus ou moins dégarnis. Les brusques variations de température, les pluies froides, arrêtant la végétation, semblent favoriser le développement du Champignon, qui, dans certaines années, cause la dénudation absolue des arbres.

Le Champignon se développe dans l'intérieur des feuilles, envahit aussi les jeunes bourgeons dans lesquels il peut se maintenir vivace.

Traitement : Comme moyens préventifs, il faut, au printemps, abriter les arbres contre les pluies par des planches, paillassons ou toiles ; les asperger à la bouillie bordelaise, avant le départ de la végétation. Ramasser et brûler les feuilles malades ; tailler et détruire les bourgeons attaqués.

Gomme. — La gomme est une grave maladie, commune à tous les arbres fruitiers à noyau. Elle se manifeste par la formation, sous l'écorce, de sortes d'ampoules qui se remplissent d'un mucilage constitué par des cellules ligneuses modifiées et liquéfiées. Les ampoules se crèvent, le liquide suinte, s'épaissit et prend l'aspect de la gomme arabique. Les arbres, ainsi attaqués, languissent, puis généralement finissent par périr, quoique leur guérison soit parfois obtenue.

Les causes exactes de cette maladie sont assez mal connues. On a, depuis longtemps, constaté que, dans les sols humides, les arbres y sont plus exposés et que, de même, les suppressions brusques des gros rameaux, les plaies, etc., peuvent amener la gomme. Ces causes sont-elles véritablement les seules ou favorisent-elles seulement le développement de la maladie? Le parasitisme de divers micro-organismes a été invoqué. Parmi ceux-ci, le *Coryneum Beyjerinckii*, cité plus haut, et qu'on a observé au voisinage des lésions gommeuses. Une bactérie a également été considérée comme l'agent spécifique de cette maladie. Enfin, la présence de l'acide oxalique dans les tissus, résultant d'un fonctionnement irrégulier de l'organisme, serait, d'après M. Sorauer, la cause déterminante. L'introduction, dans les tissus, d'une gouttelette d'acide oxalique, provoquerait l'apparition de la gomme.

Il semble, en réalité, que plusieurs causes peuvent provoquer la formation de la gomme et que l'état physiologique a une réelle importance. Il faut donc, préventivement, assainir, aérer et diviser les sols froids et humides, les amender au besoin. Eviter, en général, les brusques suppressions de branches et les plaies étendues. N'employer que des outils propres et bien tranchants. En outre, pour éviter l'infection des plaies et détruire les spores de Champignons et bactéries, traiter les arbres à la bouillie bordelaise, si les conditions de milieu semblent propices à la maladie.

Comme moyens curatifs, jusqu'à un certain point, il est à conseiller :

1° Lorsque les ampoules se forment, de les inciser longitudinalement, pour laisser écouler la gomme;

2° Si la plaie ne se guérit pas, de l'exciser avec un instrument bien tranchant, de la laver à la bouillie bordelaise et de la recouvrir de mastic à greffer ou avec de la terre franche imbibée de bouillie bordelaise.

Pourriture du cœur. — Le Pêcher, comme toutes les autres Amygdalées, peut être atteint par cette maladie, analogue à celle déjà signalée au Poirier. Le Champignon déterminant est ici, en général, le Polypore fauve (*Polyporus fulvus*), dont le réceptacle, fauve velouté, de moyenne taille, dur et persistant, est implanté de telle sorte que les tubes sont dirigés à peu près perpendiculairement à la branche.

Insectes et animaux nuisibles. — Le Pêcher est attaqué par la plupart des insectes déjà étudiés : le kermès du Pêcher (*Lecanium Persicœ*), le vereau, petite larve de tordeuse, le coupe-bourgeons, le diablot, la grise, etc., sont justement redoutés. Le puceron du Pêcher, de couleur verte, est souvent abondant et très nuisible. Sur les feuilles, il détermine une sorte d'enroulement et déformation que l'on a souvent comparé et même assimilé, à tort, à la cloque. Il n'y a, en réalité, aucun rapport entre ces deux manifestations et, dans le second cas, la structure des feuilles n'est pas modifiée comme elle l'est, au contraire, par l'*Exoascus* dont il est parlé plus haut. L'enroulement causé par les pucerons apparaît ordinairement plus tardivement. Les moyens de destruction indiqués pour les pucerons en général sont applicables ici.

Les fruits mûrs sont attaqués par divers animaux et insectes, notamment, les loirs, les perce-oreilles et les guêpes. Les Pêches lisses sont recherchées par les colimaçons, les limaces.

ABRICOTIER ET AMANDIER

Maladies. — Les maladies qui s'attaquent à ces deux arbres sont à peu près les mêmes que celles déjà citées au Pêcher.

La gomme est très fréquente chez l'Abricotier, mais il supporte cette maladie mieux que le Pêcher. On voit souvent, au-dessous des parties atteintes, naître de vigoureux rameaux qui remplacent les branches mourantes.

Des petites taches brunes qui tombent en laissant des trous sur les feuilles, se voient fréquemment et sont causées par le *Phyllosticta circumcissa*.

Pulvérisations cupriques.

ROUILLE. — S'observe parfois sur l'Abricotier; elle est causée par le *Puccinia Pruni*.

CLOQUE. — Les feuilles de l'Amandier sont parfois envahies par cette maladie.

Les Abricots sont très recherchés par divers insectes et par les colimaçons.

PRUNIER

Maladies. — ROUILLE NOIRE (*Puccinia Pruni*). — Caractérisée par de petites taches noirâtres à la face inférieure des feuilles, elle est très fréquente et provoque la chute prématurée des feuilles. Pulvérisations cupriques.

POLYSTIGMA RUBRUM. — Taches de 1 centimètre de diamètre, rouge orangé; le tissu est un peu épaissi. Maladie peu fréquente et sans grande importance jusqu'à ce jour.

BLANC OU LÈPRE DU PRUNIER (*Maladie des pochettes*). — Cette maladie, causée par l'*Exoascus Pruni*, voisin de l'*E. deformans*, attaque les jeunes fruits. Ceux-ci grossissent rapidement, prennent une teinte jaunâtre, puis se déforment, s'allongent et se creusent; leur surface devient farineuse et bientôt ils tombent. Le Champignon développe dans tous les tissus son mycélium, qui vient fructifier au dehors. Cette maladie, heureusement assez rare, en général, détruit parfois tous les fruits des arbres attaqués. Les Quetsches sont plus disposées à cette maladie.

Pulvérisations préventives avant la floraison. Destruction par le feu de tous les fruits attaqués.

Pourriture. — Les fruits, à demi mûrs, sont très souvent attaqués par le *Monilia fructigena*, déjà cité; ils pourrissent alors en quelques jours et la maladie gagne tous les fruits en contact. Les fruits attaqués se couvrent d'efflorescences farineuses grises (spores), se dessèchent et restent adhérents aux branches pendant l'hiver. En certaines années, cette maladie cause des dégâts énormes.

Insectes. — On rencontre le plus grand nombre des insectes déjà nommés; comme espèces spéciales, nous citerons :

Teigne du Prunier (*Yponomeuta padella*). — Dans le Midi surtout, la larve de ce petit papillon peut causer des dégâts importants. Les chenilles éclosent en août, passent l'hiver cachées sous une sorte d'enduit gommeux. Au printemps, elles gagnent les bourgeons et s'introduisent sous les écailles; les bourgeons attaqués semblent bientôt brûlés. Ramasser tous ces bourgeons et les détruire. Les chenilles gagnent ensuite le bourgeon terminal, qu'elles entourent d'une fine toile et qui revêt bientôt la même apparence. Le détruire également. En juin, les chenilles se tissent une toile plus épaisse; au centre de cet abri, elles se chrysalident. Détruire en entier ces toiles. Dans l'Agenais, les arbres ont parfois été complètement dénudés.

Puceron. — Sur les bourgeons, le *puceron noir* cause des dégâts. Sous les feuilles on trouve souvent, en abondance, le *puceron vert* du Prunier.

Les fruits renferment fréquemment la larve d'un papillon, *Carpocapsa funebrana*, qui ronge la pulpe et remplit l'intérieur du fruit de ses excréments. (Voir *Poirier*.)

Les guêpes et les frelons causent aussi d'importants ravages, en dévorant un grand nombre de fruits mûrs.

CERISIER

Maladies. — Les feuilles sont parfois attaquées par la cloque.

De petites taches brunes, avec auréole rouge, apparaissent souvent, causées par le *Coryneum Beijerinckii*.

Le *Fusicladium Cerasi*, analogue au Champignon de la tavelure du Poirier, détermine des taches noires, irrégulières, non auréolées.

Pour ces maladies, qui attaquent aussi le Prunier, les pulvérisations cupriques sont efficaces.

Rouille. — A la face inférieure, on voit des petits amas bruns noirâtres, formés par les spores du *Puccinia Cerasi*, analogue au *P. Pruni*.

Brunissure des feuilles (*Gnomonia erythrostoma*). — Parfois les feuilles se dessèchent, peu après leur épanouissement; ainsi attaquées, elles restent adhérentes à l'arbre et se couvrent des fructifications d'hiver du Champignon qui a déterminé le desséchement.

Pulvérisations cupriques au printemps; ramasser et brûler les feuilles sèches, pour empêcher la formation des spores d'hiver.

Taches sur les fruits : 1° Petites taches noires, veloutées, dues au *Fusicladium Cerasi* (tavelure); 2° Taches noires, bordées de rouge, causées par le *Coryneum Beijerinkii*; les fruits sont attaqués jeunes et ne mûrissent pas.

Momification. — Desséchement des jeunes fruits; pourriture très rapide des fruits mûrissants; formation de nombreuses efflorescences blanchâtres produites par le *Monilia fructigena*, déjà étudié.

Insectes. — La plupart des insectes déjà signalés s'attaquent aux feuilles du Cerisier. Un grand nombre de chenilles tordeuses s'y rencontrent. Les fruits sont minés, les Cerises douces surtout, par une sorte « d'asticot », larve de l'*Ortalis Cerasi*; il n'y a guère de moyen de destruction.

FRAMBOISIER

Maladies. — Les feuilles tombent prématurément, complètement parsemées de petites pustules jaunes, causées par une rouille rouge provoquée par le développement du *Phragmidium Rubi Idæi* et *Ph. incrustatum*. Sulfater préventivement.

Les fruits sont souvent envahis par les larves du *Biturus tomentosus*. Les vers blancs causent aussi des ravages terribles sur les racines traçantes du Framboisier.

Sur les tiges, on trouve des nodosités habitées par les larves d'une espèce de cinips (*Diastrophus Rubi*).

GROSEILLIER

Maladies. — Blanc. — Causé par le *Microsphæra Grossulariæ* qui forme, à la face inférieure des feuilles, un fin réseau blanc, fréquent surtout sur les Groseilliers à maquereau.

· **Taches noires**, analogues aux taches des feuilles du Poirier. — Causées par : *Septoria Ribis* et *Glæosporium Ribis*. (Voir *Poirier*.)

Rouille. — Elle s'observe à la face inférieure des feuilles qu'elle couvre d'une abondante poussière rousse, se détachant facilement ; très fréquente chez le Cassissier, provient du *Cronartium ribicolum*, dont une phase de développement s'accomplit sur le Pin du Lord (*Pinus Strobus*), y causant la forme dite *Peridermium Strobi*. Les feuilles attaquées tombent prématurément, laissant les Groseilliers dénudés en septembre.

Puccinia Grossulariæ cause sur les feuilles et les fruits, surtout chez les Groseilliers à maquereau, une rouille formant des groupes de grosses fructifications rouges qui rendent les fruits impropres à la consommation. Cette maladie est assez rare.

A la base des tiges, on trouve les chapeaux superposés du Polypore du Groseillier (*Polyporus Ribis*).

Insectes. — Une sorte de ver limace, larve de la Tenthrède noire (*Selandria morio*), se rencontre sur les feuilles.

Phalène du Groseillier. — Les petites chenilles éclosent en septembre et passent l'hiver cachées sous quelques feuilles qu'elles ont assemblées avec des fils de soie. Brûler les paquets de feuilles en hiver. Plusieurs tordeuses rongent les feuilles.

Sésie Tipuliforme. — Papillon ressemblant à une guêpe ; la larve vit dans le canal médullaire des bourgeons.

La destruction est difficile. Détruire par le feu les bourgeons attaqués.

Pucerons. — Deux pucerons attaquent le Groseillier : 1° *Aphis Ribis*, de couleur jaune citron ; 2° *A. Grossulariæ*, de couleur bleuâtre. Les feuilles attaquées se boursouflent.

On rencontre une fausse Erinose causée par un *phytoptus*.

VIGNE

Maladies. — La Vigne, dans le Midi tout au moins, est attaquée par un grand nombre de maladies ; la plupart sont d'origine américaine.

Oïdium (*Erysiphe Tuckeri*). — C'est la forme estivale de l'*Uncinula Americana*, introduit d'Amérique en Angleterre, en 1845, puis en France en 1848. Réseau blanc, arachnoïde sur les feuilles, puis sur les fruits et les bourgeons. Les feuilles tombent, les fruits se crevassent et sèchent, le bois ne s'aoûte pas. Cause souvent des dégâts énormes. Soufrer préventivement : 1° peu après le départ de la végétation ; 2° au moment de la floraison ; 3° lorsque les grains sont un peu formés. Un quatrième soufrage est parfois utile. (Voir *Soufrages*, p. 14.)

On peut encore enrayer la maladie, même lorsqu'elle est déclarée, le mycélium étant entièrement externe. Soufrer alors énergiquement, lorsque les feuilles sont encore humides de rosée. Si les pluies entraînent le soufre, il faut soufrer à nouveau.

Le polysulfure de potassium (foie de soufre) ou de calcium peuvent également être employés.

Le permanganate de potasse, à la dose de 250 à 300 grammes par hectolitre d'eau, détruit bien les filaments mycéliens ; il peut donc être employé comme bon traitement curatif, mais n'a guère d'action préservatrice.

MILDIOU (*Peronospora viticola*). — Introduit d'Amérique en 1876. Efflorescences farineuses blanches, à la face inférieure des feuilles, produites par les organes fructifères d'été. Les feuilles attaquées se dessèchent et tombent. La maladie gagne, de proche en proche, avec une rapidité extrême, si la température est chaude et humide ; la maturation ne peut s'effectuer, la fructification de l'année suivante est compromise. En hiver, dans les feuilles tombées, se forment les spores d'hiver, qui se conservent et germent au printemps suivant, après avoir été mises en liberté par la décomposition des feuilles. La forme estivale reparaît alors.

Pulvérisations préventives au sulfate de cuivre. (Voir p. 14.) Il faut que les feuilles soient constamment préservées par un dépôt de bouillie.

Le premier traitement doit donc être appliqué avant l'époque où le mal se manifeste et le renouveler, lorsque le dépôt commence à disparaître.

En réalité, c'est à la suite des pluies chaudes que la germination des spores a lieu. Il est donc utile d'appliquer des traitements aussitôt après les orages. Dans le Midi (Sud-Ouest surtout), la maladie est beaucoup plus à craindre que dans la région parisienne.

ANTHRACNOSE (*Glœosporium ampelophagum*). — Semble avoir toujours existé en Europe. Caractérisée par des taches noires sur les sarments et des taches noires pourrissantes sur les grains.

Badigeonnages des ceps, avant le départ de la végétation, avec le mélange suivant :

Sulfate de fer.	50 kilogrammes.
Eau tiède	100 litres.
Acide sulfurique	1 kilogramme.

Mélanger *avec précaution*, en versant très lentement l'acide dans l'eau.

ROT BLANC (*Coniothyrium Diplodiella*). — Constaté en Italie en 1878, puis en France en 1885. Le grain devient blanc grisâtre, se ramollit, puis se dessèche. Aspersions préventives au sulfate de cuivre.

BLACK-ROT, POURRITURE NOIRE (*Guignardia Bidwellii*). — Introduit d'Amérique dans l'Hérault, vers 1885, a gagné tout le Midi. Attaque les feuilles, les sarments et les fruits, qui présentent de petites taches noires, grandissant très rapidement et devenant rougeâtres ; le grain se ramollit, prend une teinte bleuâtre et se dessèche complètement. Le Champignon, cause de la maladie, développe successivement des fructifications très diverses.

Les traitements cupriques ont, dès le début, été essayés, mais n'ont alors donné que des résultats insuffisants et très variables. Depuis, on a reconnu que, *seuls, les très jeunes organes* (feuilles, bourgeons ou grains) sont dans les conditions voulues pour permettre l'envahissement. Leur réceptivité diminue rapidement avec l'âge. Ce sont donc les jeunes feuilles — qui, précisément, n'étaient souvent pas traitées au début — qu'il faut successivement immuniser par les traitements, pour prévenir efficacement la maladie. En réalité, pour que les organes soient en état de réceptivité, leurs sucs doivent être très acides.

Les râfles et grains attaqués et desséchés renferment les spores hivernales du Champignon ; il convient donc, en automne, de brûler les organes attaqués.

Insectes. — Dans la région parisienne, peu d'insectes, sauf les kermès et parfois la cochylis, attaquent la Vigne.

On trouve fréquemment, sur les Vignes en plein air, le gros kermès : *Lecanium Vitis*. Dans les serres, on rencontre le pou blanc ou *Dactylopius Vitis*, qui cause parfois de graves dégâts. (Fumigations à la nicotine.)

Ephippigères. — Insectes voisins des sauterelles ; l'abdomen de la femelle est terminé par une longue tarière. Ces insectes, communs dans le Midi, se rencontrent aussi parfois aux environs de Paris ; ils rongent les grains.

En Algérie et dans le Midi parfois, le gros criquet (*Acridum peregrinum*) dévaste les vignobles.

Cigarière (*Rhynchites Betuli*). — Roule les feuilles en cigares. (Voir *l'oirier*.) Le *Peritelus* et quelques autres charançons rongent les bourgeons.

Ecrivain, Gribouri (*Eumolpus Vitis*). — Petit coléoptère noir, à élytres rousses ; ronge les feuilles et les grains. Les larves passent l'hiver sous terre, dévorant les racines ; puis, au printemps, gagnent les feuilles, qu'elles rongent, en y traçant des caractères bizarres.

Altise (*Altica ampelophaga*). — Petit insecte noir, sautant agilement. Attaque les feuilles à l'état de larve et d'insecte parfait. Très commun en Algérie. Ces deux insectes se capturent en grand nombre, en secouant les organes attaqués au-dessus d'un large entonnoir, dont le bas est muni d'un petit sac, et aussi, en enduisant de substances visqueuses des planchettes, au-dessus desquelles on secoue les sarments.

Pyrale de la Vigne (*Tortrix pillerina*). — Papillon de 20 à 22 millimètres. Les chenilles naissent à l'automne et hivernent dans les gerçures des écorces, les fentes des échalas, etc. Au printemps, elles rongent les jeunes feuilles, les grappes naissantes ; les papillons éclosent en juin.

Pendant l'hiver, racler les ceps, les brosser ou les passer au gant Sabatté ; échaudage des échalas et des ceps ou clochage à l'acide sulfureux.

Ver de la grappe (*Cochylis ambiguella*). — Petite pyrale dont la larve vit au milieu des grappes, rongeant les grains et causant parfois des dégâts énormes. Deux générations par an : 1° Papillons en avril, qui pondent sur les jeunes grappes ; les chenilles rongent les fleurs ; 2° Papillons en juin, les larves éclosent dans les grappes déjà plus âgées et rongent les grains. Raclage des écorces, échaudages à l'eau bouillante, pour détruire les chrysalides hivernantes. Sur les grappes, asperger un insecticide. Destruction très difficile.

Erinose (*Erineum, Phytoptus Vitis*). — Elle est fréquente, mais ne cause pas de dégâts bien sensibles.

Phylloxera vastatrix. — C'est le plus grave ennemi de la Vigne ; il a failli compromettre l'existence même de la plante.

Sorte de puceron qui absorbe les sucs de la plante, tantôt sur les feuilles et bourgeons, tantôt sur les racines ; c'est à ce dernier moment qu'il cause les plus grands dégâts. Plusieurs formes se succèdent : 1° Œuf d'hiver ; 2° Femelles aptères, vivant sur les racines et pondant sans fécondation ; 3° Femelles ailées, pouvant se transporter au loin et pondre, encore sans fécondation ; 4° Femelles et mâles. Après fécondation, les femelles de cette troisième génération pondent l'œuf d'hiver, qui est déposé sous les écorces.

Remèdes : 1° Destruction de l'œuf d'hiver : par exemple, par le badigeonnage des ceps, procédé Balbiani ; 2° Destruction de la forme aptère, hivernant sur les racines, par le sulfure de carbone injecté à une très faible profondeur, à raison de 200 à 300 kilogrammes par hectare ; 3° Greffage de nos Vignes sur Vignes américaines, dont les racines ne souffrent pas de l'attaque du Phylloxera. Ce dernier moyen est de plus en plus appliqué.

NOYER

Maladies. — Le Noyer n'est pas trop atteint, en général ; son odeur forte écarte un certain nombre d'insectes ; on a même prétendu que l'odeur des feuilles chassait le puceron lanigère !

Plusieurs Champignons attaquent l'arbre sans causer, le plus souvent, de très grands dégâts.

Gnomonia leptostyla. — Sur les feuilles, on rencontre de petites taches d'un brun grisâtre, qui sont causées par ce Champignon.

Cryptosporium nigrum. — Détermine également des taches brunes, entourées d'une auréole plus sombre.

Phyllosticta juglandiana. — Cause des taches pâles.

Ces maladies déterminent la chute prématurée des feuilles ; elles se traitent par les pulvérisations cupriques, mais celles-ci sont difficilement praticables.

Phillactinia suffulta, déjà nommé au Poirier, cause parfois le « blanc du Noyer » très souvent, le « blanc du Noisetier ».

Les fruits sont attaqués : par *Glœosporium epicarpii*, *Septoria epicarpii* et *S. nigromaculans*, qui causent des taches brunes limitées par une auréole, un peu plus foncée, pour les deux premières. De petits points noirâtres sont déterminés par *Phoma Juglandis*.

Les grosses branches et le tronc sont fréquemment envahis par la pourriture du cœur. Tous les Polypores déjà nommés peuvent se rencontrer ici. On y observe, en outre, le *Polyporus fomentarius* (Amadouvier vrai) ; le *Polyporus squamosus*, dont le chapeau, au lieu d'être sessile, est porté par un pied noirâtre ; le *Polyporus cinnabarinus* rougeâtre et *Dædala cinnabarina*, qui diffère des Polypores par son hyménium en lamelles inégales. L'*écoulement muqueux* est fréquent.

Les racines sont souvent attaquées par le *blanc des racines*.

Insectes. — A la face inférieure des feuilles, on rencontre parfois des touffes de poils blancs argentés ; cette affection, désignée par le nom d'*Erineum*, est causée par une sorte de Phytoptus, *Phyllereus Juglandis*. Un autre Phytoptus attaque aussi les feuilles.

Dans les Noix, on trouve de petits chenilles, larves du *Carpocapsa funebrana*. La teigne des grains (*Tinea granella*) fait quelquefois des dégâts dans les Noix en conservation.

CHÂTAIGNIER

Maladies. — En général, le Châtaignier n'est pas très attaqué par les parasites ; cependant on observe :

Sur les feuilles, la *jaunisse* causée par *Sphærella maculiformis*. Les feuilles prennent une teinte jaunâtre, de petites taches brunes s'y forment, puis elles tombent prématurément.

Sur les jeunes pousses, dans les taillis, le *Javart*, maladie caractérisée par des sortes de chancres ; le Champignon déterminant est le *Diplodina Castanæ*.

Sur les racines, *la maladie de l'encre*, qui a causé des ravages dans plusieurs parties du Midi, connue, souvent, sous la simple dénomination de « maladie du Châtaignier ». Cette affection a été étudiée par nombre de mycologues ; on n'a pu encore en dégager la cause d'une façon certaine. Le Dr Delacroix a pensé que l'enlèvement des feuilles mortes pouvait favoriser l'éclosion de cette maladie en nuisant au développement des mycorhizes.

Insectes. — Les fruits sont envahis par la larve du *Carpocapsa splendens*.

FIGUIER

Maladies. — Sous le climat parisien, le Figuier est rarement attaqué par les maladies. On ne constate guère que le *Blanc des racines*. Dans le Midi, la *Fumagine* l'envahit fréquemment.

Insectes. — Les insectes attaquent peu cet arbre, sauf les kermès qui causent des dégâts parfois très importants dans le Midi. Les espèces propres sont : un très gros kermès en forme de verrue presque conique, *Coccus Caricæ* ; deux petites espèces, *Mytilaspis ficus* et *Dachylopius ficus*.

FRAISIER

Maladies. — **Sur les Feuilles**. — Blanc du Fraisier. — Forme oïdienne du *Sphærotheca Castagnei*. — Pendant les étés chauds, les feuilles sont souvent attaquées, à leur surface supérieure surtout, par un *blanc*, qui peut causer de grands dégâts ; les feuilles se dessèchent, finissent par périr, et les plants se trouvent, par suite, très affaiblis pour l'année suivante. Les variétés *Marguerite* (*Lebreton*) et *Docteur Morère* sont très sujettes à cette affection.

Traitement : Soufrages ou pulvérisations au sulfure de potassiun, dès les premières manifestations du mal. (Voir p. 14.)

Mildiou du Fraisier (*Peronospora Fragariæ*). — Cette maladie, voisine du Mildiou de la Vigne, se manifeste par la formation de taches brunes à la face supérieure des feuilles. A la face inférieure et correspondant aux taches brunes, on voit des houppes blanches farineuses formées par les organes fructifères, portant les spores d'été. En hiver, il se forme, dans les feuilles, des *œufs* ou spores d'hiver.

Traitement : Pulvérisations cupriques préventives ; destruction, par le feu, des feuilles malades.

Tache des Feuilles (*Sphærella Fragariæ*). — Cette maladie est caractérisée par l'apparition de petites taches brunes, disséminées sur les feuilles. Le centre des taches périt bientôt et blanchit, puis, souvent, tombe et la feuille est percée de petits trous.

Sous l'influence de cette maladie, qui prend assez souvent une grande importance, surtout dans les régions fraîches, la fonction des feuilles est paralysée et la fructification en cours peut être entravée, si l'attaque est assez forte et précoce. La vigueur des plants est, en tous cas, diminuée et la fructification de l'année suivante souvent compromise. Dans le tissu attaqué végète un mycélium produisant, pendant la belle saison, des spores allongées, à germination rapide. En hiver, il se forme des fructifications fermées renfermant les asques, pleines de spores d'hiver.

Traitement : Pulvérisations préventives aux bouillies cupriques. En Amérique, le sulfure de potassium est employé. Destruction, par le feu, des feuilles séchées, pour détruire le parasite et empêcher la formation des spores d'hiver.

Sur les racines. — BLANC (*Agaricus et Dematophora*). — Ces Champignons, déjà étudiés, attaquent parfo's les plantations de Fraisiers et peuvent causer des dégâts importants. (Voir p. 18.)

NUILE. — Maladie dont la cause n'est pas exactement connue. Produit. sur les feuilles des jeunes plants sous châssis, des taches avec un point central blanc ; les taches grandissent, les feuilles se dessèchent et meurent.

Traitement : Aération des châssis et soufrages.

Insectes. — Coléoptères. — HANNETON. — Déjà indiqué. La larve est très avide des racines de Fraisiers et cause souvent des dégâts considérables.

OTIORHYNCHUS SULCATUS. — Déjà indiqué au Poirier ; la larve attaque les racines et cause des dégâts parfois importants. (Voir Poirier, p. 21.)

COUPE-BOURGEONS DU FRAISIER (*Rhynchites Fragariæ*). — Très voisin du « coupe-bourgeons du Poirier », et de mœurs analogues. La femelle dépose ses œufs dans les jeunes hampes florales ; elle tranche ensuite ces hampes au-dessous du point où l'œuf a été déposé. Dans certaines années la floraison est très fortement diminuée. Destruction très difficile, par les moyens indiqués au Poirier, page 20.

Orthoptères. — COURTILIÈRE (*Gryllotalpa vulgaris*). — Cause des dégâts, surtout dans les semis, en traçant ses fortes galeries et en soulevant les jeunes plants.

Destruction : Rechercher, au bout des galeries, les trous descendant perpendiculairement, dans lesquels l'insecte se tient le jour et y verser de l'eau, additionnée de savon noir ou d'huile, qui le fait périr.

Lépidoptères. — VER GRIS. — Larves de plusieurs espèces de *Noctuelles* et en particulier de la *Noctuelle des moissons*, *Agrotis segetum*. Ces larves rongent le collet des Fraisiers, comme de beaucoup d'autres plantes, et causent souvent de grands dégâts, surtout dans les jeunes plantations d'août.

Destruction difficile ; rechercher les larves au pied des plants qui fanent. Détruire les papillons ; pièges lumineux.

Hémiptères. — PUCERON DU FRAISIER (*Aphis Fragariæ*). — Ressemblant, comme forme et par ses mœurs, au puceron vert du Poirier. Attaque surtout les cultures sous verre.

Destruction : Seringages à la nicotine ; sous verre, fumigations à la nicotine.

Diptères. — GRANDE TIPULE (*Tipula oleracea*). — Insecte ressemblant à un gros cousin. Les larves de cette tipule s'attaquent, la nuit, aux racines des Fraisiers, comme à celles d'un grand nombre d'autres plantes ; leur destruction est fort difficile. On peut incorporer au sol, comme pour chasser les vers blancs, de la naphtaline ou traiter au sulfure de carbone.

Arachnides. — Grise. — Déjà indiquée. Dans les années sèches ce petit acarien fait souvent beaucoup de mal. Destruction : Voir page 27. Brûler les feuilles desséchées qui portent des adultes, de jeunes acarus et des œufs.

Les feuilles sont parfois aussi attaquées par l'*Erinose*. (Voir p. 27.)

Iule des Fraises (*Blaniulus guttulatus*). — Sorte de *myriapode* (mille-pattes) qui, la nuit, perce les Fraises de petits trous et pénètre au centre de ces fruits ; il recherche surtout les grosses Fraises.

Destruction difficile ; on peut les capturer, en disposant des petits tas de mousse humide. dans laquelle ils vont se réfugier pendant le jour.

Mollusques. — Les *limaces*, les *escargots*, etc., causent souvent de grands dégâts, surtout pendant les années humides. Destruction : Placer des planchettes, des tuiles. sous lesquelles ces mollusques viennent se réfugier le jour et où l'on peut les capturer. On peut aussi les attirer en plaçant des petits tas de son sec que les limaces recherchent. Une corde fortement sulfatée, posée sur le sol et entourant les plantes à préserver, empêche les limaces de passer.

Les *hérissons*, les *crapauds*, les *carabes* ou *jardinières* dévorent un grand nombre de mollusques et nous rendraient encore de plus grands services, si on ne les détruisait trop souvent. On devrait les multiplier dans les jardins.

Les *rats, souris, mulots*, etc., causent parfois des dégâts ; de même quelques oiseaux s'attaquent aux Fraises.

Dans les jardins et les petites exploitations, il est facile de se débarrasser des mulots à l'aide de pièges à trous qu'on amorce avec des quartiers de Noix ; pour les souris, on amorce de préférence avec de la farine.

LES MEILLEURS FRUITS

AU DÉBUT DU XXE SIÈCLE

ABRICOTIER

(Armeniaca vulgaris).

Caractères généraux. — Arbre de troisième grandeur, à tête arrondie.

LÉGENDE. — 1, yeux à bois; 2, rameau à bois d'un an; 3, de deux ans; 4. rameau à fruit d'un an: 5, de deux ans; 6, branche à bouquets; 7, fleurs épanouies.

Écorce d'un brun rougeâtre, se crevassant fortement avec l'âge. Yeux petits, sur des coussinets très saillants, se détruisant moins facilement que ceux du

Pêcher ; yeux adventifs fréquents. Feuilles cordiformes, lisses, d'un beau vert, mérithalles courts.

Bouton uniflore ; fleur grande à calice rouge et à pétales blancs. Fruits à lobes séparés par un sillon assez profond ; noyau lisse, ne contenant qu'une graine (par avortement).

Origine. — On lui a attribué successivement comme patrie l'Arménie (ce qui lui a fait donner son nom), puis la Perse ; enfin, l'Afrique. On le croit aujourd'hui originaire de Chine.

Sol. — L'Abricotier est peu exigeant sur la nature du sol ; toutefois, il est sujet à la gomme dans les terres froides et humides ; les sols chauds, même un peu secs et calcaires, ne lui sont pas défavorables au point de vue de la végétation, et les fruits y acquièrent une qualité supérieure.

Porte-greffes. — Le Prunier (Saint-Julien) est le porte-greffe le plus employé pour l'Abricotier. Néanmoins, dans certaines localités des environs de Paris et dans le centre de la France, on emploie l'Amandier ; mais c'est encore sur Prunier que les résultats sont les meilleurs et les plus réguliers. Dans les terres calcaires du nord de la France, on adopte souvent le Myrobolan blanc.

Considérations générales sur la taille. — Dans la culture à haute tige, on ne fera pas de taille proprement dite ; on se contentera de nettoyer la tête du bois mort, s'il s'en produit, et de maintenir l'équilibre général de l'arbre, en taillant les branches trop vigoureuses.

Dans les formes régulières, on s'inspirera des principes suivants : l'Abricotier fructifie sur les rameaux d'un an, de vigueur moyenne et bien aoûtés. Il faudra donc, chaque année, assurer la bonne venue de ces rameaux, en évitant les gourmands, et en supprimant le bois qui a fructifié.

Il faudra tailler modérément et agir par des pincements fréquents. En prévision des pertes que produit la gomme, il sera bon de laisser plusieurs bourgeons, appel-sève, par coursonne.

En résumé, il est préférable de ne pas chercher à donner aux abricotiers une forme régulière, toujours très problématique et, par conséquent, rarement pratique.

COMMUN (Abricot)

Synonymes principaux : *Abricot crotté, A. galeux* (par erreur),
Gros abricot ordinaire.

Origine ancienne et inconnue; il semble que cet Abricot soit celui que les
auteurs latins ont décrit; il aurait été introduit d'Italie en France, au milieu
du XVᵉ siècle.

DESCRIPTION DE L'ARBRE

Port : étalé, quoique dressé avec l'âge.
Vigueur : très bonne.
Fertilité : grande.
Forme : la haute tige.

RAMEAU

Long et gros, d'un brun verdâtre, plus foncé à l'insolation.
Lenticelles : petites, nombreuses à la base du rameau, ovales ou arrondies, transversales.
Coussinets : saillants.
Mérithalles : inégaux, plutôt courts.
Yeux : gros, ovoïdes, plus ou moins allongés, d'un violet foncé.
Feuilles : *limbe*, assez grand, d'un beau vert, plus ou moins allongé, le plus souvent cordiforme, à bords ondulés et finement dentés; *pétiole*, gros et court, très faiblement canaliculé, violacé.
Glandes : petites et nombreuses.
Fleurs : blanches et moyennes.
Époque de floraison : tardive.

FRUIT

Assez gros, arrondi ou ovoïde, à lobes inégaux.
Peau : épaisse, rude, un peu squameuse, d'un jaune pâle à l'ombre, orangée et lavée de vermillon à l'insolation, tachée de brun.
Point pistillaire : petit dans une légère dépression.
Lèvres : inégales.
Sillon : étroit et profond.
Cavité du pédoncule : large et profonde.
Chair : jaune, mi-fine, sucrée, délicatement parfumée, très juteuse.
Noyau : assez gros, ovale, à flancs rebondis, à arête dorsale saillante, non adhérent; *amande* très amère.
Qualité : bonne.
Époque de la maturité : courant de juillet.
Fruit de marché.

OBSERVATIONS : Cet Abricotier est très répandu, surtout dans les vieilles plantations. Il se fait remarquer par sa vigueur et sa rusticité; aussi pourra-t-on continuer à le planter, concurremment avec des variétés plus récentes.

DESFARGES (Abricot)

Cette variété a été obtenue par M. Lambert Desfarges, pépiniériste, à Saint-Cyr-au-Mont-d'Or, près de Lyon (Rhône).

DESCRIPTION DE L'ARBRE

Port : étalé.
Vigueur : bonne.
Fertilité : très grande.
Forme : toutes les formes, la haute tige de préférence.

RAMEAU

De longueur et de grosseur moyennes, brillant, d'un rouge carminé, verdâtre
    à l'ombre, assez fortement nervé.
Lenticelles : nombreuses à la base du rameau, petites, arrondies, saillantes.
Coussinets : gros, saillants.
Mérithalles : réguliers et courts.
Yeux : petits, ovoïdes, courts, brun foncé.
Feuilles : *limbe*, ovale ou plus souvent cordiforme, d'un vert tendre, courte-
    ment acuminé, à bords relevés et finement dentés; *pétiole*, grêle et assez
    long, faiblement canaliculé, carminé.
Glandes : nombreuses, allongées, saillantes.
Fleurs : grandes, rosées.
Époque de floraison : hâtive.

FRUIT

Assez gros ou gros, globuleux ou un peu allongé, tronqué aux deux pôles, à
    lobes sensiblement égaux.
Peau : fine, jaune vif, orangée et lavée de carmin à l'insolation.
Point pistillaire : assez grand, dans une cavité étroite et sensible.
Lèvres : également saillantes.
Sillon : étroit et assez profond.
Cavité du pédoncule : étroite, peu profonde.
Chair : fine, d'un jaune orangé, sucrée, bien parfumée, assez juteuse.
Noyau : gros, arrondi, à arête dorsale saillante et tranchante, non adhérent;
    amande amère.
Qualité : bonne.
Époque de la maturité : commencement de juillet.
Fruit d'amateur.

OBSERVATIONS : Cette variété est encore peu répandue, mais elle
mérite d'être propagée. Le fruit est d'une beauté remarquable, qui suffit à le
faire recommander pour les plantations d'amateurs. Cependant, on pourrait
reprocher à l'arbre une rusticité insuffisante; car il s'accommode mal des
terrains humides, où le fruit tend à se fendre et perd ainsi de sa valeur.

LIABAUD (Abricot)

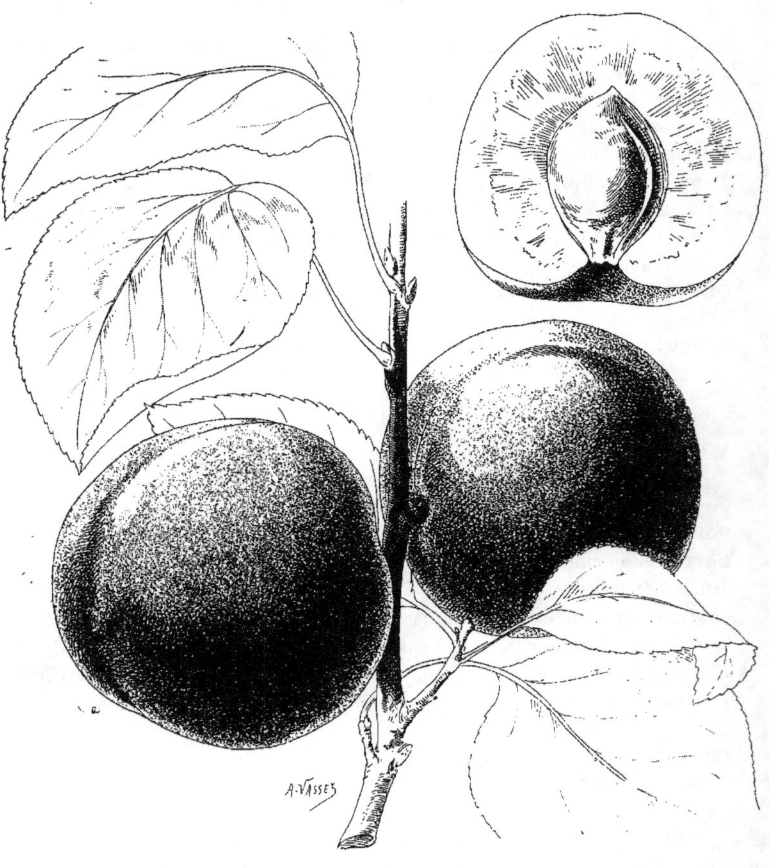

Obtenu par M. Liabaud, horticulteur à Lyon (Croix-Rousse); décrit pour la première fois en 1863 (Cherpin, *Revue des jardins et des champs*).

DESCRIPTION DE L'ARBRE

Port : semi érigé ; les rameaux de la base sont étalés.
Vigueur : bonne.
Fertilité : moyenne.
Forme : toutes les formes.

RAMEAU

Long et gros, d'un rouge carminé ou violacé.
Lenticelles : petites, arrondies, grisâtres, saillantes.
Coussinets : plus ou moins saillants.
Mérithalles : de longueur moyenne.
Yeux : gros, ovoïdes, courts, écartés du rameau.
Feuilles : *limbe*, grand, ovale ou cordiforme, à bords ondulés ou relevés, à dents assez grandes et obtuses ; *pétiole*, fort, de longueur moyenne, profondément canaliculé.
Glandes : très nombreuses.
Fleurs : grandes, légèrement rosées, à calice rouge vif.
Époque de floraison : hâtive.

FRUIT

Assez gros ou gros, globuleux ou ovoïde, à lobes inégaux bien renflés.
Peau : fine, un peu duveteuse, d'un jaune paille, orangée et légèrement rosée à l'insolation.
Point pistillaire : petit, sur un léger mamelon ou dans une faible dépression.
Lèvres : à peu près égales.
Sillon : faiblement prononcé.
Cavité du pédoncule : très large et peu profonde.
Chair : jaune clair, tendre, fondante, quelquefois un peu pâteuse, très sucrée, parfumée, juteuse.
Noyau : gros, à flancs aplatis, à base tronquée, à arête dorsale peu saillante et très aiguë, non adhérent ; *amande* amère.
Qualité : bonne ou très bonne.
Époque de la maturité : juillet.
Fruit d'amateur.

OBSERVATIONS : Cette variété donne de bons fruits en plein vent, mais sa floraison hâtive rend la récolte incertaine. Pour protéger les fleurs contre les gelées printanières, on peut la cultiver en espalier.

LUIZET (Abricot)

<hr>

Synonyme : *Abricot du Clos.*

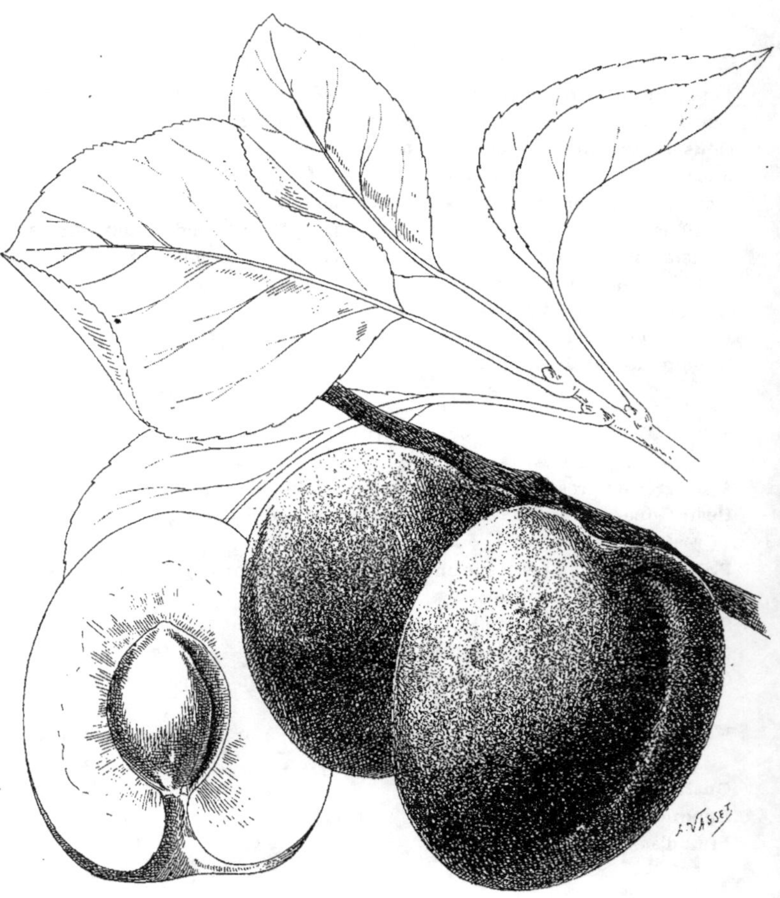

Obtenu en 1838, par M. Gabriel Luizet, pépiniériste à Écully, près Lyon.
Mis au commerce en 1853.

DESCRIPTION DE L'ARBRE

Port : semi érigé; les rameaux inférieurs sont retombants.
Vigueur : bonne et très bonne.
Fertilité : grande.
Forme : toutes les formes.

RAMEAU

De grosseur moyenne, long, anguleux, d'un brun clair à l'ombre et rouge
violacé à l'insolation.
Lenticelles : grandes, rares, arrondies, jaunâtres et saillantes.
Coussinets : saillants.
Mérithalles : assez longs.
Yeux : larges, triangulaires, un peu écartés du rameau.
Feuilles : *limbe*, grand et large, arrondi, courtement acuminé, à dents grandes
souvent doubles; *pétiole*, long, de grosseur moyenne, peu rigide.
Glandes : petites, foncées; à la base de la feuille, deux d'entre elles se déve-
loppent en protubérance allongée.
Fleurs : petites, d'un blanc rosé.
Époque de floraison : moyenne saison.

FRUIT

Très gros, ovoïde, présentant au sommet un méplat oblique se terminant au
point pistillaire.
Peau : un peu duveteuse, blanchâtre à l'ombre, d'un jaune orangé lavé de
rouge à l'insolation.
Lèvres : inégales.
Sillon : étroit et assez profond.
Cavité du pédoncule : étroite et très profonde.
Chair : orangée, ferme, sucrée, parfumée, assez juteuse.
Noyau : gros, ovoïde, aplati, à arête dorsale saillante. très aiguë; *amande*
douce.
Qualité : bonne et très bonne.
Époque de la maturité : fin juillet.
Fruit d'amateur et de marché.

OBSERVATIONS : L'abricot Luizet est l'un des plus gros et des plus
beaux. L'arbre s'accommode de tous les sols et de tous les genres de culture. Dans le Lyonnais et le Dauphiné, cette variété est très répandue et très
estimée, car le fruit supporte parfaitement l'emballage et le transport.

PÊCHE (Abricot)

SYNONYMES PRINCIPAUX : *Abricot de Nancy, galeux, crotté, de Pézenas, de Piémont, de Wurtemberg.*

Origine incertaine; les premières descriptions remontent au milieu du XVIIIe siècle. On doit supposer cette variété originaire des environs de Nancy.

DESCRIPTION DE L'ARBRE

Port : semi érigé.
Vigueur : bonne.
Fertilité : assez grande.
Forme : toutes les formes, buisson, espalier, haute tige, lui **conviennent**.

RAMEAU

Gros et long, d'un rouge carmin foncé, olivâtre à l'ombre.
Lenticelles : moyennes, assez abondantes, saillantes.
Coussinets : assez saillants.
Mérithalles : courts.
Yeux : gros, ovoïdes, aigus, écartés du rameau.
Feuilles : *limbe*, assez grand, large, cordiforme, longuement acuminé, à bords
 dentés et surdentés; *pétiole*, long, fort, peu canaliculé.
Glandes : peu nombreuses.
Fleurs : blanches, rosées au centre.
Époque de floraison : moyenne saison.

FRUIT

Gros ou très gros, le plus souvent globuleux, quelquefois allongé, à lobes
 inégaux.
Peau : fine, peu duveteuse, d'un jaune orangé, lavée de rouge à l'insolation,
 tachée de verrues grises ou noirâtres.
Point pistillaire : dans une très faible dépression.
Lèvres : assez saillantes, inégales.
Sillon : large et assez profond.
Cavité du pédoncule : large et assez profonde.
Chair : d'un jaune intense, fine, très fondante, non pâteuse, **très** sucrée,
 acidulée et finement parfumée, très juteuse.
Noyau : gros, arrondi, épais, à arête large avec petite cavité dans laquelle
 on peut passer une épingle, nullement adhérent; *amande* **amère**.
Qualité : très bonne.
Époque de la maturité : première quinzaine d'août.
Fruit d'amateur et de marché.

OBSERVATIONS : Cette variété est généralement considérée, et à juste
titre, comme la meilleure. L'arbre a autant de qualités que le fruit, car il est
assez rustique, vigoureux, et se prête à toutes les formes. C'est l'une des
rares variétés qui réussissent bien en espalier.

PRÉCOCE DE BOULBON (Abricot)

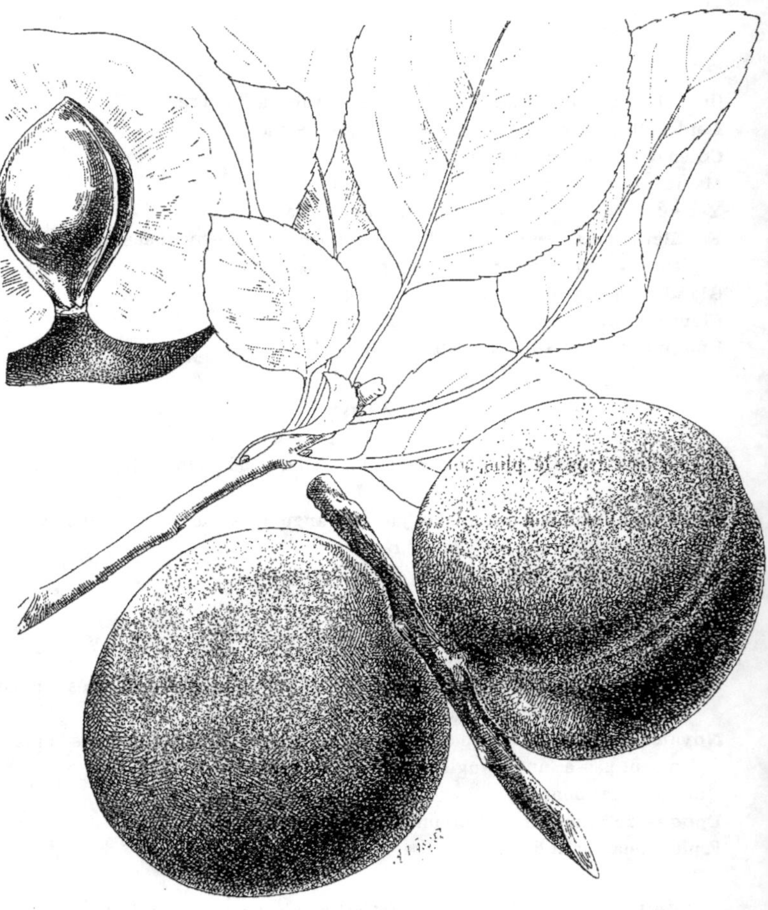

Il semble originaire des environs de Tarascón, où il est très cultivé depuis
fort longtemps, notamment à Boulbon, localité qui lui a donné son nom.

DESCRIPTION DE L'ARBRE

Port : érigé.
Vigueur : bonne.
Fertilité : grande.
Forme : la haute tige de préférence.

RAMEAU

Gros et assez long, d'un rouge carminé à l'insolation.
Lenticelles : peu nombreuses.
Coussinets : saillants.
Mérithalles : moyens.
Yeux : gros, ovoïdes, aplatis, peu saillants.
Feuilles : *limbe*, large, arrondi, acuminé, assez profondément denté; *pétiole*, gros, carminé.
Glandes : nombreuses.
Fleurs : moyennes.
Époque de floraison : hâtive.

FRUIT

Gros et très gros, oblong, à base large, rétréci à partir du tiers supérieur, comprimé sur les faces et tronqué au sommet.
Peau : d'un jaune orangé, carminée ou soleil, lavée de rouge vif, un peu verruqueuse.
Point pistillaire : dans une cavité régulière.
Lèvres : inégales.
Sillon : profond.
Cavité du pédoncule : moyenne, irrégulière et bosselée.
Chair : d'un jaune orangé, fine, fondante, sucrée et parfumée, bien juteuse.
Noyau : moyen, allongé, assez profondément incrusté, non adhérent; *amande* amère.
Époque de la maturité : première quinzaine de juillet.
Qualité : bonne.
Fruit d'amateur et de marché.

OBSERVATIONS : Cette variété est très cultivée dans le midi de la France en vue de la spéculation, pour laquelle la désignent tout particulièrement la vigueur et la fertilité de l'arbre, la beauté et la qualité du fruit, et surtout la grande facilité que possède le fruit de supporter l'emballage, sans avaries.

PRÉCOCE DE MONPLAISIR (Abricot)

Cette variété a été obtenue en 1863, par M. Jacquier, horticulteur à Monplaisir (Lyon).

DESCRIPTION DE L'ARBRE

Port : étalé.
Vigueur : moyenne.
Fertilité : irrégulière.
Forme : la haute tige de préférence.

RAMEAU

Long, assez gros, d'un brun clair, carminé à l'insolation.
Lenticelles : nombreuses, blanchâtres, rondes.
Coussinets : peu saillants.
Mérithalles : courts.
Yeux : assez gros, ovoïdes, à pointe peu aiguë, peu écartés du rameau.
Feuilles : *limbe*, moyen, ovale-arrondi; *pétiole,* court et grêle.
Glandes : nombreuses.
Fleurs : petites.
Époque de floraison : hâtive.

FRUIT

Moyen, ovoïde, à lobes inégaux.
Peau : couverte d'un fin duvet, jaune pâle, un peu carminée à l'insolation.
Point pistillaire : petit, dans une faible cavité.
Lèvres : inégales.
Sillon : étroit, profond.
Cavité du pédoncule : étroite et profonde.
Chair : d'un jaune orangé, ferme, sucrée, bien parfumée, très juteuse.
Noyau : petit, à flancs rebondis, à arête dorsale forte et tranchante, non adhérent; *amande* amère.
Qualité : bonne ou très bonne.
Époque de la maturité : fin juin, commencement de juillet.
Fruit d'amateur.

OBSERVATIONS : Cette variété est recommandable par sa précocité.

———————

PRÉCOCE ESPEREN (Abricot)

SYNONYMES PRINCIPAUX : *Précoce de Hongrie, Gros abricotin, Die grosse frühe* (allemand).

Cet abricot était depuis longtemps cultivé en Allemagne, quand il fut introduit en Belgique et baptisé du nom du major Esperen. Il passa en France vers le milieu du xixᵉ siècle.

DESCRIPTION DE L'ARBRE

Port : étalé.
Vigueur : très bonne.
Fertilité : inconstante.
Forme : la haute tige presque exclusivement.

RAMEAU

Long et assez gros, d'un rouge un peu violacé, carminé à l'insolation.
Lenticelles : petites et nombreuses, plus ou moins allongées.
Coussinets : peu saillants.
Mérithalles : de longueur moyenne.
Yeux : petits, triangulaires, peu écartés du rameau.
Feuilles : *limbe*, grand, plus ou moins allongé, à dents régulières; *pétiole*,
   long et fort, faiblement canaliculé, carminé.
Glandes : peu nombreuses.
Fleurs : grandes.
Époque de floraison : hâtive.

FRUIT

Gros, ovoïde, allongé, aplati.
Peau : un peu duveteuse, d'un jaune clair devenant plus vif à l'insolation.
Point pistillaire : petit, dans une très faible dépression.
Lèvres : inégales.
Sillon : étroit et assez profond.
Cavité du pédoncule : large et peu profonde.
Chair : jaune foncé, fine, tendre, assez sucrée, acidulée, peu parfumée, juteuse.
Noyau : gros et large, à flancs aplatis, à arête dorsale prononcée et tran-
   chante, non adhérent; *amande* amère.
Qualité : bonne.
Époque de la maturité : juillet.
Fruit d'amateur.

OBSERVATIONS : Comme la fertilité de cet arbre laisse quelque peu à
désirer, il faut éviter les formes d'espalier où la taille nuirait à la production.

ROYAL (Abricot)

SYNONYMES PRINCIPAUX : *Royal du Wurtemberg, du Luxembourg.*

Cette variété a été obtenue par Michel Hervy, directeur des jardins du
Luxembourg à Paris, vers 1830.

DESCRIPTION DE L'ARBRE

Port : étalé et irrégulier.
Vigueur : bonne.
Fertilité : grande.
Forme : la haute tige de préférence.

RAMEAU

Assez long. plutôt grêle, d'un rouge carminé à l'insolation.
Lenticelles : assez nombreuses à la base du rameau, blanchâtres, arrondies, saillantes.
Coussinets : assez saillants.
Mérithalles : courts.
Yeux : assez gros, coniques, écartés du bois.
Feuilles : *limbe*, large et court, cordiforme ; *pétiole*, assez long, profondément canaliculé, un peu carminé.
Glandes : petites, d'un blanc jaunâtre.
Fleurs : grandes, d'un blanc rosé.
Époque de floraison : assez hâtive.

FRUIT

Gros, ovoïde, assez allongé, à flancs aplatis et à lobes inégaux.
Peau : duveteuse, jaune pâle, ponctuée et lavée de pourpre à l'insolation.
Point pistillaire : petit, peu apparent, dans une faible dépression.
Lèvres : inégales.
Sillon : assez profond, bien marqué.
Cavité du pédoncule : large et profonde.
Chair : d'un jaune clair, très fine, sucrée, un peu acidulée, agréablement parfumée, relevée, très juteuse.
Noyau : moyen, ovoïde, à flancs peu rebondis, à arête forte, mais non tranchante, non adhérent ; *amande*, amère.
Qualité : très bonne.
Époque de la maturité : deuxième quinzaine de juillet.
Fruit d'amateur et de commerce.

OBSERVATIONS : L'Abricot Royal est presque aussi estimé que l'Abricot Pêche ; plus hâtif, il permet d'obtenir une excellente récolte, en attendant celui-ci. Le fruit a le léger inconvénient de mûrir inégalement, et souvent un côté est plus avancé que l'autre.

SUCRÉ DE HOLUB (Abricot)

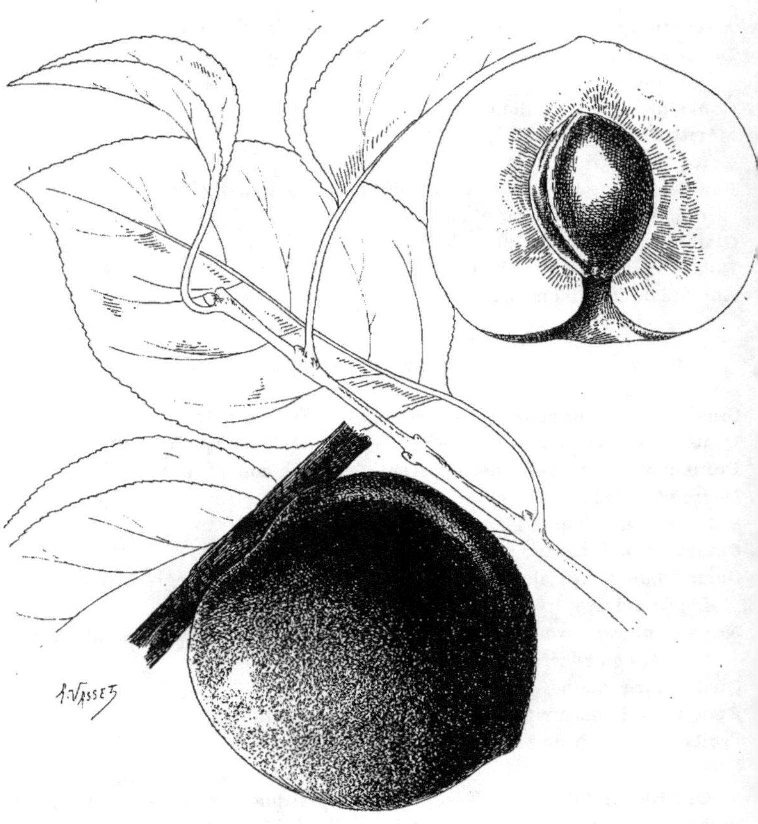

Obtenu par M. Holub, jardinier du comte Albert de Nostitz, en Bohême.

DESCRIPTION DE L'ARBRE

Port : érigé.
Vigueur : bonne.
Fertilité : bonne.
Forme : toutes les formes.

RAMEAU

De longueur moyenne, assez gros, d'un rouge carminé à l'insolation.
Lenticelles : peu nombreuses.
Coussinets : saillants.
Mérithalles : moyens.
Yeux : ovoïdes, arrondis, écartés du rameau.
Feuilles : *limbe*, grand, arrondi, cordiforme, à bords régulièrement dentés ; *pétiole*, de longueur moyenne, carminé, assez gros ; *glandes*, globuleuses de 2 à 6.
Fleurs : moyennes.
Époque de floraison : moyenne saison.

FRUIT

Gros ou très gros, ovoïde, arrondi ou légèrement allongé.
Peau : légèrement duveteuse, d'un jaune orangé, fortement colorée de rouge et ponctuée de pourpre à l'insolation.
Point pistillaire : très petit et placé sur un faible mamelon.
Lèvres : assez saillantes.
Sillon : assez profond et étroit.
Cavité du pédoncule : large et assez profonde.
Chair : jaune, assez fine, non adhérente au noyau, sucrée, légèrement acidulée, peu parfumée, juteuse.
Noyau : moyen, de forme ovoïde, assez allongé, à flancs rebondis, à arête dorsale proéminente et large ; *amande*, amère.
Qualité : bonne et très bonne.
Époque de maturité : courant d'août.
Fruit d'amateur.

OBSERVATIONS : Cette variété est encore trop récente pour qu'elle ait pu se faire une place sur les marchés. Mais elle peut être recommandée en toute assurance pour les jardins d'amateurs.

AMANDIER

(Amygdalus communis).

L'Amandier est originaire d'Afrique ; c'est un arbre de moyenne grandeur à racines pivotantes, à rameaux érigés ou étalés, à feuilles lancéolées, plus ou

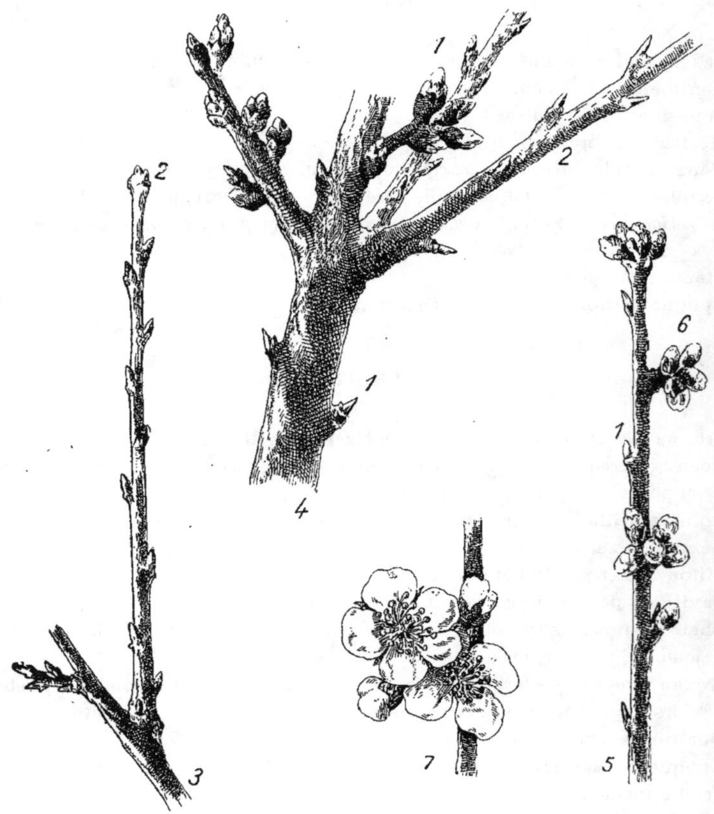

LÉGENDE. — 1, yeux à bois ; 2, rameaux à bois d'un an ; 3, rameau de deux ans ; 4, branche de charpente ; 5, rameau à fruits ; 6, boutons à fleurs ; 7, fleurs épanouies.

moins étroites et dentées ; les fleurs s'épanouissent de très bonne heure, avant la feuillaison, aussi souffrent-elles souvent des gelées printanières.

La culture doit, en conséquence, en être faite en situations **abritées et**
ensoleillées; le peu d'ombre que donne le feuillage permet de cultiver l'Amandier dans les vignobles.

L'Amandier se multiplie par semis ou, le plus souvent, par greffage sur
le Prunier ou l'Amandier à coque dure de semis, suivant les sols et les régions.

Les fruits viennent sur les rameaux d'un an et les branches à bouquet;
aussi faut-il s'inspirer de ce caractère, au moment de la taille, pour ménager
les organes utiles et en assurer le remplacement.

AMANDE A COQUE TENDRE

Synonyme : *Des Dames, Mi-fine.*

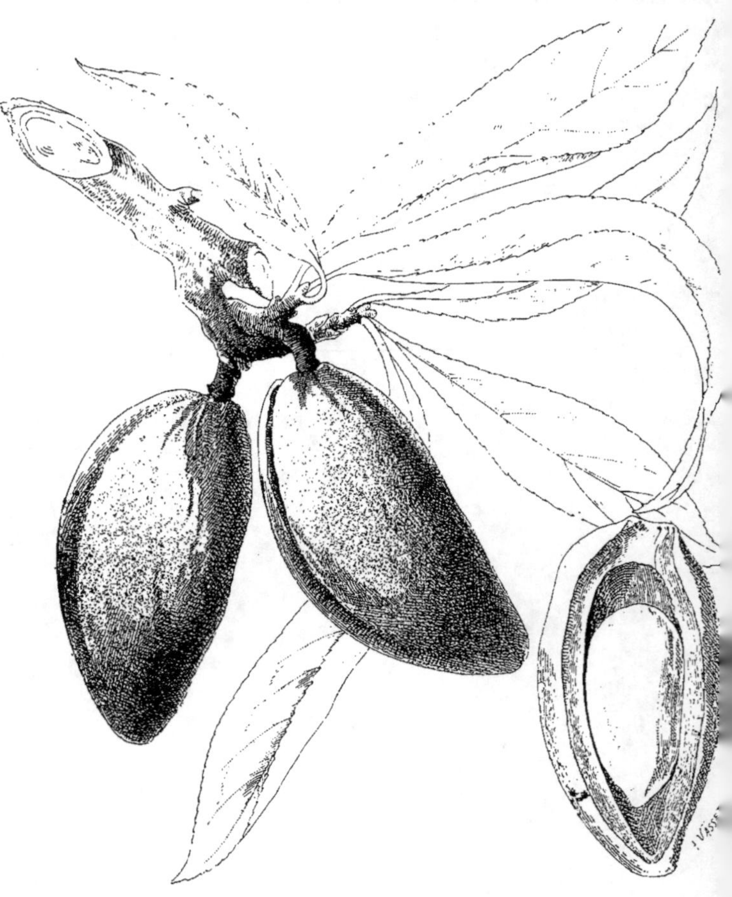

Origine ancienne et inconnue.

DESCRIPTION DE L'ARBRE

Port : érigé.
Vigueur : assez bonne.
Fertilité : grande.
Forme : Buisson ou haute tige.

RAMEAU

Gros, de longueur moyenne, vert foncé.
Coussinets : saillants.
Mérithalles : très courts.
Yeux : très prononcés.
Feuilles : *limbe*, allongé ; *pétiole*, court.
Fleurs : grandes, d'un blanc légèrement rosé.
Epoque de floraison : très hâtive.

FRUIT

Assez gros et gros, de forme oblongue allongée, un peu arquée
Noyau : lisse, assez fragile.
Qualité : très bonne.
Fruit d'amateur et de commerce.

AMANDE PRINCESSE

Synonyme : *Fine, Sultane.*

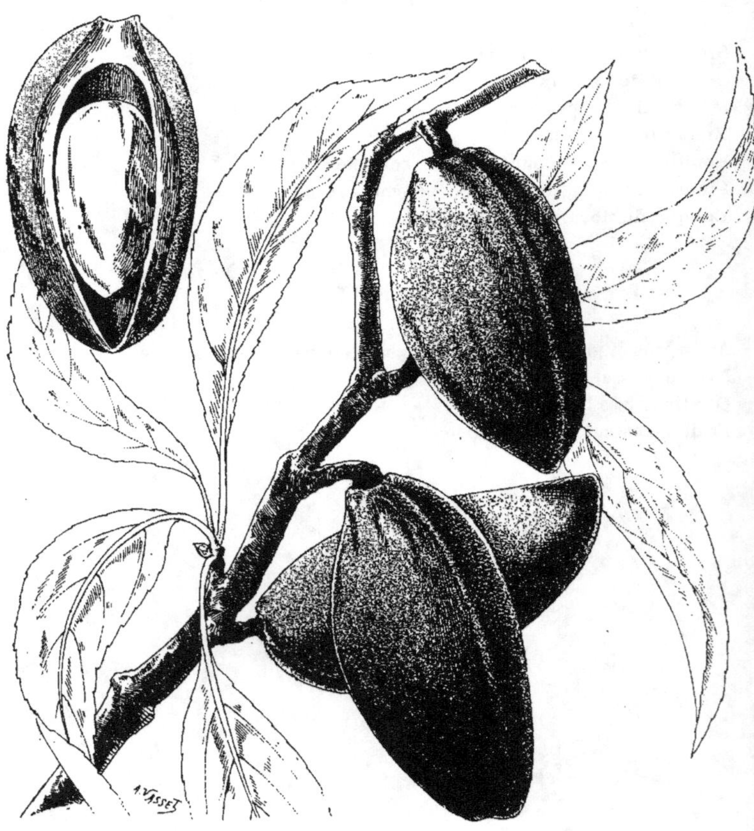

Origine ancienne et inconnue.

DESCRIPTION DE L'ARBRE

Port : semi érigé.
Vigueur : moyenne.
Fertilité : grande.
Forme : les formes libres et buissonnantes, à haute ou à basse tige.

RAMEAU

Court et assez gros, brillant, brun à l'insolation, irrégulièrement verdâtre à
l'ombre.
Coussinets : saillants, bruns.
Mérithalles : très courts.
Yeux : arrondis à sommet écarté du rameau.
Feuille : *limbe*, lancéolé, finement denté; *pétiole*, court.
Fleurs : grandes, blanc rosé, très ouvertes.
Époque de floraison : très hâtive.

FRUIT

Gros, **ovoïde** allongé, à épiderme gris cendré, à point pistillaire mamelonné.
Noyau : presque lisse ou finement incrusté, très fragile.
Pédoncule : très court.
Chair : blanche, croquante, sucrée, parfumée, très bonne.
Fruit de table, d'amateur et de marché.

OBSERVATIONS : L'Amande Princesse et la variété à coque tendre
sont les plus cultivées dans le centre et dans le nord de la France, où le fruit
est surtout consommé à l'état frais.

Pour réussir cette culture, il faut choisir un sol sain et une situation
abritée à bonne exposition, en raison de la floraison tout à fait hâtive, qui souffre
souvent des gelées printanières.

CERISIER

(Cerasus avium et vulgaris).

Caractères généraux. — Les variétés cultivées semblent issues de deux espèces : le Merisier (*Cerasus avium*) et le Cerisier acide (*Cerasus vulgaris*).

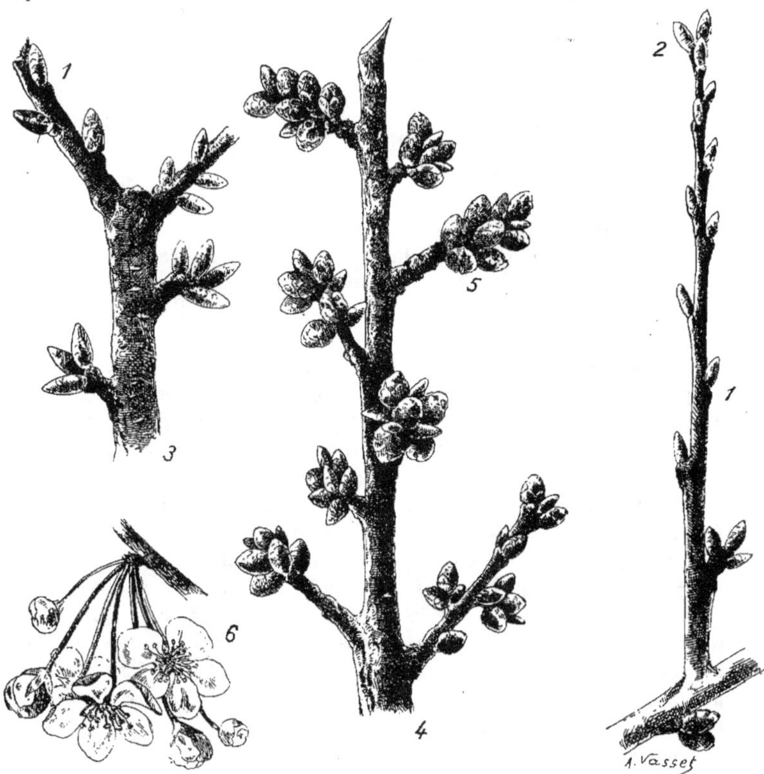

LÉGENDE. — 1. yeux à bois; 2, rameau d'un an à bois; 3, rameau à fruits de deux ans; 4, rameau à fruits de trois ou quatre ans; 5, bouquet à fleurs de deux ans; 6, fleurs épanouies.

Le premier est un arbre de deuxième grandeur, à rameaux gros et longs, à tête conique, dressée. Le second est un arbre de troisième grandeur, à rameaux minces, grêles, horizontaux, à port étalé.

Feuilles grandes ou moyennes, d'un vert foncé, plus ou moins dentées. Yeux pointus, rouge grisâtre, pouvant rester latents pendant plusieurs années; on rencontre quelquefois des yeux adventifs.

Boutons renfermant 3 à 10 fleurs blanches, odorantes, avec pétales et sépales au nombre de cinq; étamines nombreuses; style unique Fruit charnu, généralement sphérique; pédoncule plus ou moins long. Chair juteuse, blanche, jaune, rouge ou noire. Peau brillante, de couleur variable. Noyau le plus souvent rond, renfermant une amande (par avortement).

Origine. — Le Merisier est indigène; le Cerisier acide, originaire d'Asie, croît actuellement en France à l'état subspontané.

Sol. — Le Cerisier se plaît dans presque tous les sols. Cependant, lorsqu'il est greffé sur Merisier, il redoute les sols trop calcaires et demande un sol assez profond, silico argileux, ni trop humide ni trop sec; au contraire, sur Sainte-Lucie, il s'accommode de terres calcaires assez pauvres, où il donne encore de bons produits.

Porte-greffes. — Les deux sujets cités : Merisier et Sainte-Lucie (Cerasus avium et Mahaleb) sont les seuls employés. Le premier a son emploi toutes les fois que l'arbre doit être cultivé à haute tige; le second est choisi pour les formes taillées, pyramides ou palmettes. Cependant on cultive parfois le Cerisier à tige sur Sainte-Lucie, dans les terrains calcaires où le Merisier ne réussit pas.

Culture. — Le Cerisier est cultivé souvent à haute tige, ou en demi-tige; la grande majorité des Cerises proviennent donc d'arbres en plein vent. Toutefois, on cultive encore en pyramide, sinon les Guigniers et les Bigarreautiers, qui se prêtent mal à cette forme, à cause de leur port divergent, du moins les Cerisiers proprement dits (Anglaise, Royale, Montmorency, etc.). La culture en buisson en est très répandue aux environs de Paris et en Bourgogne. Elle offre les avantages suivants : cueillette facile, production abondante, défense aisée contre les oiseaux, protection peu onéreuse contre les gelées printanières. Les Cerisiers en buisson sont greffés sur Sainte-Lucie, et vivent ainsi dans des terrains calcaires où toute autre culture fruitière serait impossible. On obtient aussi des Cerises très belles, mais peu nombreuses, sur des arbres en espalier. Sous cette forme, le Cerisier s'accommode des expositions froides, qui permettent d'obtenir des fruits très tardifs, et de prolonger ainsi la période de leur consommation.

Considérations générales sur la taille. — Les Cerisiers élevés à tige sont soumis à la taille d'équilibre, qui est à peu près la même pour tous les arbres, de quelque espèce qu'ils soient, lorsqu'ils sont cultivés sous cette forme.

Pour la taille des arbres soumis aux formes régulières, on se souviendra que le Cerisier fructifie sur le bois d'un an de la façon suivante: 1° sur les prolongements des branches charpentières de faible vigueur; 2° sous forme de bouquets, que portent des brindilles nées sur les branches de charpente à leur deuxième année; 3° par une succession de productions annuelles s'ajoutant les unes au-dessus des autres, sur les coursonnes, portées par les parties de branches de charpentes âgées de trois ans et plus.

Il faudra tenir compte de la vigueur, généralement très grande, du Cerisier, surtout dans son jeune âge ; par conséquent, tailler peu et obtenir l'équilibre par des pincements fréquents, mais modérés. Les yeux stipulaires étant rares, il ne faudra pas y compter et toujours tailler sur un œil bien constitué.

Groupement des Cerisiers. — Les Cerisiers peuvent se diviser en cinq groupes :

1° Les Bigarreautiers. Les caractères distinctifs de ce groupe sont : des rameaux gros et longs, peu nombreux ; des feuilles de grande dimension, à glandes volumineuses ; des fruits à chair ferme, généralement sucrés ;

2° Les Guigniers. Les caractères de ce groupe sont ceux du précédent ; le fruit diffère en ce que la chair est molle, à saveur douce, le jus plus ou moins coloré ;

3° Les Cerisiers proprement dits. Ils ont le bois assez long, modérément ramifié ; dans certaines variétés, les fruits sont légèrement acidulés ;

4° Les Montmorency ont les rameaux minces, grêles, très nombreux. Les feuilles sont petites, vert foncé ; le fruit est d'un rouge vif, à noyau petit, à saveur plus ou moins acide ;

5° Les Griottiers. Le bois et les caractères végétatifs sont ceux des Montmorency, mais le fruit est très aigre, et surtout employé pour la fabrication des alcools ou les préparations ménagères, rarement pour la consommation directe.

ANGLAISE HATIVE

Synonymes principaux : *May Duke, Royale hâtive*.

Origine incertaine, cependant on peut affirmer qu'elle a été introduite
d'Angleterre en France, au milieu du xviiiᵉ siècle.

DESCRIPTION DE L'ARBRE

Port : érigé.
Vigueur : grande.
Fertilité : très bonne.
Forme : toutes les formes lui conviennent également.

RAMEAU

Long et assez gros, brillant, brun, recouvert, surtout à son extrémité, de gris
argenté.
Lenticelles : assez abondantes à la base, grandes, arrondies ou allongées,
transversales, un peu saillantes.
Coussinets : assez saillants.
Mérithalles : assez longs.
Yeux : moyens, ovoïdes, à pointe écartée du rameau.
Feuille : *limbe*, assez grand, ovale, allongé, assez longuement acuminé, à
bords plats ou plus généralement relevés en gouttière, à dents larges et
régulières; *pétiole*, assez long, carminé.
Fleurs : moyennes, blanches.
Époque de floraison : moyenne saison.

FRUIT

Assez gros ou **gros**, globuleux ou un peu allongé, rarement cordiforme, atta-
ché par trois ou par quatre, plus rarement par deux.
Peau : fine, lisse, brillante, d'un rouge vif passant au carmin foncé et même
au pourpre noir à complète maturité.
Point pistillaire : dans une légère dépression.
Sillon : sensible.
Pédoncule : long, assez grêle.
Chair : rouge clair, fine, sucrée, agréablement acidulée, à jus abondant et un
peu coloré.
Noyau : de grosseur moyenne ou petit, presque globuleux, non adhérent.
Qualité : très bonne.
Epoque de la maturité : prolongée pendant tout le mois de juin.
Fruit d'amateur et de commerce.

OBSERVATIONS : L'Anglaise hâtive est la variété de cerise la plus réputée et la plus communément répandue. Elle est remarquable par sa fertilité régulière et par la longue durée de sa maturation. On observe fréquemment, sur un même arbre, des branches donnant des fruits à des époques
assez différentes. Le fruit a beaucoup de vente et il est très demandé sur le
marché parisien. Cette variété se prête parfaitement au forçage.

BELLE MAGNIFIQUE

Synonymes principaux : *Belle Chatenay, Belle de Chatenay, Belle de Magnifique, Belle de Sceaux, Belle de Spa, Griotte commune* (André Leroy).

Cette variété semble d'origine ancienne, et ses nombreux synonymes indiquent qu'elle est cultivée depuis longtemps et qu'elle fut introduite, sous différents noms, dans diverses localités. Certains auteurs pensent qu'elle fut obtenue par Chatenay, dit le Magnifique, à Vitry sur-Seine, en 1795.

DESCRIPTION DE L'ARBRE

Port : semi érigé.
Vigueur : bonne.
Fertilité : très grande.
Forme : toutes les formes.

RAMEAU

Long, assez gros, d'un brun rougeâtre, un peu carminé, largement recouvert
de gris argenté.
Lenticelles : assez nombreuses, grandes, irrégulières.
Coussinets : peu saillants.
Mérithalles : de grandeur moyenne.
Yeux : moyens, ovoïdes, peu aigus, peu écartés du rameau.
Feuilles : *limbe*, grand, ovale, faiblement acuminé, à bords plats ou relevés, à
dents larges et obtuses; *pétiole*, court et fort, carminé, bien canaliculé.
Glandes : réniformes, d'un jaune rosé.
Fleurs : petites, très ouvertes.
Époque de floraison : moyenne saison.

FRUIT

Gros, généralement cordiforme, plus rarement globuleux, généralement
attaché par deux.
Peau : fine, résistante, rouge vif à l'ombre, pourpre foncé à l'insolation.
Point pistillaire : jaunâtre, petit, à fleur de fruit ou dans une faible
dépression.
Sillon : rougeâtre, peu profond.
Pédoncule : long ou très long, inséré dans une cavité profonde, large et régu-
lière, de force et de grosseur moyennes, portant presque toujours une foliole.
Chair : mi-fine, d'un blanc jaunâtre, un peu rosée dans le voisinage de la
peau, tendre, sucrée, acidulée, quelquefois un peu amère, à jus abondant
et incolore.
Noyau : moyen ou assez gros, à flancs un peu arrondis, à arête dorsale large
et arrondie, à pointe peu aiguë, non adhérent.
Qualité : bonne.
Époque de la maturité : deuxième quinzaine de juillet, commencement d'août.
Fruit d'amateur et de commerce.

OBSERVATIONS : Cette variété est précieuse en raison de sa maturité
tardive; aussi est-elle d'une vente facile sur les marchés. On la cultive fréquemment en espalier, où son fruit atteint un volume considérable. On la
plante souvent à l'exposition nord, qui retarde encore sa maturité et permet
d'obtenir des cerises au moment où toutes les autres sortes sont passées.

Elle a donné une forme tardive connue sous le nom de Morello de Charmeux.

6

BIGARREAU ESPEREN

SYNONYME : *Bigarreau des Vignes* (Bivort).

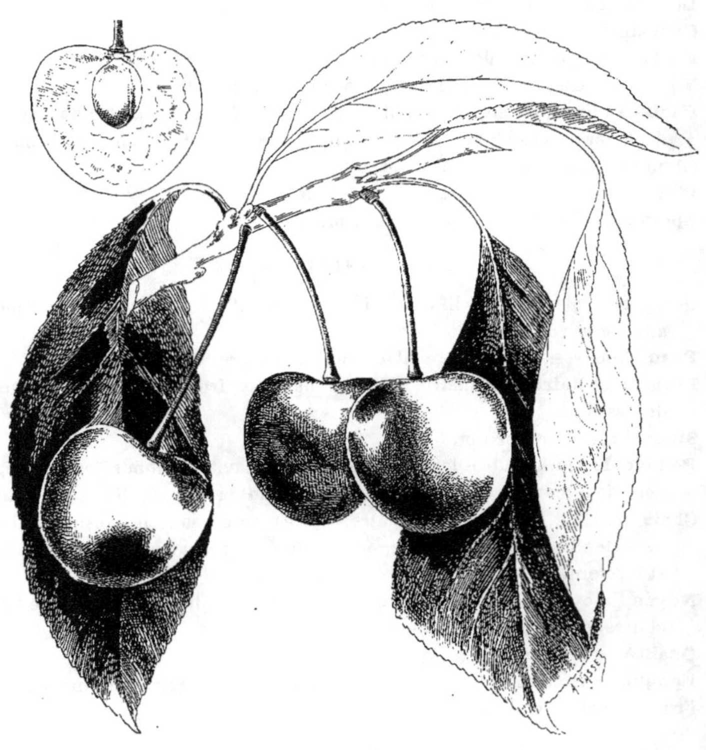

Cette variété semble d'origine belge, car elle est signalée par Bivort
comme étant cultivée depuis fort longtemps aux environs de Liége. Introduite
en France, vers le milieu du siècle dernier, elle fut propagée d'après les indications de Jacques, jardinier-chef au château de Neuilly.

DESCRIPTION DE L'ARBRE

Port : érigé ou un peu divergent.
Vigueur : grande.
Fertilité : bonne.
Forme : la haute tige de préférence.

RAMEAU

Long et fort, jaunâtre, maculé de gris.
Lenticelles : nombreuses, petites.
Coussinets : saillants.
Mérithalles : longs.
Yeux : gros, ovoïdes, à pointe aiguë.
Feuilles : *limbe*, grand, allongé, longuement acuminé, à bords fortement
dentés; *pétiole*, gros et court.
Glandes : très volumineuses, rougeâtres.
Fleurs : grandes, rosées.
Époque de floraison : hâtive.

FRUIT

Souvent solitaire, quelquefois attaché par deux, gros ou très gros, cordiforme,
peu allongé.
Peau : épaisse, d'un jaune clair ou rose pâle à l'ombre, fortement lavée de
rouge à l'insolation.
Point pistillaire : petit, saillant ou à fleur de fruit.
Sillon : peu profond.
Pédoncule : robuste, court ou de longueur moyenne, implanté dans une
cavité large et peu profonde.
Chair : d'un blanc rosé, ferme, croquante, sucrée, à jus non coloré et abon-
dant.
Noyau : assez gros, ovoïde, allongé, à flancs aplatis, à arète large et plate.
Qualité : bonne ou très bonne.
Époque de la maturité : fin juin, commencement de juillet.
Fruit d'amateur et de marché.

OBSERVATIONS : Excellente variété à tous les points de vue : vigueur,
fertilité, qualité du fruit.

BIGARREAU GROS-CŒURET

SYNONYMES : *Cœur de Pigeon, Marceline.*

Origine inconnue.

DESCRIPTION DE L'ARBRE

Port : étalé.
Vigueur : grande.
Fertilité : moyenne.
Forme : toutes les formes, surtout à plein vent.

RAMEAU

De longueur et de grosseur moyennes, vert d'un côté, légèrement roux de
l'autre.
Lenticelles : assez nombreuses, petites, arrondies.
Coussinets : moyens.
Mérithalles : 50 millimètres à la base, 30 millimètres au sommet des
rameaux.
Yeux : arrondis, saillants.
Feuilles : *limbe*, grand; *pétiole*, 35 millimètres; *glandes* : très apparentes,
souvent par trois.
Fleurs : grandes, blanches.
Époque de floraison : 20 avril.

FRUIT

Attaché par deux, gros, condiforme.
Peau : jaune rosé vermillon.
Point pistillaire : brun.
Sillon : peu marqué.
Pédoncule : long, attaché dans cavité régulière.
Chair : jaune pâle, croquante, sucrée, parfumée.
Noyau : moyen, légèrement allongé, marqué d'un sillon, **non** adhérent.
Qualité : bonne.
Époque de la maturité : première quinzaine de juillet.
Fruit de table et de commerce.

OBSERVATIONS : Très recommandé pour le commerce.

BIGARREAU GUSTAVE DUPAU

Obtenu par Nomblot-Bruneau, pépiniériste à Bourg-la-Reine, en 1921.

DESCRIPTION DE L'ARBRE

Port : érigé.
Vigueur : très grande.
Fertilité : grande.
Forme : toutes formes.

RAMEAU

Long et gros, vert rougeâtre.
Lenticelles : peu nombreuses, petites, arrondies.
Coussinets : larges.
Mérithalles : 55 millimètres à la base, 30 millimètres au sommet.
Yeux : arrondis.
Feuilles : *limbe*, très grand, vert pâle, irrégulièrement denté ; *pétiole*, 45 millimètres, rouge ; *glandes*, jaunes, accouplées par deux.
Fleurs : grandes, blanches.
Époque de floraison : 1ᵉʳ mai.

FRUIT

Attaché par un et par deux, gros, plus large que haut
Peau : rose.
Sillon : à peine visible.
Pédoncule : moyen, inséré dans cavité moyenne.
Chair : blanche, demi-croquante, sucrée, parfumée.
Noyau : petit, allongé, 3 saillies, adhérence légère.
Qualité : très bonne.
Époque de la maturité : 10 juillet.
Fruit de table.

OBSERVATIONS : La floraison est tardive, ce bigarreau sera très apprécié pour le commerce et les exportations.

BIGARREAU JABOULAY

SYNONYMES : *Bigarreau de Lyon, Cerise Jaboulaise, Cerise de Jaboulay.*

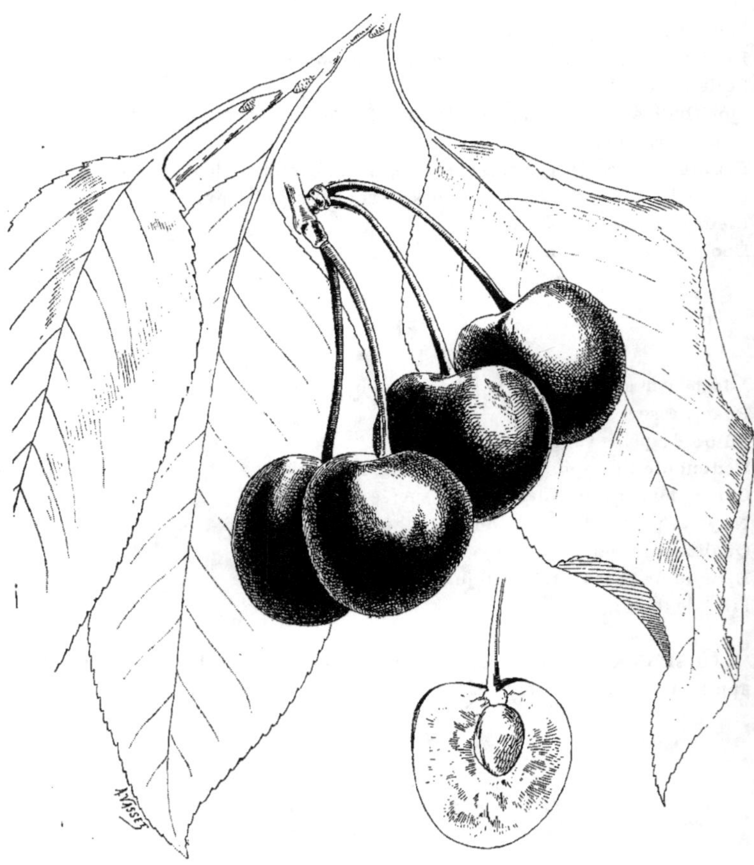

Obtenu par Jaboulay, horticulteur à Oullins, près de Lyon, vers 1825.

DESCRIPTION DE L'ARBRE

Port : divergent.
Vigueur : très bonne.
Fertilité : très grande.
Forme : toutes les formes ; la haute tige de préférence.

RAMEAU

Long et fort, d'un rouge brunâtre, fortement taché de gris cendré.
Lenticelles : rares, jaunâtres.
Coussinets : peu saillants, se prolongeant longuement en fines nervures.
Mérithalles : longs.
Yeux : moyens, ovoïdes, plus ou moins aigus, d'un brun grisâtre.
Feuilles : *limbe*, très grand, ovale allongé, longuement acuminé, à bords plats
ou un peu relevés, à dents larges et obtuses ; *pétiole*, gros et long, recourbé,
rouge vineux.
Glandes : brunes, globuleuses.
Fleurs : blanches, grandes
Époque de floraison : précoce.

FRUIT

Attaché par deux ou par trois, gros, cordiforme, à pointe très obtuse, bosselé.
Peau : résistante, quoique relativement peu épaisse, d'un rouge vif, passant
au pourpre foncé à complète maturité.
Point pistillaire : petit, dans une dépression à peine sensible légèrement de
côté.
Sillon : large et peu profond.
Pédoncule : de longueur et de grosseur moyennes, inséré dans une cavité
assez large, peu profonde.
Chair : pourpre, assez finé, peu ferme, sucrée, à jus coloré, abondant.
Noyau : gros, ovoïde, à flancs rebondis, à arête dorsale saillante.
Qualité : très bonne.
Époque de la maturité : commencement de juin.
Fruit d'amateur et de marché.

OBSERVATIONS : Par suite de sa précocité, ce beau et bon bigarreau
est recherché sur les marchés, où il est d'une vente facile.
C'est l'une des variétés recommandables pour le forçage.

BIGARREAU JAUNE BÜTTNER

EN Allemand : *Büttner gelbe*
EN Anglais : *Büttner yellow.*

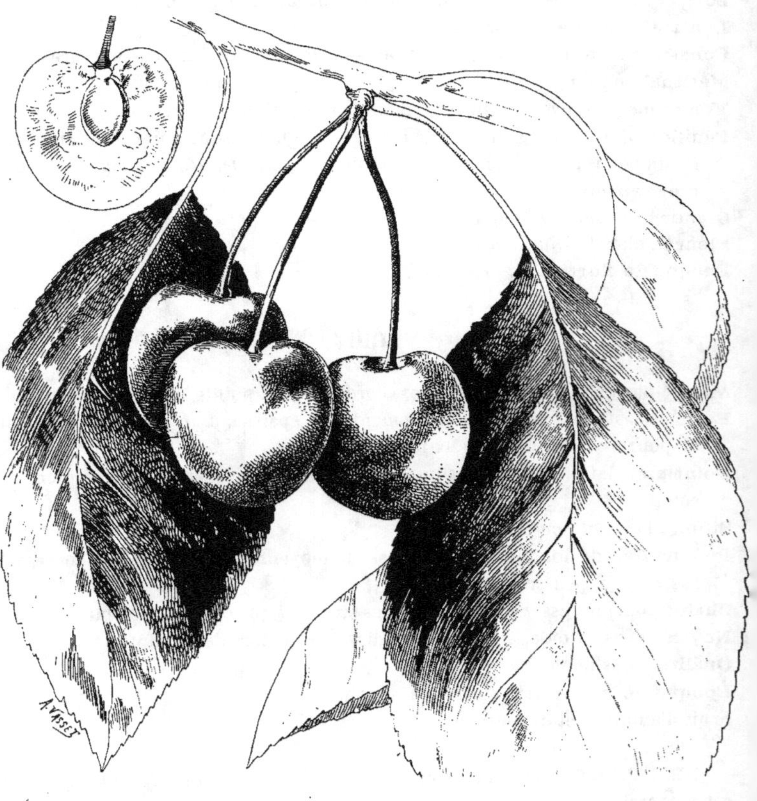

Obtenu par Büttner, conseiller à Halle-sur-Saale (Saxe), à la fin du
xviiie siècle; il fut introduit en Angleterre au début du xixe siècle et en France
vers 1860.

DESCRIPTION DE L'ARBRE

Port : semi érigé.
Vigueur : assez bonne.
Fertilité : moyenne.
Forme : buisson, pyramide ou haute tige.

RAMEAU

De longueur et de grosseur moyennes, grisâtre.
Lenticelles : petites, nombreuses, grisâtres.
Coussinets : assez saillants.
Mérithalles : courts.
Yeux : moyens, ovoïdes, obtus, à pointe arrondie.
Feuilles : *limbe*, ovale, acuminé, à bords fortement dentés; *pétiole*, court, mince, peu canaliculé.
Glandes : rondes ou allongées.
Fleurs : grandes, blanches.
Époque de floraison : moyenne saison.

FRUIT

Attaché par deux ou par trois, assez gros, cordiforme, aplati du côté du sillon, parfois terminé par une pointe.
Peau : épaisse, jaune, brillante.
Point pistillaire : saillant ou à fleur de fruit.
Sillon : peu profond, à peine sensible.
Pédoncule : assez long, de force moyenne, inséré dans une cavité très large et peu profonde.
Chair : jaunâtre, ferme, croquante, fine, sucrée, parfumée, à jus incolore et assez abondant.
Noyau : assez gros, allongé, à arête dorsale, large et saillante, adhérent.
Qualité : bonne.
Époque de la maturité : fin juin, commencement de juillet.
Fruit d'amateur.

OBSERVATIONS : A cause de son coloris particulier, ce bigarreau prend place dans les collections d'amateur. C'est l'un des rares bigarreautiers que l'on peut cultiver facilement en pyramide régulière, par suite de son port érigé.

BIGARREAU LUIZET

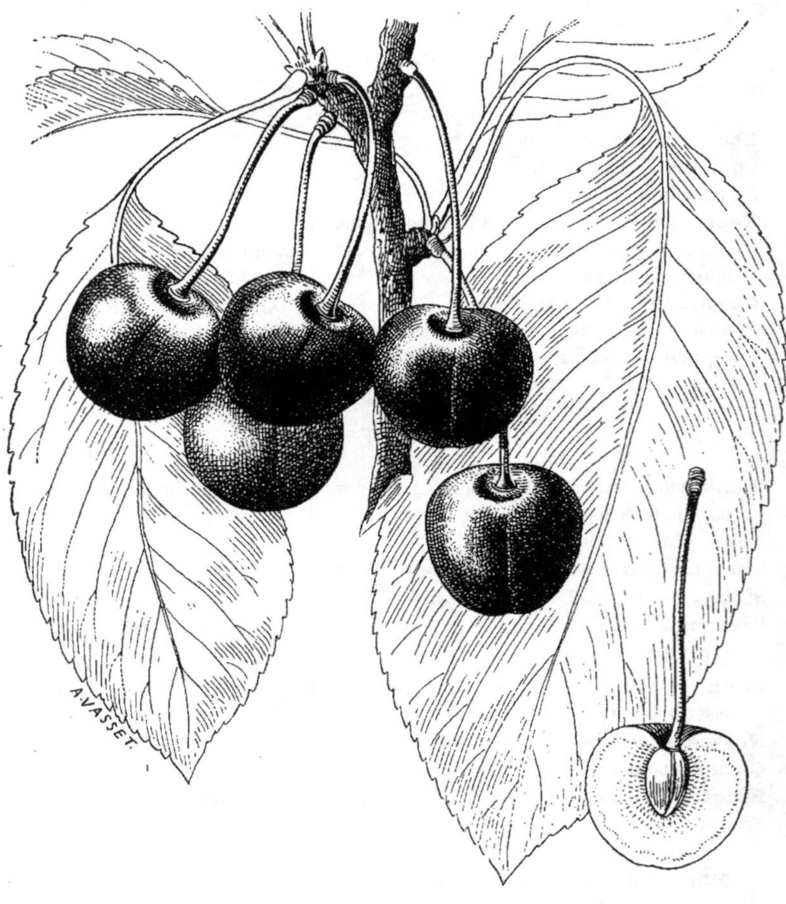

Obtenu par Nomblot-Bruneau, pépiniériste à Bourg-la-Reine.

DESCRIPTION DE L'ARBRE

Port : légèrement divergent.
Vigueur : moyenne.
Fertilité : très grande.
Forme : toute formes.

RAMEAU

De longueur et de grosseur moyennes, vert roussâtre.
Lenticelles : nombreuses, allongées.
Coussinets : forts.
Mérithalles : 60 millimètres à la base, 35 millimètres au sommet.
Yeux : arrondis, détachés du rameau.
Feuilles : *limbe*, grand, vert foncé, très denté; *pétiole*, 45 millimètres, roux;
    glandes, même couleur par deux.
Fleurs : moyennes, blanches.
Époque de floraison : 20 avril.

FRUIT

Attaché par un et par deux, de grosseur moyenne et de forme arrondie.
Peau : rouge-brun.
Point pistillaire : très peu visible.
Sillon : marqué d'une ligne plus foncée.
Pédoncule : long, mince, attaché dans une cavité peu profonde.
Chair : rouge, demi-croquante, sucrée, parfumée.
Noyau : moyen, rond, relief insignifiant, non adhérent.
Qualité : très bonne.
Époque de la maturité : 15 juillet.

BIGARREAU NAPOLÉON

SYNONYMES PRINCIPAUX : *Bigarreau Lauermann, Bigarreau Napoléon Ier.*

Cette variété a été obtenue vers 1820 par Parmentier, à Enghien (Belgique). D'après certains pomologues, elle serait originaire d'Allemagne, où elle aurait été cultivée vers la fin du xviiiᵉ siècle ; Parmentier n'aurait fait que la vulgariser et lui enlever son nom de Lauermann, pour lui donner celui sous lequel elle est actuellement connue en France.

DESCRIPTION DE L'ARBRE

Port : étalé ou semi érigé.
Vigueur : très grande.
Fertilité : très bonne.
Forme : la haute tige de préférence.

RAMEAU

Gros et long, d'un brun clair, fortement taché de gris cendré.
Lenticelles : rares, allongées, jaunâtres.
Coussinets : assez saillants.
Mérithalles : irréguliers, plutôt longs.
Yeux : gros, ovoïdes, aigus, écartés du rameau.
Feuilles : *limbe*, grand, ovale, lancéolé, longuement acuminé, à bords plats
  ou un peu relevés, à dents larges et profondes; *pétiole*, long et assez fort,
  canaliculé, teinté de rouge vineux.
Glandes : réniformes ou globuleuses, carminées.
Fleurs : grandes, blanches.
Époque de floraison : hâtive.

FRUIT

Gros, cordiforme, présentant, à la partie inférieure, un méplat latéral qui se
  prolonge jusqu'au point pistillaire.
Peau : lisse, fine, d'un jaune blanchâtre, fortement lavée et marbrée de rose
  vif à l'insolation, un peu rosée à l'ombre.
Point pistillaire : à fleur de fruit.
Sillon : peu accentué, large et peu profond.
Pédoncule : long et assez fort, inséré dans une cavité large et profonde.
Chair : d'un blanc jaunâtre, ferme, sucrée, à jus abondant presque incolore.
Noyau : petit, ovoïde, à flancs peu rebondis et à arête proéminente et forte.
Qualité : très bonne.
Époque de la maturité : fin juin, commencement de juillet.
Fruit d'amateur et de commerce.

OBSERVATIONS : Ce Bigarreau est un des plus répandus et des plus
recherchés. La qualité du fruit et la fertilité de l'arbre sont constantes, et à ce
double point de vue la culture en est avantageuse.

 LES MEILLEURS FRUITS

BIGARREAU PÉLISSIER

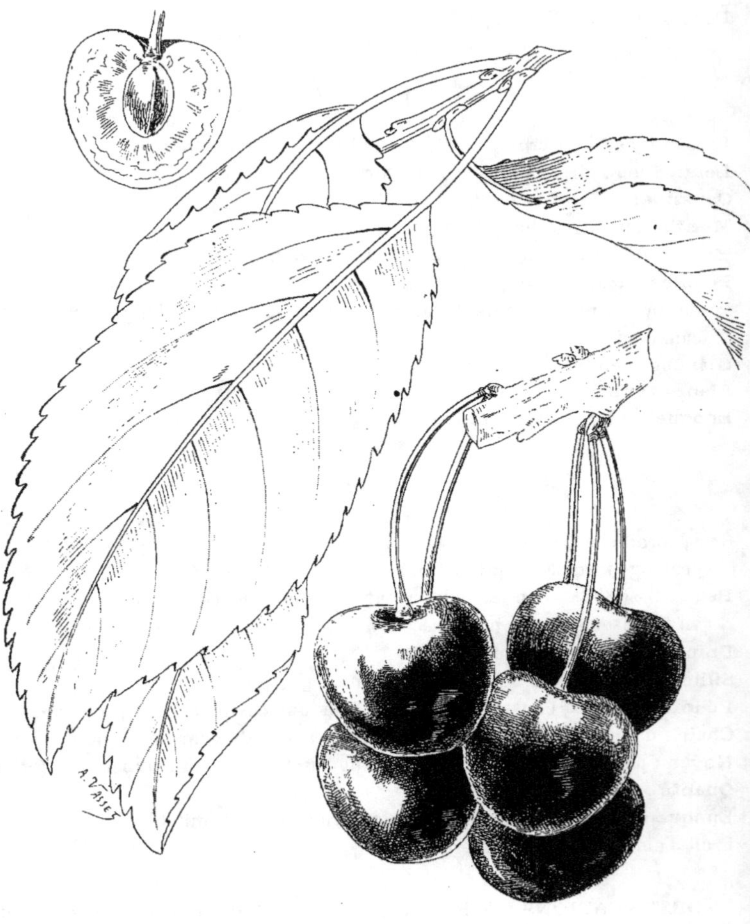

Cette variété a été obtenue en 1886 par M. Auguste Pélissier, pépiniériste à Château-Renard (Bouches-du-Rhône), d'un semis de hasard; la première fructification eut lieu en 1891 et la mise au commerce date de 1893.

DESCRIPTION DE L'ARBRE

Port : érigé.
Vigueur : bonne.
Fertilité : très grande.
Forme : toutes les formes, mais la haute tige de préférence.

RAMEAU

Assez long, gros, grisâtre.
Lenticelles : peu nombreuses.
Cous-inets : saillants.
Mérithalles : moyens.
Yeux : gros, ovoïdes.
Feuilles : *limbe*, grand, ovale, aigu, à dents larges et profondes; *pétiole*, de longueur et grosseur moyennes.
Glandes : volumineuses, carminées.
Fleurs : grandes, blanches, mi-ouvertes.
Époque de floraison : hâtive ou moyenne saison.

FRUIT

Gros ou très gros, cordiforme, obtus
Peau : assez épaisse, ferme, jaunâtre, presque entièrement recouverte de rouge vif, devenant très foncé à complète maturité et présentant des ponctuations d'un rouge clair.
Point pistillaire : bien visible.
Sillon : bien coloré, peu profond.
Pédoncule : court et fort.
Chair : fine, ferme, d'un rouge sang, à filaments blanchâtres, sucrée, à jus abondant et coloré.
Noyau : de grosseur moyenne, ovoïde, à flancs peu rebondis, à arête saillante.
Qualité : très bonne.
Époque de la maturité : fin de juin.
Fruit d'amateur.

OBSERVATIONS : Cette variété, trop récente pour être connue sur les marchés, est réellement méritante. Sa beauté, qui fait estimer ce bigarreau comme fruit d'amateur, le désigne comme un futur fruit de commerce.

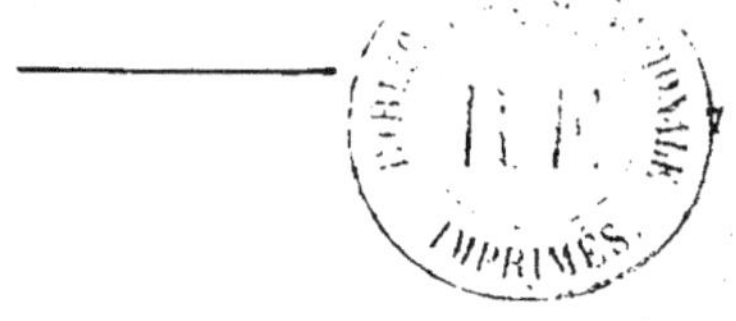

BIGARREAU REVERCHON

Synonyme : *Bigarreau papale.*

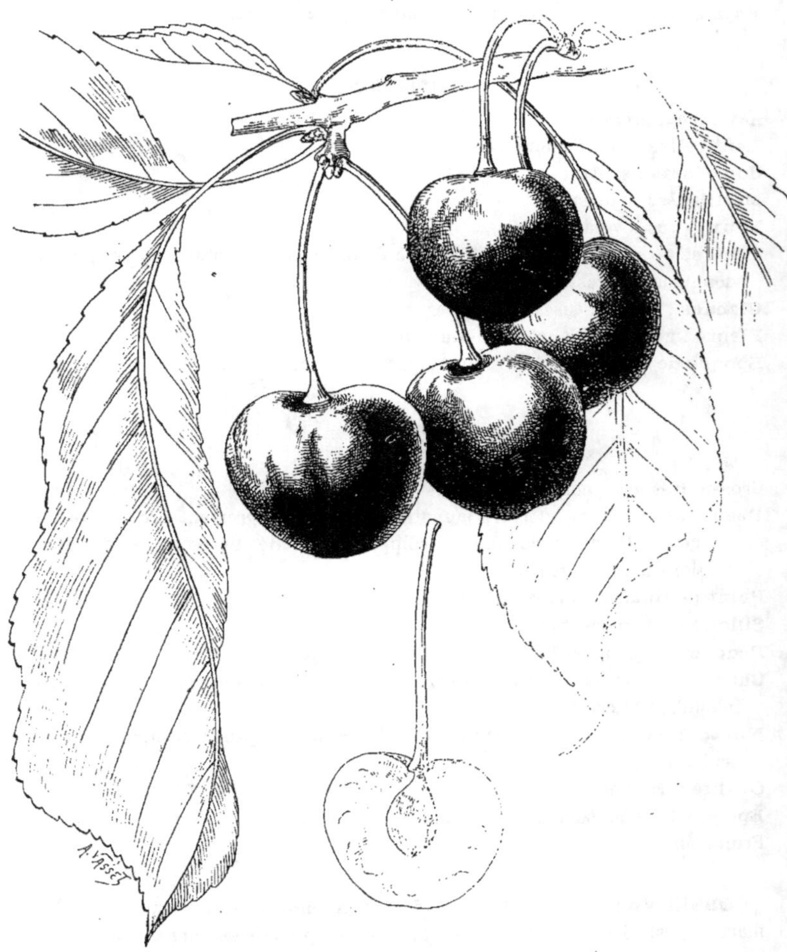

Cette variété était depuis longtemps cultivée à Florence (Italie) sous le nom de Bigarreau papal, quand elle fut **propagée en France**, vers 1853, par Paul Reverchon, de Lyon.

DESCRIPTION DE L'ARBRE

Port : étalé.
Vigueur : bonne, surtout dans le jeune âge.
Fertilité : grande.
Forme : toutes les formes.

RAMEAU

Long, gros, brunâtre, taché de gris cendré.
Lenticelles : petites, rondes, grisâtres.
Coussinets : saillants, se prolongeant plus ou moins en nervures latérales.
Mérithalles : inégaux : tantôt longs, tantôt courts.
Yeux : moyens, ovoïdes, aigus, écartés du rameau.
Feuilles : *limbe*, de grande dimension, ovale, lancéolé, à pointe aiguë, plat ou
    à bords relevés en gouttière, à dents profondes et irrégulières ; *pétiole*, gros,
    assez long, à peine canaliculé, rose et violacé.
Glandes : globuleuses ou réniformes, brunes ou rouges.
Fleurs : grandes.
Époque de floraison : semi-tardive.

FRUIT

Attaché par un ou par deux, gros ou très gros, cordiforme, obtus et court, à
    contours un peu irréguliers.
Peau : résistante, lisse, brillante, presque entièrement pourpre foncé.
Point pistillaire : grisâtre dans une faible dépression.
Sillon : prononcé, étroit.
Pédoncule : de grosseur moyenne, court, inséré dans une cavité large et peu
    profonde.
Chair : un peu teintée de rose, très ferme et très croquante, sucrée, à jus rosé
    et peu abondant.
Noyau : petit, à flancs rebondis, à arête saillante, adhérent.
Qualité : bonne.
Époque de la maturité : fin juin, commencement de juillet.
Fruit d'amateur et de marché.

OBSERVATIONS : La fermeté de la peau et de la chair font que ce Bigarreau est très recherché pour l'expédition. La grosseur du fruit le fait également recommander.

GRIOTTE DU NORD

Synonymes **principaux** : *Cerise du Nord*, *Griotte à ratafia*, *Grosse Griotte à ratafia*, *Morelle*.

Origine très ancienne et inconnue; certains auteurs la prétendent originaire de Hollande, d'autres de Russie.

DESCRIPTION DE L'ARBRE

Port : érigé.
Vigueur : bonne
Fertilité : très grande.
Forme : la haute tige de préférence.

RAMEAU

Long et mince, d'un brun jaunâtre, largement taché de gris argenté.
Lenticelles : petites, peu nombreuses, jaunâtres.
Coussinets : saillants.
Mérithalles : inégaux, mais longs en général.
Yeux : assez gros, ovoïdes, à pointe aiguë, écartés du rameau.
Feuilles : *limbe*, moyen, ovale allongé, longuement acuminé, à bords relevés et bordés de dents régulières assez aiguës et peu profondes; *pétiole*, long et grêle, carminé.
Glandes : bien visibles, petites, carminées.
Fleurs : blanches, moyennes.
Époque de floraison : assez tardive.

FRUIT

Moyen, globuleux, déprimé dans le voisinage du pédoncule, un peu allongé, attaché par deux et par trois.
Peau : épaisse et brillante, d'un rouge vif passant au noir à complète maturité.
Point pistillaire : petit, à fleur de fruit.
Sillon : large, peu profond, à peine sensible.
Pédoncule : long et mince portant foliole, inséré dans une cavité faible.
Chair : d'un rouge vif, mi-tendre, peu sucrée, acidulée, un peu amère, à jus abondant et coloré.
Noyau : petit ou moyen, ovoïde, à flancs rebondis, à arête dorsale peu saillante.
Qualité : assez bonne quand le fruit est cru, très bonne pour conserves.
Époque de la maturité : août et commencement de septembre.
Fruit à cuire et à confire.

OBSERVATIONS : Cette Cerise est surtout employée pour la fabrication des ratafias et des confitures; elle est très estimée pour les conserves à l'eau-de-vie; on doit attendre qu'elle soit arrivée à complète maturité, pour en faire la récolte.

GRIOTTE NOIRE DES VOSGES

Synonymes principaux : *Béchat, Baissard, Baisseuse.*

Origine ancienne et inconnue; on la rencontre surtout dans l'est de la France, qui paraît être son lieu de naissance.

DESCRIPTION DE L'ARBRE

Port : divergent.
Vigueur : très grande.
Fertilité : remarquable.
Forme : la haute tige.

RAMEAU

Gros et long, de couleur verdâtre.
Lenticelles : clairsemées.
Coussinets : peu saillants.
Mérithalles : courts.
Yeux : gros, ovoïdes.
Feuilles : *limbe*, grand, ovale allongé, acuminé, à dents régulières ; *pétiole*, fort.
Glandes : par une ou deux, réniformes, carminées.
Fleurs : moyennes, ouvertes.
Epoque de la floraison : moyenne saison.

FRUIT

Petit ou assez gros, cordiforme, aplati latéralement du côté du sillon, solitaire ou attaché par deux.
Peau : d'un noir foncé, pointillé de gris.
Point pistillaire : petit, gris blanchâtre, dans une dépression assez forte.
Sillon : peu prononcé.
Pédoncule : long et grêle, souvent arqué.
Chair : noire, assez sucrée, acidulée, à jus abondant, coloré.
Noyau : petit, allongé.
Qualité : assez bonne comme fruit de table, très bonne pour kirsch.
Epoque de la maturité : fin juin, commencement de juillet.
Fruit à distiller.

OBSERVATIONS : Le kirsch que produit cette variété est peut-être moins fin que celui de la variété suivante appelée Rouge des Vosges ; mais le rendement en alcool est supérieur. Aussi la culture de cette Cerise prédomine-t-elle dans les plantations de la région de Fougerolles (Haute-Saône), de Bains (Vosges), du Doubs, etc. Par leurs caractères végétalifs, cette variété et la suivante se rapprocheraient de la série des Guigniers.

GRIOTTE ROUGE DES VOSGES

Synonyme : *Tinette.*

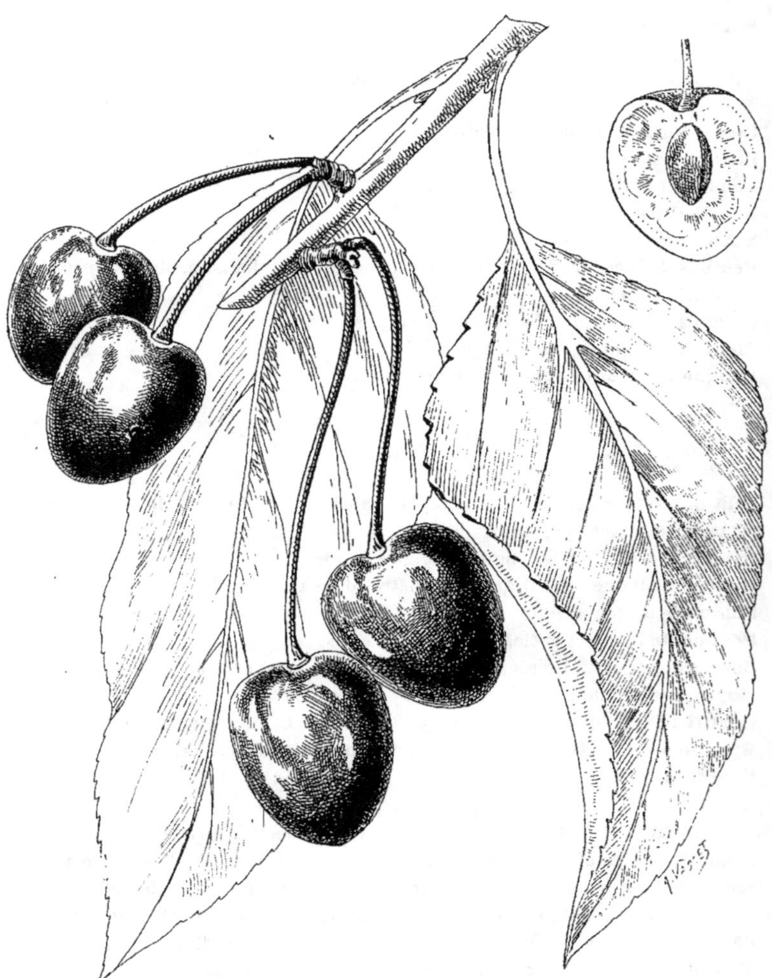

Origine inconnue; elle est cultivée dans les mêmes régions que la Noire des Vosges.

DESCRIPTION DE L'ARBRE

Port : étalé.
Vigueur : bonne.
Fertilité : excellente.
Forme : la haute tige.

RAMEAU

Long, assez gros ou gros, d'un rouge obscur, taché de gris.
Lenticelles : de taille moyenne, assez nombreuses.
Coussinets : saillants.
Mérithalles : de longueur moyenne.
Yeux : gros, ovoïdes, à pointe aiguë.
Feuilles : *limbe*, ovale, allongé, assez longuement acuminé, régulièrement
    denté ; *pétiole*, long et gros, fortement carminé.
Glandes : globuleuses ou réniformes, par une ou par deux, de couleur brun
    pâle.
Fleurs : moyennes.
Epoque de floraison : moyenne saison.

FRUIT

Assez gros, cordiforme, à pointe aiguë, allongé, bosselé, attaché généralement
    par deux.
Peau : lisse, brillante, d'un rouge carmin, foncé, ambrée dans la partie non
    ensoleillée.
Point pistillaire : moyen, grisâtre, au sommet de la pointe du fruit.
Sillon : bien prononcé.
Pédoncule : long et fort, inséré dans une cavité large et peu profonde.
Chair : blanche, tendre, sucrée, à jus très abondant et incolore.
Noyau : petit, arrondi, aplati, lenticulaire.
Qualité : bonne comme fruit de table, première pour kirsch.
Epoque de la maturité : première quinzaine de juillet.
Fruit à distiller.

OBSERVATIONS : C'est la variété qui donne le kirsch le **plus fin**, **mais**
son rendement en alcool est inférieur à celui de la précédente.

GUIGNE DE MAI

SYNONYMES PRINCIPAUX : *Bigarreau de mai*, *Bigarreau Baumann*.

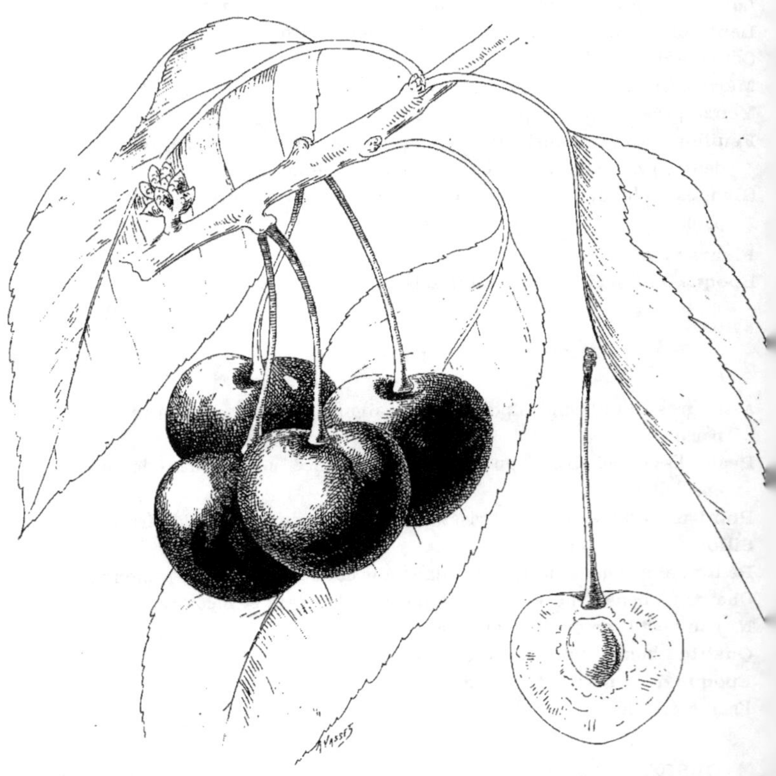

  Cette guigne est très probablement originaire d'Allemagne ; elle fut vulga
risée et répandue par Baumann, pépiniériste à Bollwiller, à la fin d
XVIIIe siècle.

DESCRIPTION DE L'ARBRE

Port : étalé.
Vigueur : très grande.
Fertilité : très bonne.
Forme : la haute tige de préférence.

RAMEAU

Long et assez gros, d'un brun clair, taché de gris cendré.
Lenticelles : nombreuses, grisâtres, assez grosses.
Coussinets : saillants.
Mérithalles : courts.
Yeux : gros, coniques, écartés du bois.
Feuilles : *limbe* grand, ovale allongé, à bords plats ou peu relevés, à dents
    larges et très régulières ; *pétiole* long et grêle, carminé.
Glandes : réniformes, volumineuses, un peu teintées de rouge.
Fleurs : grandes.
Epoque de floraison : précoce.

FRUIT

Assez gros, tantôt ovoïde, tantôt cordiforme, arrondi, attaché par deux ou
    par trois.
Peau : d'un rouge foncé et brun noirâtre.
Point pistillaire : dans une légère dépression.
Sillon : peu accentué.
Pédoncule : moyen ou court, assez fort, renflé à ses extrémités.
Chair : d'un rouge grenat, filamenteuse, sucrée, parfumée, à jus abondant et
    coloré.
Noyau : moyen, allongé, à flancs un peu rebondis, à arête dorsale obtuse.
Qualité : bonne.
Epoque de la maturité : fin mai, commencement de juin.
Fruit d'amateur et de commerce.

OBSERVATIONS : Cette variété est précieuse par sa précocité et sa
grande fertilité ; elle se prête parfaitement à la culture forcée.

GUIGNE EARLY RIVERS

SYNONYME : *Bigarreau Early Rivers.*

Variété obtenue par M. Rivers, d'Angleterre, il y a une trentaine d'années.

DESCRIPTION DE L'ARBRE

Port : étalé
Vigueur : grande.
Fertilité : bonne.
Forme : la haute tige.

RAMEAU

De longueur et de grosseur moyennes.
Lenticelles : nombreuses, irrégulières de grosseur et de forme, gris pâle.
Coussinets : gros et saillants.
Mérithalles : longs.
Yeux : gros pointu à angle ouvert.
Feuilles : *limbe*, grand, ovale, à dents irrégulières et profondes; *pétiole*, long, gros, brun carminé.
Glandes : grandes arrondies ou ovoïdes, par deux, quelquefois trois.
Fleurs : mi-ouvertes, grandes.
Epoque de floraison : hâtive.

FRUIT

Gros, cordiforme, à contours irréguliers, déprimé du côté du sillon, généralement attaché par deux.
Peau : assez fine, d'un rouge foncé, devenant plus vif à l'insolation et à complète maturité.
Point pistillaire : dans une légère dépression.
Sillon : peu accentué.
Pédoncule : assez long et fort, inséré dans une cavité large et peu profonde.
Chair : fine, rouge, un peu filamenteuse, sucrée, relevée, à jus abondant et coloré.
Noyau : assez gros, allongé, à flancs un peu rebondis, à arête dorsale assez saillante.
Qualité : très bonne.
Epoque de la maturité : fin mai, commencement de juin.
Fruit d'amateur.

OBSERVATIONS : Cette variété, recommandable comme fruit d'amateur, est souvent employée dans la culture forcée, où elle donne d'excellents résultats.

GUIGNE NOIRE HATIVE A GROS FRUITS

Synonymes principaux : *Grosse Guigne noire luisante, Guigne Léme, Guigne luisante.*

Origine ancienne et inconnue. Cette variété est décrite par Duhamel, qui la recommande particulièrement.

DESCRIPTION DE L'ARBRE

Port : divergent.
Vigueur : bonne.
Fertilité : constante.
Forme : la haute tige de préférence.

RAMEAU

Long, gros, d'un brun clair, abondamment taché de gris cendré.
Lenticelles : rares, petites, allongées.
Coussinets : saillants.
Mérithalles : moyens.
Yeux : assez gros, ovoïdes, à pointe peu aiguë, peu écartés du bois.
Feuilles : *limbe*, grand, ovale, allongé, longuement acuminé, à dents
  profondes et aiguës; *pétiole*, long et grêle, fortement teinté de carmin.
Glandes : volumineuses, carminées.
Fleurs : de grandeur moyenne.
Époque de floraison : précoce.

FRUIT

Gros ou très gros, ovoïde, arrondi ou cordiforme, quelquefois bossué, générale-
  ment attaché par trois.
Peau : épaisse, brillante, d'un rouge brunâtre, passant au noir à complète
  maturité.
Point pistillaire : à fleur de fruit.
Sillon : large, peu profond.
Pédoncule : long et assez fort, inséré dans une cavité large et assez profonde.
Chair : assez fine, mi-tendre, filamenteuse, grenat foncé, bien sucrée,
  vineuse, bien parfumée, à jus très abondant et bien coloré.
Noyau : assez gros, arrondi, à flancs rebondis, à arête saillante.
Qualité : très bonne.
Époque de la maturité : première quinzaine de juin.
Fruit d'amateur et de marché.

OBSERVATIONS : Cette Guigne est l'une des plus estimées; elle est
également recherchée par le commerce et les amateurs. Comme tous les Guigniers, la culture à haute tige est la plus favorable à cette variété, à cause de
son port divergent. Elle se prête parfaitement à la culture forcée.

GUIGNE OHIO'S BEAUTY

Synonyme : *Bigarreau Beauté de l'Ohio.*

Celle variété a été obtenue vers 1842 par le professeur Jared P. Kirtland, de Cleveland (Ohio).

DESCRIPTION DE L'ARBRE

Port : semi érigé.
Vigueur : bonne.
Fertilité : assez grande.
Forme : toutes les formes.

RAMEAU

Long et gros, d'un brun clair, abondamment taché de gris **argenté**.
Lenticelles : grandes et nombreuses.
Coussinets : peu saillants.
Mérithalles : grands.
Yeux : gros, ovoïdes, à pointe aiguë, un peu écartés du bois.
Feuilles : *limbe*, grand et long, régulièrement ovale, courtement acuminé, à
  dents obtuses, larges et profondes; *pétiole*, très long et très fort, profon-
  dément et étroitement canaliculé, un peu lavé de carmin.
Glandes : assez grosses, carminées.
Fleurs : grandes.
Époque de floraison : hâtive.

FRUIT

Gros, globuleux, un peu déprimé dans le voisinage du pédoncule, solitaire ou
  attaché par deux.
Peau : d'un jaune clair, ambré, un peu teintée de rose à l'insolation.
Point pistillaire : dans une très légère dépression.
Sillon : assez large, peu profond.
Pédoncule : long et assez fort, inséré dans une cavité assez large et peu
  profonde.
Chair : blanche, fine, mi-tendre, fondante, très sucrée, à jus abondant et
  incolore.
Noyau : assez gros, ovoïde, court, obtus, à flancs rebondis, à arête dorsale
  forte et saillante.
Qualité : très bonne.
Époque de la maturité : mi-juin.
Fruit d'amateur.

OBSERVATIONS : Cette Guigne est à la fois très belle et très bonne;
c'est l'une des plus sucrées. L'arbre est de conduite facile et se prête à la culture forcée.

———————————

8

IMPÉRATRICE EUGÉNIE

SYNONYMES PRINCIPAUX : *Cerise Silva de Palluau, Empress Eugénie*

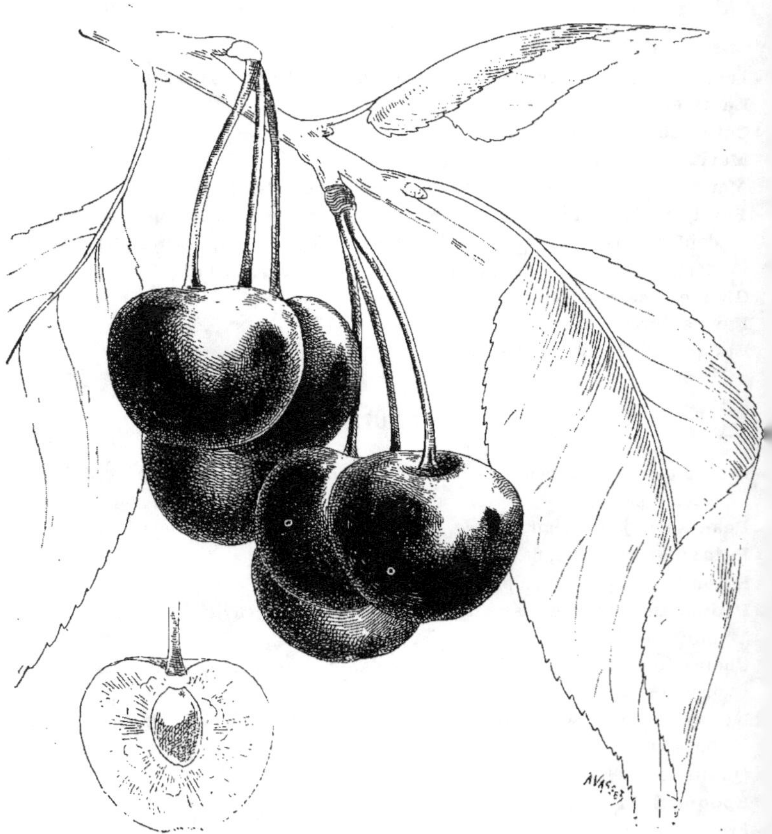

Cette variété a été obtenue dans une vigne, d'un semis de hasard, par M. Varenne à Belleville, alors près Paris. La première fructification eut lieu en 1830. Après une visite de la Société d'horticulture de Paris qui la recommanda, elle fut mise au commerce en 1833, par M. A. Gontier, pépiniériste à Fontenay-aux-Roses.

DESCRIPTION DE L'ARBRE

Port : érigé.
Vigueur : moyenne.
Fertilité : très grande.
Forme : toutes les formes.

RAMEAU

Court, de grosseur moyenne, brunâtre, recouvert de gris argenté.
Lenticelles : nombreuses, rondes, jaunâtres.
Coussinets : peu saillants.
Mérithalles : courts.
Yeux : gros, ovoïdes, courts, à pointe peu aiguë, un peu écartés du rameau.
Feuilles : *limbe*, moyen, ovale, à pointe longue et aiguë, à bords plats ou
    relevés, à dents fines, souvent doubles; *pétiole*, de longueur et de grosseur
    moyennes, rouge vineux, fortement canaliculé.
Glandes : petites et carminées.
Fleurs : moyennes.
Époque de floraison : assez hâtive.

FRUIT

Gros, globuleux, déprimé, attaché par un ou par deux.
Peau : fine, rouge vif, puis pourpre foncé à complète maturité.
Point pistillaire : assez grand, blanchâtre, dans une dépression sensible.
Sillon : large et assez profond.
Pédoncule : assez long, de force moyenne, inséré dans une cavité large et
    profonde.
Chair : fine, d'un blanc un peu rosé, réticulée de blanc jaunâtre, sucrée,
    acidulée, à jus abondant à peine rosé.
Noyau : petit, arrondi, à flancs peu rebondis, se rapprochant de la forme
    lenticulaire, à arête peu saillante.
Qualité : très bonne.
Époque de maturité : première quinzaine de juin.
Fruit d'amateur et de commerce.

OBSERVATIONS : La qualité de cette variété et sa grande fertilité la
font recommander tout particulièrement. Sa vigueur modérée permet de la
cultiver sous des formes taillées, même réduites. Elle se plaît également à
haute tige.

MONTMORENCY COURTE QUEUE

Synonymes principaux : *Gros Gobet, Gobet à courte queue, Cou larde à courte queue, etc.*

Origine ancienne et inconnue ; les premières descriptions qui en sont faites remontent au début du XVIIᵉ siècle.

DESCRIPTION DE L'ARBRE

Port : étalé, buissonnant.
Vigueur : assez bonne.
Fertilité : moyenne.
Forme : toutes les formes.

RAMEAU

Court, grêle, portant de nombreux bourgeons anticipés, d'un rouge brunâtre
taché de gris argenté.
Lenticelles : peu nombreuses, petites.
Coussinets : peu saillants.
Mérithalles : courts.
Yeux : assez gros, ovoïdes, à pointe obtuse.
Feuilles : *limbe*, petit, ovale arrondi, courtement acuminé, à bords plats ou
un peu relevés et finement dentés ; *pétiole*, de force moyenne, court, profon-
dément canaliculé, rouge vineux.
Glandes : petites, globuleuses, rouge carminé.
Fleurs : assez grandes.
Epoque de floraison : tardive.

FRUIT

Gros, globuleux, aplati aux pôles, solitaire ou attaché par deux.
Peau : mince, transparente, rouge vif passant au rouge sombre et au pourpre
foncé à l'insolation.
Point pistillaire : petit dans une dépression sensible.
Sillon : assez profond et large.
Pédoncule : très court et très fort, renflé à ses deux extrémités, inséré dans
une cavité large et peu profonde.
Chair : fine, rosée, peu sucrée, fortement acidulée, à jus très abondant et un
peu rosé.
Noyau : petit, presque rond, à arête large et peu saillante, fortement attaché
au pédoncule.
Qualité : bonne et très bonne.
Epoque de la maturité : courant de juillet.
Fruit d'amateur et de marché.

OBSERVATIONS : La Montmorency à courte queue est l'une des Cerises
les plus répandues ; elle fait l'objet d'un important commerce aux environs de
Paris. C'est la Cerise par excellence pour les conserves.

MONTMORENCY DE SAUVIGNY

Synonyme : *Griotte de Sauvigny.*

Cette variété, dont l'origine n'est pas très précise, est cultivée par centaines
d'hectares au sud du département de l'Aisne et à l'ouest de celui de la Marne ;
notamment à Chavenay, Sauvigny, Dormans, Courthiezy, Soilly, etc.

DESCRIPTION DE L'ARBRE

Port : divergent.
Vigueur : assez bonne.
Fertilité : grande.
Forme : la haute tige de préférence.

RAMEAU

Long, ramifié, assez grêle, d'un brun foncé, présentant de rares taches d'un
blanc grisâtre.
Lenticelles : rares, arrondies, d'un gris pâle.
Coussinets : très saillants.
Mérithalles : assez longs.
Yeux : moyens, coniques, obtus, écartés du rameau.
Feuilles : *limbe*, ovale, allongé, acuminé, à bords relevés et finement dentés ;
pétiole, de longueur et de grosseur moyenne portant une ou deux glandes
d'un blanc jaunâtre.
Fleurs : petites.
Époque de la floraison : assez tardive.

FRUIT

Gros, déprimé aux deux pôles, aplati du côté du sillon, généralement soli-
taire, quelquefois attaché par deux ou par trois.
Peau : fine, régulièrement teintée de rouge vif et de pourpre.
Point pistillaire : dans une légère dépression.
Sillon : peu profond.
Pédoncule : court, de force moyenne, inséré dans une cavité large et peu
profonde.
Chair : fine, transparente, jaune, un peu filamenteuse, assez sucrée, acidulée,
à jus très abondant et assez coloré.
Noyau : petit, arrondi, présentant une arête dorsale saillante.
Qualité : très bonne.
Époque de la maturité : deuxième quinzaine de juillet.
Fruit d'amateur et de marché.

OBSERVATIONS : Cette variété, très estimée pour les confitures et les
conserves à l'eau-de-vie, est populaire dans les départements de la Marne et
des Ardennes.

MONTMORENCY LONGUE QUEUE

SYNONYMES PRINCIPAUX : *Coularde à longue queue*, *Petit Gobet à longue queue*, *Amarelle royale hâtive*, *Cerise commune*, etc.

Comme la Montmorency à courte queue, cette Cerise est fort ancienne ; elle est décrite à la même époque et par les mêmes auteurs que celle-ci.

DESCRIPTION DE L'ARBRE

Port : étalé.
Vigueur : bonne.
Fertilité : grande.
Forme : toutes les formes.

RAMEAU

Assez long, mince, d'un brun clair recouvert de gris argenté.
Lenticelles : petites et rares.
Coussinets : peu saillants.
Mérithalles : inégaux, généralement courts.
Yeux : gros, ovoïdes, courts et obtus, écartés de rameau.
Feuilles : *limbe*, régulièrement ovale, courtement acuminé, à bords peu relevés et irrégulièrement dentés; *pétiole*, gros et court, faiblement canaliculé.
Glandes : arrondies, brunâtres.
Fleurs : petites.
Époque de floraison : tardive.

FRUIT

Assez gros ou gros, globuleux, déprimé, solitaire ou attaché quelquefois par
    deux.
Peau : fine, d'un rouge vif, passant au pourpre foncé à complète maturité.
Point pistillaire : grisâtre, peu enfoncé.
Sillon : très faible.
Pédoncule : assez gros, de longueur moyenne, inséré dans une cavité large
    et peu profonde.
Chair : fine, d'un blanc un peu rosé, réticulée de rose clair, peu sucrée,
    acidulée, à jus abondant, incolore ou peu coloré.
Noyau : assez gros, globuleux, à arête saillante.
Qualité : bonne.
Époque de la maturité : courant de juillet.
Fruit d'amateur et de marché.

OBSERVATIONS : Comme la Montmorency courte queue, cette Cerise
jouit d'une légitime réputation; elle est très demandée sur le marché parisien
et elle est recherchée par la confiserie, qui en emploie une quantité considérable.

REINE HORTENSE

Synonymes principaux : *Belle Audigeoise*, *Belle de Bavay*, *Belle de Laeken*, *d'Arenberg*, *Larose*, *Monstrueuse de Jodoigne*.

La paternité de cette variété est revendiquée par de nombreux arboriculteurs, tant français que belges ; il semble cependant établi qu'elle provient de semis de la Cerise *Anglaise hâtive*, faits par Larose, horticulteur à Neuilly (Seine). La première fructification eut lieu en 1837.

DESCRIPTION DE L'ARBRE

Port : étalé et buissonneux; les rameaux de la base sont retombants.
Vigueur : très bonne.
Fertilité : irrégulière.
Forme : toutes les formes.

RAMEAU

Long, relativement grêle, d'un brun clair à l'ombre, un peu rougeâtre à
l'insolation, largement maculé de gris argenté.
Lenticelles : rares, petites, arrondies, blanchâtres.
Coussinets : peu saillants.
Mérithalles : inégaux.
Yeux : assez gros, ovoïdes, ventrus, à pointe aiguë, écartés du rameau.
Feuilles : *limbe*, grand, ovale, allongé, longuement acuminé, à bords un peu
relevés et bordés de dents grossières, larges, souvent doubles; *pétiole*, de
longueur moyenne, assez fort.
Clardes : réniformes, carminées.

FRUIT

Généralement solitaire, très gros, régulièrement ellipsoïdal.
Peau : fine, très délicate, transparente, à fond jaune, ambrée, teintée de
rouge clair.
Point pistillaire : très petit dans une dépréssion très faible ou nulle.
Sillon : à peine sensible.
Pédoncule : long et grêle, inséré dans une cavité peu profonde et très
large.
Chair : jaunâtre, transparente, réticulée de blanc jaunâtre, très tendre, sucrée,
acidulée, parfois un peu amère, à jus abondant et incolore.
Noyau : gros, long, à flancs déprimés, à arête peu saillante et obtuse.
Qualité : bonne ou très bonne.
Époque de la maturité : fin juin, commencement de juillet.
Fruit d'amateur.

OBSERVATIONS : Parmi les Cerises proprement dites, la Reine Hortense est la plus grosse. On peut reprocher à l'arbre son peu de fertilité; le
voisinage de Cerisiers d'autres espèces, fleurissant à la même époque, semble
néanmoins le rendre plus productif. Le fruit est délicat, le moindre froisse-
ment occasionne des taches brunes sur son épiderme; aussi ne supporte-t-il
pas l'emballage. Mais sa beauté le fera toujours classer au premier rang
parmi les fruits d'amateur.

ROYALE

SYNONYMES PRINCIPAUX : *Cherry Duke*, *Grosse Cerise royale*, *Royale tardive*. Les pomologues donnent de nombreux synonymes à cette variété, mais il est nécessaire de se tenir, à ce sujet, sur la plus grande réserve, car on a assimilé à la Royale de nombreuses variétés qui n'en avaient aucun des caractères distinctifs. Par contre, on a donné des noms différents à certaines variétés qui se rapprochent de la Royale par tous leurs caractères.

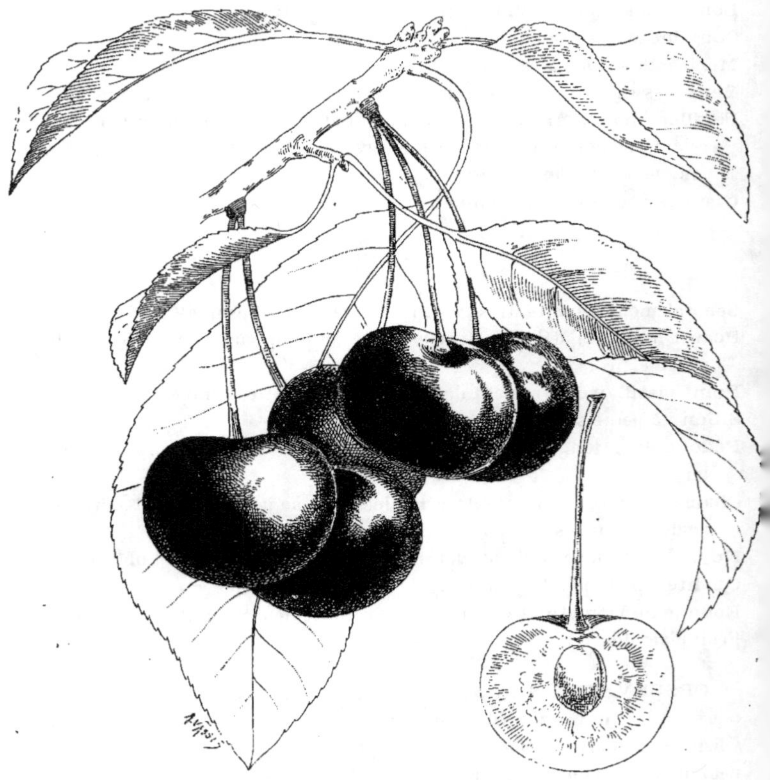

Origine ancienne et inconnue. Elle semble d'origine anglaise et fut importée au commencement du XVIIIe siècle, époque de laquelle date sa culture dans les potagers de Versailles.

DESCRIPTION DE L'ARBRE

Port : très érigé.
Vigueur : moyenne.
Fertilité : bonne.
Forme : toutes les formes.

RAMEAU

Court, de grosseur moyenne, d'un brun clair recouvert de gris argenté.
Lenticelles : peu nombreuses, petites, de couleur gris terne.
Coussinets : petits.
Mérithalles : très courts.
Yeux : moyens, arrondis, à angle ouvert.
Feuilles : *limbe*, moyen, arrondi, finement et irrégulièrement denté; *pétiole*,
    court.
Glandes : moyennes, rondes, de couleur rose carminé.
Fleurs : petites, très ouvertes.
Époque de floraison : moyenne.

FRUIT

Gros, globuleux, fortement déprimé au deux pôles, généralement attaché par
    deux, parfois solitaire.
Peau : fine, d'un rouge vif, passant au rouge foncé à complète maturité,
    brun sombre à l'insolation.
Point pistillaire : petit, dans une sensible dépression.
Sillon : faible, se terminant quelquefois auprès de la cavité pédonculaire par
    une petite proéminence.
Pédoncule : de longueur et de grosseur moyennes, inséré dans une cavité
    plus ou moins large et profonde.
Chair : d'un rouge plus ou moins vif. réticulée de rose, fine, sucrée, un peu
    acidulée, à jus abondant et presque incolore.
Noyau : petit, rosé, arrondi, à flancs rebondis, à arête large et obtuse.
Qualité : très bonne.
Époque de la maturité : première quinzaine de juillet.
Fruit d'amateur.

OBSERVATIONS : Cette Cerise, qui peut compter parmi les meilleures, se
cultive aussi bien en pyramide qu'en palmette ou en haute tige.

CHATAIGNIER

Caractères généraux. — Arbre de première grandeur, à cime dressée dans le jeune âge, puis arrondie. Ecorce d'un vert foncé, ne se crevassant que tardivement. Feuilles épaisses, allongées, fortement dentées. d'un beau vert: pétiole court et robuste; yeux gros, ovoïdes, disposés dans l'ordre 2/5.

Fleurs monoïques : les mâles en chatons, ayant un calice à nombre de divisions variable, possédant de cinq à vingt étamines; les femelles, réunies par deux ou quatre, ont un calice à six divisions; six styles; ovaire infère, à six loges, renfermant chacune deux ovules. Les fruits sont des akènes réunis par deux ou trois dans des involucres épineux.

Origine. – Le Châtaignier semble originaire de l'Europe méridionale; il croît actuellement d'une façon spontanée dans toute la France.

Sol, culture. — C'est un arbre de terrain siliceux. On le rencontre dans toutes les régions d'origine granitique ou volcanique : Auvergne, Bretagne. Limousin. Il ne vit pas dans les terrains calcaires, même s'ils le sont faiblement.

Le Châtaignier est exclusivement cultivé à haute tige et abandonné complètement à lui-même.

MARRON NOUZILLARD

Synonymes principaux : *Losillarde* (Calvel). *Osillarde* (Dubreuil), *Ousillard*, *Du Lude* (Sarthe).

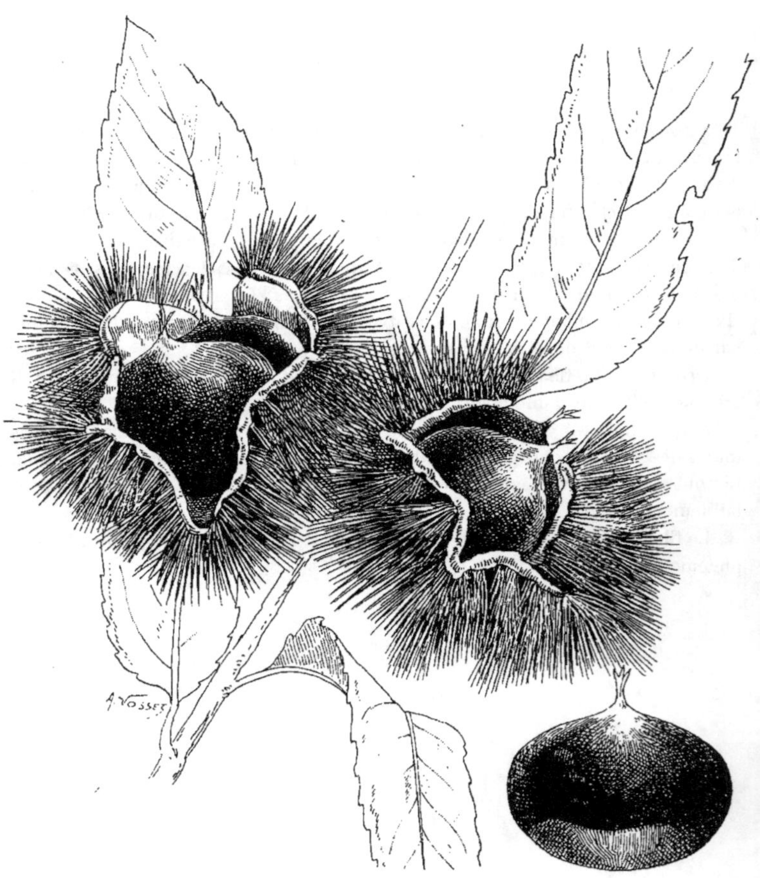

D'après Et. Calvel, cette variété serait originaire des environs du Lude (Sarthe).

DESCRIPTION DE L'ARBRE

Port : divergent.
Vigueur : assez grande.
Fertilité : bonne.

RAMEAU

De longueur moyenne, anguleux, vert brun.
Lenticelles : nombreuses, de couleur gris cendré.
Coussinets : moyens.
Mérithalles : moyens ou longs.
Yeux : gros, allongés et pointus.
Feuilles : *limbe*, grand, allongé, fortement et régulièrement denté ; *pétiole*,
    moyen, vert.

FRUIT

Gros, presque rond ; peau brune, brillante.
Chair : de bonne qualité.
Maturité : octobre.
Fruit d'amateur et de marché.

OBSERVATIONS : Cette bonne variété, productive et rustique, est très
cultivée dans l'Ouest, notamment dans la Sarthe, où elle est estimée et souvent désignée sous le nom d'Ousillarde ; dans le Poitou, elle se nomme
Nouzillarde.

9

MARRON DE LYON

Synonymes principaux : *Du Luc, d'Agen.*

Cette variété a été trouvée dans la propriété de Brésil, commune de Loire, près Givors (Rhône), d'après l'abbé Rozier (1783).

DESCRIPTION DE L'ARBRE

Port : régulier.
Vigueur : grande.
Fertilité : bonne.

RAMEAU

De longueur moyenne, vert brun, anguleux
Lenticelles : nombreuses, grisâtres.
Coussinets : moyens.
Mérithalles : moyens ou courts.
Yeux : gros, arrondis.
Feuilles : *limbe*, grand, fortement denté ; *pétiole*, court, robuste.

FRUIT

Souvent solitaire dans la coque, gros, arrondi, régulier ; à peau fine, brun clair,
. un peu terne ; amande régulière, peu sillonnée, unique dans chaque fruit.
Chair : tendre, sucrée, d'excellente qualité. Variété la plus estimée sous ce
rapport.
Maturité : octobre.
Fruit d'amateur et de marché.

OBSERVATIONS : Le marron de Lyon est très recherché, exporté en
grand et employé pour la préparation des marrons glacés. Cette variété est
abondamment cultivée dans le Midi, notamment dans le Var, aux environs
du Luc (arrondissement de Draguignan). Le Luc leur sert d'entrepôt, a dit
l'abbé Rozier. Pendant longtemps, Lyon fut le centre de réception et de
réexpédition de ce fruit, d'où le nom qui lui a été donné.

COGNASSIER

(*Cydonia vulgaris.*)

Caractères principaux. — Arbre de troisième grandeur, à port buissonnant; écorce brun foncé ne se fendillant pas, mais se détachant en plaques
avec l'âge.

Feuilles arrondies, duveteuses en dessous, glabres en dessus; yeux petits,
bruns, duveteux.

Boutons uniflores, se formant le **plus souvent** à l'extrémité de faibles brindilles qui renferment un axe feuillu.

Fleurs très grandes, rosées, solitaires, à cinq pétales; nombreuses étamines ; cinq styles. Ovaires à cinq loges contenant plusieurs ovules.

Fruit allongé, côtelé, à cinq loges, renfermant de nombreuses graines dont
l'enveloppe externe est mucilagineuse. Ce fruit dégage une odeur forte, très
caractéristique; œil bordé par les sépales accrus.

Origine. — Le Cognassier a une origine orientale : Crète, Perse ou Caucase ; il est devenu sub-spontané dans le midi de la France.

Sol. — Le Cognassier est assez exigeant sur le sol, qui doit être substan-
tiel et frais, sans excès. Il redoute les terrains secs et calcaires.

Porte greffe. — Les différentes variétés sont greffées sur des Cognassiers
de bouture ou de marcotte (par buttage), dits Cognassier d'Angers, de Doué,
de Fontenay.

Culture. — Cet arbre supporte mal la taille; aussi, est-il bon de le cultiver
en forme libre, soit à tige, soit en buisson, et de lui appliquer une taille très
sommaire, consistant à éviter les gourmands, afin de provoquer une juste
répartition de la sève.

COING CHAMPION

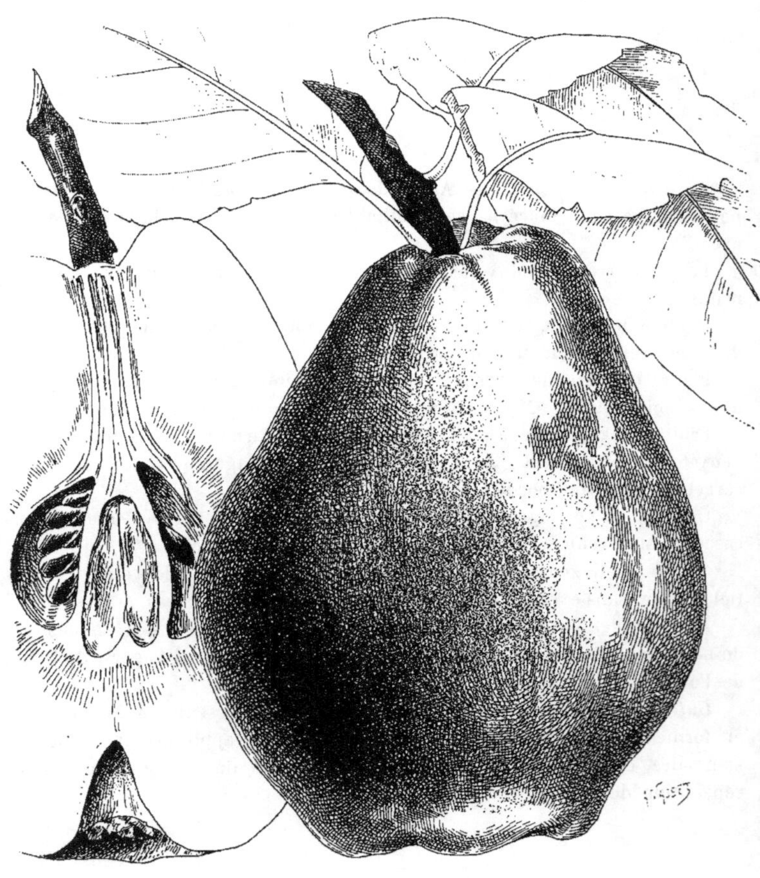

Obtenu au Connecticut, Amérique.

DESCRIPTION DE L'ARBRE

Port : irrégulier.
Vigueur : assez grande.
Fertilité : grande.
Forme : plein vent, tige ou buisson.

RAMEAU

De longueur et de grosseur moyennes, brun.
Lenticelles : petites.
Coussinets : assez apparents.
Mérithalles : courts ou moyens.
Yeux : moyens.
Feuilles : *limbe*, assez grand ; *pétiole*, moyen
Fleurs : grandes, rosées.
Époque de floraison : fin avril.

FRUIT

De grosseur moyenne, turbiné, obtus à la base, fortement renflé au tiers de la
hauteur, tronqué au sommet.
Peau : jaune vif à l'insolation, jaune verdâtre à l'ombre.
Œil : moyen, bordé par les sépales longuement accrus.
Pédoncule : de longueur moyenne, inséré dans une petite dépression.
Chair : jaunâtre, assez tendre, parfumée, juteuse.
Qualité : bonne, semblable à celle du coing commun.
Maturité : octobre, novembre.
Usage : pour liqueurs et confitures.

OBSERVATIONS : Variété estimée pour la grosseur de son fruit ; peu
répandue dans les cultures jusqu'à présent.

COING DE PORTUGAL

Origine inconnue.

DESCRIPTION DE L'ARBRE

Port : légèrement buissonneux.
Vigueur : grande.
Fertilité : moyenne.
Forme : buisson ou tige, en plein vent.

RAMEAU

Court, de grosseur moyenne, duveteux, puis brun verdâtre
Lenticelles : peu apparentes.
Coussinets : saillants.
Mérithalles : courts.
Yeux : assez gros.
Feuilles : *limbe*, ample; *pétiole*. moyen.
Fleurs : grandes, blanches, rosées au revers des pétales.
Époque de floraison : fin avril.

FRUIT

Très gros, fortement odorant, oblong, renflé vers le tiers inférieur de la
    hauteur, côtelé, tronqué obliquement au sommet.
Peau : jaune d'or brillant, à duvet persistant vers le sommet
Œil : large, fermé par les sépales peu accrus, situé dans une cavité profonde.
Pédoncule : constitué par le bourgeon fructifère de 0,08 à 0,10 de longueur,
    il est implanté dans une cavité moyenne, à bords irréguliers.
Chair : jaunâtre, grossière, cassante, parfumée.
Maturité : octobre-novembre.
Usage : pour liqueurs et confitures

OBSERVATIONS : Variété très estimée pour la beauté de son fruit; c'est
la plus répandue dans les cultures.

FIGUIER

(*Ficus carica.*)

Caractères généraux. — Arbre de 6 à 8 mètres, buissonnant, à rameaux gros, érigés. Écorce verdâtre, devenant blanchâtre en vieillissant, mais restant longtemps lisse.

Feuilles très grandes, rugueuses, palmées, à cinq ou sept lobes.

Yeux volumineux disposés dans l'ordre 2/5; boutons situés à côté des yeux, renfermant un réceptacle creux qui porte à l'intérieur un grand nombre de fleurs. Les parties herbacées sont riches en latex, qui s'échappe des sections faites par la taille.

Fleurs monoïques : les mâles possèdent un calice à trois lobes et trois étamines ; les femelles ont un calice à cinq parties, un style à deux stigmates et un ovaire à une loge. Les fruits sont portés sur le réceptacle creusé en forme de sac qui devient charnu et succulent à maturité ; l'ensemble du réceptacle et des petits fruits, enfouis dans la pulpe, constitue ce que l'on appelle la Figue, qui n'est, en réalité, qu'un fruit composé.

Origine, culture. — Le Figuier est originaire de l'Europe méridionale.

Il supporte mal les fortes gelées ; le bois souffre et peut mourir quand la température atteint — 7 à — 8 degrés, mais l'arbre repousse du pied.

Le Figuier porte sur le bois de l'année, au moment où l'arbre cesse de végéter, de jeunes fruits qui devront passer l'hiver, et donner en été une première récolte s'ils n'ont pas eu à subir de trop fortes gelées. Il se produit de nouveaux fruits sur le bourgeon en voie d'accroissement, mais ceux-ci n'arrivent que rarement à maturité sous le climat parisien.

Il n'y a dans notre région de Figues véritablement bonnes que celles provenant des jeunes fruits ayant passé l'hiver et qu'on appelle des Figues-fleurs. Il faudra en conséquence abriter celles-ci contre les gelées.

Dans les cultures d'Argenteuil, on cultive, à cet effet, le Figuier en cépées inclinées que l'on couche en hiver dans un fossé afin de les recouvrir d'un peu de terre, en forme de toit pour éviter la stagnation de l'eau.

Dans les jardins, le Figuier est souvent placé dans un angle de mur à bonne exposition, et abrité avec de la paille pendant l'hiver.

La taille sera faite de façon à ménager une production régulière du jeune bois qui devra fructifier l'année suivante.

Le plus souvent, on se contente de supprimer le vieux bois, après fructification, ainsi que les branches trop nombreuses qui forment confusion.

FIGUE BLANCHE D'ARGENTEUIL

Synonymes : *De Versailles, Madeleine.*

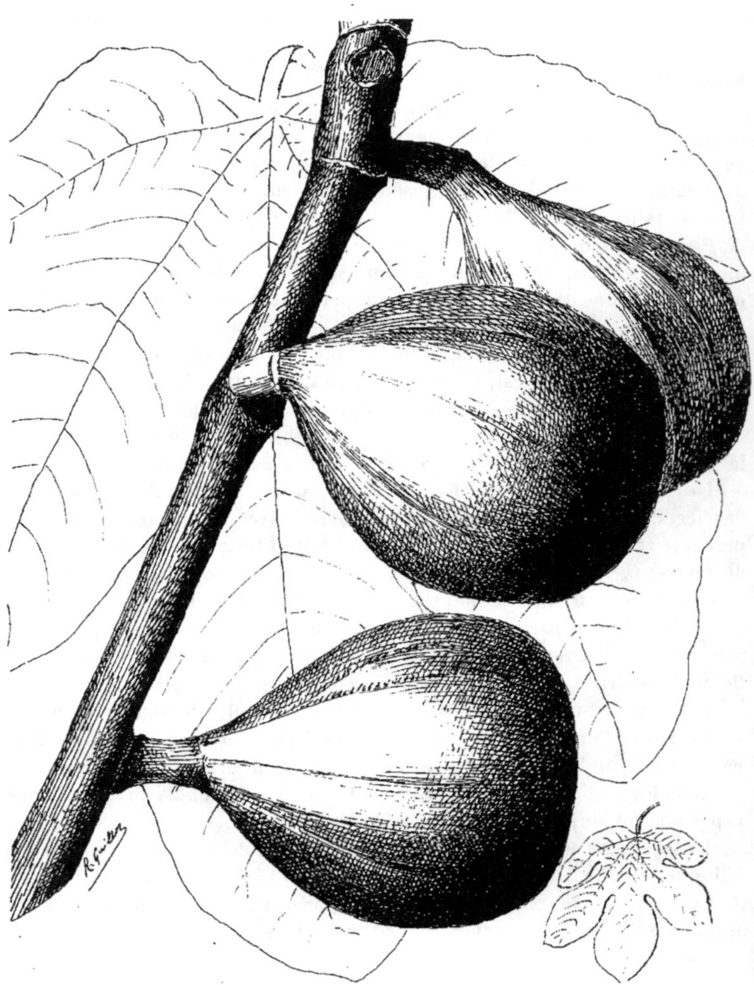

Origine : ancienne et incertaine.

DESCRIPTION DE L'ARBRE

Port : érigé, compact.
Vigueur : bonne.
Fertilité : grande à la première récolte; la deuxième se fait assez rarement
dans la région du centre ou parisienne, sauf dans les années chaudes, et
encore elle n'est pas abondante.

RAMEAU

Vert, de longueur et de grosseur moyennes.
Lenticelles : peu nombreuses.
Coussinets : légers, arrondis.
Mérithalles : assez longs.
Yeux : moyens.
Feuilles : *limbe*, grand, divisé en trois lobes, à bord irrégulièrement crénelé;
pétiole, moyen, velu.

FRUIT

Moyen, allongé, aplati vers l'œil, très solidement attaché.
Peau : jaune verdâtre, brillante, à sillons marqués, se détachant bien.
Pédoncule : très court.
Chair : blanche, juteuse, très sucrée, parfumée.
Qualité : très bonne.
Époque de maturité : Deuxième quinzaine de juillet pour les premiers fruits,
septembre pour les seconds.
Fruit d'amateur et de commerce.

OBSERVATIONS : C'est une des variétés qui réussissent le mieux aux
environs de Paris; elle est cultivée à Argenteuil depuis plusieurs siècles.

FIGUE BARBILLONNE

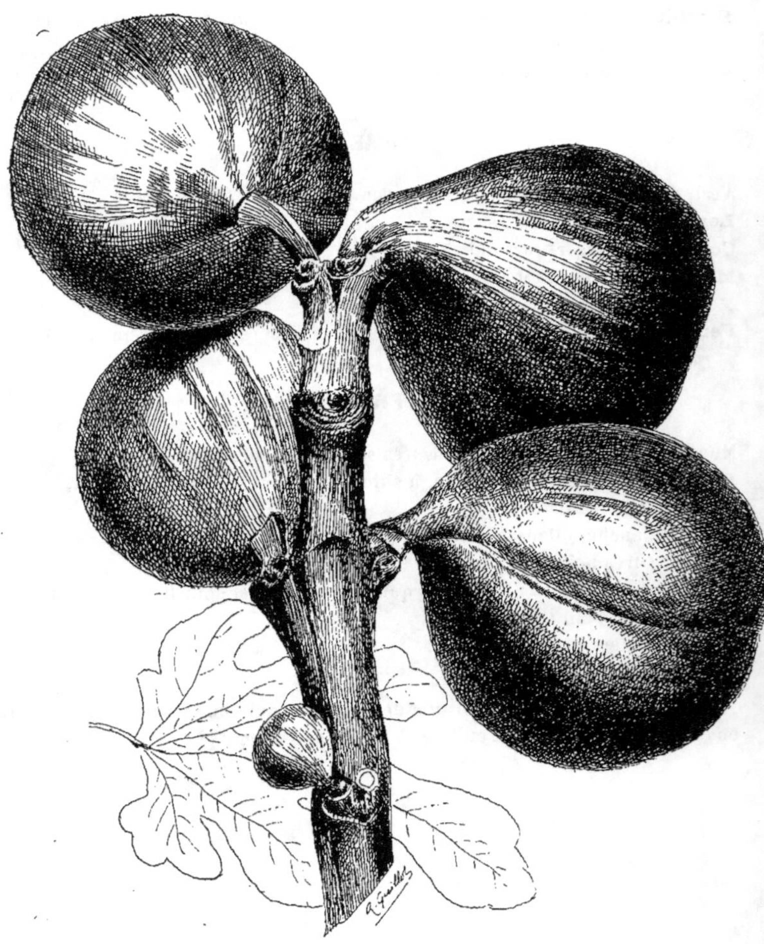

Origine incertaine, mais probablement Argenteuil, où elle est cultivée depuis quarante à quarante-cinq ans; c'est, croit-on, un accident fixé de la « Blanche d'Argenteuil ».

DESCRIPTION DE L'ARBRE

Port : érigé ou légèrement étalé.
Vigueur : moyenne ou bonne.
Fertilité : très grande.

RAMEAU

Vert, de longueur moyenne, assez gros.
Lenticelles : peu nombreuses.
Coussinets : à peine saillants.
Mérithalles : moyens.
Yeux : petits.
Feuilles : *limbe* et *pétiole* comme chez la Figue blanche d'Argenteuil.

FRUIT

Moyen, allongé, fortement fixé au rameau.
Peau : vert brun ou violacé, vernissée, mince, se détachant bien.
Pédoncule : court.
Chair : blanche, légèrement rosée, sucrée, parfumée.
Qualité : très bonne.
Époque de maturité : Deuxième quinzaine de juillet, pour la première
  récolte, et septembre pour la seconde ; celle-ci, se fait d'ailleurs rarement
  dans notre région centrale.
Fruit d'amateur et de commerce

OBSERVATIONS : Cette variété est aussi productive que la « Blanche
d'Argenteuil », si ce n'est plus ; elle lui est supérieure en qualité et de vente
plus rémunératrice. La peau, cependant plus fine, la rend très sensible pour
le transport ; aussi est-il bon d'en cueillir le fruit un peu avant maturité, si
on le destine au marché.

FIGUE DAUPHINE

SYNONYME : *Figue rouge d'Argenteuil.*

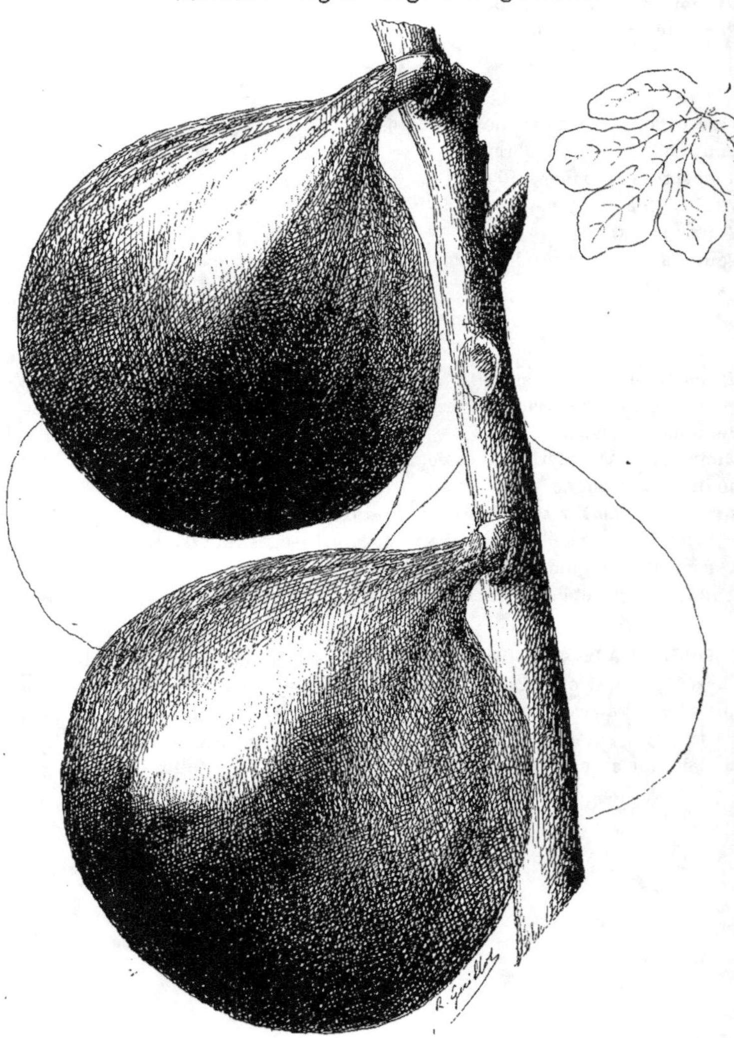

Origine incertaine.

DESCRIPTION DE L'ARBRE

Port : semi-érigé.
Vigueur : très grande.
Fertilité : abondante.

RAMEAU

Long, assez gros, vert foncé, velu, légèrement brun à l'insolation.
Lenticelles : abondantes, très allongées longitudinalement.
Coussinets : moyens.
Mérithalles : assez longs.
Yeux : moyens, violacés.
Feuilles : *limbe*, grand, divisé en trois lobes, avec bord irrégulièrement
  crénelé ; *pétiole*, moyen, à duvet brun pâle.

FRUIT

Gros ou très gros, large, aplati, à graines rouges.
Peau : violacée, fine, se détachant bien.
Pédoncule : très court, violacé.
Œil : violacé.
Chair : rose, juteuse, sucrée, parfumée.
Qualité : très bonne.
Époque de maturité : Première quinzaine d'août.
Fruit de commerce et d'amateur.

OBSERVATIONS : Ce Figuier est certainement le plus cultivé des
environs de Paris, pour sa grande vigueur et son abondante production. Le
fruit, de constitution robuste, est très gros et d'excellente qualité ; il supporte
très bien le transport, ce qui permet de l'expédier à de grandes distances.

FRAISIER

(*Fraga*, *Fragaria*, *Fragans*, *famille des Rosacées.*)

Les *Fraisiers* (*Fragaria*) sont des plantes vivaces à rhizome court, sympodique, portant des feuilles alternes, trifoliolées, glabres ou velues, de teinte plus ou moins foncée, portées par un pétiole toujours long, muni de deux fortes stipules pétiolaires. Chaque année, le rhizome émet des rameaux, dont les uns, courts et dressés, sont bientôt terminés par l'inflorescence, tandis que les autres, au contraire, s'allongent indéfiniment, s'étalent sur le sol et jouent un rôle reproducteur. De distance en distance, ceux-ci produisent des bourgeons, qui développent une rosette de feuilles et s'enracinent pour donner des fraisiers nouveaux. Ces rameaux, ou *stolons*, connus en horticulture sous le nom de « filets », servent, dans la pratique, à la multiplication des Fraisiers. Quelques formes cultivées n'en produisent pas.

Les fleurs, groupées en cymes plus ou moins compliquées, sont construites sur le type rosacé régulier, comportant un *cal ce* à cinq sépales verts assez développés, accompagné [d'un *calicule*, également à cinq pièces, alternant avec celles du calice ; cinq pétales blancs, assez grands ; *étamines* en nombre indéfini, très nombreuses. *Pistils* également en nombre indéfini, très nombreux, disposés en spirale sur le réceptacle floral, qui, très bombé, fait saillie au milieu de la fleur, sous forme d'une sorte de mamelon vert. Après la fécondation, les pétales et les étamines tombent, le réceptacle s'accroît rapidement, devient charnu, riche en eau, acides et sucre, se colore en rose ou en rouge plus ou moins intense, tandis que les petits ovaires, disséminés à sa surface, s'accroissent pour former les *fruits véritables*, ordinairement considérés comme les *graines*. La fraise, généralement classée comme le fruit du Fraisier, est donc, en réalité, le *réceptacle floral très accru* — entouré à sa base par le calice et le calicule formant une sorte de collerette — et portant, à sa surface, plus ou moins enfoncés, les fruits véritables, nommés *akènes*, petits fruits secs ne renfermant qu'une graine.

Les fraisiers que nous cultivons se rapportent à des espèces indigènes et à des espèces américaines que nous indiquons ci-après.

FRAGARIA VESCA (*Fraisier des bois*). — Indigène de l'Europe entière, sa présence est constatée un peu partout dans les régions tempérées, même dans les zones froides ; dans les pays chauds, il s'acclimate parfaitement, pourvu que les sols soient bien arrosés ; son fruit est petit, sphérique, assez bon, sans eau, souvent pâteux et charnu. Dans la zone de l'Europe centrale et la France, ses contrées de prédilection, son fruit arrive à maturité en juin-

juillet, suivant les expositions où il croît; dans les endroits chauds, brûlant
(les talus au Midi, par exemple), il donne deux récoltes, la première en juin
la seconde en septembre-octobre

Fragaria semperflorens (*Quatre-Saisons*). — Forme améliorée du Fraisie
des bois. Probablement trouvée dans les Alpes et caractérisée par une pro
duction presque continue, cette espèce a été successivement améliorée et
donné une série de gains de grand mérite.

Fragaria elatior (*Capron*). — Le cadre de cet ouvrage ne nous permet pa
de citer toutes les espèces de Fraisiers qui ont joué un rôle plus ou moin
marqué dans l'obtention des Fraisiers à gros fruits. Cependant il convien
de signaler les Caprons qui, jusqu'à complète vulgarisation des gros fruit
ont orné les tables sous les noms de : Capron, Capiton, Hautbois. Le Fraisie
Capron est indigène et ressemble assez au Fraisier des bois, mais il est plu
développé dans toutes ses parties; le fruit en est gros, presque sphériqu
tendre, d'un goût très relevé.

Fragaria grandiflora (*Fraisier à gros fruits*). — Synonymes : Fraisie
anglais, Fraisier américain. Les Fraisiers à gros fruits ont une origine ince
taine; on s'accorde à les considérer comme issus des espèces suivantes
Fragaria Virginiana, *Fragaria grandiflora* ou *Fragaria Ananassa*, enf
Fragaria chilœnsis.

Les personnes qui se sont occupées de l'origine du Fraisier ont été un
nimes à reconnaître que ces quatre dernières espèces n'ont donné aucu
hybride, aussi longtemps qu'elles ont vécu isolément et que les premièr
variations datent de leur introduction, côte à côte, dans les culture
néanmoins, il a fallu de nombreuses années, près de quatre-vingts a
de culture et de semis, pour arriver aux belles variétés que l'on culti
actuellement et que l'on perfectionne de plus en plus.

Culture. — La culture des Fraisiers est des plus simples; l'air, la lumiè
les terrains n'ayant jamais nourri ces plantes sont les premiers facteurs
réussite; les craies et les argiles ne leur sont pas favorables. Comme fumu
dans les terrains sableux ou légers, le fumier de vache est à recommand
de préférence; dans les terrains compacts, il convient de rechercher l
engrais chauds, les vieilles gadoues et les terreaux. Le rôle du Frais
remontant à gros et à petits fruits étant surtout de fournir des fruits en
et en automne, on doit supprimer les premiers rameaux jusqu'au 20 m
Des paillis et de copieux arrosages sont nécessaires pour assurer une réco
de longue durée.

En ce qui concerne la culture des Fraisiers à gros fruits dans les pe
jardins, les plants doivent être placés à 0m35 les uns des autres; dans
grandes cultures, on espace de 40 à 45 centimètres en tous sens, en form
des planches de quatre rangs.

Pour la grande culture à la charrue, on plante sur deux rangs, éloig l'un de l'autre de 50 centimètres, et on espace les plants à 0ᵐ35 ou 0ᵐ40 sur le rang; le sentier pour le passage du cheval a 80 centimètres de largeur. Deux ou trois binages printaniers sont nécessaires, de même qu'un paillis à l'éclosion des premières fleurs. Les époques de plantation les plus favorables sont : à l'automne, du 15 septembre à fin octobre; au printemps, du 1ᵉʳ mars à fin avril.

Avec un choix judicieux de variétés, les personnes qui disposent d'une certaine place peuvent cueillir des fraises depuis le 25 mai jusqu'à la fin d'octobre.

Les Fraisiers sans filets ou Gaillon se plantent de préférence en bordures, dans les potagers et jardins fruitiers, où l'utilité de la planté s'ajoute à l'intérêt du fruit.

FRAISIERS A PETITS FRUITS, REMONTANTS

(OU QUATRE-SAISONS)

GÉNÉREUSE

Cette variété a été obtenue par Marchand en 1882 et mise par lui au commerce en 1885-1886.

DESCRIPTION DU FRAISIER

Plante : robuste, de bonne tenue bien qu'assez haute.

Port : érigé dans sa jeunesse, étalé en vieillissant, au feuillage vert blond.

Feuilles : à *pétiole* haut, droit, allongé; *folioles*, fortement découpées en scie; plus menues à l'automne.

Rameau à fleurs : inconstant, portant ses fleurs en bouquet **au sommet,** ou partant du cœur en gerbe.

Fleurs : moyennes, avec étamines prononcées.

Époque de floraison : du 15 avril à septembre.

FRUIT

Gros, de couleur rose et rose foncé, long, presque cylindrique, non pointu; très constant dans les aînés (1) comme dans les secondaires, à graines mi-saillantes.

Pédoncule : long ou court, suivant la sortie du rameau, sépales moyens.

Chair : rosée, juteuse, assez sucrée, parfumée.

Qualité : très bonne.

Époque de production : très hâtive; première année, du 20 juin à octobre, en supprimant les premiers rameaux; deuxième année, du 15 mai à juillet.

Fruit d'amateur et de commerce.

OBSERVATIONS : Cette très bonne variété pousse bien partout; les cueillettes se succèdent sans arrêt. Sa forme longue et régulière la fait rechercher sur les marchés. Avec des sépales plus forts, ce fruit serait parfait.

Comme pour tous les Fraisiers remontants, les rameaux, émis au commencement de la première année, doivent être supprimés pour unifier la première cueillette et la reculer après les non-remontants.

Cette variété s'accommode de tous les terrains et fructifie beaucoup; même dans les terres argileuses, où elle est un peu chlorosée, elle produit d'une façon moyenne.

---

(1) Le mot *aînés* s'emploie pour désigner les fruits qui mûrissent les premiers sur chaque pied.

QUATRE-SAISONS (A Fruit blanc)

Cette variété est d'obtention française, mais d'origine incertaine; elle s'est rencontrée en plusieurs points à la fois, et fut améliorée successivement.

DESCRIPTION DU FRAISIER

Plante : forte, vigoureuse, généreuse, au feuillage ample, d'un vert légèrement teinté de blanc.

Port : étalé, mais assez ferme, les rameaux à fleurs dépassant un peu le feuillage.

Rameau à fleurs : gros et solide, se divisant au sommet.

Feuilles : à *pétiole* ferme; *folioles* corsées, bien découpées, d'un vert pâle, révélant par leur teinte la couleur que le fruit devra revêtir.

Fleurs : moyennes, bien divisées entre les sépales et les pétales du calice.

Époque de floraison : du 15 au 25 avril.

FRUIT

Assez gros, blanc jaunâtre à complète maturité, oblong et un peu allongé la première année, rond la deuxième; graines saillantes, jaunes, nombreuses.

Pédoncule : généralement long et fort, à corolle très prononcée, donnant un bel aspect au fruit.

Chair : très parfumée, blanche, jaunâtre à complète maturité.

Qualité : bonne ou très bonne.

Époque de production : du 1ᵉʳ juin à novembre.

Usage : fruit d'amateur.

OBSERVATIONS : Cette plante généreuse peut rendre des services comme variété d'amateur. Commercialement, sa couleur s'oppose à son expansion; les traces de manipulations et de chocs se voient de suite sur l'épiderme blanc. Le fruit doit être consommé sur place.

Très vigoureux, ce Fraisier pousse partout, et donne de bons résultats.

REINE DES QUATRE-SAISONS

Synonyme : *Quatre-Saisons amélioree* (Gauthier).

Variété obtenue vers 1850-1852 par R.-R. Gauthier (de Paris), et mise par lui au commerce en 1855.

DESCRIPTION DU FRAISIER

Plante : touffue, haute pour une variété de Quatre-Saisons, bien faite.
Port : érigé, se tenant bien, les rameaux ne dépassant pas le feuillage.
Feuilles : à *pétiole* grêle, mais ferme ; *folioles*, allongées, finement découpées, d'un vert blond tendre.
Rameau à fleurs : élancé, fin, élevé, se divisant au sommet.
Fleurs : moyennes pour l'espèce.
Époque de floraison : 15 avril.

FRUIT

Rouge pâle, de bonne grosseur, cylindrique et oblong, surtout à l'automne, à graines peu saillantes.
Pédoncule : assez long, mince, se détachant trop facilement du calice.
Chair : blanche, légèrement rosée à bonne maturité, assez juteuse, sucrée, à parfum exquis.
Qualité : très bonne.
Époque de production : première année : du 20 juin à octobre ; deuxième année : du 25 mai au 15 juillet.
Fruit d'amateur.

OBSEVRATIONS : Cette variété, que la vente facile de ses fruits a fait surtout propager, fut longtemps commerciale ; mais, très tendre aux manipulations, elle est remplacée par d'autres variétés à épiderme plus résistant et à graines plus saillantes.

Très vigoureuse, elle croît dans tous les sols, cependant elle préfère les terrains légers et humides. Les cueillettes prolongées, suivies et régulières de ses fruits, placés à l'intérieur du feuillage, la font très apprécier pour le jardin particulier, pendant les grandes chaleurs.

Nous donnons deux époques de production, car il est rationnel d'enlever les premiers et faibles rameaux de première année, afin de retarder la récolte et de la faire succéder à celle des plantations plus âgées.

Cette pratique doit être observée pour toutes les jeunes plantations de fraisiers remontants.

Dans certaines régions, cette variété est encore très cultivée.

QUATRE-SAISONS (Sans Filet)

Synonymes : *Gaillon rouge, Fraisier sans coulants.*

Cette variété est, dit-on, originaire de Gaillon, où elle aurait été obtenue
vers 1755 ; elle a été répandue un peu partout, par divers cultivateurs.

DESCRIPTION DU FRAISIER

Plante : en touffe, à cœurs rassemblés, assez haute pour le genre.

Port : dressé, touffe bien arrondie en forme de ballon.

Feuilles : nombreuses; *pétiole* grêle; *folioles* étroites, allongées, d'un vert foncé pour la variété à fruit rouge.

Rameau à fleurs : multiple, comme les feuilles qu'il dépasse un peu, de robusticité moyenne.

Fleurs : petites.

Époque de floraison : fin avril, après les Quatre-Saisons ordinaires.

FRUIT

Moyen et petit, de forme presque toujours ronde, à graines mi-saillantes et parfois trop nombreuses

Pédoncule : généralement court.

Chair : fine, rouge clair, d'un parfum assez prononcé, rappelant celui de la fraise des bois.

Qualité : bonne.

Époque de production : de fin juin à l'automne.

Fruit d'amateur.

OBSERVATIONS : Ce Fraisier vigoureux pousse presque partout; il rend de grands services en bordure dans le potager et fournit un excellent dessert pendant les mois d'automne.

Les bordures doivent être refaites tous les ans ou tous les deux ans au plus; on divise les plantes en les éclatant. Un repiquage préalable en faciliterait la reprise.

Sa culture est peu délicate; cependant, il croît mal dans les terres trop calcaires.

On peut aussi renouveler cette variété par les semis, mais il faut beaucoup de temps pour arriver à un bon résultat.

Il existe également un Fraisier *Gaillon à fruit blanc* avec les mêmes qualités; seule la couleur de son fruit le différencie.

QUATRE-SAISONS (Sans Filet amélioré)

Synonyme : *Gaillon rouge amélioré.*

Cette variété a été obtenue en 1896 par Lapierre et mise par lui au commerce en 1899.

DESCRIPTION DU FRAISIER

Plante : plus vigoureuse que le Gaillon ordinaire, mais moins touffue ; son maintien indique son amélioration.

Port : quoique érigé, s'étale un peu en vieillissant; les rameaux fléchissent alors sous la charge du fruit.

Feuilles : allongées et développées, d'un vert très prononcé.

Rameau à fleurs : élancé, multiple, mais portant seulement deux ou trois fruits dont un très beau et les suivants inférieurs.

Fleurs : petites, mais pourtant plus développées que celles du type.

Époque de floraison : de mai à septembre.

FRUIT

De couleur rouge foncé, gros, bien fait, atteignant la grosseur des Quatre-Saisons ordinaires, de forme d'abord oblongue, puis allongée à l'automne.

Pédoncule : assez fort, long de 2 à 3 centimètres dans les aînés, faible et moins long dans les suivants.

Chair : saumonée, fondante, assez sucrée, bien parfumée.

Qualité : bonne.

Époque de production : de juin à fin octobre.

OBSERVATIONS. — Cette variété est très bonne pour les bordures. Nous estimons que, si elle conserve ses qualités, elle se substituera au Gaillon ordinaire qu'elle remplace souvent déjà. La variété *Gaillon amélioré blanc* existe avec les mêmes qualités, quoique l'allongement du fruit ne soit pas si prononcé que dans le Gaillon rouge.

La culture du Gaillon amélioré est exactement la même que celle du Gaillon ordinaire; le Fraisier paraît cependant devoir être un peu plus rustique.

FRAISIERS A GROS FRUITS REMONTANTS

SAINT-ANTOINE DE PADOUE

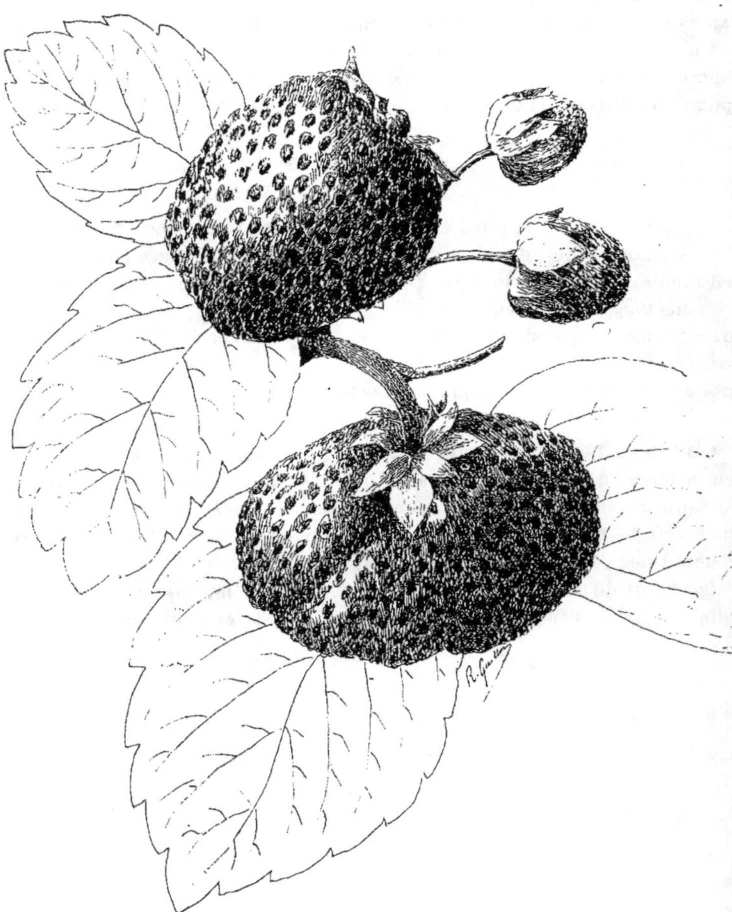

Cette variété a été obtenue par l'abbé Thivolet en 1896 et mise au commerce par MM. Vilmorin-Andrieux et C¹ᵉ en 1899.

DESCRIPTION DU FRAISIER

Plante : forte, trapue, vigoureuse.

Port : étalé au début, mi-érigé à l'automne, présentant le type parfait des Fraisiers à gros fruits.

Feuilles : *pétiole*, assez fort ; *folioles* allongées, et bien dentées, mi-velues, vert tendre, d'un ensemble érigé.

Rameau à fleurs : court de hampe au printemps, se divisant en gerbe dès la sortie du cœur ; les rameaux des floraisons suivantes sont à hampe plus haute et ne portent des fleurs qu'au sommet.

Fleurs : grandes, sépales assez forts.

Époque de floraison : du 15 avril à septembre, avec une abondance qui varie suivant la saison, le milieu où vit le Fraisier ainsi que l'état hygrométrique de l'atmosphère.

FRUIT

Rouge carmin foncé, moyen ou gros, de bel aspect, très ferme, aplati, anguleux ou en crête dans les aînés, sphérique dans les suivants.

Pédoncule : assez long, fort, mais cassant.

Chair : légèrement rouge saumoné, juteuse, un peu fibreuse, bien parfumée, sucrée.

Qualité : très bonne.

Époque de production : de juin à novembre, avec alternances variables, selon les soins donnés.

Fruit d'amateur et de commerce.

OBSERVATIONS. — La fraise Saint-Antoine de Padoue est, jusqu'à ce jour, la variété remontante à plus gros fruits.

Son fruit atteint le volume et un peu la forme du Docteur Morère ; très ferme, à graines saillantes, il est facilement transportable. Excellent pour confitures, il constitue un bon fruit d'amateur et de commerce.

Cette variété se cultive, comme tous les Fraisiers remontants, dans les terrains peu desséchants et, de préférence, dans les sables frais.

En arrosant fréquemment dans les mois chauds et secs, en supprimant les premiers filets, pour faciliter les floraisons successives d'été et d'automne enfin, en renouvelant les paillis, on entretient la vitalité de la plante et on assure sa fécondité.

SAINT-JOSEPH (Remontant a gros Fruits)

SYNONYMES : *Rubicunda, Léon XIII, Constante féconde.*

Cette variété a été obtenue par l'abbé Thivolet en 1893 et mise au commerce en 1894

DESCRIPTION DU FRAISIER

Plante : compacte, bien caractérisée comme feuillage, rameaux et fruits.

Port : étalé au début de sa croissance, érigé ensuite.

Feuilles : *pétiole*, faible pour un Fraisier à gros fruits; d'abord ferme au moment des fruits normaux, il devient flexueux avec les fruits remontants; *folioles*, allongées, étroites, dentées, vert tendre, peu velues.

Rameau à fleurs : dans la première saison, étalé en éventail; dans la deuxième, sur hampe élevée, présentant de quatre à six divisions au sommet.

Fleurs : moyennes.

Époque de floraison : 15 avril et même quelques jours plus tôt si l'hiver n'a pas été rude.

FRUIT

Moyen, rose vif.

Forme : sphérique, sauf pour quelques aînés qui sont légèrement aplatis.

Pédoncule : généralement long, se cassant facilement près du collet

Chair : rosée, juteuse, moyennement sucrée.

Qualité : bonne.

Époque de production : de juin à novembre, par périodes alternées

Fruit d'amateur.

OBSERVATIONS : La fraise Saint-Joseph est la première bonne variété, franchement remontante, obtenue dans la catégorie des Fraisiers à gros fruits.

Cultivée dans les terrains frais, elle y donne de très bons résultats.

Avec une planche de ce Fraisier, on peut faire des cueillettes suivies durant une bonne partie de l'automne.

Nous conseillons de maintenir cette variété dans son rôle de remontante, c'est-à-dire de supprimer les premiers rameaux à fleurs afin d'éviter la production au moment où les fruits des variétés non remontantes encombrent le marché, ce qui ne cause aucune privation et facilite beaucoup la production automnale. L'épiderme du fruit étant assez mou et les graines peu saillantes, cette variété est surtout appréciée pour la consommation sur place.

FRAISIERS A GROS FRUITS

ALPHONSE XIII

Variété obtenue par la Maison Vilmorin-Andrieux et Cie, d'un croisement
de Royal Sovereing ✕ Docteur Morère, 1906.

DESCRIPTION DU FRAISIER

Plante : très vigoureuse.
Port : de bonne tenue, portant très bien le fruit.
Feuilles : grandes, vert luisant.
Rameaux à fleurs : hauts et allongés.
Fleurs : nombreuses.
Époque de floraison : du 15 au 30 avril.

FRUIT

Gros ou très gros, de forme conique et bien régulier, à l'exception du premier
fruit de chaque hampe qui est souvent cotelé, couleur rouge écarlate.
Pédoncule : fort, moyen.
Chair : ferme, rosée, juteuse, sucrée et parfumée.
Qualité : très bonne.
Époque de production : hâtive.

OBSERVATIONS : Cette variété est très répandue en culture intensive
où elle donne d'excellents résultats par sa précocite et son transport facile.
Résiste bien à la sécheresse.

DOCTEUR MORÈRE

Cette variété a été obtenue par Berger en 1867 et mise au commerce par la maison Durand en 1871.

DESCRIPTION DU FRAISIER

Plante : forte dans son ensemble, d'un vert assez brun, très peu velue.
Port : ramifié, légèrement étalé, ne formant jamais de touffes compactes.
Feuilles : grandes, *pétiole* long, rigide, vert foncé, supportant des *folioles* oblongues et arrondies, glacées et cassantes.
Rameau à fleurs : en gerbe, dans les mauvaises années de préparation fruitière, mais le plus souvent haut et allongé, avec floraison en bouquet.
Fleurs : grandes, au calice superbe.
Epoque de floraison : du 20 avril au 5 mai.

FRUIT

Gros et très gros, rouge foncé, un peu velu ; les aînés en crête, quelquefois en éventail, les seconds sphériques, souvent légèrement aplatis, à graines saillantes.
Pédoncule : généralement fort, surtout dans les aînés, dur à couper.
Chair : ferme, vineuse, fibreuse, avec petite cavité dans les très gros fruits.
Qualité : très bonne.
Époque de production : du 15 juin à fin juillet.
Fruit d'amateur et de commerce pour la culture sous verre.

OBSERVATIONS : Ce Fraisier est un des beaux et bons gains français. Le fruit est très transportable, grâce à sa fermeté.

Très bon pour forcer en deuxième et troisième saison, en serres ou sous châssis à froid, etc., où il prend un bel aspect.

D'un rendement moyen, son emploi se ralentit en grande culture. Les terrains crayeux et glaiseux lui sont peu favorables.

ELEANOR

Synonyme : *Éléonore.*

Variété obtenue vers 1847 par Myatt (Angleterre) et introduite en France par J.-L. Jamin.

DESCRIPTION DU FRAISIER

Plante : de vigueur moyenne, peu haute, d'un vert sombre.

Port : en touffe dressée, feuillage assez menu, surtout en vieillissant.

Feuilles : *pétiole*, mi-haut ; *folioles*, allongées, velues, finement dentées.

Rameau à fleurs : retombant, les premiers courts et divisés à la sortie, les seconds plus grands.

Fleurs : petites, à calice irrégulier, à sépales peu prononcés.

Époque de floraison : des plus tardives, de fin avril au commencement de mai.

FRUIT

Gros ou très gros, de couleur rouge-clair, allongé, les aînés aplatis et à graines non saillantes.

Pédoncule : long, assez gros, velu.

Chair : blanc-rosé, fibreuse, très juteuse, acidulée.

Qualité : bonne.

Époque de production : deuxième quinzaine de juin et juillet.

Fruit d'amateur et de commerce.

OBSERVATIONS. — Ce Fraisier, l'un des plus tardifs, doit être cultivé dans les terrains humides ou froids, pour augmenter la tardiveté, qui fait son mérite.

Il croît médiocrement dans les sables chauds et les bonnes terres franches, préférant les sols pierreux et ferrugineux, où les plantations sont de longue durée.

Pendant l'hiver, il perd presque tout son feuillage, qu'une nouvelle et abondante feuillaison printanière vient compenser.

Ce Fraisier paraît sortir du type *Chilien*, dont il possède de nombreux caractères.

Dans les cultures commerciales, on choisit de préférence les terrains froids ayant la pente au nord, afin de prolonger la tardiveté de la récolte, ce qui augmente la valeur du fruit.

GÉNÉRAL CHANZY

Cette variété a été obtenue par Joseph Riffaud en 1880 et mise par lui au commerce en 1883-1884.

DESCRIPTION DU FRAISIER

Plante : d'aspect particulier par son feuillage oblong et large.

Port : étalé, trapu, rigide.

Feuilles : fortes, peu hautes, *pétiole* relativement court et gros, velu, portant des *folioles* oblongues et larges, d'un vert blond, fortement dentées.

Rameau à fleurs : inconstant suivant les années; soit en gerbe, avec pédoncule grand, gros et velu, ou élevé avec fleurs en bouquet à la cime.

Fleurs : très grandes, bien ouvertes, sépales longs.

Époque de floraison : du 20 au 30 avril.

FRUIT

Très gros et gros, d'un rouge vineux, brillant, d'aspect superbe, allongé ; les aînés en éventail ou aplatis dans leur longueur, s'élargissant vers le sommet.

Pédoncule : généralement long et fort dans les premiers fruits, moins long dans les suivants.

Chair : juteuse, sucrée, légèrement acidulée.

Qualité : bonne.

Époque de production : deuxième quinzaine de juin.

Fruit d'amateur et de commerce (pour forceries seulement)

OBSERVATIONS : Cette variété produit normalement et en pleine terre de gros fruits ; en forceries, c'est à peu près la seule qui se prête à la sélection. Pour avoir de très gros fruits, on ne laisse qu'une fraise aînée par rameau ; on obtient alors des fruits énormes et de forme toute différente.

Elle prospère surtout dans les terres meubles, les sables frais.

Dans les terres fortes, elle se développe bien en été, mais, dès l'automne, elle s'anémie. Il faut alors la replanter en terre favorable ou la mettre en pot.

JUCUNDA

Cette variété obtenue par Salter (Angleterre), en 1852, a été introduite en
France et mise au commerce par Gloede en 1854-1855.

DESCRIPTION DU FRAISIER

Plante : de grande vigueur, perdant une partie de son feuillage l'hiver ; par contre, la feuillaison du printemps est abondante et simultanée (les jeunes plants d'un an subissent moins cette transformation).

Port : de bonne tenue, droit, demi-haut.

Feuilles : non velues, *pétiole* lisse ; *folioles* arrondies, d'un vert tendre au début, d'un vert glacé luisant en vieillissant, à dents arrondies.

Rameau à fleurs : assez allongé, se terminant en bouquet.

Fleurs : moyennes ; pétales irréguliers souvent nombreux ; sépales très fins

Époque de floraison : fin avril.

FRUIT

Gros ou très gros, rouge-pâle et teinté assez légèrement de jaune, des plus réguliers, sphérique ; les aînés quelque peu allongés en toupie ; graines demi-saillantes.

Pédoncule : court, mince.

Chair : assez riche en eau, mais à saveur peu relevée.

Qualité : bonne, mais seulement assez bonne dans les années humides.

Époque de production : tardive (fin juin, commencement juillet).

Fruit de commerce et d'amateur.

OBSERVATIONS : Cette variété est une des plus belles et des plus généreuses. Une plantation de deux ou trois années en plein rapport présente le plus agréable aspect. Elle pousse partout et donne pendant longtemps des fruits à profusion, surtout dans les sols forts et argileux.

C'est la variété qui donne le plus grand rendement.

Le fruit est très transportable.

LA FRANCE

Cette variété a été obtenue par Lapierre, en 1885, et mise par lui au commerce en 1888.

DESCRIPTION DU FRAISIER

Plante : grande, forte, robuste, tardive, très généreuse, velue, d'un vert
brun.

Port : érigé jusqu'après la floraison, étalé à la maturité du fruit.

Feuilles : *pétiole* fort, long, et *folioles* d'un vert sombre invariable, ovales,
arrondies à l'extrémité, à dentelures nombreuses, moyennement prononcées.

Rameau à fleurs : extrêmement long (le plus long du genre), droit,
commençant à s'affaisser dès la floraison, formant presque toujours un
bouquet rassemblé.

Fleurs : moyennes.

Époque de floraison : tardive, première quinzaine de mai.

FRUIT

Gros et très gros, de couleur rouge pâle, plutôt rose ; les aînés aplatis à
contour anguleux, les suivants sphériques et légèrement déprimés des
deux côtés ; ornés de sépales longs.

Pédoncule : très fort, velu, difficile à couper.

Chair : blanche, un peu fibreuse, juteuse, sucrée, acidulée.

Qualité : bonne et très bonne.

Époque de production : très tardive, fin juin et juillet.

Fruit d'amateur.

OBSERVATIONS : Cette bonne variété est une ressource pour les terrains peu propres aux Fraisiers ; sa vigueur la fait végéter et fructifier partout.
Sa chair tendre et son épiderme fragile ont été les causes de son insuccès
dans les cultures commerciales où sa grande fertilité l'avait fait admettre.

LOUIS GAUTIIIER

Variété obtenue par Louis Gauthier en 1896 et mise au commerce en 1898 par Letellier et fils.

DESCRIPTION DU FRAISIER

Plante : haute de feuillage avec cœurs serrés et touffus.
Port : érigé.
Feuilles : *pétiole* haut, *folioles* oblongues et étroites, finement dentées, vert brun.
Rameau à fleurs : grand, fluet, mais ferme.
Fleurs : très moyennes, relativement à la grosseur du fruit, réunies en bouquet au sommet.
Époque de floraison : tardive, première quinzaine de mai.

FRUIT

Gros et très gros, blanc rosé, de belle apparence sur place, les aînés de forme irrégulière (éventail ou crête), aplatis; tous les autres en sphère, souvent déprimés.
Pédoncule : moyen, assez mince, mi-velu.
Chair : blanche devenant rose à complète maturité, juteuse, sucrée, acidulée.
Qualité : bonne et très bonne.
Époque de production : deuxième quinzaine de juin et juillet.
Fruit d'amateur.

OBSERVATIONS : Dans les premières années de sa mise au commerce les filets de cette variété émettaient des rameaux à fleurs et à fruits dès l'automne, ce qui lui valut l'appellation de remontante. Cette faculté de remonter sur les filets s'atténuant d'année en année, elle reste simplement une bonne variété à gros fruits blancs, très tardive.

Plante très rustique, et généreuse, de culture très facile dans tous les sols. Les cueillettes doivent être très suivies. les grandes chaleurs abîmant rapidement le fruit qui séjourne sur le pied.

MADAME LOUIS BOTTERO

Obtenue par M. Louis Bottero, jardinier-chef à l'Orphelinat horticole de Chambéry (Savoie), d'un semis fait en 1899.

DESCRIPTION DU FRAISIER

Plante : forte et compacte.
Port : touffu.
Feuilles : peu velues, folioles allongées.
Rameaux à fleurs : hampe florale forte et dressée.
Fleurs : nombreuses, grandes.
Époque de floraison : fin avril à octobre.

FRUIT

Assez gros, allongé, de couleur violacée, graines grosses, saillantes et serrées.
Pédoncule : généralement long.
Chair : fine, fondante, juteuse, sucrée, relevée.
Qualité : très bonne.
Époque de production : du 20 mai à fin octobre.

OBSERVATIONS : Une des plus hâtives pour le marché ou pour l'amateur.

MADAME MOUTOT

Synonyme : *Fraise tomate*.

Obtenue d'un croisement entre Docteur Morère et Royal Sovereing.

DESCRIPTION DU FRAISIER

Plante : très vigoureuse.
Port : érigé.
Feuilles : amples et allongées, folioles grandes, arrondies.
Rameaux à fleurs : longs, en éventail.
Fleurs : grandes.
Époque de floraison : 20 avril au 5 mai.

FRUIT

Énorme, pesant jusqu'à 60 et 70 grammes, de couleur rouge foncé, grains
   peu nombreux et saillants.
Pédoncule : fort.
Chair : rosée, jus abondant, saveur sucrée et relevée.
Qualité : très bonne.
Époque de production : moyenne saison.

OBSERVATIONS : Variété très productive, bonne pour le commerce.

NOBLE

Cette variété a été obtenue par Laxton (Angleterre) vers 1891-1892 et mise
par lui au commerce en 1896.

DESCRIPTION DU FRAISIER

Plante : vigoureuse, généreuse à l'excès, d'un vert intense, légèrement velue.
Port : mi-étalé, retombant quand le Fraisier pousse beaucoup.
Feuilles : grandes, sur *pétiole* relativement grêle, de moyenne longueur ; *folioles* amples d'un vert brillant très prononcé, à contours fortement dentés.
Rameau à fleurs : les premiers souvent en gerbe, les autres normaux.
Fleurs : grandes, pétales très prononcés, sépales assez fins.
Époque de floraison : du 15 avril au début de mai.

FRUIT

Gros et très gros, de couleur rouge vif, passant au brun à complète maturité, régulièrement sphérique (c'est à peu près la plus ronde de toutes les Fraises).
Pédoncule : long, gros, se laissant assez facilement couper.
Chair : blanche, quelquefois nuancée de rose, pâteuse, légère, manquant d'eau.
Qualité : assez bonne.
Époque de production : (hâtive) fin mai, première quinzaine de juin.
Fruit de commerce.

OBSERVATIONS : Cette variété, quoique de qualité ordinaire, est estimée pour le commerce, en raison de sa précocité, de son grand rendement et de la fermeté de son fruit qui en permet le transport. De culture très facile, elle croît parfaitement.

Le Midi, le Bordelais la cultivent en quantité pour Paris.

Les environs de Paris en exportent beaucoup en Angleterre et en Belgique.

SIR JOSEPH PAXTON

Synonyme : *Paxton*.

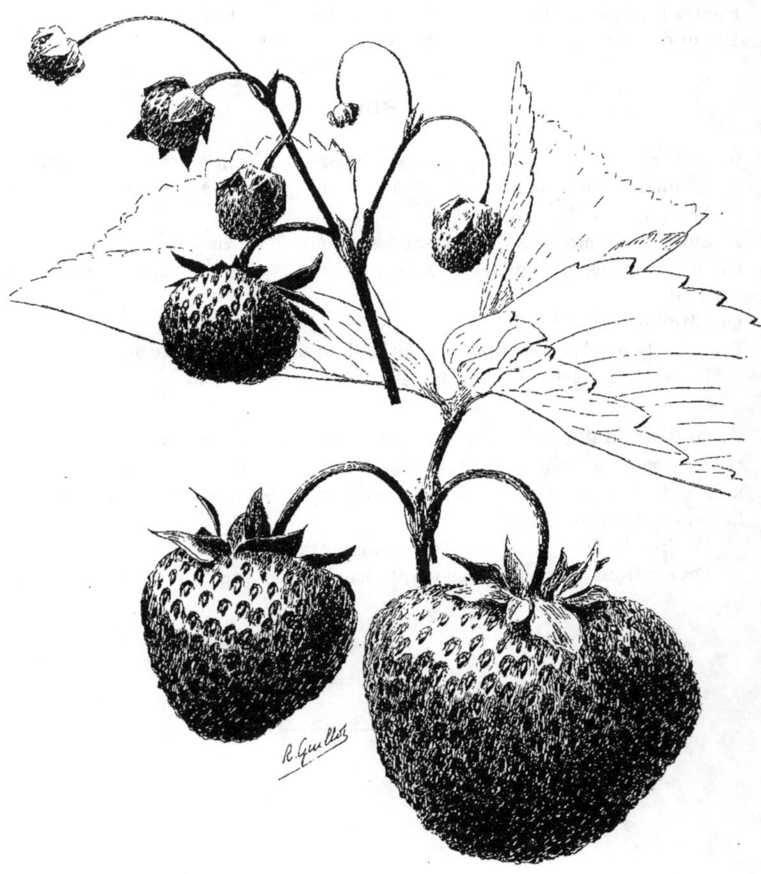

Cette variété, obtenue par Bradley (Angleterre) vers 1864, fut introduite
en France et mise au commerce par Gloëde et Robine, cinq à six ans après.

DESCRIPTION DU FRAISIER

Plante : forte, robuste, vigoureuse, d'une fertilité moyenne, mais régulière.

Port : droit, uniforme, à cœurs solitaires, émettant très peu de stolons.

Feuilles : *pétiole* fort, haut, mi-velu ; *folioles* allongées, bien découpées, d'un vert-foncé, passant au blond à la maturité du fruit.

Rameau à fleurs : haut et fort, fleurissant en bouquet élargi

Fleurs : grandes ou moyennes.

Époque de floraison : fin avril, première quinzaine de mai.

FRUIT

Rouge brillant, très beau, régulièrement gros, un des meilleurs pour le transport et l'exportation ; les aînés cordiformes, les suivants sphériques, légèrement allongés.

Pédoncule : moyen et fort.

Chair : rouge, ferme, juteuse, légèrement sucrée, acidulée.

Qualité : bonne et très bonne.

Époque de maturité : moyenne saison, de juin à juillet

Fruit d'amateur et de commerce.

OBSERVATIONS : Ce Fraisier généralement vigoureux, est un de ceux qui donnent les plus beaux fruits ; gros, bien faits, rouge brillant, glacés à complète maturité, parés d'une jolie collerette de sépales, ils présentent sur la table un très bel ornement. De bonne qualité, ils confirment au goût ce qu'ils promettent à la vue. Dans les terrains calcaires, la feuille jaunit un peu à la maturité du fruit, elle s'incurve et prend le blanc ou meunier (*Peronospora*) ; un léger traitement au soufre pare à ce petit inconvénient.

L'aspect agréable que donne au fruit la collerette développée qui l'entoure lui vaut, sur ses congénères, une plus-value de 10 à 15 francs par 100 kilogrammes.

VICOMTESSE HÉRICART DE THURY

Synonyme : *Ricart.*

Cette variété a été obtenue et mise au commerce par Jamin et Duran en 1849.

DESCRIPTION DU FRAISIER

Plante : touffue par la multiplicité des cœurs, de vigueur moyenne, très
généreuse.

Port : étalé, peu haut, d'un vert-brun, devenant rougeâtre.

Feuilles : à *pétiole* grêle, à *folioles* peu allongées, droites et dentées finement.
Les feuilles qui accompagnent le fruit prennent une teinte lilacée.

Rameau à fleurs : ce Fraisier émet deux ou trois rameaux successifs ; les
premiers sortent du cœur en gerbe, les seconds sont un peu plus allongés,
le plus souvent en gerbe étalée.

Fleurs : moyennes, retombantes, multiples au rameau.

Époque de floraison : hâtive, deuxième quinzaine d'avril.

FRUIT

Moyen, rouge vif, cuivré dans certains terrains, les aînés de forme aplatie et
carrée, les suivants arrondis conservant un léger aplatissement.

Pédoncule : long, mince, résistant.

Chair : rouge-cuivré, juteuse, fine, sucrée, d'un goût prononcé et agréable.

Qualité : très bonne.

Époque de production : fin mai, juin.

Fruit de commerce et d'amateur.

OBSERVATIONS : Cette variété, très cultivée dans les environs de Paris,
s'est répandue dans les départements. La Bretagne pour la vente en Angleterre, le Bordelais et le Midi, pour les marchés de Paris, étendent annuellement sa culture. Le fruit passe, à juste titre, pour un des meilleurs. Qu'il
soit consommé cru, cuit ou en confiture, il est toujours excellent ; à graines
saillantes, il est ferme et très transportable, qualité qui a fait sa fortune commerciale.

Quoique peu vigoureux, le plant croît partout, il est très prolifique et assez
rustique ; les fortes terres prolongent sa vitalité.

Dans les années sèches, après la première fructification, il donne une
deuxième production ; en Bretagne, on a ainsi obtenu des suppléments de
récolte allant jusqu'à un tiers du rendement ordinaire.

FRAMBOISIER

(*Rubus idæus.*)

Caractères généraux. — Le Framboisier est une Ronce à tige souterraine, émettant des bourgeons fructifères qui vivent deux ans, et meurent après avoir produit.

Écorce d'un vert blanchâtre, devenant brune la seconde année. Feuilles composées, à folioles impaires, à rachis épineux, argentées en dessous, vertes en dessus. Yeux petits et aplatis. Bourgeons latéraux florifères, mixtes. Sur certaines variétés, les bourgeons radicaux portent des fleurs l'année de leur apparition, à l'automne ; ces variétés sont dites bifères.

Fleurs petites, d'un blanc verdâtre ; calice à 5 sépales persistants et à 5 pétales caduques. Étamines et pistils nombreux. Chaque pistil correspond à un ovaire simple loge, contenant un seul ovule qui donne naissance à une drupe. La réunion de ces fruits autour d'un réceptacle charnu en forme de cône, constitue la framboise, qui n'est pas un fruit, mais un groupe de fruits.

Origine. — Le Framboisier est indigène ; son habitat préféré est le sous-bois frais, en terrain silico-argileux ou granitique.

Sol, culture. — Le Framboisier n'est pas exigeant sur le sol et se contente de terres maigres et d'expositions ombragées. On en abuse souvent, pour le cultiver dans la partie la plus défavorable du jardin ; les fruits sont alors petits et sans saveur. Il y aura tout avantage à le planter dans une terre de bonne qualité, assez fraîche ; on le palissera utilement sur fil de fer.

Considérations générales sur la taille. — La taille, très sommaire, consiste à supprimer le bois de deux ans, qui a produit en été et qui meurt à la suite de cette fructification ; puis à tailler à 50 ou 60 centimètres le bois d'un an, afin d'en limiter la production et obtenir ainsi de plus beaux fruits. Les variétés remontantes sont taillées plus court, afin de réduire la fructification du printemps et augmenter celle d'automne ; on peut aussi pincer quelques rameaux pour en provoquer l'aoûtement et hâter la maturité des fruits.

FRAMBOISIERS NON REMONTANTS

HORNET

Origine inconnue.

DESCRIPTION DU FRAMBOISIER

Arbuste : vigoureux; bois grêle, blanc vert au début, se colorant du côté
du soleil en vieillissant, rustique et fertile.

Port : haut, dressé puis divergent quand le bois devient ligneux.

Feuilles : fortes, à 3 ou 5 *folioles* inégales et irrégulièrement dentées.

Rameau à fleurs : en grappes allongées.

Fleurs : assez grandes, durant peu de temps.

Époque de floraison : du milieu à fin mai.

FRUIT

Très gros, de belle apparence, rouge brun.

Forme : obtuse, mamelonnée, plus allongée en fin de saison.

Pédoncule : fort, allongé.

Chair : rouge, ferme, sucrée, savoureuse.

Qualité : bonne ou très bonne.

Maturité : moyenne, fin juin-juillet.

OBSERVATIONS : Variété de commerce à grand rendement. Fruit très
transportable, se conservant bien après la cueillette. Cette variété est très
répandue et estimée dans les environs de Paris; elle se prête bien au forçage.

PILATE

Origine inconnue.

DESCRIPTION DU FRAMBOISIER

Arbuste : de bonne vigueur, à tiges grêles, vert blanchâtre, se colorant au soleil.

Port : haut, dressé, se courbant à maturité, aiguillons petits, peu nombreux.

Feuilles : grandes, irrégulières, à *pétiole* relativement court, vert foncé, se colorant légèrement en vieillissant.

Rameau à fleurs : en grappes mi-allongées.

Fleurs : peu développées, sépales forts.

Époque de floraison : prolongée du 10 au 30 mai.

FRUIT

Bien fait, très gros, très beau, rouge légèrement violacé, à grains saillants.

Forme : cylindrique, obtuse au sommet.

Chair : rouge, ferme, assez sucrée.

Qualité : bonne.

Maturité : courant de juillet et premiers jours d'août; variété d'amateur et de commerce.

OBSERVATIONS : Variété de marché à grand rendement. La grosseur du fruit le fait apprécier et sa fermeté en permet un transport facile; très estimée des confiseurs et liquoristes.

———————

MERVEILLE DES QUATRE-SAISONS ROUGE

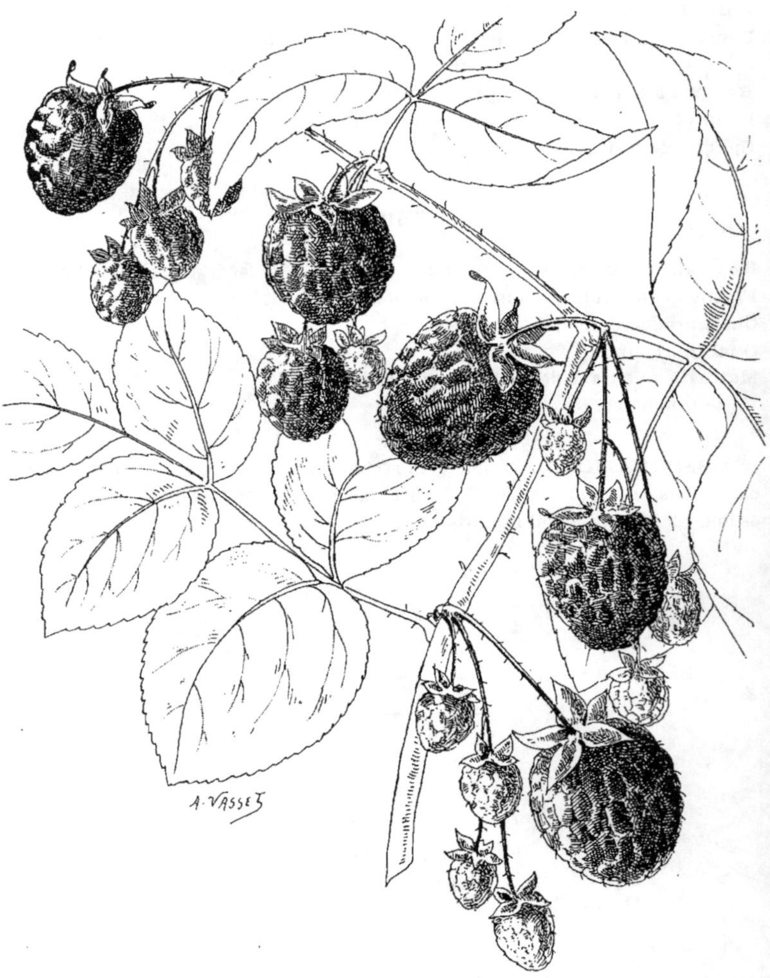

Obtenue et mise au commerce en 1849 par Billiard, horticulteur à Fontenay-aux-Roses.

DESCRIPTION DU FRAMBOISIER

Arbuste : remontant, très fort, vigoureux ; tige vert-blanchâtre **à la base,**
vert tendre au sommet.

Port : très haut, érigé, s'arquant au sommet.

Feuilles : grandes, fortes, vert foncé, veinées, fortement gaufrées ; *pétioles*
courts ; *folioles* très fortes.

Rameau à fleurs : allongé, pendant.

Fleurs : grandes pour le genre, à sépales et pétales très développés.

Époque de floraison : de mai à septembre.

FRUIT

Gros, surtout aux fructifications d'automne, rouge vif.

Forme : allongée et conique au sommet.

Pédoncule : fort, tenant très bien son fruit

Chair : rouge clair, ferme, agréablement parfumée

Qualité : bonne et très bonne.

Maturité : de juillet à fin octobre.

Variété d'amateur et de commerce.

OBSERVATIONS : Cette variété est une des meilleures parmi les
remontantes ; sa récolte est régulière ; son fruit est beau et bien fait, adhérent
solidement au pédoncule, ce qui permet de le cueillir facilement ; il résiste
bien à l'emballage et au transport.

MERVEILLE DES QUATRE-SAISONS
BLANCHE

Obtenue et mise au commerce par MM. Simon (Louis) frères, horticulteurs
Plantières-les-Metz.

DESCRIPTION DU FRAMBOISIER

Arbuste : remontant de bonne vigueur ; bois de l'année **vert très clair, veiné** en long, yeux rapprochés ; aiguillons nombreux et droits.

Feuilles : rigides, vert tendre, *pétiole* droit et *folioles* dressées.

Rameau à fleurs : moyennement allongé, grappes assèz **courtes.**

Fleurs : petites, à calice moyen.

Époque de floraison : d'avril-mai à septembre.

FRUIT

Gros (le plus gros parmi les variétés à fruits blancs), de bel aspect, blanc jaunâtre, à calice peu développé.

Forme : ronde au début, s'allongeant aux fructifications d'automne.

Pédoncule : mince et faible.

Chair : blanc-jaune, ferme, juteuse, sucrée.

Qualité : bonne.

Maturité : de juillet à octobre.

OBSERVATIONS : Cette framboise est la plus adhérente au pédoncule des variétés à fruits blancs, ce qui en permet facilement une cueillette avantageuse.

PERPÉTUELLE DE BILLIARD

Obtenue et mise au commerce par Billiard, horticulteur à Fontenay-aux-Roses.

DESCRIPTION DU FRAMBOISIER

Arbuste : remontant, vigoureux; bois de l'année vert franc, bois de la
   deuxième année jaune, rayé longitudinalement; aiguillons fins, très
   pointus.

Port : assez haut, dressé, s'arquant en vieillissant.

Feuilles : allongées, rigides, à 3 *folioles* régulières, bien découpées; *pétioles*
   légèrement rosés.

Rameau à fleurs : long, formant de belles grappes.

Fleurs : régulières moyennes.

Époque de floraison : de mai à septembre.

FRUIT

Gros, parfois mamelonné, couleur rouge vineux à grains gros, peu serrés.

Forme : oblongue, obtuse.

Pédoncule : moyen.

Chair : tendre, juteuse, sucrée.

Qualité : bonne.

Maturité : de juillet à octobre.

Variété d'amateur.

OBSERVATIONS : Cette variété, très bonne pour amateur, remonte
successivement jusqu'aux gelées; le fruit est fin et délicat.

SOUVENIR DE DÉSIRÉ BRUNEAU

Obtenue par M. Baubanet, de Saint-Jean-le-Blanc (Loiret), mise au commerce par M. Nomblot-Bruneau, de Bourg-la-Reine.

DESCRIPTION DU FRAMBOISIER

Arbuste : remontant, très fertile et très vigoureux, tiges très fortes à rameaux infléchis au sommet, écorce vert jaunâtre, aiguillons courts ou rares.

Port : dressé, rameaux s'arquent à l'automne.

Feuilles : à 3 folioles, grandes, gaufrées, vert sombre dessus, blanc comateux en dessous, pétioles forts.

Rameau à fleurs : très allongé, en bouquet retombant.

Fleurs : petites.

Époque de floraison : de mai à septembre.

FRUIT

Rouge, très gros.

Forme : ovoïde, à grains moyens serrés.

Pédoncule : long.

Chair : juteuse, sucrée, relevée, parfumée.

Qualité : très bonne.

Maturité : juillet à octobre.

Variété d'amateur et de marché.

OBSERVATIONS : Variété remontant très bien, donne des récoltes abondantes en août-septembre et jusqu'aux gelées.

A répandre en culture intensive.

SUCRÉE DE METZ

Obtenue et mise au commerce en 1866, par MM. Simon (Louis) frères, pépiniéristes à Plantières-les-Metz.

DESCRIPTION DU FRAMBOISIER

Arbuste : remontant, de bonne vigueur, très fertile; tige verte très pâle; aiguillons petits, très nombreux.

Port : dressé, s'arquant en vieillissant.

Feuilles : assez fortes, vert foncé, de constitution **variable**; 3 à 5 folioles peu dentées, la terminale souvent arrondie.

Rameau à fleurs : mi-allongé, à grappes moyennes.

Fleurs : moyennes à pétales peu prononcés.

Époque de floraison : de mai à septembre.

FRUIT

Gros, jaune clair, brillant; sépales peu développés.

Forme : obtuse, un peu plus allongée à l'automne.

Pédoncule : moyen.

Chair : très douce, parfumée, juteuse

Qualité : bonne ou très bonne.

Maturité : de juillet à fin octobre.

Variété d'amateur.

OBSERVATIONS : Le fruit de cette variété est excellent, mais plutôt tendre, il supporte mal les manipulations; pour la consommation sur place, il rend des services, surtout à l'automne.

SURPASSE FALSTOFF

Obtenue et mise au commerce par MM. Simon (Louis) frères, horticulteurs à Plantières-les-Metz.

DESCRIPTION DU FRAMBOISIER

Arbuste : remontant, vigoureux, très fertile; bois vert tendre, se colorant à
l'insolation au sommet des tiges; aiguillons nombreux, petits, noirs.
Feuilles : vert noir, de 3 à 5 *folioles*.
Rameau à fleurs : allongé, en bouquet.
Fleurs : peu développées.
Époque de floraison : de mai à septembre.

FRUIT

Gros, de bel aspect, conique, tronqué, mamelonné, de couleur rose au début,
rouge brun à maturité complète.
Forme : irrégulière suivant l'époque, conique en général.
Pédoncule : fin, assez long.
Chair : très douce, juteuse, sucrée, parfumée.
Qualité : bonne ou très bonne.
Maturité : de juillet à octobre.
Variété d'amateur.

OBSERVATIONS : Les cueillettes de cette variété donnent les récoltes
les plus abondantes des variétés remontantes; les fruits sont fins, délicats et
très appréciés.

SURPRISE D'AUTOMNE

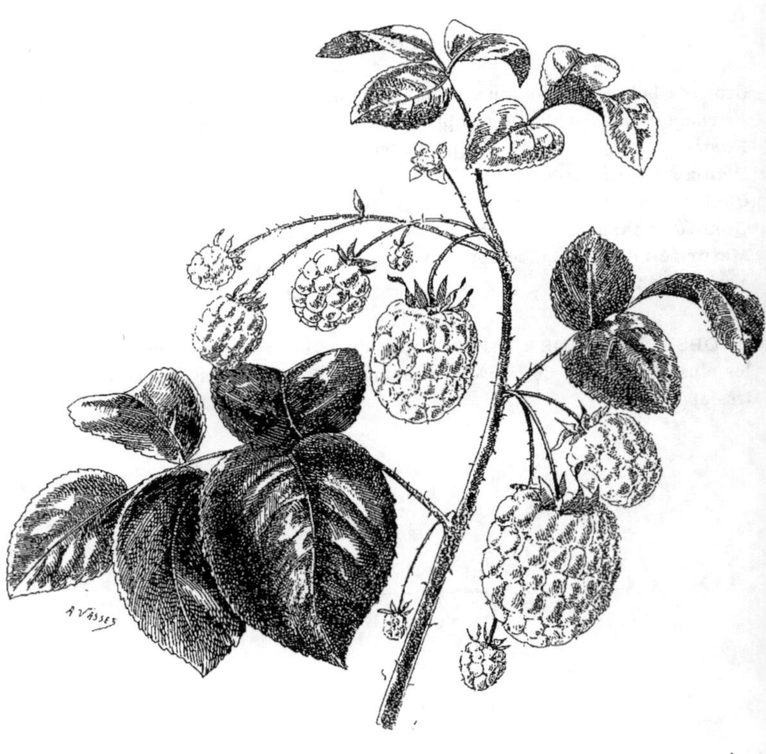

Obtenue et mise au commerce en 1863, par MM. Simon (Louis) frères, pépiniéristes à Plantières-les-Metz.

DESCRIPTION DU FRAMBOISIER.

Arbuste : remontant, vigoureux, très fertile; tiges assez fortes, vert pâle; aiguillons peu prononcés.

Port : assez droit à la première fructification, s'arquant dans les ramifications d'automne.

Rameau à fleurs : peu allongé, en bouquets retombants.

Feuilles : allongées, vert pâle, à folioles irrégulières.

Fleurs : moyennes, sépales peu développés.

Époque de floraison : de mai à septembre.

FRUIT

Gros et très gros en septembre-octobre, de belle couleur jaune d'or.

Forme : obtuse, plus allongée en fin de saison.

Pédoncule : moyen, de même que le calice, au début de la récolte; l'un et l'autre sont plus développés en septembre et octobre.

Chair : douce, sucrée, savoureuse.

Qualité : bonne et très bonne.

Variété d'amateur.

OBSERVATIONS : La succession des récoltes est irrégulière dans cette variété et la fructification, très abondante au commencement, se ralentit ensuite pour donner des cueillettes surprenantes très tard en automne; de là son nom de Surprise d'automne.

GROSEILLIER

(*Ribes.*)

Caractères généraux. — Arbrisseau de 1ᵐ50 environ. Rameaux gros, à moelle volumineuse ; ils partent souvent du sol et remplacent ainsi d'une façon natu-

Groseillier à grappes.

relle les rameaux plus vieux qui dépérissent rapidement. Ecorce d'un gris blanchâtre ou rougeâtre.

Feuilles palmées à 3 ou 5 lobes. Yeux dans l'ordre de 2/5.

14

Fleurs petites, en grappes issues d'un même bouton; 5 sépales, 5 pétales alternes, 5 étamines, un style fendu. Ovaire infère à 1 loge. Fruit en baie, globuleux ou ellipsoïdal, renfermant plusieurs graines.

Origine. — Les Groseilliers sont indigènes.

Groseillier à maquereau.

Sol, culture. — Ils ne sont pas exigeants sur le choix du terrain, mais craignent cependant les trop grandes sécheresses; les terres fraîches, silico-argileuses sont celles qui leur conviennent le mieux.

On multiplie généralement les Groseilliers de bouture et on les cultive en touffe, forme naturelle de cet arbrisseau, et la seule employée dans les plantations faites en vue de la vente des fruits. Dans les jardins d'amateur, on les cultive quelquefois élevés sur une tige de 1 mètre à 1^{m}50 ; ils sont alors greffés sur *Ribes aureum*. Cette forme a l'avantage de préserver le fruit de la souillure de la terre et de faciliter la cueillette.

On distingue les Groseilliers à grappes (à fruits rouges et à fruits blancs), les Cassis destinés à la fabrication des liqueurs, et les Groseilliers épineux, dits à maquereau. Les uns et les autres ont les mêmes exigences au point de vue du sol, et les mêmes procédés de culture leur sont applicables.

Considérations générales sur la taille. — Le Groseillier fructifie sur les petites brindilles ou rameaux de moyenne vigueur de l'année précédente, ou sur du bois de deux ans, par des bouquets qui se superposent sur des productions très courtes. On taillera donc modérément les branches de charpente pour obtenir les productions de moyenne vigueur, sur lesquelles naîtront les plus beaux fruits. Les branches charpentières s'épuisant vite, on les remplacera au moyen de bourgeons vigoureux qui se produisent à la base de l'arbuste ; on en conservera deux ou trois chaque année à cet effet, les autres seront supprimés.

GROSEILLIERS A GRAPPES

HATIVE DE BERTIN

Synonyme : *La Hâtive.*

Obtenue vers 1825 par Bertin, horticulteur à Versailles.

DESCRIPTION DE L'ARBUSTE

Port : régulier.
Vigueur : moyenne.
Fertilité : bonne.

RAMEAU

De longueur moyenne, assez gros, gris brun.
Mérithalles : courts.
Yeux : saillants.
Feuilles : *limbe*, assez grand, gaufré, vert sombre; *pétiole*, moyen, velu à la
base.

FRUIT

En longues grappes lâches, grains assez gros, globuleux, déprimés au sommet.
Peau : rouge très foncé, fine.
Chair : rouge, acidulée relevée.
Fruit d'amateur.

HOLLANDE ROUGE

Origine inconnue.

DESCRIPTION DE L'ARBUSTE

Port : buissonnant, régulier, érigé.
Vigueur : grande et régulière.
Fertilité : très bonne.

RAMEAU

Long, gros et robuste, gris assez clair dans le jeune âge, devenant brun foncé.
Lenticelles : assez nombreuses, allongées transversalement.
Coussinets : peu marqués.
Mérithalles : grands.
Yeux : pointus, un peu écartés du rameau.
Feuilles : *limbe*, grand, vert assez intense, à lobes bien marqués ; *pétiole*, long,
robuste.

FRUIT

En longues grappes bien fournies, peu serrées.
Baies : très grosses, d'un beau rouge brillant.
Chair : rouge, juteuse, assez sucrée et parfumée, acidulée.

OBSERVATIONS : Le Groseillier de Hollande est peut-être le plus cultivé. Il est apprécié en raison de sa vigueur, de sa fertilité, de sa conduite facile (ses ramifications étant robustes et régulières) ; de la beauté et de la qualité de ses fruits, dont la cueillette est avantageuse, les grappes étant longuement pédonculées.

HOLLANDE BLANCHE

Origine inconnue.

DESCRIPTION DE L'ARBUSTE

Port : régulier, érigé.
Vigueur : très grande.
Fertilité : très bonne.

RAMEAU

Long, gros et robuste, dressé, gris clair dans le jeune âge.
Lenticelles : nombreuses, arrondies.
Coussinets : peu marqués.
Mérithalles : grands.
Yeux : moyens, appliqués.
Feuilles : *limbe*, grand, d'un vert peu intense, à lobes bien marqués ; *étiole*, long et robuste.

FRUIT

En grappes longues, peu serrées.
Baies : très grosses, d'un blanc ambré brillant, un peu transparentes.
Chair : blanche, juteuse, assez sucrée et parfumée, acidulée.
Qualité : très bonne.

OBSERVATIONS : La forme à fruit blanc du Groseillier de Hollande est recommandable au même titre que le type à fruits rouges. Les fruits sont souvent préférés pour les desserts étant un peu plus doux que les rouges, tandis que ces derniers sont plus recherchées pour la confiserie. Les deux variétés, dans leur ensemble, sont très voisines et ne se différencient guère que par la couleur des fruits, une vigueur un peu plus grande et une teinte un peu plus claire du feuillage et du jeune bois dans **la forme blanche**.

VERSAILLAISE ROUGE

SYNONYMES PRINCIPAUX : *Belle Versaillaise, Groseille à gros fruit rouge* (par erreur).

Obtenue par Bertin, horticulteur à Versailles, en 1835.

DESCRIPTION DE L'ARBUSTE

Port érigé, à gros bois.
Vigueur : bonne.
Fertilité : grande.

RAMEAU

Gros et court : à épiderme gris blanc, se détachant irrégulièrement du rameau.
Lenticelles assez nombreuses, mais peu marquées.
Coussinets : petits.
Mérithalles : courts.
Yeux : petits, brun foncé.
Feuilles : *pétiole* assez long, rosé à la base ; *limbe*, grand, vert foncé, gaufré.

FRUIT

Grappe longue de 8 à 12 centimètres.
Baies : rouge vif brillant, assez grosses.
Chair : assez tendre, à saveur douce.
Qualité : très bonne.
Maturité : moyenne saison.

OBSERVATIONS : Cette variété est très cultivée aux environs de Paris pour le commerce.

VERSAILLAISE BLANCHE

Origine inconnue.

DESCRIPTION DE L'ARBUSTE

Port : généralement érigé.
Vigueur : bonne.
Fertilité : assez bonne.

RAMEAU

Long, de grosseur moyenne, gris cendré, à épiderme veiné longitudinalement
se détachant à l'automne.
Lenticelles : peu apparentes.
Coussinets : à peine saillants.
Yeux . petits, brun foncé,
Feuilles : *limbe*. assez grand; *pétiole*, long, grêle.

FRUIT

En grappes assez longues et peu serrées.
Baies : sphériques, grosses.
Peau : blanc-jaunâtre, fine, transparente.
Chair : fine, assez douce, sucrée à complète maturité.
Qualité : bonne.

. **OBSERVATIONS** : Cette Groseille est une des meilleures variétés à
fruit blanc et se recommande par sa beauté.

CASSIS COMMUN

Origine incertaine.

DESCRIPTION DE L'ARBUSTE

Port : buissonnant, mais assez vertical. Toute la plante dégage une odeur
forte.

RAMEAU

Assez long, droit, de grosseur moyenne, brun jaunâtre.
Lenticelles : petites.
Mérithalles : assez grands.
Coussinets : peu marqués.
Yeux : allongés, rosés.
Feuilles : *limbe*, grand, vert peu intense, à trois lobes pointus, bien marqués ;
pétiole, long, un peu rosé à la base.

FRUIT

Par grappes courtes de 3 à 8 fruits. Baies de couleur bien noire, grosses au
voisinage du pédoncule et plus petites au sommet de la grappe.
Chair : de bonne qualité.

OBSERVATIONS : Le Cassis commun, rustique et productif, est cultivé
en grand, dans nombre de localités ; son fruit transformé en confitures et
liqueurs est aussi exporté sur une large échelle ; il doit être cueilli dès la
maturité, car les grains tombent facilement.

CASSIS NOIR DE NAPLES

SYNONYMES PRINCIPAUX : *New-Black*, *Royal de Naples*.

Origine inconnue.

DESCRIPTION DE L'ARBUSTE

Trapu, à port érigé.
Vigueur : grande.
Fertilité : abondante.

RAMEAU

Long et assez gros.
Lenticelles : à écorce veinée longitudinalement.
Mérithalles : longs.
Coussinets : moyens.
Yeux : coniques, gros, appliqués sur le rameau.
Feuilles : *pétiole*, assez long; *limbe*, grand, vert foncé, à 3 lobes.

FRUIT

Grappe courte à grains noirs, assez gros.
Chair : à pulpe plus douce que celle des autres variétés de cassis.
Qualité : très bonne.
Maturité : juillet.

OBSERVATIONS : Cette variété, dans beaucoup de cultures, est préférée
au Cassis commun pour la grosseur de ses baies.

GROSEILLIERS ÉPINEUX OU A MAQUEREAU

GOLDEN DROP

SYNONYMES PRINCIPAUX : *Golden Lemon*, **Early Sulphur**, *Frühe Schwefelbeere*, *Golden Ball*, *Golden Bull*, *Moss's seedling*.

Origine inconnue.

DESCRIPTION DE L'ARBUSTE

Port : assez régulier, mi-étalé.
Vigueur : grande.
Fertilité : très bonne.

RAMEAU

Moyen, brun fauve.
Épines : insérées par une ou par deux, assez longues et minces.
Coussinets : bien marqués.
Mérithalles : courts.
Yeux : moyens, jaunes.
Feuilles : *limbe*, moyen, arrondi, irrégulièrement lobé; *pétiole*, assez long.
Fleurs : assez grandes.
Epoque de floraison : 10 avril.

FRUIT

Attaché par un, rarement par deux ; moyen, très joli, arrondi.
Peau : jaune, à duvet abondant, fine, avec nervure transparente.
Pédoncule : moyen, jaune verdâtre.
Chair : fine, juteuse, sucrée, à graines nombreuses.
Qualité : très bonne.
Époque de maturité : début de juillet.
Fruit d'amateur.

OBSERVATIONS : Cette variété, à fruit moyen, est appréciée pour sa fertilité, la qualité et la beauté du fruit, ainsi que pour son époque de maturité.

GREEN OCEAN (WAINMAN)

SYNONYMES PRINCIPAUX : *Ocean, Grünes Meer, Wainman's green ocean, Ingham's green ocean, Spate grüne.*

Origine inconnue.

DESCRIPTION DE L'ARBUSTE

Port : compact, semi-érigé.
Vigueur : grande.
Fertilité : abondante.

RAMEAU

Long et fort, de couleur vert-brun.
Épines : assez longues et minces, insérées par deux ou trois.
Coussinets : peu marqués.
Mérithalles : assez longs.
Yeux : saillants, écartés du rameau.
Feuilles : *limbe*, grand, régulièrement lobé et denté ; *pétiole*, assez long ou
    moyen, légèrement velu.
Fleurs : petites.
Époque de floraison : mi-avril.

FRUIT

Surmoyen ou gros, arrondi ou allongé.
Peau : velue, de couleur vert foncé à l'insolation et vert pâle à l'opposé
Pédoncule : moyen.
Chair : Juteuse, sucrée, assez ferme, à graines abondantes.
Qualité : très bonne.
Époque de maturité : mi-juillet.
Fruit d'amateur.

OBSERVATIONS : C'est une des bonnes variétés parmi celles qui sont
à peau verte.

GROSSE ROUGE HATIVE

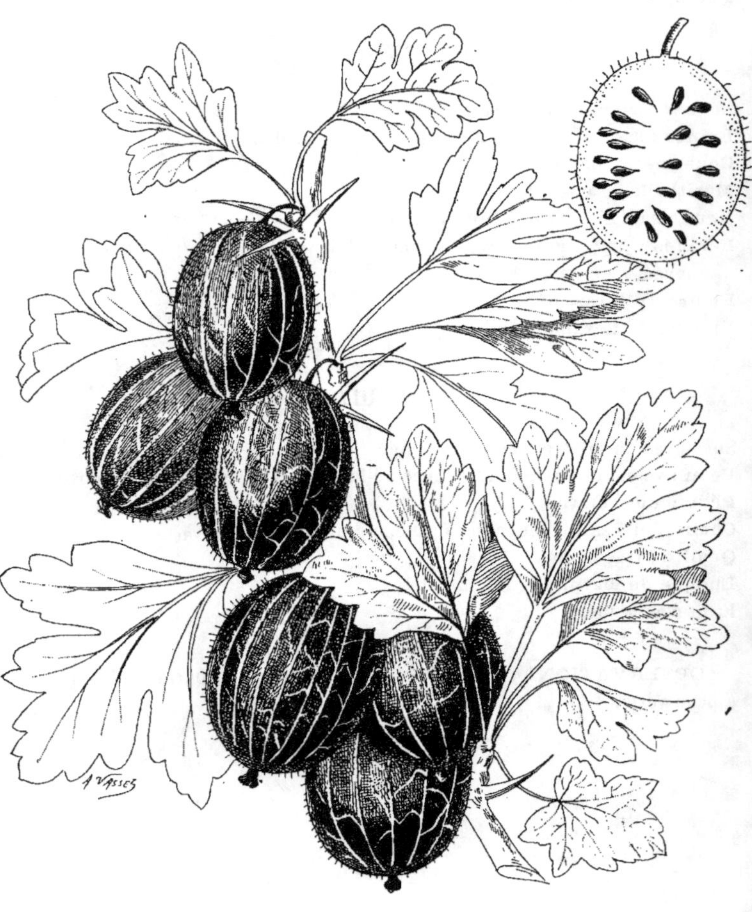

Variété d'origine très ancienne et inconnue

DESCRIPTION DE L'ARBUSTE

Port : semi-érigé, compact.
Vigueur : bonne.
Fertilité : très grande.

RAMEAU

Assez long, brun, de bonne grosseur.
Épines : insérées par trois, longues et courbées.
Coussinets : bien apparents.
Mérithalles : assez longs.
Yeux : moyens ou petits, allongés le long du rameau.
Feuilles : *limbe*, large et profondément lobé; *pétiole*, long, vert.
Fleurs : moyennes.
Époque de floraison : 10 avril.

FRUIT

Moyen ou assez gros, ovoïde.
Peau : mince, rouge sombre à nervures foncées, très duveteuse.
Pédoncule : assez gros, renflé à sa base.
Chair : rosée sous la peau, sucrée, juteuse, agréable, à graines nombreuses.
Qualité : bonne.
Époque de maturité : 25 juin.
Fruit de marché et d'amateur.

OBSERVATIONS : Cette variété est très répandue aux environs de Paris.

GROSSE ROUGE TARDIVE

Variété très anciennement cultivée aux environs de Paris.

DESCRIPTION DE L'ARBUSTE

Port : étalé.
Vigueur : bonne.
Fertilité : grande.

RAMEAU

Long, flexueux, gros, de couleur brune.
Epines : fortes, assez longues, insérées par une ou par deux
Coussinets : bien marqués.
Mérithalles : assez longs.
Yeux : moyens.
Feuilles : très grandes à bords lobés et crénelés; *pétiole*, gros et long.
Fleurs : grandes.
Epoque de floraison : 10 avril.

FRUIT

Gros, ovoïde, généralement solitaire.
Peau : glabre, mince, brun-roux, veinée de vert-roux pâle.
Pédoncule : assez long.
Chair : sucrée, juteuse, à saveur agréable; graines abondantes.
Qualité : bonne.
Epoque de maturité : fin juillet et août.
Fruit de commerce et d'amateur.

OBSERVATIONS : C'est une variété cultivée en grand pour le commerce aux environs de Paris.

INDUSTRY (WHINHAM)

SYNONYMES PRINCIPAUX : *Whinham's Industry, Rote Triumph beere.*

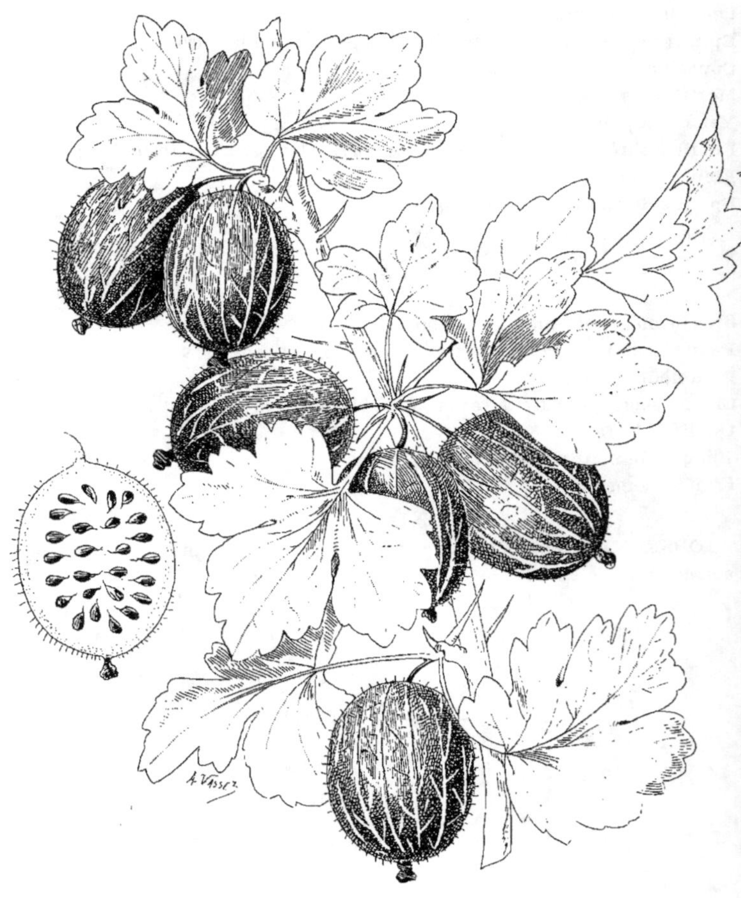

Variété obtenue par Winham.

DESCRIPTION DE L'ARBUSTE

Port : étalé, à rameaux retombants.
Vigueur : très bonne ou bonne.
Fertilité : grande.

RAMEAU

Assez long, brun-grisâtre.
Epines : moyennes, insérées par une ou par deux.
Coussinets : marqués, brun-roux.
Mérithalles : courts.
Yeux : gros, allongés.
Feuilles : *limbe*, assez grand, très régulièrement lobé ; *pétiole*, moyen ou court.
Fleurs : assez grandes.
Epoque de floraison : 15 avril.

FRUIT

Gros, ovoïde, à calice persistant.
Peau : fine, très duveteuse, de couleur rouge-brun, à nervures vert-roux.
Pédoncule : court.
Chair : juteuse et sucrée, relevée, à graines abondantes.
Qualité : très bonne.
Epoque de maturité : juillet.
Fruit de marché et d'amateur.

OBSERVATIONS : Cette variété est l'une des plus estimées pour sa qualité et son aspect.

QUEEN CAROLINE (LOVART)

SYNONYMES PRINCIPAUX : *Köningin Caroline, Lovart's queen Caroline.*

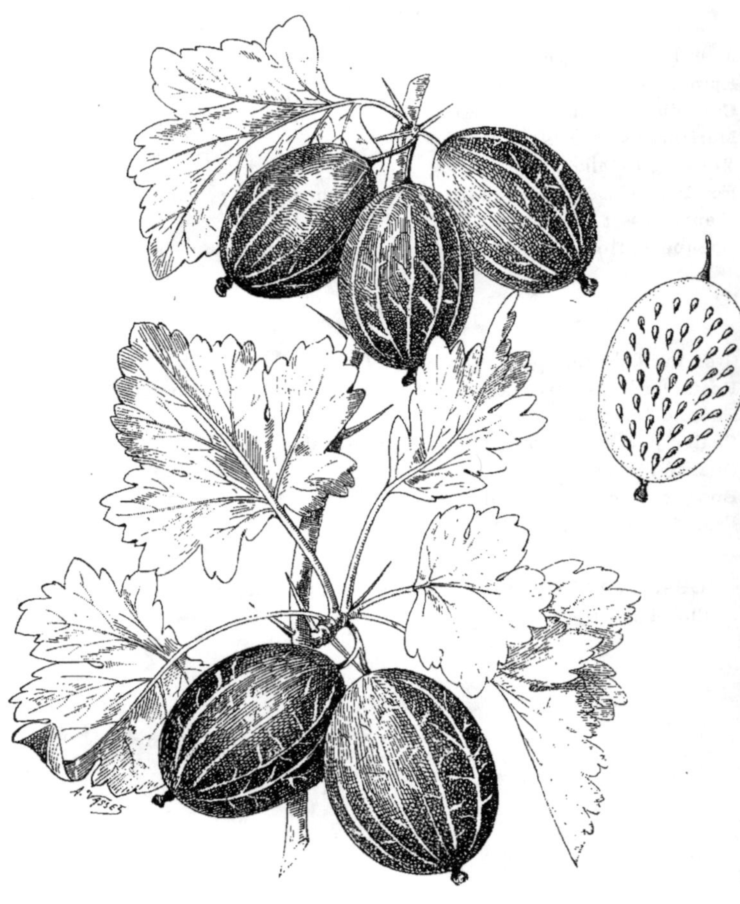

Variété obtenue par Lovart.

DESCRIPTION DE L'ARBUSTE

Port : étalé.
Vigueur : assez bonne.
Fertilité : grande.

RAMEAU

Long, de grosseur moyenne et de couleur jaune ou gris pâle.
Epines : insérées par deux ou par trois, assez longues et fortes.
Coussinets : marqués.
Mérithalles : longs.
Yeux : allongés le long des rameaux.
Feuilles : *limbe*, grand, légèrement lobé et denté; *pétiole*, long et fort.
Fleurs : assez grandes.
Époque de floraison : 10 avril.

FRUIT

Assez gros, allongé, attaché par deux ou par trois.
Peau : lisse, transparente, blanc-jaunâtre, à nervures vert-transparent.
Pédoncule : assez long.
Chair : sucrée, juteuse, à graines abondantes.
Qualité : très bonne.
Époque de maturité : 15 juillet.
Fruit d'amateur.

OBSERVATIONS : Cette variété est des plus appréciées parmi celles à fruit blanc.

SHANON (HOPLEY)

SYNONYMES PRINCIPAUX : *Hopley's shanon, Weisse volltragende Shannon.*

Origine inconnue.

DESCRIPTION DE L'ARBUSTE

Port : compact.
Vigueur : moyenne.
Fertilité : très grande.

RAMEAU

Moyen ou court, gris fauve, assez gros.
Epines : moyennes, insérées par une ou par deux.
Coussinets : saillants.
Mérithalles : courts ou moyens.
Yeux : peu marqués, aplatis le long du rameau.
Feuilles : assez grandes à bord du limbe denté et lobé ; *pétiole*, long et mince,
Fleurs : petites.
Époque de la floraison : 15 avril.

FRUIT

Assez gros, arrondi ou légèrement ovoïde, souvent attaché par deux.
Peau : lisse, transparente, blanc-jaunâtre veinée de blanc-verdâtre.
Pédoncule : court.
Chair : sucrée, très juteuse, à graines nombreuses.
Qualité : très bonne.
Époque de maturité : fin juillet.
Fruit d'amateur.

OBSERVATIONS : Variété très estimée en Allemagne.

MURIER NOIR

(Morus nigra).

Le Mûrier noir est un arbre de moyenne dimension, à port compact; les rameaux sont nombreux, courts et gros, à écorce gris-brun.

Les feuilles sont grandes, épaisses, tomenteuses, rugueuses sur les deux faces, ovales, inéquilatérales, acuminées, cordiformes à la base, dentées ou crénelées, vert sombre en dessus, glauque en dessous.

Les fleurs sont dioïques à épis mâles longs d'environ 3 centimètres, épis femelles subsessiles; leur épanouissement a lieu en avril-mai.

Fruit noir, d'abord très acide puis agréablement acidulé, au moment de la maturité qui a lieu du début d'août au milieu de septembre.

Originaire de l'Asie-Mineure, le Mûrier noir est aujourd'hui répandu un peu partout; il aime de préférence les terrains secs et légers en situation abritée des vents du nord; souvent placé dans les basses-cours, les volailles en recherchent les fruits avec avidité.

On ne taille le Mûrier que pour le rajeunir et le débarrasser du bois mort.

MURE A GROS FRUIT NOIR

SYNONYMES PRINCIPAUX : *Commun Mulberry*, en Angleterre; *Grosse noire d'Espagne*.

Origine indigène du midi de l'Europe.

DESCRIPTION DE L'ARBRE

Arbre de moyenne dimension.
Port : étalé, compact.
Vigueur : moyenne ou grande suivant les milieux.
Fertilité : grande.

RAMEAU

Gros, court, gris-brun.
Lenticelles : très apparentes, nombreuses, arrondies ou ovales.
Coussinets : saillants.
Mérithalles : courts.
Yeux : gros, arrondis, aplatis sur le rameau.
Feuilles : *limbe*, grand, cordiforme, vert grisâtre, glabre, irrégulièrement et
fortement denté ; *pétiole*, court et gros.

FRUIT

Gros, allongé, rouge passant au noir à maturité ; à jus abondant, violet foncé,
acidulé, agréablement, parfumé.
Pédoncule : très court.
Qualité : bonne.
Maturité : août.
Usage : fruit d'amateur, surtout employé pour faire des sirops.

OBSERVATIONS : Cet arbre se cultive de préférence en plein vent, à
tige ou en buisson, et demande, pour bien réussir, un sol léger, chaud et
à bonne exposition, car il craint les hivers rigoureux ; il est sujet au chancre
et reprend difficilement à la plantation, qu'il est bon d'effectuer en octobre
et début de novembre ou fin février commencement de mars. La multiplica
tion du Mûrier se fait généralement par le marcottage en couchage.

NÉFLIER

(Mespilus germanica).

Caractères principaux. — Arbre buissonnant de faibles dimensions. Ecorce verte, puis d'un blanc argenté. Feuilles grandes, allongées, duveteuses. Rameaux assez gros, souvent épineux.

Fleurs solitaires, blanches, grandes, naissant à l'extrémité des bourgeons feuillus.

Fruit globuleux, un peu pubescent, à œil énorme bordé de sépales accrus, renfermant deux à cinq loges ligneuses et volumineuses à une seule graine.

Origine. — C'est un arbre indigène, que l'on rencontre dans les bois, sous les climats tempérés et frais.

Sol, porte-greffe, culture. — Le Néflier se plaît à peu près dans tous les sols, à moins qu'ils ne soient marécageux ou tout à fait secs. On le cultive en buissons ou à tiges comme le Cognassier. On le greffe presque toujours sur aubépine.

Son mode de fructification est semblable à celui du Cognassier ; la même méthode de taille sommaire lui sera applicable.

NÈFLE A GROS FRUIT

SYNONYMES : *Grosse ancienne; Broad leaved dutch et Large Dutch, en Angleterre.*

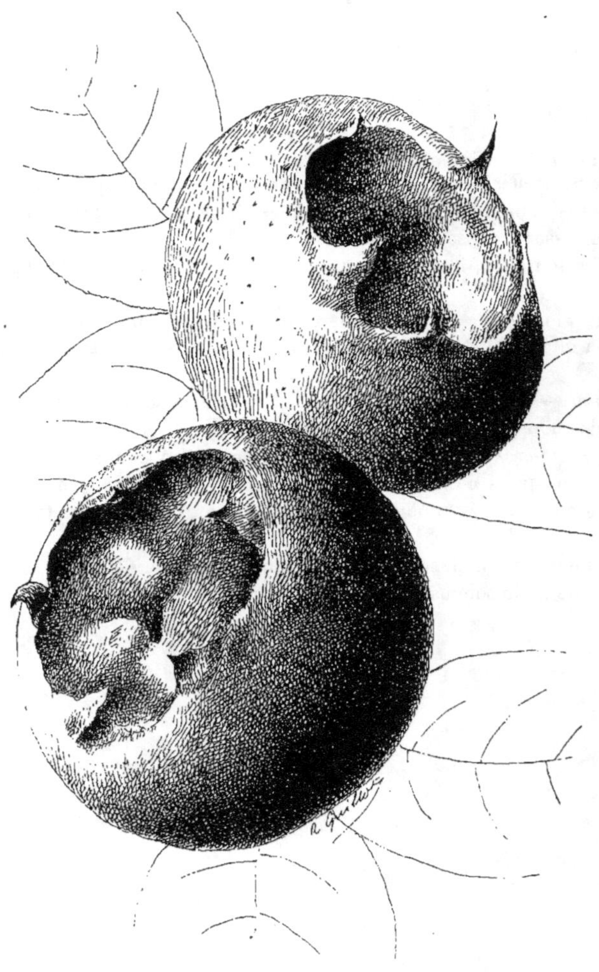

Origine inconnue.

DESCRIPTION DE L'ARBRE

Port : irrégulier, tortueux, divergent.
Vigueur : moyenne.
Fertilité : bonne.

RAMEAU

Court, de grosseur moyenne, vert-brun.
Lenticelles : petites, ovales, brunes, très peu apparentes.
Coussinets : très saillants.
Mérithalles : courts.
Yeux : volumineux, arrondis.
Feuilles : *limbe*, grand, allongé, duveteux; *pétiole*, court.
Époque de floraison : tardive.

FRUIT

Gros. turbiné, déprimé aux deux pôles, terminé par un œil très vaste, entre
les sépales persistants et ouverts.
Peau : rude, roux-brun, parsemée de petites lenticelles rousses en relief.
Chair : blanc-verdâtre, légèrement rosée autour des osselets.
Qualité : bonne à l'état blet.
Maturité : la récolte a lieu en octobre, et la consommation, après le blettisse-
ment.
Fruit d'amateur et de commerce.

OBSERVATIONS : Cette variété, aujourd'hui la plus cultivée pour son
fruit plus gros que ceux du type commun, est également appréciée pour sa
qualité.

NÈFLE ORDINAIRE

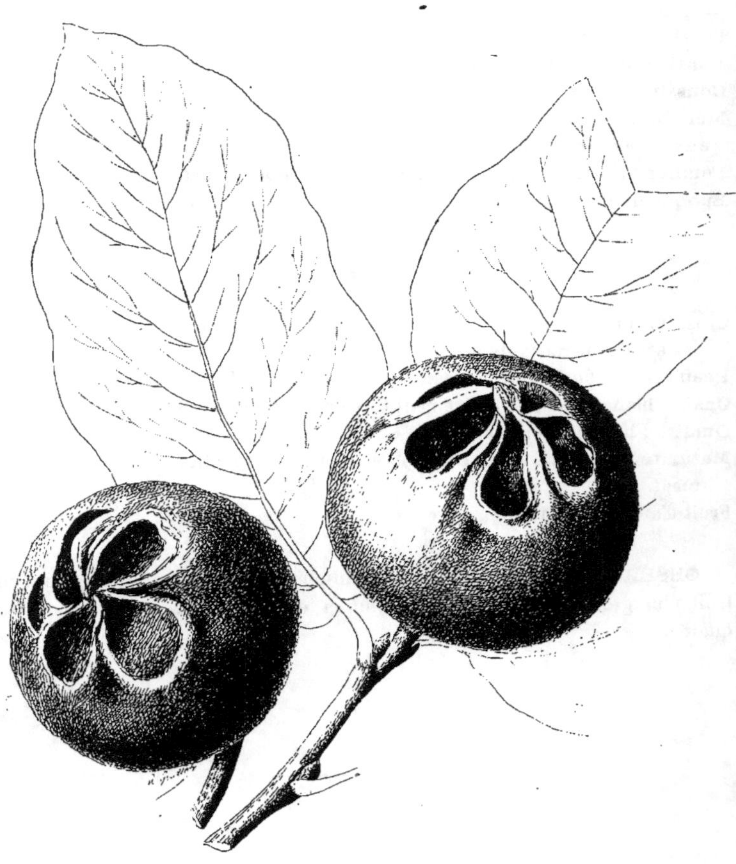

Indigène du midi de l'Europe.

DESCRIPTION DE L'ARBRE

Port : irrégulier, tortueux, divergent.
Vigueur : bonne.
Fertilité : très grande.

RAMEAU

Court, mince, brun foncé, souvent épineux.
Lenticelles : rares, brunes, à peine visibles.
Coussinets : saillants.
Mérithalles : courts.
Yeux : gros, arrondis.
Feuilles : *limbe*, allongé, duveteux ; *pétiole*, court.
Fleurs : solitaires, grandes, blanches.
Époque de floraison : tardive.

FRUIT

Moyen, turbiné, déprimé vers l'œil, couronné de sépales persistants et fermés.
Peau : rude, brun-roux.
Chair : blanc-verdâtre, brunissant à maturité, agréable, lorsque le fruit est
blet.
Maturité : la récolte se fait en octobre, et la consommation, après le blettisse-
ment.

OBSERVATIONS : Cette variété, à fruit plus petit que la précédente,
est meilleure, plus rustique et plus fertile. Elle est cultivée en buisson ou à
tige.

NOISETIER

(Corylus avellana).

Caractères généraux. — Arbuste poussant en buissons à branches presque verticales. Ecorce verte, puis brun clair. Feuilles arrondies, velues, un peu dentées. Yeux arrondis, alternes. Fleurs monoïques : les mâles en longs châtons apparaissant à l'automne, les femelles, en châtons courts au printemps.

Le fruit, porté à l'extrémité de petites pousses, est un akène renfermant généralement une seule graine, par avortement.

Origine, sol, culture. — Le Noisetier est indigène; il s'accommode à peu près de tous les terrains, mais préfère cependant, les sols silico-argileux. On le cultive en touffes, qu'on laisse en général pousser naturellement.

Le Noisetier donne son fruit à l'extrémité de bourgeons nés sur des organes de faible ou moyenne vigueur. La fleur mâle apparaît à l'automne, la fleur femelle au commencement du printemps; le fruit en mai. La taille consiste en un rajeunissement partiel tous les ans et en une suppression raisonnée des ramifications trop nombreuses qui forment confusion.

NOISETTE, BERGERI

Synonyme : *Louis Berger*.

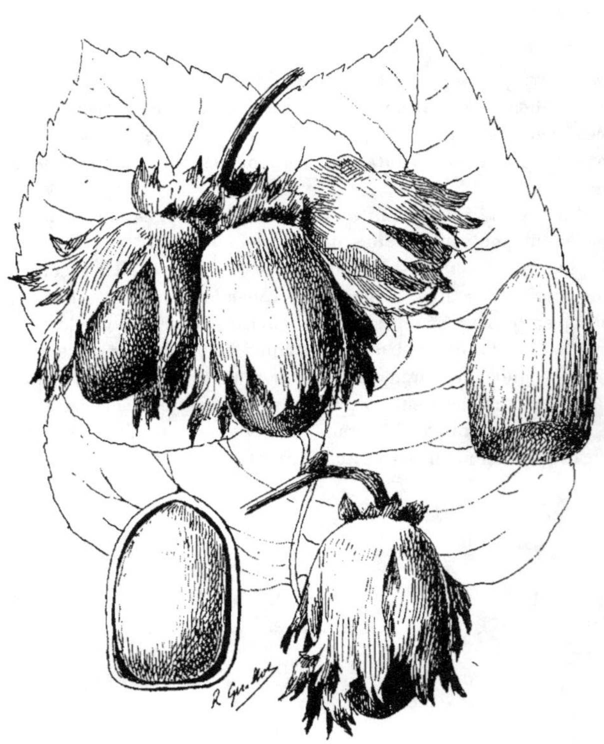

Obtenue par la maison Jacob Mackoy, de Liége, en 1869.

DESCRIPTION DE L'ARBUSTE

Port : étalé, compact, irrégulier.
Vigueur : moyenne.
Fertilité : grande.

RAMEAU

De longueur moyenne, assez gros, à écorce brune.
Lenticelles : abondantes, brun roux, ovales ou rondes.
Mérithalles : courts.
Yeux : gros, arrondis, vert foncé.
Feuilles : *limbe*, en cœur, vert foncé, duveteux aux deux faces; *pétiole*, court,
    duveteux.

FRUIT

Attaché par un, deux ou trois : gros, oblong, courtement triangulaire, aplati
    au sommet et strié sur toute sa longueur.
Cupule : vert foncé, découpée, dépassant la coque.
Coque : fauve pâle, à large base, mince, tendre, bien pleine.
Amande : blanche.
Qualité : très bonne.
Maturité : moyenne saison.
Fruit d'amateur.

OBSERVATIONS : Variété encore peu connue, mais qui mérite d'être
répandue pour la beauté et la qualité de son fruit.

NOISETTE, BLANCHE LONGUE

SYNONYME : *Franche blanche.*

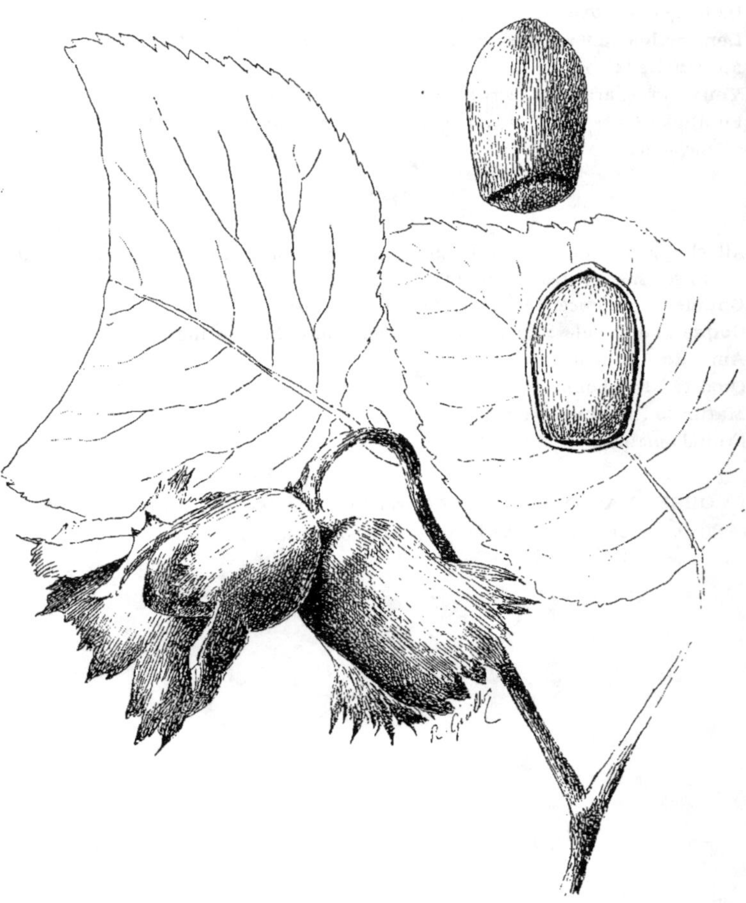

Origine ancienne et inconnue.

DESCRIPTION DE L'ARBUSTE

Port : mi-érigé, régulier.
Vigueur : grande ou très grande.
Fertilité : bonne.

RAMEAU

Gros, assez long, brun foncé, à duvet abondant et roux.
Lenticelles : assez nombreuses, petites, ovales, jaunes ou jaune-brun.
Mérithalles : courts.
Yeux : petits, pointus, vert tendre au sommet, bruns à la base.
Feuilles : *limbe*, moyen, arrondi, vert foncé en dessus, pâle en dessous, glabre, à bord finement denté : *pétiole*, court, garni d'un épais duvet long et roux.

FRUIT

Par un ou par deux, rarement par trois ; gros, allongé, aplati sur deux faces.
Cupule : très divisée au sommet, dépassant la coque ; celle-ci d'un vert pâle, jaunit au sommet à maturité, le bas se colore en brun fauve.
Point pistillaire : entouré d'une collerette plissée, jaune verdâtre.
Coque : mince, demi-tendre, bien pleine.
Amande : blanche, à pellicule blanc jaunâtre.
Qualité : très bonne.
Maturité : précoce.
Fruit d'amateur et de commerce.

OBSERVATIONS : Variété très répandue et fort estimée, aussi bien comme plante ornementale que comme arbuste fruitier.

NOISETTE, GROSSE RONDE DE PIÉMONT

SYNONYMES PRINCIPAUX : *Noisette de Provence, Aveline à gros fruit du Piémont.*

Originaire de la Provence probablement.

DESCRIPTION DE L'ARBUSTE

Port : érigé, compact.
Vigueur : très grande.
Fertilité : très grande, dans le Midi.

RAMEAU

Court, de grosseur moyenne ou faible; à écorce brun foncé, duveteuse.
Lenticelles : rares, arrondies ou ovales, brunes.
Mérithalles : courts ou très courts.
Yeux : petits, verts, pointus.
Feuilles : *limbe*, vert foncé, moyen, arrondi, lobé dans le prolongement de la
nervure médiane; *pétiole*, très court, duveteux.

FRUIT

Le plus souvent solitaire, quelquefois par deux; gros, arrondi, renflé, un peu
bosselé, blanc verdâtre au sommet, jaune roux à la base; point d'attache
régulier et petit.
Cupule : développée, laciniée, ouverte, laissant voir la coque qu'elle dépasse.
Coque : assez épaisse, demi dure, bien pleine.
Amande : blanc jaunâtre, à pellicule jaunâtre tachée de brun-roux.
Qualité : très bonne.
Maturité : précoce.
Fruit d'amateur et de marché.

OBSERVATIONS : Variété très estimée pour les desserts et la confiserie.

NOISETTE, MERVEILLE DE BOLLWILLER

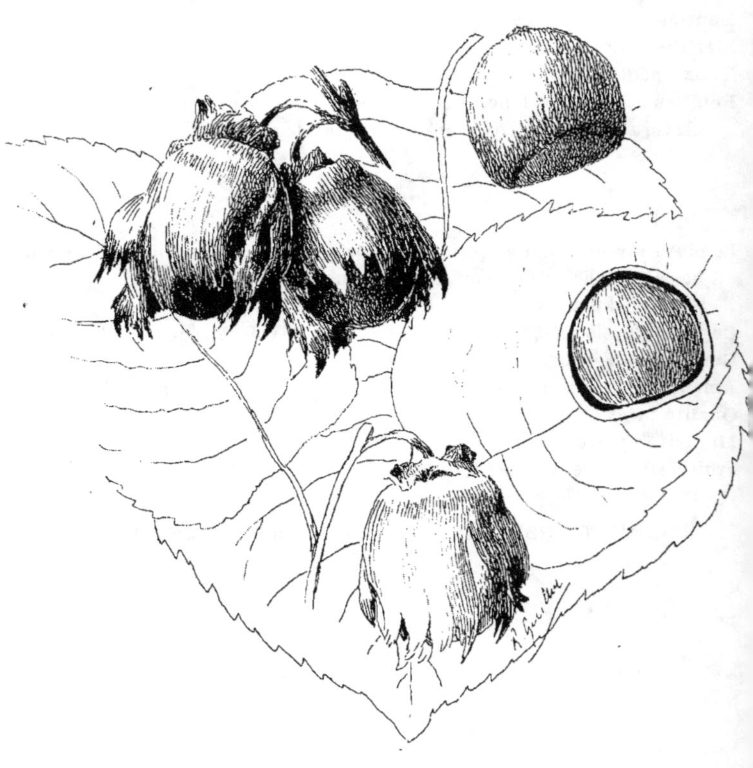

Origine incertaine, mais probablement de Bollwiller (Alsace).

DESCRIPTION DE L'ARBUSTE

Port : érigé.
Vigueur : grande.
Fertilité : abondante.

RAMEAU

Long et gros, vert gris pâle, à duvet épais et court.
Lenticelles : jaune-brun, ovales ou rondes, nombreuses.
Mérithalles : assez longs.
Yeux : moyens, bruns, arrondis, s'éloignant du rameau.
Feuille : *limbe*, grand, vert en dessus, violacé pâle en dessous, glabre, à bord
irrégulièrement et finement denté ; *pétiole*, long et duveteux.

FRUIT

Attaché par un ou par deux ; gros, arrondi, ovale, légèrement quadrangulaire
au sommet, rétréci à sa base.
Cupule : étalée, dépassant peu la coque, assez divisée.
Coque : demi-tendre, mince, pleine.
Amande : blanche, à pellicule rouge-brun pâle
Qualité : très bonne.
Maturité : assez précoce.
Fruit d'amateur.

OBSERVATIONS : Variété remarquable par la grosseur de son fruit,
très apprécié à l'état frais.

NOISETTE, ROUGE LONGUE

Synonyme : *Noisette franche rouge.*

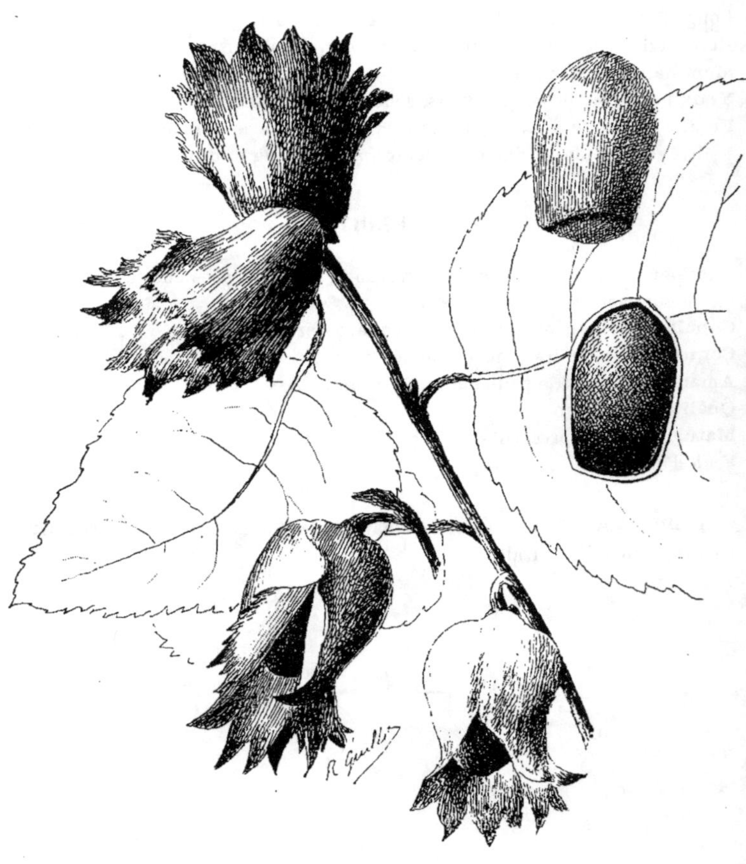

Origine inconnue.

DESCRIPTION DE L'ARBUSTE

Port : mi-érigé, peu compact, élégant.
Vigueur : grande.
Fertilité : moyenne.

RAMEAU

Assez long, gro , à écorce vert-jaune pâle, légèrement **duveteuse.**
Lenticelles : rondes, brun pâle, peu nombreuses.
Mérithalles : moyens ou courts.
Yeux : moyens, verts, arrondis.
Feuilles : *limbe*, assez grand, à bord chiffonné, irrégulièrement et légè-
  rement denté, glabre, vert foncé en dessus, pâle en dessous ; *pétiole*, long,
  duveteux, ainsi que les nervures.

FRUIT

Attaché par deux ou trois, assez gros, allongé, aplati sur deux faces.
Cupule : développée, très laciniée, dépassant et cachant la coque.
Coque : mince, demi-tendre, pleine.
Amande : blanche à pellicule rouge.
Qualité : très bonne.
Maturité : précoce.
Fruit d'amateur.

OBSERVATIONS : Cette variété est l'une des plus fines à l'état frais.

NOISETTE DE TRÉBIZONDE

SYNONYME : *Impériale de Trébizonde.*

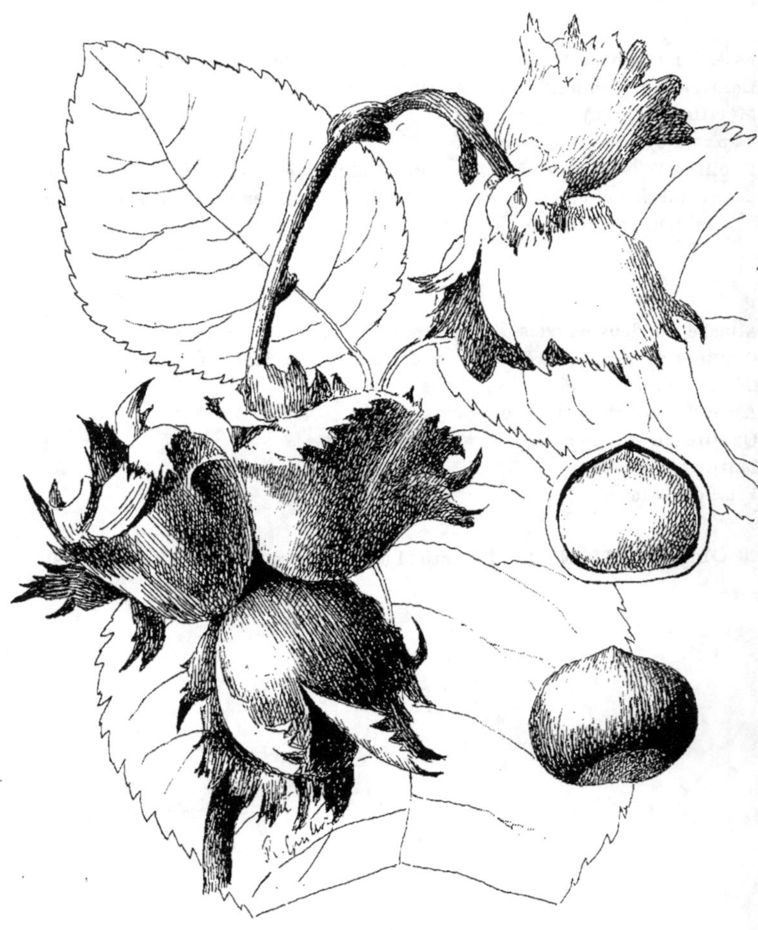

Originaire de la Turquie d'Asie.

DESCRIPTION DE L'ARBUSTE

Port : érigé, compact.
Vigueur : moyenne.
Fertilité : régulière et abondante, même sur les jeunes sujets

RAMEAU

Assez long, de grosseur moyenne, vert-roux.
Lenticelles : petites, arrondies, jaune-brun.
Mérithalles : assez longs.
Yeux : verts, ronds, écartés du rameau.
Feuilles : *limbe*, grand, arrondi, à bord irrégulièrement denté et gaufré;
pétiole, court, duveteux ainsi que les nervures.

FRUIT

Attaché par deux ou par trois; gros ou très gros, souvent solitaire, très
ventru, aplati aux deux pôles et un peu sur deux faces.
Cupule : grande, duveteuse, régulièrement divisée, laciniée au sommet,
dépassant de beaucoup la coque qui est entièrement cachée.
Coque : avec collerette ovale autour du point pistillaire, base ombilicale régu-
lière et moyenne, plane ou concave, de couleur chamois à la partie infé-
rieure et cendré duveteux vers le haut.
Amande : large, recouverte d'une pellicule fauvescente, striée de brun-roux.
Qualité : très bonne.
Maturité : moyenne saison.
Fruit d'amateur.

OBSERVATIONS : Variété appréciée pour la beauté de son fruit.

NOYER

(Juglans regia).

Caractères généraux. — Arbre de première grandeur, à cime conique, étalée ou globuleuse. Ecorce d'un vert brunâtre, puis blanchâtre, ne se crevassant que très tard. Feuilles composées, dans l'ordre 2/5; yeux petits, arrondis, noirâtres.

Fleurs monoïques, les mâles en châtons ayant un calice à cinq divisions et des étamines nombreuses; les femelles solitaires ou par deux ou trois. Calice à quatre divisions; style court à deux stigmates; ovaire infère à un ovule.

Fruit vert, glabre, noircissant à maturité, contenant une graine partagée en deux par une cloison.

Origine. — Le Noyer, probablement originaire d'Orient, croît maintenant à l'état sub-spontané dans presque toute la France.

Sol, culture. — Le Noyer demande à être planté dans un sol profond; il prospère aussi bien dans les terres d'origine granitique du Limousin que dans les terrains calcaires de la Bourgogne. Il faut éviter de le cultiver aux endroits où se font sentir les gelées printanières, car ses bourgeons sont d'une extrême sensibilité à leurs atteintes; les variétés qui poussent tard, comme le Noyer de Saint-Jean, seraient à recommander dans ce cas.

Le Noyer est souvent reproduit de semis, mais pour multiplier les variétés à très gros fruits on est obligé de recourir à la greffe, qui est assez difficile à réussir; le sujet employé est le Noyer franc.

Cette espèce fruitière est toujours cultivée à haute tige, et on laisse l'arbre pousser librement.

NOIX A BIJOUX

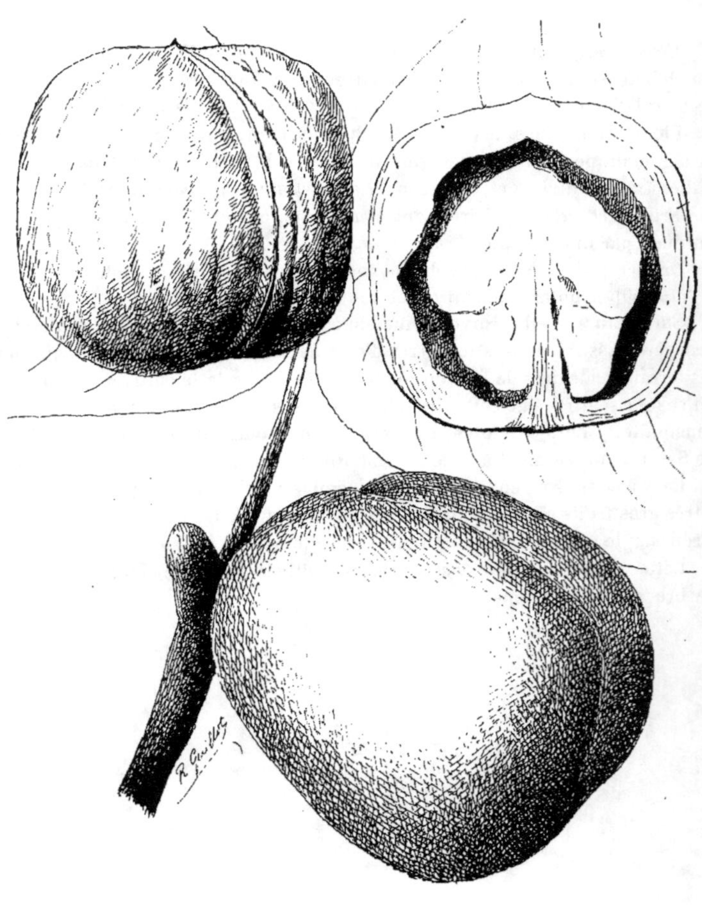

Origine inconnue.

DESCRIPTION DE L'ARBRE

Port : régulier, un peu étalé.
Vigueur : moyenne.
Fertilité : grande.

RAMEAU

De longueur moyenne, ramifié, mince, à couleur brune.
Lenticelles : peu nombreuses, grises. ovales.
Coussinets : larges, peu saillants.
Mérithalles : courts.
Yeux : moyens.
Feuilles : *limbe*, grand, à cinq divisions ; *pétiole*, long.
Époque de floraison : tardive.

FRUIT

Très gros, aplati sur les côtés, à brou abondant ; attaché par deux, le plus
    souvent.
Coque : très mince, peu remplie.
Qualité : bonne.
Époque de maturité : octobre,
Fruit d'amateur et de marché.

OBSERVATIONS : Variété intéressante pour la beauté de ses fruits,
mais peu recommandable pour la conservation.

NOIX A COQUE TENDRE

Synonyme : *Noix à Mésange.*

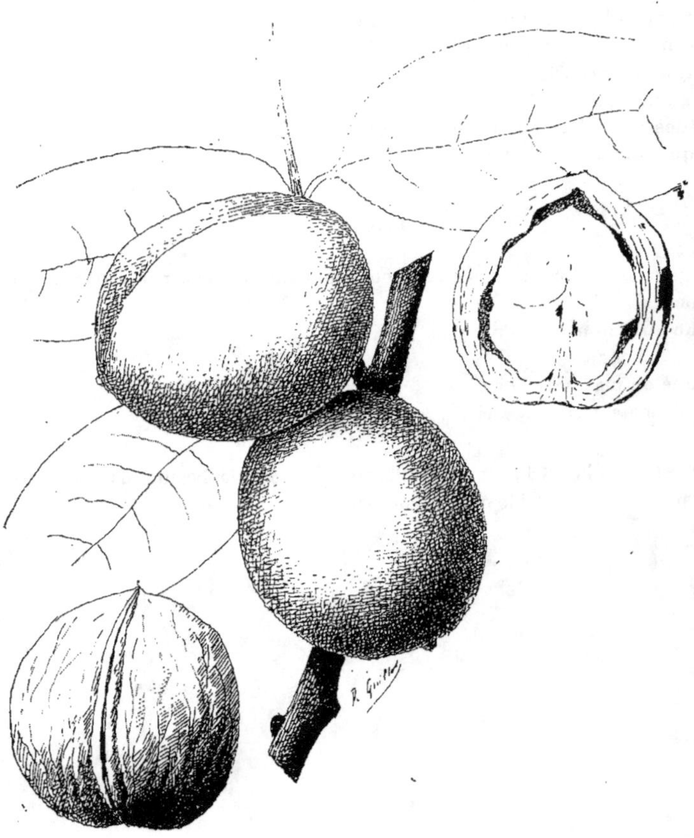

Origine inconnue, c'est une forme de la Noix commune.

DESCRIPTION DE L'ARBRE

Port : mi-érigé, régulier.
Vigueur : moyenne ou grande.
Fertilité : grande.

RAMEAU

Assez long, gros, modérément ramifié, brun.
Coussinets : larges, formant V autour de l'œil
Mérithalles : courts.
Yeux : petits, saillants.
Feuilles : *limbe*, grand, à cinq divisions; *pétiole*, long et fort.
Epoque de floraison : tardive.

FRUIT

Allongé, un peu atténué en pointe aux deux extrémités, moyen ou assez gros;
    brou mince; attaché par deux ou par trois.
Coque : tendre, se détachant facilement du brou.
Amande : blanche, remplissant bien la coque.
Qualité : très bonne.
Époque de maturité : octobre.
Fruit de table, d'amateur et de commerce.

OBSERVATIONS : Cette variété n'est qu'une forme du Noyer commun ;
aussi retourne-t-elle quelquefois au type dans les sols très riches.

NOIX FERTILE

SYNONYMES : *Juglans regia prœparturiens. Poit.*

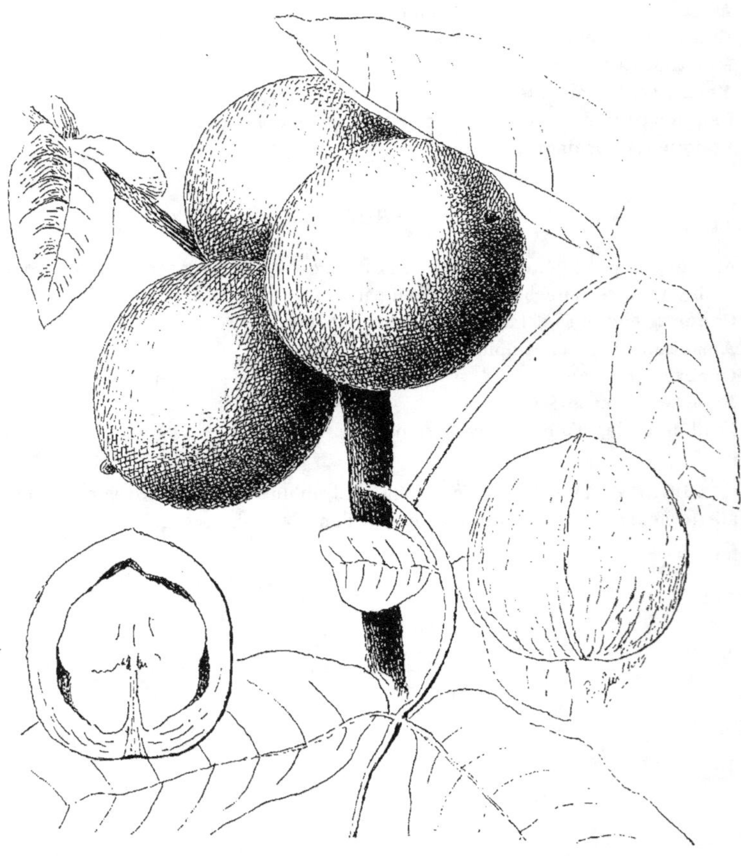

Trouvée par M. J.-L. Jamin vers 1838, chez M. Louis Chatenay, pépiniériste à Doué-la-Fontaine (Maine-et-Loire).

DESCRIPTION DE L'ARBRE

Port : moins élevé, plus rameux et plus arrondi que chez le Noyer ordinaire.
Vigueur : moyenne.
Fertilité : grande dès le jeune âge.

RAMEAU

De longueur moyenne, assez gros, brun.
Lenticelles : peu abondantes, ovales, blanchâtres.
Coussinets : larges, enveloppant l'œil.
Mérithalles : courts.
Yeux : moyens, arrondis, saillants.
Feuilles : *limbe*, moyen ; *pétiole*, long.
Époque de floraison : tardive.

FRUIT

Moins gros que celui de la variété commune, ovale-arrondi, à brou peu épais ;
attaché par deux ou par trois.
Coque : bien pleine.
Qualité : bonne.
Époque de maturité : septembre.
Fruit d'amateur.

OBSERVATIONS : Fructifie dès la troisième année ; se reproduit assez
fidèlement par le semis.

NOIX ORDINAIRE

SYNONYME : *Noix commune.*

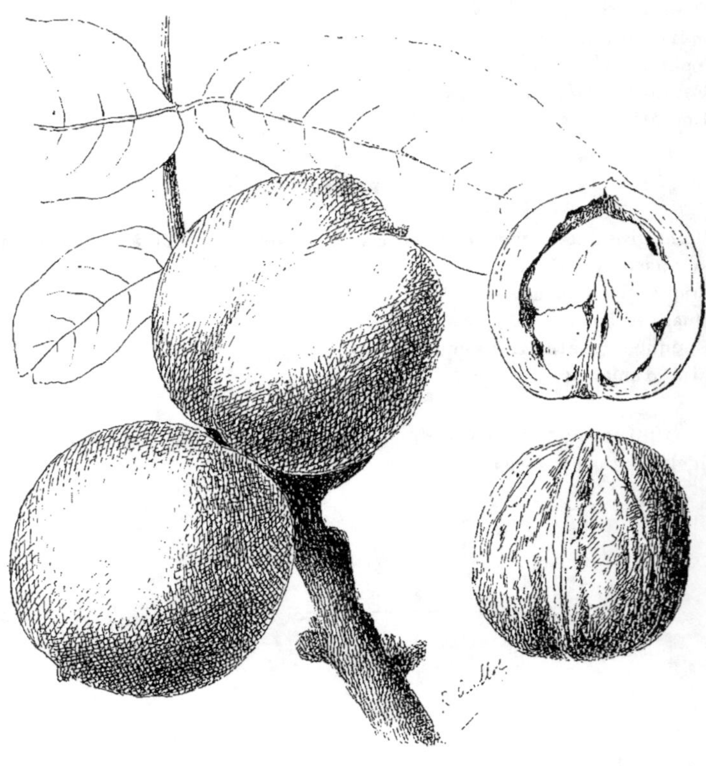

Croît à l'état spontané dans tous les centres tempérés d'Europe.

DESCRIPTION DE L'ARBRE

Port : régulier à cime conique.
Vigueur : très grande.
Fertilité : remarquable,

RAMEAU

Assez long, gros, de couleur brun-roux.
Lenticelles : elliptiques, gris-blanchâtres, peu nombreuses.
Coussinets : larges, peu saillants.
Mérithalles : courts ou de longueur moyenne.
Yeux : assez gros, arrondis.
Feuilles : *limbe*, grand; *pétiole*, long et fort.
Époque de floraison : tardive.

FRUIT

De grosseur moyenne, allongé, tronqué à la base, pointu au sommet, à brou
abondant; attaché par deux ou par trois.
Coque : très pleine.
Qualité : bonne.
Époque de maturité : en septembre, pour le consommer frais, et tout
l'hiver, en sec.
Fruit de table, d'amateur et de marché; sert aussi à faire une huile très
appréciée.

OBSERVATIONS : On plante cette variété dans les champs, et aussi
pour faire des avenues.

PÊCHER

(*Persica vulgaris* Miller; *Amygdalus persica* Linné).

Caractères principaux. — Arbre de troisième grandeur, à port étalé. Écorce d'un vert luisant, fortement colorée de rouge au soleil, devenant brune, puis grisâtre avec l'âge. Feuilles lancéolées pointues, dentées, glabres. Pétiole court, portant des glandes généralement réniformes, quelquefois globuleuses, plus ou moins volumineuses, suivant les variétés.

Yeux pointus, souvent multiples, accompagnés de deux stipulaires; les yeux latents s'annulent facilement; les yeux adventifs sont très rares. Ces particularités rendent très délicate la taille du Pêcher. Les faux bourgeons sont fréquents, en particulier sur les rameaux vigoureux, et se développent surtout vers leur milieu. L'œil principal, quand il se développe en faux bourgeon, entraîne souvent les deux yeux stipulaires, sur une longueur de 5 à 10 centimètres et même davantage, et les rameaux anticipés qui en proviennent ne portent pas d'yeux à leur base; aussi est-il bon d'en pincer les feuilles pour réduire l'éloignement des yeux stipulaires.

Boutons uniflores, reconnaissables en février et mars. Fleurs tantôt rosées, tantôt rouges, plus ou moins grandes et ouvertes, permettant de différencier les variétés. Sépales et pétales libres, au nombre de cinq; étamines nombreuses; style unique; ovaire supère à une loge, renfermant deux ovules.

Fruit à peu près sphérique, porté par un pédoncule très court; épiderme plus ou moins duveteux, lisse chez les brugnons et les nectarines. Noyau dur, sillonné d'anfractuosités profondes, adhérant plus ou moins à la pulpe : libre chez les pêches ordinaires et les nectarines, adhérent chez les pêches pavies et les brugnons.

Origine. — La Perse semble être la patrie du Pêcher, comme l'indique le nom donné à l'espèce. Quelques auteurs pensent cependant que son lieu de naissance est la Chine.

Sol. — La principale qualité que le Pêcher exige du sol, pour croître dans de bonnes conditions, est d'être profond et perméable. Les terres très argileuses ou marneuses sont celles qui lui conviennent le moins. Il ne redoute pas les terres un peu caillouteuses. L'aération du sol est indispensable à sa bonne végétation ; aussi recommande-t-on d'éviter la formation, au-dessus des racines, d'une croûte imperméable à l'air en marchant sur le sol lorsqu'il est humide; des binages répétés devront remédier au mauvais état physique du terrain.

Porte-greffes. — Le Pêcher franc n'est guère employé que dans le midi de la France; dans le Nord, il donne de mauvais résultats.

L'Amandier à coque dure est le porte-greffe le plus employé: il demande un sol profond et perméable et donne alors au Pêcher une bonne vigueur et une longévité très grande.

Le Prunier (Damas ou Prunier Saint-Julien) est employé de préférence dans

LÉGENDE. — 1, rameau à bois; 2, rameau de deux ans; 3, gourmand; 4, rameau à fruit; 5, chiffon; 6, bouquet de mai.

les terrains peu profonds ou à sous-sols humides, où ses racines traçantes lui permettront de faire vivre le Pêcher qui, dans ces conditions, réussirait mal sur Amandier.

C'est aussi ce porte-greffe que l'on choisit, le plus souvent, pour les arbres de plein vent, bien que, dans les sols arides, on se serve de l'Amandier ; mais la reprise du Pêcher tige, à la plantation, est alors plus difficile.

Culture. — Par suite de son origine, le Pêcher ne prospère, sous notre climat tempéré, qu'à une exposition chaude. Aussi le cultive-t-on le plus souvent en espalier. L'exposition de l'est lui est en général plus favorable que celle du midi, où il est sujet aux coups de soleil et à la gomme. Les auvents, de quelque nature qu'ils soient, lui sont favorables, autant pour protéger les fleurs contre le froid, que pour garantir les feuilles contre la cloque.

Quand on plante le pêcher en plein air il faut choisir un endroit abrité où les fleurs, qui s'épanouissent de bonne heure, ne sont pas détruites par les gelées printanières.

Formes. — Le Pêcher est un arbre à végétation fougueuse ; il ne faut donc pas lui choisir des formes trop réduites. Le long des murs élevés, on peut employer la forme oblique ou en U simple. Si les murs sont bas et si le Pêcher se plaît dans le terrain, il faudra choisir les palmettes Verrier à 4 et 6 branches ou la forme en U double.

La distance à ménager entre les branches de charpente est de 50 à 60 centimètres.

Considérations générales sur la taille. — Le Pêcher fructifie sur le bois de l'année précédente. On trouve les fleurs sur les bouquets de mai, sur les chiffonnes (rameaux garnis uniquement d'un œil à bois et de boutons à fleurs), et sur les rameaux à fruits (rameaux portant à la fois des yeux à bois et des yeux à fleurs). On devra assurer la production de ces organes, et surtout de ces derniers, en évitant que les coursonnes ne se dégarnissent.

Sur les prolongements des branches charpentières, on s'efforcera d'obtenir de bonnes coursonnes également distantes et de vigueur à peu près égale. Sur les branches de charpente de deux ans, on taillera de façon à obtenir du fruit sur le rameau de l'année précédente, et un bourgeon de remplacement à la base de ce rameau. Sur les branches de trois ans on supprimera le bois de deux ans qui a produit l'année précédente, en conservant celui d'un an qui n'a pas fructifié, lequel sera taillé en vue du fruit et du bourgeon de remplacement.

Ces opérations seront complétées par l'ébourgeonnage et le pincement, dont le but sera de supprimer les rameaux inutiles ou nuisibles, d'assurer l'équilibre en général, de favoriser l'aoûtement, et de provoquer la bonne constitution des yeux, appelés à fournir les bourgeons de remplacement.

On devra tout à la fois éviter les gourmands, fréquents chez le Pêcher, qui absorbent sans aucun profit la sève de l'arbre, et les chiffonnes qui ne donnent pas de bourgeons de remplacement et dont les fruits manquent souvent de beauté et de qualité.

ADMIRABLE JAUNE (Pèche)

Synonyme : *Pêche abricot.*

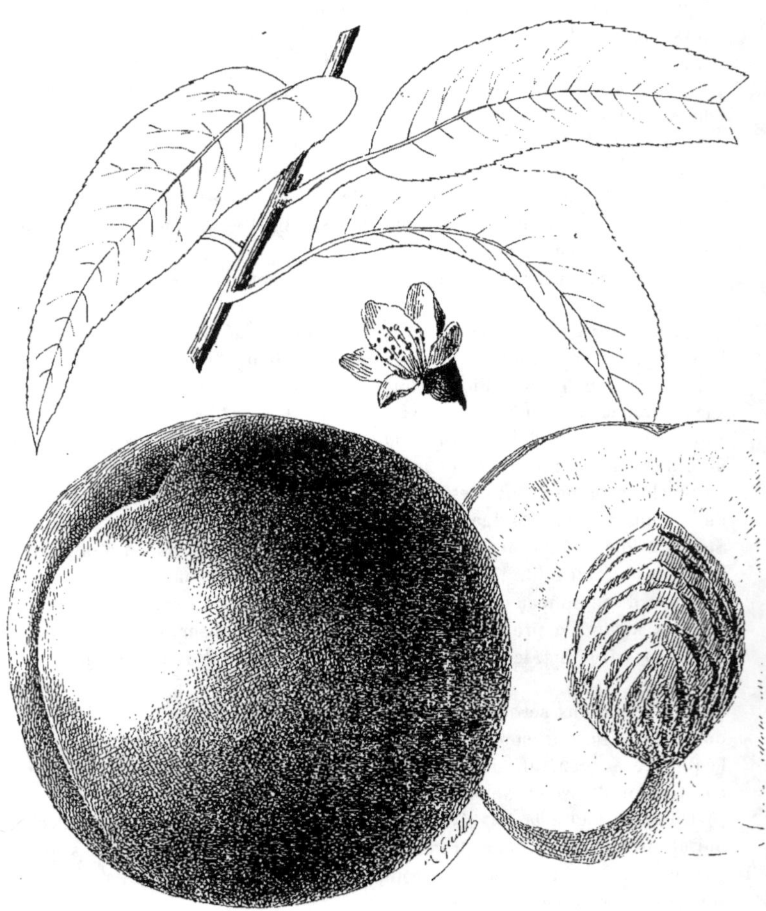

Origine ancienne et inconnue.

DESCRIPTION DE L'ARBRE

Port : mi-étalé.
Vigueur : moyenne.
Fertilité : bonne.

RAMEAU

De grosseur moyenne et de couleur verdâtre, marbrée de carmin à l'insolation.
Lenticelles : petites, peu abondantes, arrondies.
Coussinets : larges et saillants.
Mérithalles : courts,
Yeux : moyens, coniques, plaqués sur l'écorce.
Feuilles : *limbe*, petit, lancéolé, élargi, à bords finement dentés; *pétiole*, court, rigide, cannelé.
Glandes : petites, réniformes.
Fleurs : petites, mi-fermées, de couleur rose clair, avec une nuance plus foncée sur les bords.
Époque de floraison : tardive.

FRUIT

Gros, arrondi, un peu plus haut que large.
Peau : jaune d'or, légèrement verdâtre à l'ombre, fortement lavée de carmin au soleil, très fine, cotonneuse, adhérente.
Point pistillaire : petit et recourbé, sur un faible mamelon.
Lèvres : égales et moyennes.
Sillon : large, peu profond, s'étendant au delà du point pistillaire.
Cavité du pédoncule : prononcée.
Chair : jaune, veinée de jaune foncé, teintée de rouge au noyau, mi-fine, fondante, sucrée, parfumée suivant la saison, très juteuse.
Noyau : moyen, ovoïde sans mucron, à joues plates et à arête dorsale émoussée, non adhérent.
Qualité : très bonne.
Époque de la maturité : fin de septembre et commencement d'octobre.
Fruit d'amateur et de commerce dans certaines régions.

OBSERVATIONS : Cette variété, qui se coursonne très bien, se cultive en espalier et réussit bien en plein vent. Le semis de ses noyaux reproduit des pêches à chair jaune.

ALEXIS LEPÈRE (Pêche)

Obtenue d'un semis fait en Allemagne vers 1876 par Alexis Lepère, fils,
arboriculteur, à Montreuil-sous-Bois, et introduite par l'obtenteur.

DESCRIPTION DE L'ARBRE

Port : érigé.
Vigueur : grande.
Fertilité : bonne.

RAMEAU

Gros et fort, allongé, coloré de rouge brun.
Lenticelles : abondantes, petites, grises.
Coussinets : gros, arrondis.
Mérithalles : assez longs.
Yeux : petits, pointus.
Feuilles : *limbe*, grand, vert intense profondément denté en scie; *pétiole*, de
grosseur et de longueur moyennes.
Glandes : nulles
Fleurs : petites, de forme campanulée et de couleur rose vif.
Époque de floraison : hâtive.

FRUIT

Gros, arrondi, légèrement surbaissé et un peu tronc conique.
Peau : finement duveteuse, d'un jaune verdâtre, marbrée de rouge-carmin à
l'insolation, non adhérente.
Point pistillaire : marqué par une légère pointe au milieu du sillon.
Lèvres : fortes, régulières.
Sillon : peu profond, plus accentué au sommet, inégalement bordé.
Cavité du pédoncule : large et profonde.
Chair : blanc jaunâtre, un peu rouge autour du noyau, fine, fondante,
juteuse, sucrée, agréablement parfumée.
Noyau : non adhérent.
Qualité : très bonne.
Époque de la maturité : fin d'août, commencement de septembre.
Fruit d'amateur et de commerce.

OBSERVATIONS : Cette excellente variété, exclusivement d'espalier, a sa
place indiquée dans tous les jardins. Sa grande vigueur, sa bonne fertilité,
la beauté et la qualité de ses fruits la font rechercher par les amateurs et les
arboriculteurs. Très cultivée dans la banlieue de Paris, et particulièrement à
Montreuil-sous-Bois, se prêtant admirablement au transport, cette pêche fait
l'objet d'un important commerce sur les marchés de Paris.

AMSDEN (Pêche)

SYNONYME : *Pêche de juin.*

Obtenue par L. C. Amsden, à Carlago, province de Missouri (États-Unis).

DESCRIPTION DE L'ARBRE

Port : érigé.
Vigueur : grande.
Fertilité : bonne.

RAMEAU

De longueur et de grosseur moyennes, jaune verdâtre, assez fortement teinté de rouge à l'insolation.
Lenticelles : nombreuses à la base des rameaux, elliptiques, grises.
Coussinets : moyens.
Mérithalles : moyens ou grands.
Yeux : petits.
Feuilles : *limbe*, étroit et allongé; *pétiole*, court.
Glandes : petites, globuleuses, presque nulles.
Fleurs : grandes, généralement isolées, de couleur rose, lavé de carmin au centre.
Époque de floraison : mi-hâtive.

FRUIT

Gros ou assez gros, arrondi, légèrement aplati.
Peau : duveteuse, fortement colorée de pourpre à l'insolation, non adhérente.
Point pistillaire : apparent, peu saillant.
Lèvres : un peu irrégulières.
Sillon : bien marqué.
Cavité du pédoncule : profonde et étroite.
Chair : d'un blanc verdâtre, fine, un peu acidulée, sucrée, assez parfumée, juteuse.
Noyau : adhérent, sauf à complète maturité sous un climat chaud.
Qualité : bonne mais parfois variable suivant les années.
Époque de la maturité : milieu de juillet.
Fruit de commerce et d'amateur.

OBSERVATIONS : Cette variété est l'une des plus précoces; elle est très appréciée parmi les hâtives et il s'en fait un important commerce. Elle réussit très bien en plein vent et possède également l'avantage de se prêter à la culture forcée.

ARTHUR CHEVREAU

Obtenue en 1893, par Chevreau, arboriculteur à Montreuil (Seine).

DESCRIPTION DE L'ARBRE

Port : érigé.
Vigueur : grande.
Fertilité : bonne.

RAMEAU

Assez fort, bien garni d'yeux et de boutons.
Lenticelles : grosses.
Coussinets : moyens.
Mérithalles : moyens.
Yeux : allongés.
Feuilles : assez grandes, d'un vert foncé, légèrement dentées.
Glandes : globuleuses, petites.
Fleurs : petites, à pétales pâles.
Époque de floraison : hâtive.

FRUIT

Gros ou très gros, presque globuleux, un peu déprimé au sommet.
Peau : fortement colorée, marquée d'un petit point blanc au sommet du
     fruit.
Point pistillaire : apparent.
Lèvres : irrégulières.
Sillon : peu prononcé.
Cavité du pédoncule : large et profonde.
Chair : blanc jaunâtre, fine, assez sucrée, juteuse.
Noyau : gros, ovale.
Qualité : bonne.
Époque de la maturité : deuxième quinzaine de septembre.

OBSERVATIONS : Variété très cultivée à Montreuil et dans la région parisienne. Par ses caractères, le fruit de cette variété se rapproche des variétés Bonouvrier et Impératrice, mais les fleurs sont différentes. Intéressante par sa fertilité, sa vigueur et la beauté de ses fruits.

BALTET (Pèche)

Obtenue par M. Baltet (Lyé-Savinien), horticulteur à Troyes (Aube),
vers 1866.

DESCRIPTION DE L'ARBRE

Port : un peu divergent.
Vigueur : bonne.
Fertilité : grande.

RAMEAU

De longueur moyenne, assez gros, quelquefois légèrement recourbé
Lenticelles : grandes, peu abondantes.
Coussinets : saillants, arrondis.
Mérithalles : longs.
Yeux : pointus, appliqués sur le rameau.
Feuilles : *limbe*, grand, denté, légèrement gaufré ; *pétiole*, **court**, gros et cana-
    liculé.
Glandes : nulles.
Fleurs : moyennes, campanulées, de couleur rouge vif.
Époque de floraison : moyenne saison.

FRUIT

Gros, ovale-arrondi, au pourtour régulier.
Peau : d'un blanc crème, bien colorée à l'insolation de rouge clair nuancé de
    pourpre violacé.
Point pistillaire : généralement droit, sur le sommet arrondi et mucroné du
    fruit.
Lèvres : irrégulières.
Sillon : assez marqué.
Cavité du pédoncule : étroite et très profonde.
Chair : blanc ambré, largement teintée de rouge vif autour du noyau, fine,
    fondante, très juteuse, sucrée, relevée, bien parfumée.
Noyau : allongé, peu bombé, terminé par une pointe **assez** longue et aiguë,
    non adhérent.
Qualité : très bonne.
Époque de la maturité : première quinzaine d'octobre.
Fruit d'amateur.

OBSERVATIONS : Cette très belle pêche d'arrière-saison est aujourd'hui très cultivée en raison de sa remarquable fertilité. Elle est appelée à prendre place parmi les pêches de commerce. Le fruit ayant tendance à se fendre, il faut planter l'arbre aux expositions saines.

BELLE BEAUSSE (Pêche)

Cette variété est originaire de Montreuil-sous-Bois, près Paris; elle a été obtenue vers le milieu du xviii° siècle par Joseph Beausse dit la Brette, arboriculteur distingué de cette localité. Elle fut propagée par Christophe Hervy, directeur des pépinières des Chartreux, à Paris.

DESCRIPTION DE L'ARBRE

Port : érigé.
Vigueur : très grande.
Fertilité : remarquable.

RAMEAU

Gros, long et fort, vert à l'ombre, rouge brique et ponctué de carmin à l'inso-
  lation.
Lenticelles : rousses, rares et petites.
Coussinets : bien saillants.
Mérithalles : moyens.
Yeux : gros, ovoïdes, aux écailles brunes mal soudées, presque toujours
  accompagnés de boutons à fleur.
Feuilles : *limbe* grand, épais, ovale, allongé, d'un vert clair, peu profondément
  denté, longuement acuminé ; *pétiole*, gros, très long, légèrement teinté de
  rouge en dessous.
Glandes : globuleuses.
Fleurs : grandes, d'un beau rose vif.
Époque de la floraison : moyenne saison.

FRUIT

Gros, globuleux, un peu aplati aux pôles.
Peau : mince, non adhérente, fortement duveteuse, d'un blanc-jaune verdâtre,
  lavé de rouge violacé à l'insolation.
Point pistillaire : plutôt petit, brun.
Lèvres : accentuées.
Sillon : bien marqué.
Cavité du pédoncule : large et profonde.
Chair : d'un blanc jaunâtre ou verdâtre, rouge vif autour du noyau, très fine,
  sucrée, agréablement parfumée, acidulée, très juteuse.
Noyau : moyen, ovoïde, bombé, à arête large et fine, non adhérent.
Qualité : très bonne.
Époque de la maturité : commencement de septembre.
Fruit d'amateur et de marché.

OBSERVATIONS : Cette excellente variété très rustique doit être cultivée
dans tous les jardins. Elle se prête admirablement à la culture sous verre,
comme à celle de plein vent.

BELLE HENRI PINAUT (Pèche)

Obtenue par Gustave Guyot, arboriculteur à Montreuil-sous-Bois, et mise
au commerce en 1881.

DESCRIPTION DE L'ARBRE

Port : élancé.
Vigueur : grande et de rusticité parfaite.
Fertilité : remarquable.

RAMEAU

Ramifié, long ou moyen, assez gros, de couleur très pâle, légèrement rosé
à l'insolation.
Lenticelles : nombreuses, ovales, gris-blanchâtre.
Coussinets : peu saillants.
Mérithalles : moyens.
Yeux : gros.
Feuilles : *limbe*, moyen, ovale, denté ; *pétiole*, court, canaliculé.
Glandes : réniformes.
Fleurs : grandes, rosées.
Époque de floraison : hâtive.

FRUIT

Très gros, arrondi, légèrement aplati au sommet.
Peau : vert jaunâtre, fortement colorée rouge foncé à l'insolation.
Point pistillaire : à mucron pointu.
Lèvres : peu saillantes.
Sillon : léger.
Cavité du pédoncule : moyenne.
Chair : blanc-jaunâtre, fine, sucrée, relevée.
Noyau : moyen, allongé, pointu, peu incrusté, non adhérent.
Qualité : très bonne.
Époque de maturité : mi-septembre
Fruit d'amateur et de commerce.

OBSERVATIONS : Variété à coursonnage remarquable ; se prête à toutes
les formes en espalier.

BELLE IMPÉRIALE (Pêche)

Cette variété provient d'un semis de hasard ; elle a été obtenue en 1861 et propagée en 1864 par Chevalier ainé, arboriculteur à Montreuil-sous-Bois (Seine).

DESCRIPTION DE L'ARBRE

Port : érigé.
Vigueur : bonne.
Fertilité : très grande.

RAMEAU

Court, de force moyenne, légèrement flexueux, rose carminé **au soleil**, vert
    jaunâtre à l'ombre.
Lenticelles : abondantes, assez grandes, linéaires, arrondies.
Coussinets : assez saillants.
Mérithalles : courts.
Yeux : écartés du bois, gros, ovoïdes, obtus, généralement **flanqués de**
    boutons à fleurs.
Feuilles : *limbe*, grand, allongé, ondulé, peu denté ; *pétiole*, fort, de longueur
    moyenne, rouge vif à l'ombre.
Glandes : globuleuses, petites, situées près du pétiole.
Fleurs : moyennes, à forme campanulée, de couleur rose vif.
Époque de floraison : moyenne saison.

FRUIT

Gros et très gros, sphérique, un peu obliquement déprimé au sommet.
Peau : fortement duveteuse, colorée de rouge-pourpre et de cramoisi à l'inso-
    lation, non adhérente.
Point pistillaire : petit dans une dépression.
Lèvres : inégales, arrondies.
Sillon : peu profond et inégalement bordé.
Cavité du pédoncule : de profondeur moyenne.
Chair : blanche, assez fine, fondante, sucrée, bien parfumée, juteuse.
Noyau : moyen, ovoïde, à arête dorsale saillante, non adhérent.
Qualité : bonne.
Époque de la maturité : mi-septembre.
Fruit d'amateur et de marché.

OBSERVATIONS : La Belle Impériale est une variété recommandable
à tous les points de vue. Grâce à sa rusticité, elle se comporte très bien en
plein vent.

BLONDEAU (Pêche

Obtenue en 1856, par Joseph Blondeau, arboriculteur à Montreuil-sous-Bois (Seine).

DESCRIPTION DE L'ARBRE

Port : régulier.
Vigueur : moyenne.
Fertilité : très grande.

RAMEAU

Fort, rose vineux à l'insolation.
Lenticelles : grises, petites, peu abondantes.
Coussinets : saillants, gros.
Mérithalles : courts.
Yeux : gros, arrondis.
Feuilles : *limbe*, long, d'un vert jaunâtre, peu denté; *pétiole*, court, peu canaliculé.
Glandes : petites, globuleuses et rares.
Fleurs : petites, rouge vif.
Époque de floraison : moyenne saison.

FRUIT

Assez gros, arrondi, un peu plus haut que large, légèrement conique.
Peau : fine, d'un blanc laiteux, pourpre violacé à l'insolation, duveteuse.
Point pistillaire : très petit, dans une légère dépression.
Lèvres : nulles.
Sillon : léger, marqué d'un filet rouge.
Cavité du pédoncule : large et profonde, bordée d'un petit filet rouge.
Chair : d'un blanc-laiteux, rouge-amarante autour du noyau, fine, bien fondante, sucrée, parfumée, très juteuse.
Noyau : moyen, elliptique, régulièrement bombé, non adhérent.
Qualité : très bonne.
Époque de la maturité : fin de septembre.
Fruit d'amateur.

OBSERVATIONS : Cette très bonne pêche d'arrière-saison a l'avantage de bien tenir à l'arbre jusqu'à complète maturité. Ce Pêcher qui ne se comporte bien qu'en espalier se développe très régulièrement et se dresse facilement.

BONOUVRIER (Pêche)

SYNONYME : Appelée à tort *Chevreuse tardive*.

Obtenue par Pierre Bonouvrier, arboriculteur à Montreuil-sous-Bois (Seine).

DESCRIPTION DE L'ARBRE

Port : mi-étalé.
Vigueur : moyenne.
Fertilité : très grande.

RAMEAU

Court, faible, vert-clair, rouge violacé à l'insolation.
Lenticelles : assez longues, peu nombreuses.
Coussinets : assez forts.
Mérithalles : moyens.
Yeux : ovoïdes, aplatis.
Feuilles : *limbe*, long et large, vert foncé, finement denté ; *pétiole*, moyen.
Glandes : irrégulières, globuleuses.
Fleurs : petites, ouvertes, d'un beau rose vif.
Époque de floraison : moyenne saison.

FRUIT

Gros, presque sphérique, un peu déprimé au sommet.
Peau : jaunâtre, lavée de verdâtre et marbrée lie de vin, rouge vif et rouge foncé au soleil, duveteuse, non adhérente.
Point pistillaire : petit dans une faible dépression.
Lèvres : inégales.
Sillon : large, peu profond.
Cavité du pédoncule : profonde.
Chair : d'un blanc jaunâtre très clair, marbrée de rouge autour du noyau, assez fine, fondante, sucrée, acidulée, parfumée, juteuse, laissant quelques filaments au noyau.
Noyau : gros, régulier, peu incrusté, non adhérent.
Qualité : très bonne.
Époque de la maturité : fin de septembre.
Fruit d'amateur et de commerce.

OBSERVATIONS : Le Pêcher Bonouvrier se coursonne assez bien ; il est très cultivé en espalier dans la banlieue de Paris.

CUMBERLAND (Pèche)

Cette variété est originaire des États-Unis d'Amérique.

DESCRIPTION DE L'ARBRE

Port : mi-étalé.
Vigueur : moyenne.
Fertilité : très grande.

RAMEAU

Assez long, gros, rouge à l'insolation.
Lenticelles : peu nombreuses.
Coussinets : saillants.
Mérithalles : allongés.
Yeux : gros, aplatis.
Feuilles : *limb*, grand, aplani, lancéolé très aigu, profondément denté; *pétiole*, court.
Glandes : nulles.
Fleurs : grandes, mi-ouvertes, rose foncé au centre.
Époque de floraison : hâtive.

FRUIT

Moyen, presque sphérique.
Peau : blanc crème, rouge vif au soleil avec marbrures violacées, duveteuse.
Point pistillaire : très petit, parfois placé sur un léger mucron.
Lèvres : peu saillantes.
Sillon : plus ou moins faible.
Cavité du pédoncule : assez profonde, ovale et bosselée.
Chair : entièrement blanche, fine, fondante, juteuse, sucrée, acidulée, parfumée.
Noyau : petit, ovale, courtement acuminé, assez incrusté, peu adhérent.
Qualité : très bonne.
Époque de la maturité : commencement de juillet.
Fruit d'amateur.

OBSERVATIONS : cette variété, qui se prête à toutes les formes en espalier et à la culture sous verre, demande certains soins pour le coursonnage.

CRAWFORD'S EARLY (Pèche)

Synonymes principaux : *Willermoz, Précoce de Crawford.*

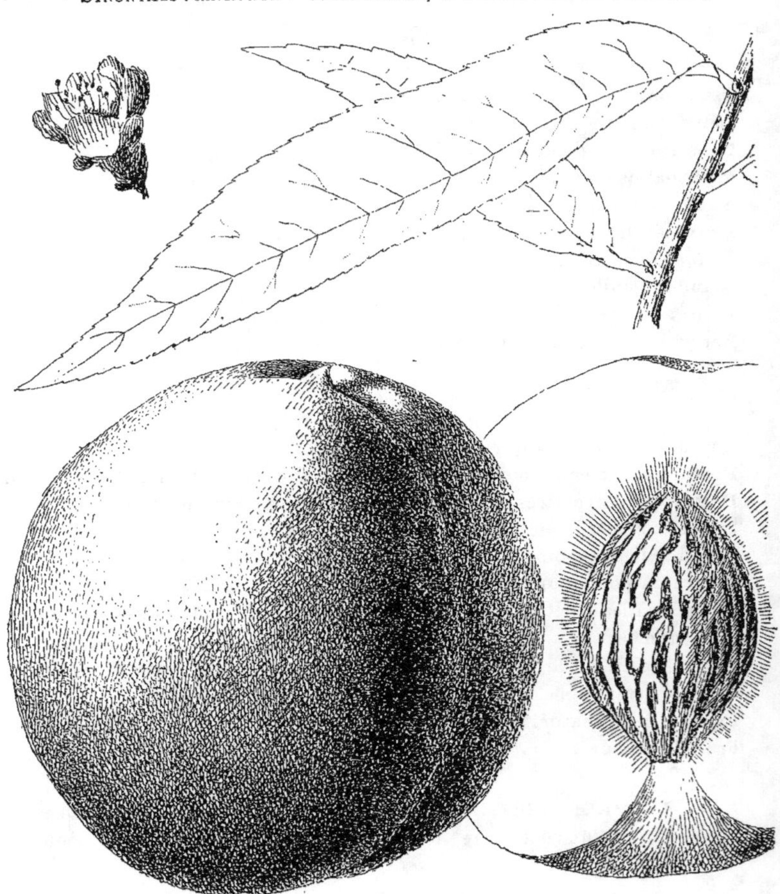

Obtenue par William Crawford, propriétaire à Middletown, New-Jersey (Etats-Unis), en 1840, cette variété fut introduite en France vers 1850 par Ferdinand Gaillard, pépiniériste à Brignais (Rhône), qui la répandit sous le nom de Willermoz, directeur de l'École d'horticulture d'Ecully, près de Lyon.

DESCRIPTION DE L'ARBRE

Port : étalé.
Vigueur : bonne.
Fertilité : très grande.

RAMEAU

Long, très gros, de couleur jaunâtre à l'ombre, rouge-brun au soleil.
Lenticelles : nombreuses, grandes, arrondies, grises.
Coussinets : saillants.
Mérithalles : moyens.
Yeux : coniques, pointus, flanqués de boutons à fleur.
Feuilles : *limbe*, moyen, ovale allongé, à pointe longue et aiguë, régulière-
    ment denté ; *pétiole*, gros, court, étroitement canaliculé.
Glandes : petites, globuleuses.
Fleurs : petites, fermées, rose foncé.
Époque de floraison : moyenne saison.

FRUIT

Gros, sub-sphérique.
Peau : mince, se détachant bien, jaune d'or et carmin foncé au soleil, à
    duvet abondant.
Point pistillaire : souvent placé au sommet d'un mamelon aigu.
Lèvres : peu saillantes.
Sillon : à peine marqué.
Cavité du pédoncule : vaste et profonde.
Chair : jaune orangé, pourprée au noyau, fondante, juteuse, mi-fine, sucrée,
    relevée et parfumée.
Noyau : moyen, ovoïde, à mucron court et aigu, à arête dorsale émoussée
    non adhérent.
Qualité : très bonne.
Époque de la maturité : Deuxième quinzaine d'août.
Fruit d'amateur.

OBSERVATIONS : Cette variété, tout à fait supérieure, se prête bien à la
culture sous verre ; elle se coursonne assez régulièrement et a l'avantage de
résister à la cloque ; elle se cultive en espalier de préférence, mais peut
donner de bons résultats en plein vent.

GALANDE (Pêche)

———

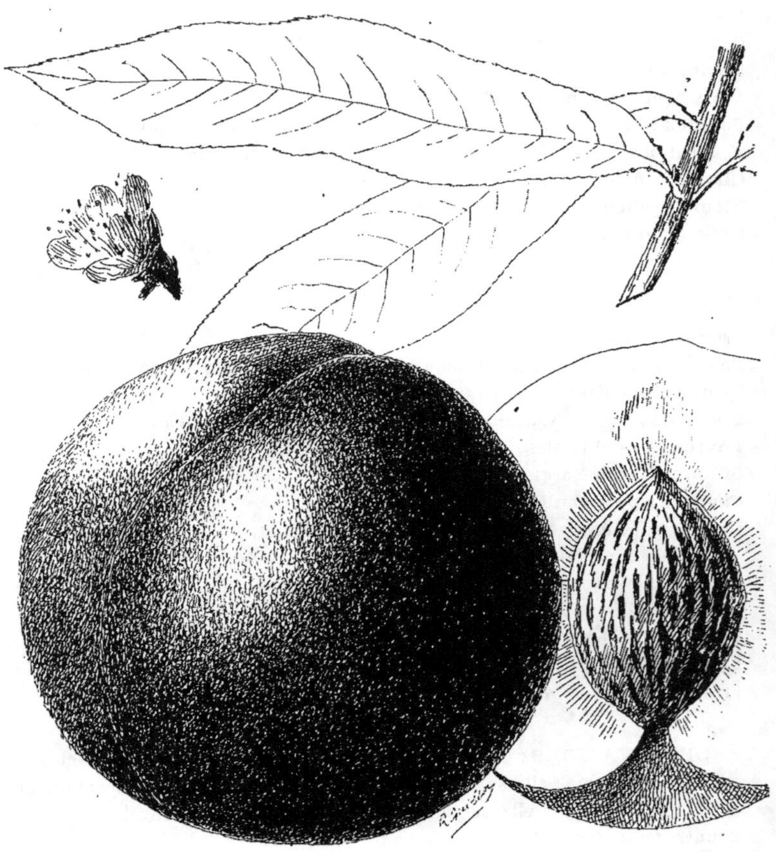

Origine ancienne et inconnue.

DESCRIPTION DE L'ARBRE

Port : érigé.
Vigueur : assez grande.
Fertilité : bonne.

RAMEAU

De longueur et de grosseur moyennes, verdâtre, un peu teinté de rouge à
l'insolation.
Lenticelles : jaunâtres, assez rares.
Coussinets : gros, arrondis autour de l'œil.
Mérithalles : courts.
Yeux : moyens.
Feuilles : *limbe*, petit, étroit, aigu, en forme de gouttière ; *pétiole*, moyen.
Glandes : petites, presque nulles.
Fleurs : petites, généralement isolées ; pétales peu larges, en forme de
cuillère, de couleur rose à l'extérieur, rouge à l'intérieur.
Époque de floraison : tardive.

FRUIT

Gros, globuleux ou ovoïde.
Peau : à duvet court et abondant, jaunâtre, très fortement colorée de brun-
foncé à l'insolation, généralement adhérente.
Point pistillaire : peu apparent.
Lèvres : égales.
Sillon : nettement accusé.
Cavité du pédoncule : large et profonde.
Chair : blanc-jaunâtre, un peu rouge autour du noyau, fine, sucrée, juteuse,
agréablement parfumée.
Noyau : petit, oblong, longuement acuminé, non adhérent.
Qualité : très bonne.
Époque de la maturité : fin d'août.
Fruit d'amateur et de commerce.

OBSERVATIONS : Cette variété est très cultivée dans la région parisienne, l'arbre est de longévité remarquable et le fruit, assez résistant, est
très apprécié pour le commerce d'exportation ; c'est une de nos variétés les
plus fines.

GROSSE MIGNONNE HATIVE (Pêche)

Synonymes principaux : *Mignonne hâtive, Mignonne pourprée.*

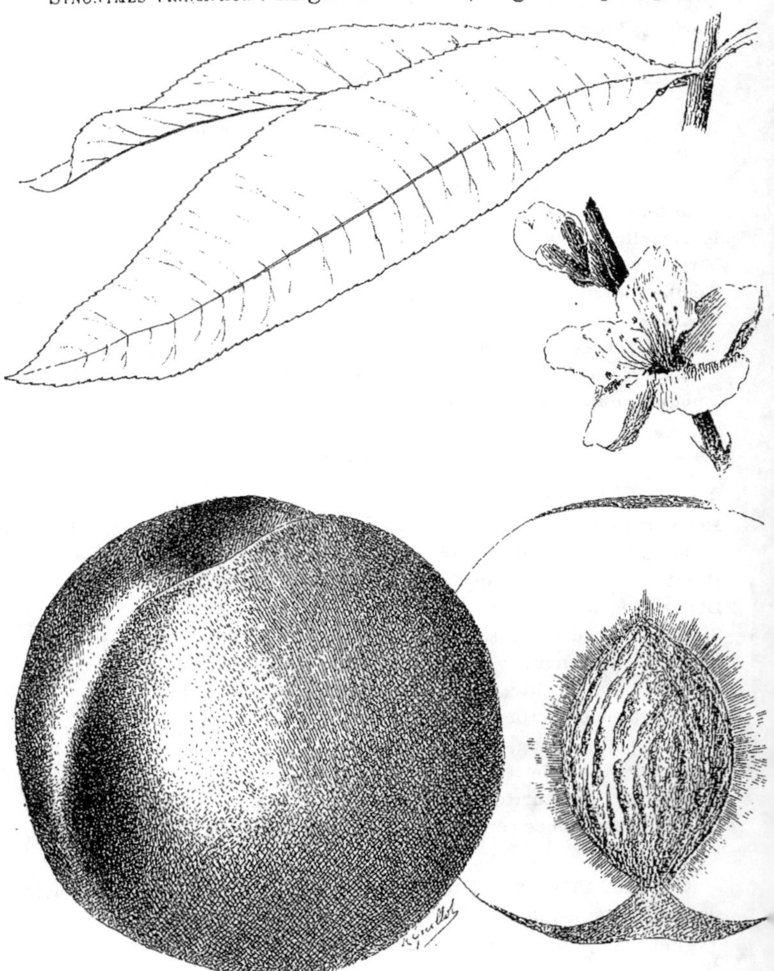

Cette variété est, dit-on, originaire de Montreuil-sous-Bois, où elle aurait été obtenue par M. Dubarle, dès le début du XIXᵉ siècle et mise au commerce vers 1820.

DESCRIPTION DE L'ARBRE

Port : érigé, compact.
Vigueur : bonne.
Fertilité : grande.

RAMEAU

Long, gros, vert jaunâtre à l'ombre, rouge sombre au soleil.
Lenticelles : moyennes, peu nombreuses.
Coussinets : saillants.
Mérithalles : courts.
Yeux : pointus, ovoïdes, cotonneux.
Feuilles : *limbe*, grand, finement denté; *pétiole*, court, rigide, bien canaliculé.
Glandes : petites, globuleuses, à peine visibles.
Fleurs : très grandes, d'un rose éclatant.
Époque de floraison : hâtive.

FRUIT

Gros, globuleux, plus ou moins ovoïde.
Peau : fine, duveteuse, non adhérente, à fond rose pâle, lavée de rouge vif à l'insolation.
Point pistillaire : à peine marqué.
Lèvres : inégales, saillantes.
Sillon : étroit, nul au sommet.
Cavité du pédoncule : large et peu profonde.
Chair : blanche, nuancée de vert, rouge vif autour du noyau, fine, juteuse, très sucrée, parfumée, acidulée.
Noyau : moyen, ovoïde arrondi, bombé, non adhérent.
Qualité : très bonne.
Époque de la maturité : milieu d'août.
Fruit d'amateur et de marché.

OBSERVATIONS : Cette excellente variété qui résiste admirablement aux insectes, aux maladies et aux intempéries, est très cultivée. Elle a fait la réputation de Montreuil-sous-Bois.

La Grosse Mignonne hâtive se prête à la culture sous verre et se comporte bien en plein vent.

GROSSE MIGNONNE (Pêche)

SYNONYMES PRINCIPAUX : *Veloutée, Mignonne ordinaire, grosse Mignonne ordinaire, Belle Beauté, Vineuse, Hâtive de Ferrières, etc.* (On compte une soixantaine de synonymes de cette variété.)

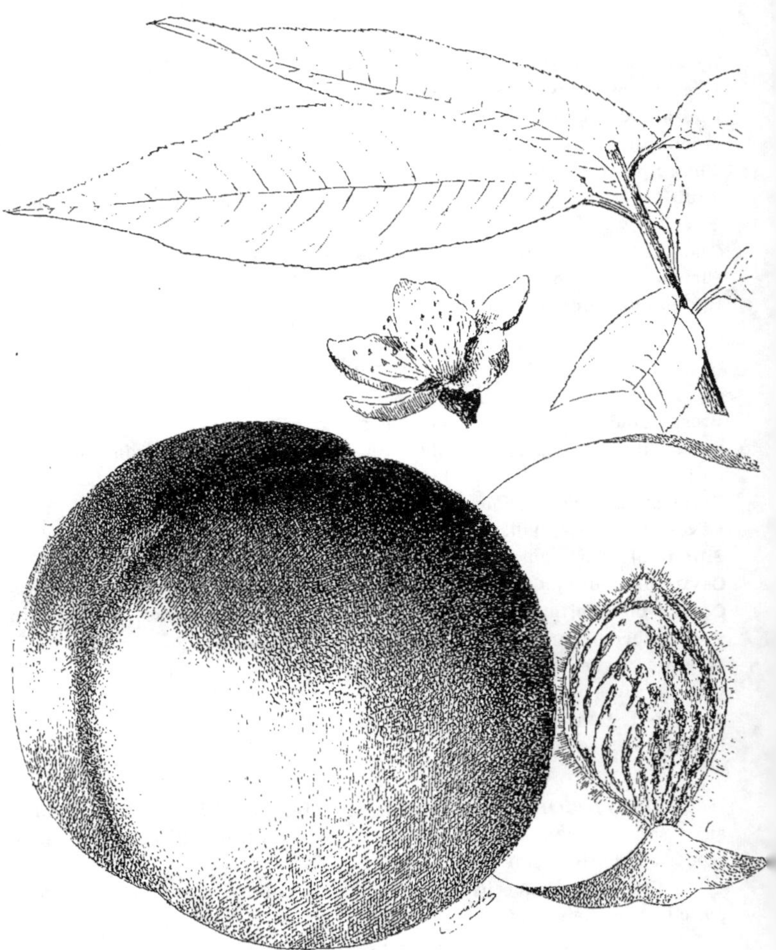

Origine ancienne et inconnue.

DESCRIPTION DE L'ARBRE

Port : érigé.
Vigueur : très bonne.
Fertilité : très grande.

RAMEAU

Gros et long, rouge terne à l'insolation.
Lenticelles : peu nombreuses, petites, arrondies.
Coussinets : saillants.
Mérithalles : courts.
Yeux : gros, écartés du bois, généralement accompagnés de boutons à fleur.
Feuilles : *limbe*, ovale allongé, longuement acuminé, gaufré au centre, légèrement denté; *pétiole*, fort, court, largement et profondément canaliculé.
Glandes : globuleuses, petites.
Fleurs : grandes, d'un rose plus adouci que celle de la Grosse Mignonne hâtive.
Époque de floraison : mi-hâtive.

FRUIT

Très gros, sphérique, un peu aplati aux pôles.
Peau : très mince, duveteuse, non adhérente, jaune verdâtre, pointillée e marbrée de rose-pourpre.
Point pistillaire : dans une large dépression.
Lèvres : épaisses et sinueuses.
Sillon : bien accentué.
Cavité du pédoncule : large et profonde.
Chair : blanchâtre, teintée de rouge pâle près du noyau, très fine, sucrée, bien parfumée, fondante, très juteuse.
Noyau : petit, ovoïde, arrondi, irrégulièrement et profondément incrusté, courtement mucroné, arête dorsale peu apparente, non adhérent.
Qualité : très bonne.
Époque de la maturité : deuxième quinzaine d'août.
Fruit d'amateur et de marché.

OBSERVATIONS : Cette variété est très fertile, mais elle a le défaut de laisser facilement tomber ses fruits; elle se cultive en espalier et en plein vent.

HALE'S EARLY (Pêche)

En français : *Précoce de Hale.*

Obtenue dans le comté de Summet, État d'Ohio (États-Unis).

DESCRIPTION DE L'ARBRE

Port : régulier, mi-érigé.
Vigueur : bonne.
Fertilité : très grande.

RAMEAU

Long, grêle, anguleux, légèrement flexueux, vert à l'ombre, rouge vif à l'in-
    solation.
Lenticelles : clairsemées, petites, arrondies.
Coussinets : assez saillants.
Mérithalles : moyens.
Yeux : ovoïdes, pointus ou coniques, aplatis.
Feuilles : *limbe*, moyen ou grand, vert foncé en dessus, lancéolé, à dents
    larges et aiguës; *pétiole*, moyen, étroitement canaliculé.
Glandes : globuleuses.
Fleurs : grandes, rose vif violacé.
Époque de floraison : hâtive.

FRUIT

Moyen, sphérique, légèrement tronqué à ses deux pôles.
Peau : très fine, duveteuse, blanchâtre lavée de pourpre passant au pourpre
    foncé, non adhérente.
Point pistillaire : mucroné dans une légère dépression.
Lèvres : régulières, larges, peu saillantes.
Sillon : étroit, prononcé et inégalement bordé.
Cavité du pédoncule : de profondeur moyenne.
Chair : blanchâtre, teintée de pourpre autour du noyau, très fine, fondante,
    sucrée, délicatement parfumée, juteuse.
Noyau : ovoïde, bombé, à arête dorsale développée et modérément tran-
    chante, non adhérent.
Qualité : très bonne.
Époque de la maturité : fin de juillet, commencement d'août.
Fruit d'amateur et de commerce.

OBSERVATIONS : La pêche Hale's Early se prête admirablement à la
culture sous verre, comme à celle de plein vent.

LA FRANCE (Pêche)

Obtenue par Bousset, propriétaire amateur à Montreuil-sous-Bois, et mise
au commerce en 1887.

DESCRIPTION DE L'ARBRE

Port : régulier.
Vigueur : grande.
Fertilité : remarquable.

RAMEAU

Court, assez gros, de couleur vert pâle, légèrement bruni à l'insolatio⁻
Lenticelles : ovales, peu nombreuses, gris pâle.
Coussinets : peu saillants.
Mérithalles : courts.
Yeux : gros, éloignés du rameau.
Feuilles : *limbe*, grand, allongé, régulièrement denté ; *pétiole*, moyen, pâle,
    profondément canaliculé.
Glandes : réniformes.
Fleurs : grandes, ouvertes, rose vif.
Époque de floraison : tardive.

FRUIT

Gros, très duveteux, arrondi, plus haut que large.
Peau : jaune verdâtre à l'ombre, rosé carminé à l'insolation.
Point pistillaire : dans une dépression.
Lèvres : saillantes.
Sillon : prononcé vers les deux pôles.
Cavité du pédoncule : large et peu profonde.
Chair : blanc jaunâtre, rosée autour du noyau, fine, sucrée, juteuse, agréa-
    blement parfumée.
Noyau : assez gros, arrondi, peu incrusté, non adhérent.
Qualité : très bonne.
Époque de la maturité : deuxième quinzaine d'août.
Fruit d'amateur et de commerce.

OBSERVATIONS : Cette variété est remarquable par son bon coursonnage et sa fertilité ; aussi sa culture se répand chaque année de plus en
plus.

Résistant bien à la cloque, elle peut être cultivée à haute tige.

PÊCHE LOUIS GROGNET

Synonyme : *Précoce Lepère*.

Obtenue par Louis Grognet, à Vitry-sur-Seine, en 1892.

DESCRIPTION DE L'ARBRE

Port : érigé.
Vigueur : moyenne.
Fertilité : bonne.

RAMEAU

Longueur et grosseur moyennes, rouge à l'insolation.
Lenticelles : brunâtres, assez rares.
Coussinets : saillants.
Mérithalles : moyens.
Yeux : assez gros.
Feuilles : *limbe*, grand, allongé, denté en scie; *pétiole*, très court; *glandes*, nulles.
Fleurs : moyennes, rose.
Époque de floraison : mi-hâtive.

FRUIT

Gros et très gros (250 à 280 grammes), plus haut que large.
Peau : fine, duveteuse, rouge carminé à l'insolation.
Point pistillaire : dans une très légère dépression.
Lèvres : une souvent plus forte que l'autre.
Sillon : peu profond.
Cavité du pédoncule : courte et peu profonde.
Chair : blanche, fine, sucrée, parfum agréable, eau abondante.
Noyau : assez gros, allongé et pointu, incrustations profondes, aucune adhérence.
Qualité : bonne ou très bonne.
Époque de la maturité : première quinzaine d'août.

OBSERVATIONS : sensible à l'oïdium, exige quelques soufrages préventifs. Fruit se colorant très bien.

MADELEINE DE COURSON (Pêche)

SYNONYMES PRINCIPAUX : *Madeleine rouge, Païsanne, Madeleine paysanne, Rouge paysanne.*

On dit que cette pêche, dont l'origine remonte au début du XVIIe siècle, a comme lieu de naissance le village de Courson, près Versailles.

DESCRIPTION DE L'ARBRE

Port : étalé à la base, érigé au sommet.
Vigueur : bonne.
Fertilité : très grande.

RAMEAU

Long, gros, vert jaunâtre à l'ombre, rouge foncé à l'insolation.
Lenticelles : nombreuses, généralement moyennes.
Coussinets : saillants.
Mérithalles : moyens.
Yeux : gros, un peu écartés du bois, presque toujours accompagnés de boutons à fleur.
Feuilles : *limbe*, long, mince, acuminé, surdenté ; *pétiole*, court, de moyenne grosseur, bien canaliculé.
Glandes : nulles.
Fleurs : moyennes, rose foncé.
Époque de floraison : moyenne saison.

FRUIT

Très gros, sphérique, souvent aplati à la base, parfois un peu allongé.
Peau : duveteuse, non adhérente, vert jaunâtre à l'ombre, rouge vif à l'insolation.
Point pistillaire : un peu de côté, dans une légère dépression.
Lèvres : à peine sensibles, régulières.
Sillon : peu accentué.
Cavité du pédoncule : étroite et profonde.
Chair : blanc verdâtre, veinée de rouge autour du noyau, fine, sucrée, acidulée, très juteuse, agréablement parfumée.
Noyau : moyen, un peu aplati, non adhérent.
Qualité : très bonne.
Époque de maturité : deuxième quinzaine d'août.
Fruit d'amateur et de marché.

OBSERVATIONS : Cette variété, très sensible aux gelées printanières, résiste assez bien à la cloque et donne souvent de bons résultats en plein vent.

OPOIX

Synonyme : *Pêche Russe*.

Importée de Russie par Alexis Lepère et mise au commerce en 1900 par M. Gaillot, à Montreuil.

DESCRIPTION DE L'ARBRE

Port : érigé.
Vigueur : bonne.
Fertilité : grande.

RAMEAU

Moyen, long, vert clair.
Lenticelles : néant.
Coussinets : peu saillants.
Mérithalles : courts.
Yeux : moyens, peu écartés du bois.
Feuilles : *limbe*, allongé, longuement acuminé, légèrement denté ; *pétiole*,
   court et caniculé.
Glandes : Réniformes, moyennes et petites.
Fleurs : petites, rose soutenu.
Époque de floraison : moyenne saison.

FRUIT

Moyen et assez gros, sphérique.
Peau : fine, duveteuse, non adhérente, vert jaunâtre, se colorant de rose à
   l'insolation.
Point pistillaire : un peu saillant dans une légère dépression.
Lèvres : régulières.
Sillon : peu profond.
Cavité du pédoncule : peu profonde.
Chair : blanc crème, rouge autour du noyau, assez sucrée, juteuse et parfumée.
Noyau : petit, non adhérent, modérément incrusté et allongé.
Qualité : très bonne.
Époque de maturité : première quinzaine d'octobre.

OBSERVATIONS : Recherchée pour sa maturité tardive, cette variété a
le défaut de se colorer difficilement certaines années.

REINE DES VERGERS (Pêche)

SYNONYMES PRINCIPAUX : *Monstrueuse de Doué* (en anglais, *Orchard's Queen*).

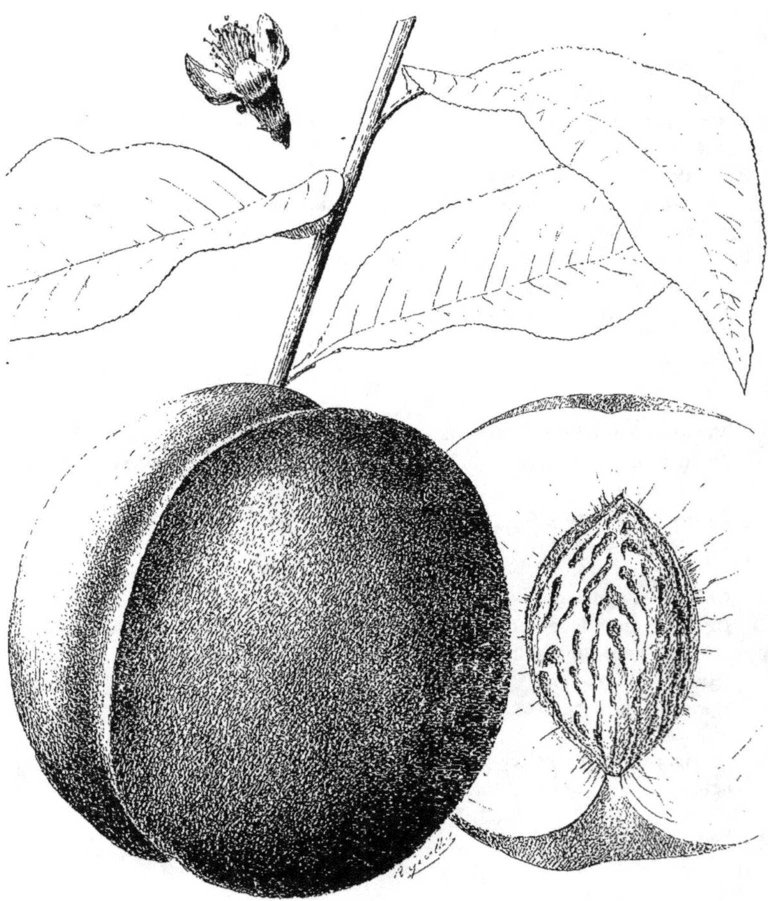

Obtenue, dit-on, vers 1844 ou 1847, par Joveau ou par Mericeau aux environs de Doué-la-Fontaine (Maine-et-Loire), et propagée par Chatenay à Doué et Jamin à Bourg-la-Reine.

DESCRIPTION DE L'ARBRE

Port : érigé.
Vigueur : très bonne.
Fertilité : grande.

RAMEAU

Long, grêle, verdâtre, teinté de rouge à l'insolation.
Lenticelles : abondantes, arrondies.
Coussinets : saillants.
Mérithalles : assez courts.
Yeux : moyens.
Feuilles : *limbe*, étroit, se terminant par une pointe aiguë ; *pétiole*, moyen.
Glandes : assez grosses, réniformes.
Fleurs : petites, peu ouvertes, rouge assez foncé.
Époque de floraison : moyenne saison.

FRUIT

Très gros, allongé, élargi aux deux tiers de sa hauteur.
Peau : très duveteuse, jaunâtre, pourpre foncé à l'insolation, non adhérente.
Point pistillaire : un peu saillant, quelquefois au contraire, enfoncé dans une cavité peu profonde.
Lèvres : saillantes, irrégulières.
Sillon : bien visible, partageant le fruit en deux parties inégales.
Cavité du pédoncule : large et profonde.
Chair : blanc jaunâtre, pourprée près du noyau, mi-fine, sucrée, très juteuse, agréablement parfumée.
Noyau : assez gros, bombé non adhérent.
Qualité : très bonne.
Époque de la maturité : septembre.

OBSERVATIONS : Il est bon de cueillir ce fruit un peu avant sa maturité, pour obtenir plus de saveur ; il peut se conserver une dizaine de jours. Cultivée en espalier et en plein vent, cette variété demande les expositions chaudes. C'est la variété la plus recommandable pour la culture à haute tige.

SALWAY (Pêche)

Obtenue, vers 1844, par Th. Rivers, d'un semis de noyaux rapportés d'Italie par un colonel anglais nommé Salway ou Salwey.

DESCRIPTION DE L'ARBRE

Port : érigé et souvent divergent.
Vigueur : bonne.
Fertilité : très grande.

RAMEAU

Gros et long, vert jaunâtre à l'ombre, rouge terne à l'insolation.
Lenticelles : grosses, peu nombreuses, rondes, blanchâtres.
Coussinets : bien saillants.
Mérithalles : assez longs.
Yeux : moyens, pointus, à écailles bien soudées, accompagnés de boutons à
  fleurs.
Feuilles : *limbe*, grand, ovale allongé acuminé, finement denté ; *pétiole*, court,
  assez fort, largement canaliculé.
Glandes : très grosses, réniformes.
Fleurs : très petites, peu ouvertes, d'un rose un peu foncé.
Époque de floraison : tardive.

FRUIT

Très gros, globuleux, un peu aplati.
Peau : non adhérente, mince, jaune pâle à l'ombre, jaune vif à l'insolation,
  lavée de rouge violacé.
Point pistillaire : petit dans une forte dépression.
Lèvres : irrégulières, assez marquées.
Sillon : étroit et peu profond.
Cavité du pédoncule : très large et profonde.
Chair : jaune orangé, rouge sanguin autour du noyau, fine, fondante, sucrée,
  acidulée, juteuse, parfumée.
Noyau : assez gros, elliptique, un peu bombé, non adhérent.
Qualité : bonne dans les années chaudes.
Époque de la maturité : première quinzaine d'octobre, mais peut se con-
  server quinze jours au fruitier.
Fruit d'amateur et de commerce.

OBSERVATIONS : La pêche Salway est surtout recherchée pour sa maturité tardive ; elle réclame, pour bien réussir, une situation chaude.

TÉTON DE VÉNUS (Pêche)

Synonymes : *Admiralle tardive* (nom peu connu).

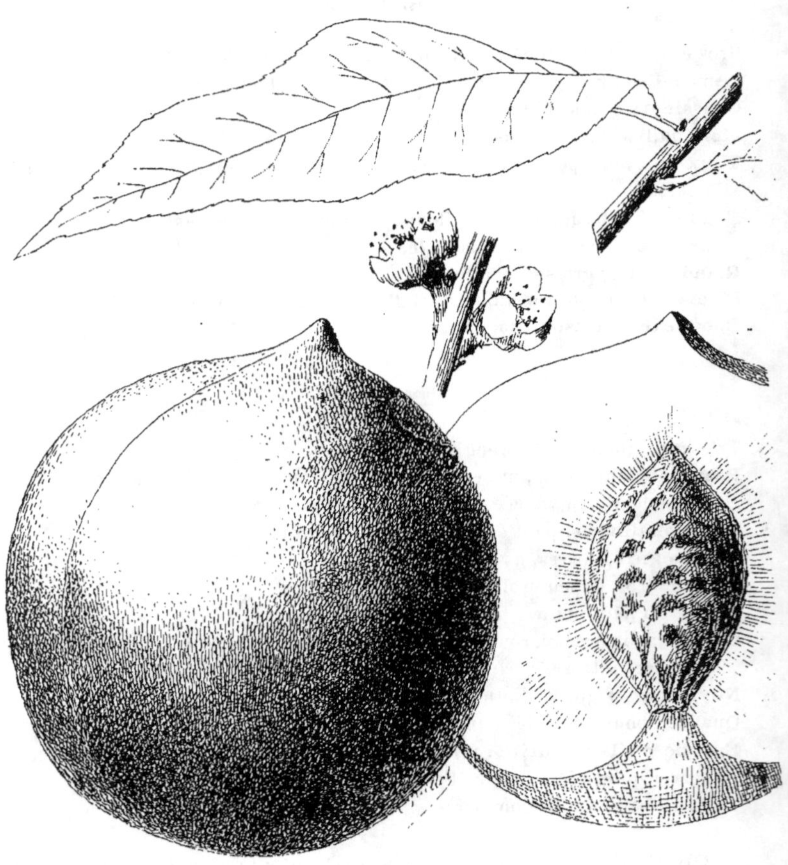

Origine ancienne et incertaine, probablement de Montreuil.

DESCRIPTION DE L'ARBRE

Port : régulier.
Vigueur : grande.
Fertilité : moyenne,

RAMEAU

Peu ramifié, assez long et fort, vert pâle à l'ombre, rouge-brun à l'insolation.
Lenticelles : grises, petites, arrondies.
Coussinets : aplatis.
Mérithalles : longs.
Yeux : gros, coniques, aigus.
Feuilles : *limbe*, grand, large, vert foncé, à dents fines ; *pétiole*, gros, de longueur moyenne, finement canaliculé.
Glandes : globuleuses, petites, brunes.
Fleurs : petites, rose terne, campanulées.
Époque de floraison : moyenne saison.

FRUIT

Très gros, sphérique ou ovoïde, avec mamelon très prononcé au sommet.
Peau : à duvet soyeux, se détachant bien de la chair, fine. blanc verdâtre, jaunissant à maturité, lavée et tachée de rouge foncé à l'insolation.
Sillon : étroit et peu profond.
Lèvres : régulières, arrondies.
Cavité du pédoncule : large et assez profonde.
Chair : blanc verdâtre, mi-fine, sucrée, relevée.
Qualité : bonne.
Époque de maturité : fin de septembre et commencement d'octobre.
Fruit d'amateur.

OBSERVATIONS : Cette variété vigoureuse a le défaut de conserver difficilement un coursonnage régulier, aussi sa culture est-elle surtout à recommander en espalier à l'est.

THÉOPHILE SUEUR

Obtenue par Arthur Chevreau, arboriculteur à Montreuil, en 1897.

DESCRIPTION DE L'ARBRE

Port : divergent.
Vigueur : moyenne.
Fertilité : très grande.

RAMEAU

Court, grosseur au-dessous de la moyenne, vert clair, rouge du côté ensoleillé.
Lenticelles : brunes, peu nombreuses.
Coussinets : un peu saillants.
Mérithalles : courts.
Yeux : gros, très détachés du rameau.
Feuilles : *limbe*, allongé, formant gouttière; *glandes*, globuleuses, petites.
Fleurs : petites, rouges.
Époque de floraison : mi-hâtive.

FRUIT

Moyen, sphérique, légèrement aplati.
Peau : très fine, très colorée, peu duveteuse, non adhérente.
Sillon : peu profond.
Lèvres : régulières.
Chair : blanche, vineuse autour du noyau, très fine, fondante, sucrée, agréablement parfumée, eau abondante.
Noyau : petit, ovoïde aigu, assez incrusté, non adhérent.
Qualité : très bonne.
Époque de maturité : mi-septembre.

OBSERVATIONS : Très fertile, exige une forte éclaircie des fruits qui se colorent très bien même sous les feuilles et tiennent très solidement à l'arbre, même à maturité complète.

VILMORIN (Pêche)

Obtenue par Alexis Lepère fils, de Montreuil-sous-Bois (Seine), et mise au commerce par M. Abel Chatenay, en 1880.

DESCRIPTION DE L'ARBRE

Port : érigé.
Vigueur : suffisante.
Fertilité : grande.

RAMEAU

De longueur moyenne, mince, vert-gris et carmin vif au soleil.
Lenticelles : peu nombreuses.
Coussinets : assez prononcés.
Mérithalles : moyens.
Yeux : ovoïdes-allongés, pointus, détachés.
Feuilles : *limbe*, grand, ovale, lancéolé, à longue pointe aiguë; *pétiole*, moyen.
Glandes : petites, globuleuses.
Fleurs : moyennes, mi-fermées, rose foncé.
Epoque de floraison : moyenne saison.

FRUIT

Gros, sphérique, déprimé à la base.
Peau : jaune pâle et pourpre foncé au soleil, duveteuse, non adhérente.
Point pistillaire : petit sur mucron plus ou moins saillant.
Lèvres : peu saillantes.
Sillon : peu prononcé.
Cavité du pédoncule : moyenne, laissant apercevoir le noyau.
Chair : blanche, pourpre vif au noyau, fine, fondante, juteuse, sucrée, acidulée, relevée, agréablement parfumée.
Noyau : moyen, ovale, se terminant par une pointe longue et aiguë, profondément incrusté, non adhérent.
Qualité : très bonne.
Époque de maturité : deuxième quinzaine de septembre.
Fruit d'amateur.

OBSERVATIONS : Cette variété, très rustique, se coursonne assez facilement.

DE FÉLIGNIES (Pèche Nectarine)

SYNONYME : *Brugnon de Hainaut.*

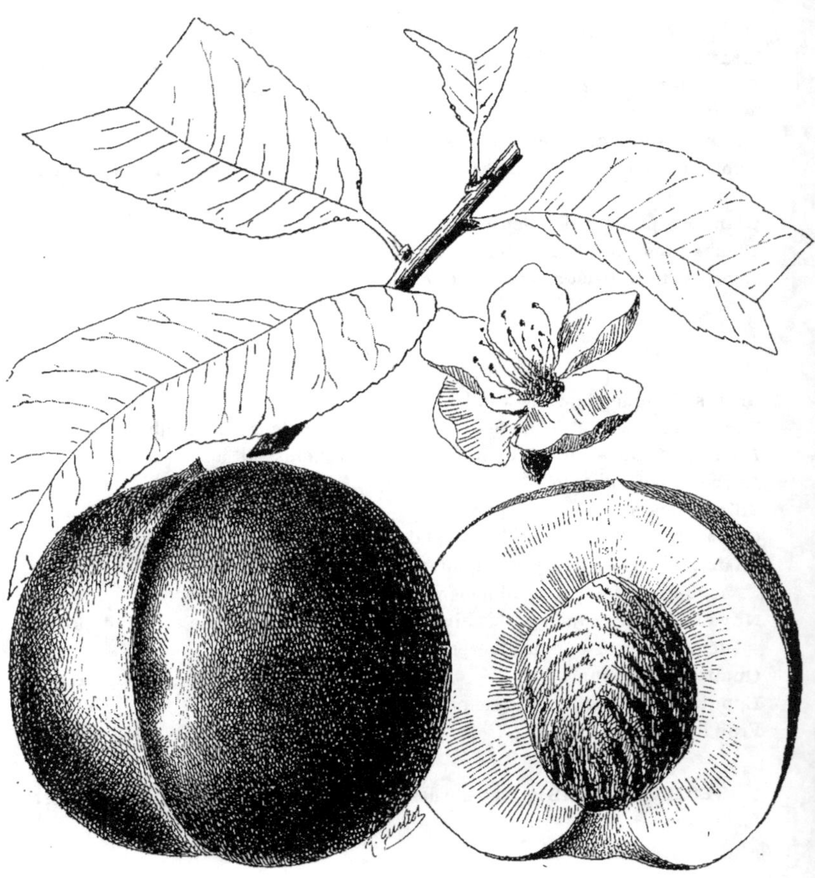

Cette variété a été obtenue par M. Pressin de Félignies, au château de
Neufville, près Soignies (Belgique).

DESCRIPTION DE L'ARBRE

Port : irrégulier.
Vigueur : bonne.
Fertilité : moyenne.

RAMEAU

Long, assez gros, rouge vineux à l'insolation.
Lenticelles : petites, abondantes, arrondies, linéaires.
Coussinets : peu ressortis, se prolongeant en arête.
Mérithalles : longs.
Yeux : petits, ovoïdes, obtus, appliqués sur l'écorce.
Feuilles : *limbe*, grand, à pointe très longue, largement crénelé : *pétiole*,
    court et assez grêle.
Glandes : réniformes.
Fleurs : grandes, de forme rosacée, d'un rose violacé tendre
Époque de floraison : moyenne saison.

FRUIT

Moyen, sphérique, bien déprimé à ses pôles.
Peau : mince, lisse, très fine, d'un blanc de cire, frappée et maculée de rouge
    devenant pourpre à l'insolation.
Point pistillaire : dans une profonde dépression.
Lèvres : saillantes, irrégulières.
Sillon : profond se prolongeant en côte sur le dos.
Cavité du pédoncule : peu profonde.
Chair : blanchâtre, à peine colorée de rouge vers le noyau, fine, fondante,
    juteuse, très sucrée, parfumée, relevée.
Noyau : moyen, ovoïde, à arête dorsale assez accusée, non adhérent
Qualité : bonne.
Époque de la maturité : mi-août.
Fruit d'amateur et de marché.

OBSERVATIONS : La Nectarine de Félignies fait l'objet d'un assez grand
commerce à Paris; l'arbre a le précieux avantage de se plaire à toutes les
expositions.

EARLY RIVERS (Pêche Nectarine)

Variété obtenue et mise au commerce par **M.** Rivers, de Sawbridgeworth
(Angleterre), il y a une dizaine d'années.

DESCRIPTION DE L'ARBRE

Port : régulier.
Vigueur : moyenne.
Fertilité : remarquable.

RAMEAU

Assez long, grêle. vert jaunâtre, légèrement bruni à l'insolation.
Lenticelles : rares, petites.
Coussinets : peu saillants.
Méritballes : assez longs.
Yeux : gros, arrondis.
Feuilles : *limbe*, grand, régulièrement denté ; *pétiole*, court, finement canaliculé.
Glandes : nulles ou rares.
Fleurs : grandes, rose pâle.
Époque de floraison : moyenne saison.

FRUIT

Gros, sphérique, arrondi au sommet.
Peau : vert jaunâtre à l'ombre, rose vif à l'insolation passant au pourpre foncé.
Point pistillaire : légèrement saillant.
Lèvres : à peine marquées.
Sillon : peu apparent.
Cavité du pédoncule : profonde.
Chair : blanc verdâtre, rosée autour du noyau, fine, sucrée, à saveur agréable.
Noyau : moyen. assez incrusté, non adhérent, arrondi, pointu au sommet.
Qualité : très bonne.
Époque de maturité : commencement d'août.
Fruit d'amateur et de commerce.

OBSERVATIONS : Cette variété à coursonnage irrégulier est une de nos meilleures nectarines hâtives. Elle est à recommander pour la culture forcée.

GALOPIN (Pêche Nectarine)

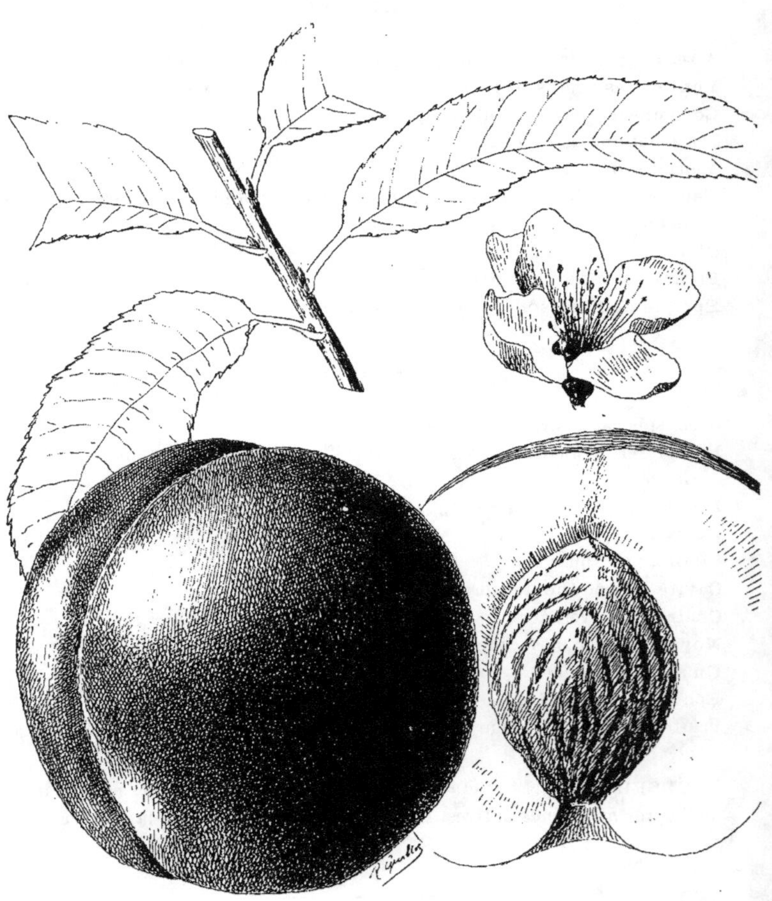

Obtenue vers 1859 par M. Galopin, pépiniériste à Liége (Belgique).

DESCRIPTION DE L'ARBRE

Port : régulier.
Vigueur : grande.
Fertilité : moyenne.

RAMEAU

Long, de grosseur moyenne, vert à l'ombre, brun pâle à l'insolation.
Lenticelles : rares ou nulles.
Coussinets : moyens.
Mérithalles : courts.
Yeux : gros, allongés.
Feuilles : *limbe*, allongé, élargi à la base, à pointe effilée, largement denté ;
pétiole, court.
Glandes : réniformes, petites.
Fleurs : grandes, roses.
Époque de floraison : assez tardive.

FRUIT

Gros, sphérique, tronqué à la base ; sillon peu profond entre deux lèvres
inégales.
Peau : lisse, épaisse, vert jaunissant, marbré de rouge-brun, à l'insolation.
Point pistillaire : mucroné.
Cavité du pédoncule : moyenne.
Chair : blanc verdâtre, rosée autour du noyau, fine, fondante, juteuse, à
saveur sucrée, agréablement parfumée.
Noyau : assez gros, incrusté, non adhérent.
Qualité : très bonne.
Époque de maturité : première quinzaine de septembre.
Fruit d'amateur et de commerce.

OBSERVATIONS : Cette variété, vigoureuse et rustique se coursonne
facilement dans les formes régulières. Elle peut être cultivée à haute tige dans
les terrains chauds.

LORD NAPIER (Pêche Nectarine)

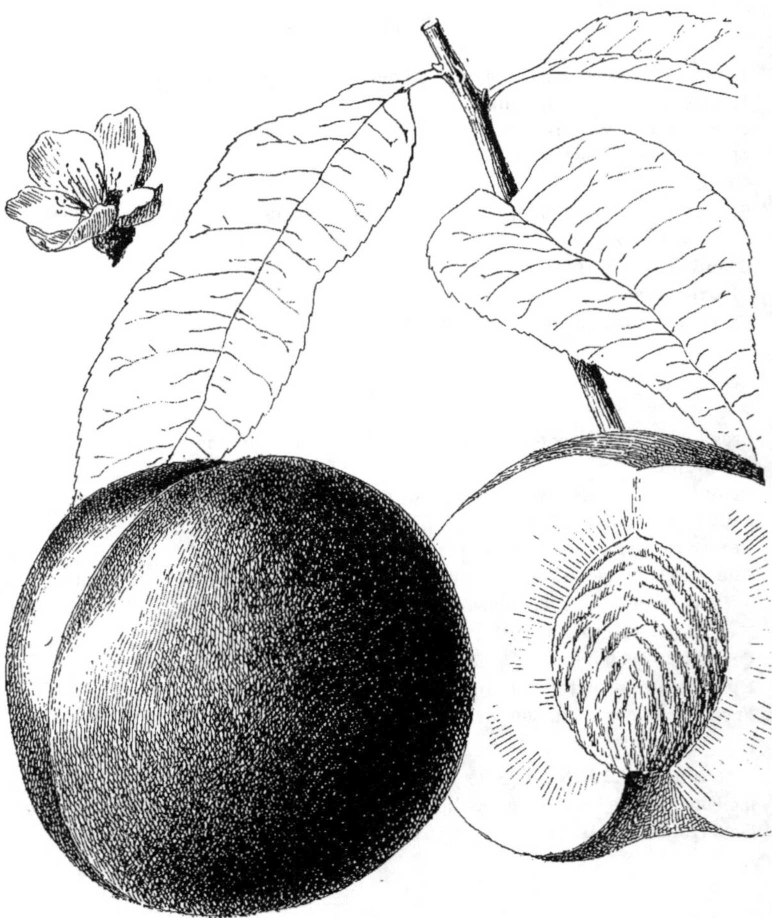

Cette variété a été obtenue par M. Rivers, de Sawbridgeworth, près de Londres.

DESCRIPTION DE L'ARBRE

Port : divergent.
Vigueur : bonne.
Fertilité : grande.

RAMEAU

Long, assez mince, vert clair à l'ombre, lavé de rouge-brun à l'insolation.
Lenticelles : très nombreuses et petites, de couleur brun-fauve
Coussinets : gros.
Mérithalles : courts.
Yeux : petits, aplatis, courts.
Feuilles : *limbe*, assez large, vert foncé ; *pétiole*, assez long.
Glandes : de bonne grandeur, réniformes.
Fleurs : assez grandes, bien ouvertes, rose pâle ; pétales blancs intérieurement, rosés extérieurement ; anthères rouge vif.
Époque de floraison : tardive.

FRUIT

Gros, arrondi, un peu plus large à la base qu'au sommet.
Peau : à fond jaunâtre, pourpre-brun pointillé de gris à l'insolation.
Point pistillaire : bien marqué, un peu saillant.
Lèvres : régulières, à peine marquées.
Sillon : peu accentué.
Cavité du pédoncule : large et peu profonde.
Chair : blanche, fine, très sucrée, agréablement parfumée, très juteuse.
Noyau : arrondi, à arête dorsale assez grosse mais non tranchante ; profondément incrusté, non adhérent.
Qualité : très bonne.
Époque de la maturité : mi-août.
Fruit d'amateur et de commerce.

OBSERVATIONS : La Nectarine, Lord Napier, se prête à la culture sous verre où elle donne, comme en espalier, les meilleurs résultats ; c'est une variété de premier ordre à tous les points de vue.

PRÉCOCE DE CRONCELS (Pèche Nectarine)

Cette variété a été obtenue par M. Ernest Baltet d'un noyau de la pêche Amsden et mise au commerce par MM. Baltet frères, pépiniéristes à Troyes (Aube), vers 1889.

DESCRIPTION DE L'ARBRE

Port : divergent.
Vigueur : moyenne.
Fertilité : grande.

RAMEAU

De longueur et de grosseur moyennes, rouge-brun à l'insolation.
Lenticelles : petites et abondantes.
Couseinets : peu saillants.
Mérithalles : moyens.
Yeux : petits, ovoïdes, obtus.
Feuilles : *limbe*, grand; *pétiole*, moyen et grêle.
Glandes : réniformes.
Fleurs : grandes, rose tendre.
Époque de floraison : tardive.

FRUIT

Gros, ovoïde, ventru plus ou moins arrondi.
Peau : mince, rouge-pourpre, non adhérente.
Point pistillaire : à peine marqué. .
Lèvres : régulières, peu accentuées.
Sillon : léger.
Cavité du pédoncule : large et peu profonde.
Chair : blanchâtre, un peu nuancée de rose-pourpre, fine, sucrée, **juteuse**, d'un parfum agréable et prononcé.
Noyau : moyen, ovoïde bombé, non adhérent.
Qualité : très bonne.
Époque de la maturité : courant d'août.
Fruit d'amateur et d'avenir pour le commerce.

OBSERVATIONS : Cette variété se prête admirablement **à la culture** forcée et en espalier ; ou peut aussi l'employer en plein vent.

___

VICTORIA (Pêche Nectarine)

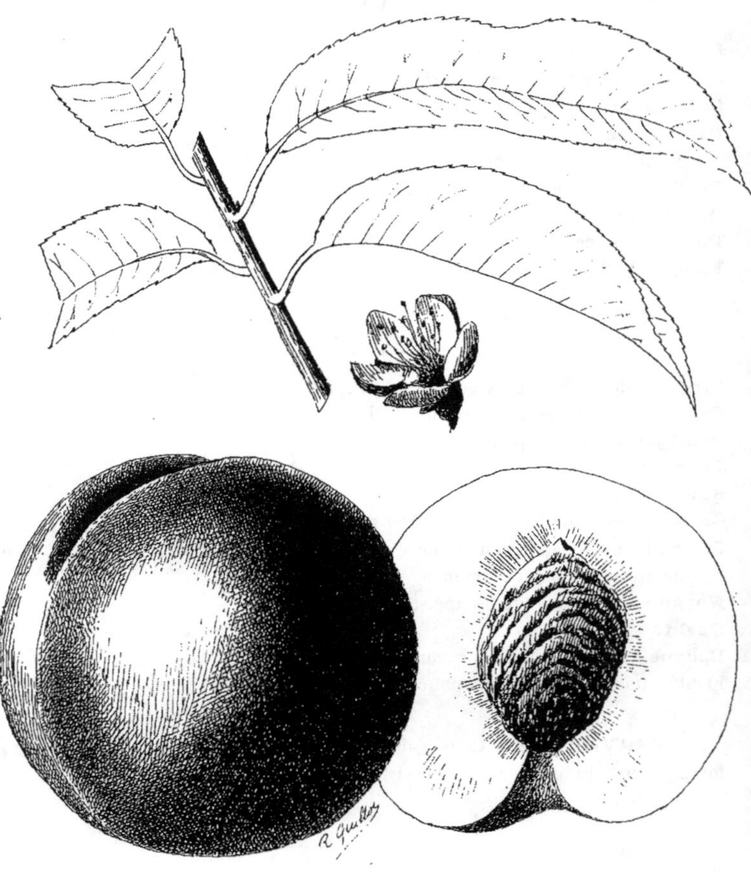

Origine inconnue.

DESCRIPTION DE L'ARBRE

Port : érigé.
Vigueur : moyenne.
Fertilité : grande.

RAMEAU

Moyen, assez gros, vert blanchâtre à l'ombre, rouge saumon au soleil.
Lenticelles : petites, peu nombreuses, jaunâtres.
Coussinets : très saillants.
Mérithalles : moyens.
Yeux : gros, arrondis.
Feuilles : *limbe*, grand ; *pétiole*, court et fort, bien canaliculé.
Glandes : irrégulières, réniformes.
Fleurs : petites, rose foncé.
Époque de floraison : tardive.

FRUIT

Assez gros, sphérique ou ovoïde.
Peau : ferme, épaisse, adhérente, pointillée de gris sur fond pourpre violacé.
Point pistillaire : très apparent.
Lèvres : régulières, larges.
Sillon : bien accusé,
Cavité du pédoncule : assez profonde.
Chair : blanche, nuancée de jaune pâle, fine, sucrée, d'un parfum musqué
agréable, très juteuse.
Noyau : petit, ovoïde, mucroné, à arête dorsale peu ressortie, parfois
adhérent,
Qualité : très bonne.
Époque de maturité : fin de septembre.
Fruit d'amateur et de commerce.

OBSERVATIONS : Cette variété est appréciée pour l'époque tardive de
maturité de son fruit.

VIOLETTE (Pèche Nectarine)

SYNONYMES PRINCIPAUX : *Nectarine violette hâtive, grosse violette violette d'Angervillers, Nectarine violette musquée.*

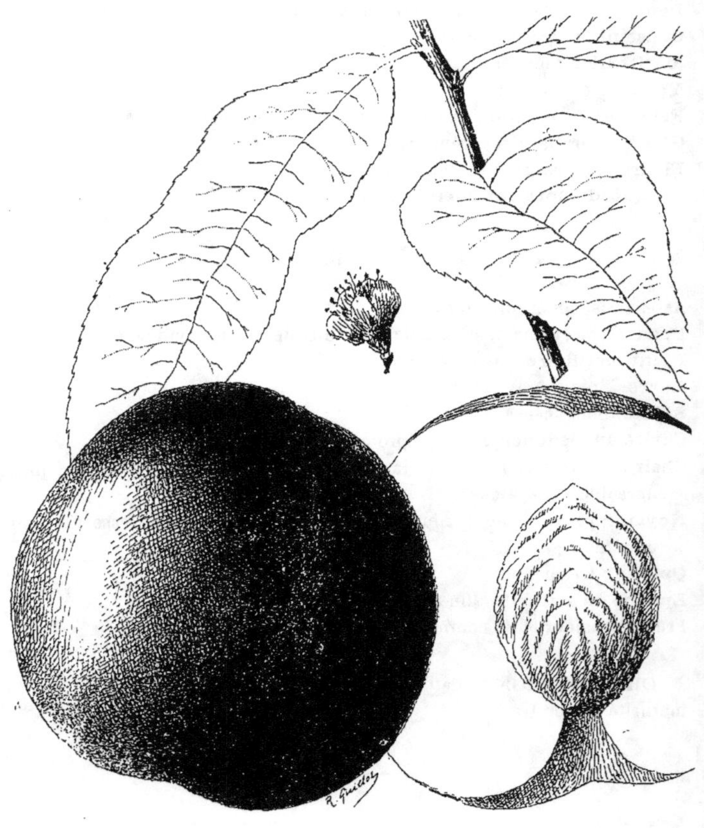

Origine ancienne et inconnue.

DESCRIPTION DE L'ARBRE

Port : érigé.
Vigueur : bonne.
Fertilité : moyenne.

RAMEAU

Très long, grêle, rouge sombre à l'insolation, étalé à la base, érigé au sommet, exfolié.
Lenticelles : petites, arrondies, nombreuses.
Coussinets : peu saillants.
Mérithalles : longs.
Yeux : petits, ovoïdes, collés sur l'écorce.
Feuilles : *limbe*, moyen, acuminé, finement denté; *pétiole*, court, grêle, peu canaliculé.
Glandes : réniformes.
Fleurs : petites, peu ouvertes, rose vif.
Époque de floraison : moyenne saison.

FRUIT

Moyen ou surmoyen, ovoïde, arrondi, assez régulier, tronqué aux pôles.
Peau : mince, très adhérente, blanc jaunâtre, ponctuée de carmin à l'insolation.
Point pistillaire : petit, dans une légère dépression.
Lèvres : régulières, à peine dessinées.
Sillon : peu accusé.
Cavité du pédoncule : large et profonde.
Chair : blanchâtre, légèrement rosée près du noyau, fondante, bien sucrée, agréablement et fortement parfumée, acidulée, très juteuse.
Noyau : ovoïde, bombé, à arête dorsale peu accusée, non adhérent.
Qualité : très bonne.
Époque de la maturité : fin d'août.
Fruit d'amateur et de commerce.

OBSERVATIONS : La Nectarine violette se fend à l'ouest mais donne d'excellents résultats au sud et à l'est; la croissance rapide de l'arbre permet de l'employer pour toutes les formes.

POIRIER

(Pyrus communis).

Caractères principaux. — Arbre de deuxième grandeur, à port pyramidal. Écorce lisse, vert brunâtre ou rougeâtre, devenant avec l'âge grisâtre, rugueuse et crevassée.

Feuilles ovales, plus ou moins acuminées, quelquefois arrondies, généralement dentées, lisses et glabres à la face supérieure, souvent duveteuses à la face inférieure.

Yeux écailleux, dans l'ordre 2/5, coniques, aigus, rarement duveteux. Ils donnent naissance à des bourgeons dont la base porte trois à quatre feuilles infertiles (c'est-à-dire ne possédant pas d'yeux bien constitués à leur aisselle). Ils sont accompagnés de deux yeux stipulaires, pouvant donner naissance à des bourgeons, à longs mérithalles. Les bourgeons anticipés (c'est-à-dire, issus d'yeux portés par des bourgeons en voie d'accroissement) sont fréquents à l'état naturel chez certaines variétés (Doyenné d'hiver, Olivier de Serres, Passe-Colmar). Ils peuvent aussi se développer par suite de la section de l'extrémité du bourgeon (pincement). Toutes les feuilles des bourgeons anticipés sont fertiles. Les yeux du Poirier peuvent rester latents pendant plusieurs années ; les yeux adventifs sont fréquents.

Les boutons à fruits proviennent d'une évolution plus ou moins longue des yeux à bois ; ils se forment en un an quelquefois, mais le plus souvent en deux ou trois ans. Ils sont gros, arrondis, renflés, plus ou moins étranglés à leur base ; ils donnent naissance à un corymbe simple, ou composé de petites cimes, de fleurs blanches ou un peu rosées. Sépales un peu accrescents, au nombre de cinq ; même nombre de pétales libres et caduques. Étamines (de quinze à trente) filiformes, à anthères carminées, orangées ou jaunâtres, à déhiscence successive. Styles au nombre de cinq, libres, filiformes. Ovaire infère.

Fruit à cinq loges, renfermant deux graines. Chair (mésocarpe) fondante et juteuse, présentant des cellules scléreuses dans le voisinage des loges.

Origine. — On considère généralement le Poirier comme spontané en Europe et en France en particulier.

Sol. — Le Poirier est un arbre exigeant au point de vue du sol. Il faut que celui-ci soit frais, sans être humide, suffisamment profond, riche en matières fertilisantes. Il redoute aussi bien les sols secs et brûlants, où il devient rabougri, que les terres humides, où il est atteint de chlorose. Il pousse pendant quelques années dans les sols argileux, mais sa croissance s'y arrête vite ; dans les terres calcaires, il dépérit rapidement.

Les terres silico-argileuses, ou même siliceuses, lorsqu'elles sont riches en humus, les sables frais et riches, lui conviennent bien.

Porte-greffes. — On n'emploie guère que le franc et le Cognassier. Le pre

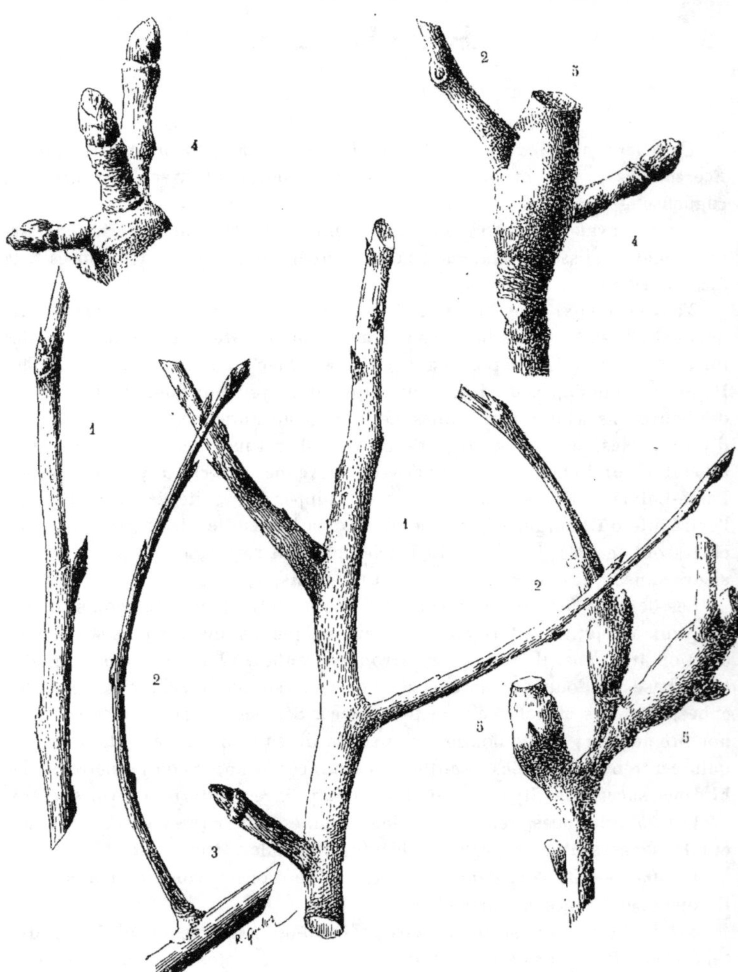

Légende. — 1, rameaux à bois ; **2,** brindilles ; 3, dard ; 4, boutons à fleurs ou lambourdes; 5. bourses.

mier, sera choisi toutes les fois que l'arbre devra être élevé à haute tige au **verger ou que le** sol sera médiocre. Toutefois, si le sol est peu fertile et le **sous-sol argileux,** il sera encore préférable d'employer le Cognassier. Ce porte-greffe est celui des formes taillées, dans le cas où le terrain est suffisamment riche : il donnera des produits plus tôt, plus abondants, plus volumineux et de meilleure qualité que le Poirier franc.

Culture et formes. — Le Poirier est cultivé en plein air ou en espalier. A tige, il donne des fruits abondants, mais petits et de faible valeur. C'est sous cette forme qu'on devra cultiver les fruits à cuire, à compotes (Martin-Sec, Catillac, Beurré d'Angleterre, Messire Jean), et les fruits de marché. Dans ce genre de culture, on cherchera, comme pour tous les arbres de plein vent, quel que soit le genre de fruit cultivé, à constituer la charpente de la tête pendant les premières années ; on abandonnera ensuite l'arbre à lui-même, en n'intervenant que pour enlever le bois mort et retrancher les branches trop nombreuses à l'intérieur de la tête de l'arbre.

Les formes taillées, employées pour le Poirier, sont : la pyramide, le fuseau, les palmettes obliques et Verrier, la forme en U et U double, les cordons obliques ou horizontaux (ces dernières formes applicables principalement aux variétés peu vigoureuses).

La distance d'écartement entre les branches de charpente sera généralement de 30 centimètres.

Certaines variétés, sujettes à la tavelure, demandent l'abri de l'espalier (Doyenné d'hiver, Beurré d'Hardenpont, Crassane, Saint-Germain d'hiver, etc.). Dans les espaliers, les expositions chaudes seront réservées aux fruits d'hiver ; les murs au nord abriteront les variétés hâtives.

Considérations générales sur la taille. — Nous avons vu que le Poirier peut fructifier sur le bois d'un et deux ans, mais surtout sur des branches âgées de trois ans et plus. On rencontre les productions fruitières sur de petites branches dites coursonnes ; elles sont plus fréquentes sur les parties de l'arbre de vigueur moyenne, exposées à la lumière et à l'air, que sur les parties très vigoureuses ou à l'ombre.

Le sol, l'exposition, la variété, la forme, le sujet porte-greffe, l'âge de l'arbre, etc., sont autant de facteurs dont on devra tenir compte dans la taille. Cependant, en principe, on ne devra laisser qu'un bouton à fruit par coursonne ; il faudra néanmoins tailler plus long les arbres peu fertiles et ménager leurs brindilles, au moins dans leur jeunesse, pour obtenir une première fructification.

On obtiendra un bon équilibre en faisant de bonne heure une taille longue sur les rameaux faibles, et tard une taille courte sur les rameaux trop forts. Un arbre vigoureux devra subir une taille longue et tardive ; on fera le contraire pour un arbre de faible vigueur ; le premier sera soumis à un ébourgeonnement limité, à des pincements fréquents ; le second à un ébourgeonnement sévère, à des pincements peu renouvelés.

Il ne faudra pas abuser de la fertilité qu'un arbre faible est trop disposé à montrer ; si la vigueur est insuffisante, il ne faudra pas hésiter à sacrifier une bonne partie des fruits et même supprimer toutes les fleurs.

ALEXANDRINE DOUILLARD

Synonyme : *P. Douillard.*

Obtenue par M. Douillard jeune, architecte à Nantes. La première récolte
date de 1849. Mise au commerce en novembre 1852.

DESCRIPTION DE L'ARBRE

Port : érigé.
Sujet préférable pour la greffe : le cognassier.
Vigueur : grande.
Fertilité : des plus grandes.
Forme : toutes les formes lui conviennent.

RAMEAU

Fort, gris jaunâtre, assez gros.
Lenticelles : peu nombreuses et petites.
Coussinets : bien développés.
Mérithalles : moyens.
Yeux : pointus, volumineux, presque adhérents.
Boutons à fruits : ovoïdes.
Feuilles : abondantes, ovales, allongées, crénelées; *pétiole*, court.
Fleurs : de dimension moyenne.
Époque de floraison : moyenne saison.

FRUIT

Grosseur moyenne, parfois assez gros, ventru, plus haut que large, pourtour
très bosselé et côtelé.
Peau : jaunâtre, finement ponctuée de roux, lavée de rose à l'insolation.
Œil : moyen, ouvert, à peine enfoncé, mal développé.
Pédoncule : court, arqué, obliquement implanté.
Chair : blanche, fine, juteuse, fondante, sucrée, parfumée.
Qualité : bonne ou très bonne.
Époque de maturité : fin septembre à novembre.

OBSERVATIONS : La taille devra, en général, être courte. Très résistante à la tavelure.

ANDRÉ DESPORTES

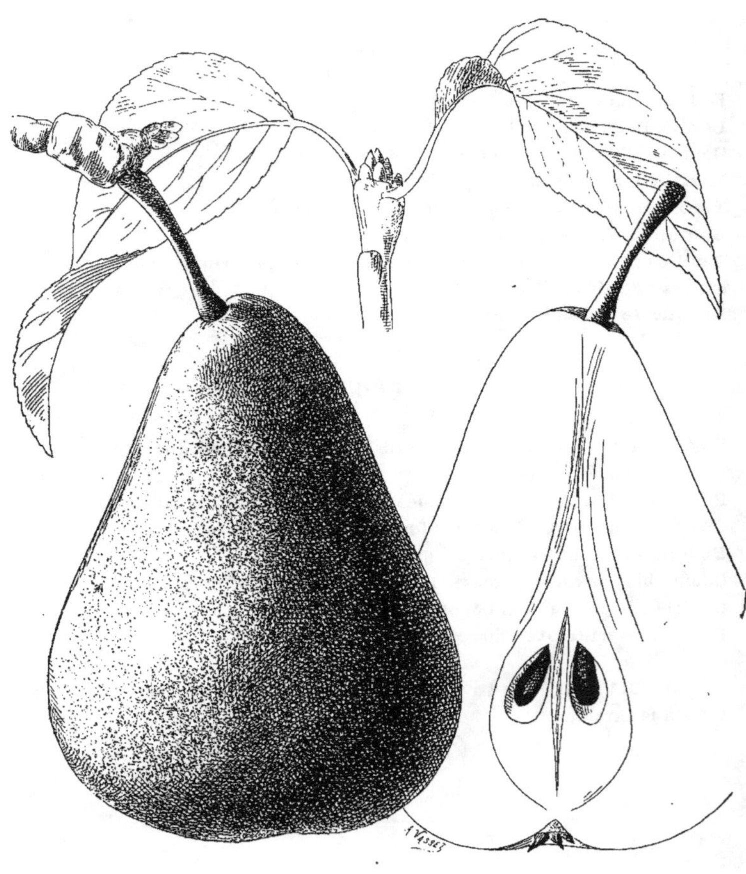

Obtenue en 1854 par André Leroy. horticulteur à Angers.

DESCRIPTION DE L'ARBRE

Port : érigé.

Sujet préférable pour la greffe : le franc de préférence, **le cognassier** pour les petites formes en bon terrain.

Vigueur : modérée.

Fertilité : très grande et très régulière.

Forme : cette variété se prête à toutes les formes moyennes.

RAMEAU

Long et gros, d'un vert jaunâtre, tomenteux.

Lenticelles : abondantes.

Coussinets : très saillants.

Mérithalles : de longueur moyenne.

Yeux : moyens, coniques, souvent obtus, bien développés à la base du rameau.

Boutons à fruits : gros, cylindro coniques, à pointe assez aiguë, à écailles bien appliquées, brunes et fauves, éclairées de gris argenté.

Feuilles : *limbe*, allongé, profondément denté, d'un beau vert; *pétiole*, assez long.

Fleurs : de dimension moyenne.

Époque de floraison : assez tardive.

FRUIT

Moyen, turbiné, ventru, à contour régulier.

Peau : d'un jaune-brun, légèrement ponctuée de fauve.

Œil : petit, ouvert, placé dans une cavité large et peu profonde.

Pédoncule : court, mince, renflé à la base, obliquement implanté.

Chair : blanche, fine, juteuse et fondante, sucrée, un peu acidulée, bien parfumée.

Qualité : bonne et très bonne.

Époque de maturité : fin juillet, commencement d'août.

Fruit d'amateur.

OBSERVATIONS : Cette variété réussit aussi bien en plein air qu'en espalier, elle s'accommode même de l'exposition nord. C'est l'un de nos bons fruits hâtifs.

ARTHUR CHEVREAU

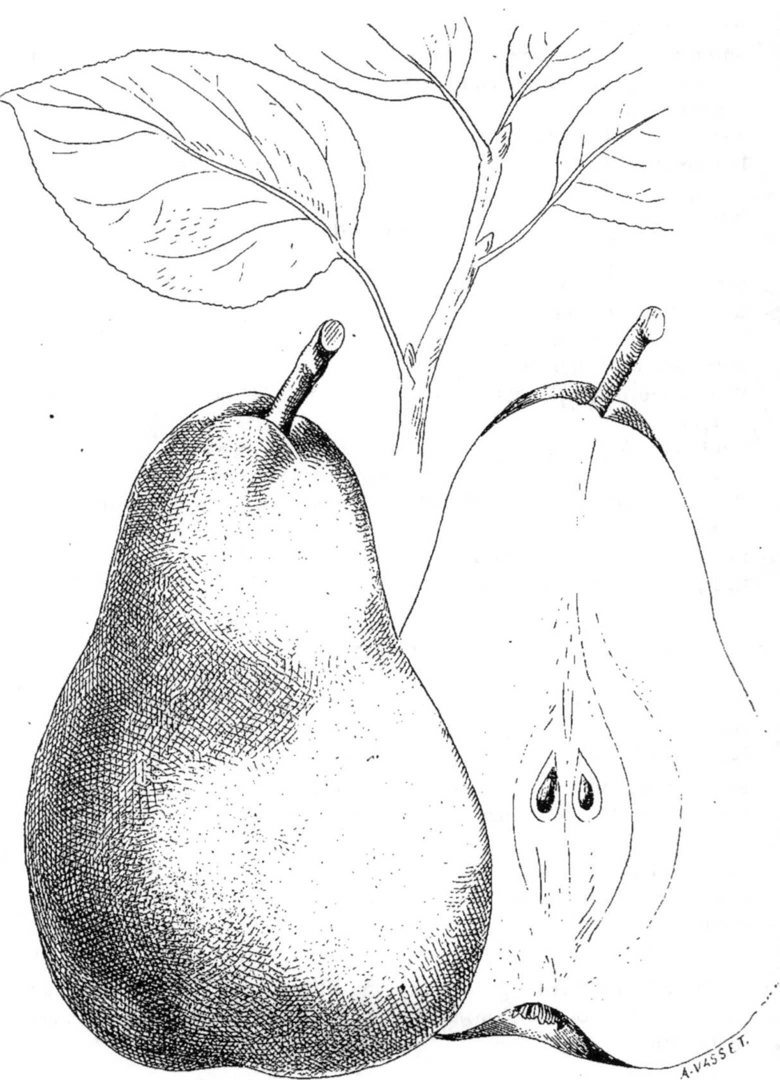

Obtenue par M. Arthur Chevreau, arboriculteur à Montreuil, en 1906.

DESCRIPTION DE L'ARBRE

Port : demi-érigé.
Sujet préférable pour la greffe : cognassier.
Vigueur : moyenne.
Fertilité : bonne.
Forme : petite, espalier ou plein vent.

RAMEAU

Assez long, grêle, vert foncé.
Coussinets : saillants.
Mérithalles : rapprochés.
Yeux : pointus, écartés du rameau.
Feuilles : *limbe*, moyen; *pétiole*, moyen.
Fleurs : bien blanches, de taille moyenne.
Époque de floraison : hâtive.

FRUIT

Assez gros et gros, cylindro-conique, allongé, tronqué.
Peau : fine, marbrée de roux.
Œil : ouvert dans une cavité assez profonde.
Pédoncule : court et fort.
Chair : crème, sucrée, peu parfumée, eau abondante et acidulée.
Qualité : bonne.
Époque de maturité : novembre-décembre et surtout janvier.
Fruit de table.

OBSERVATIONS : Les vieilles écorces se craquèlent légèrement comme celle de Beurré Le Brun. Dans la région parisienne l'arbre est d'une fertilité au-dessus de la moyenne. Le fruit résiste bien à la tavelure et tient bien à l'arbre.

BELLE ANGEVINE

SYNONYMES PRINCIPAUX : *Bellissime d'hiver, Duchesse de Galliéra' Comtesse de Tervueren*, etc.

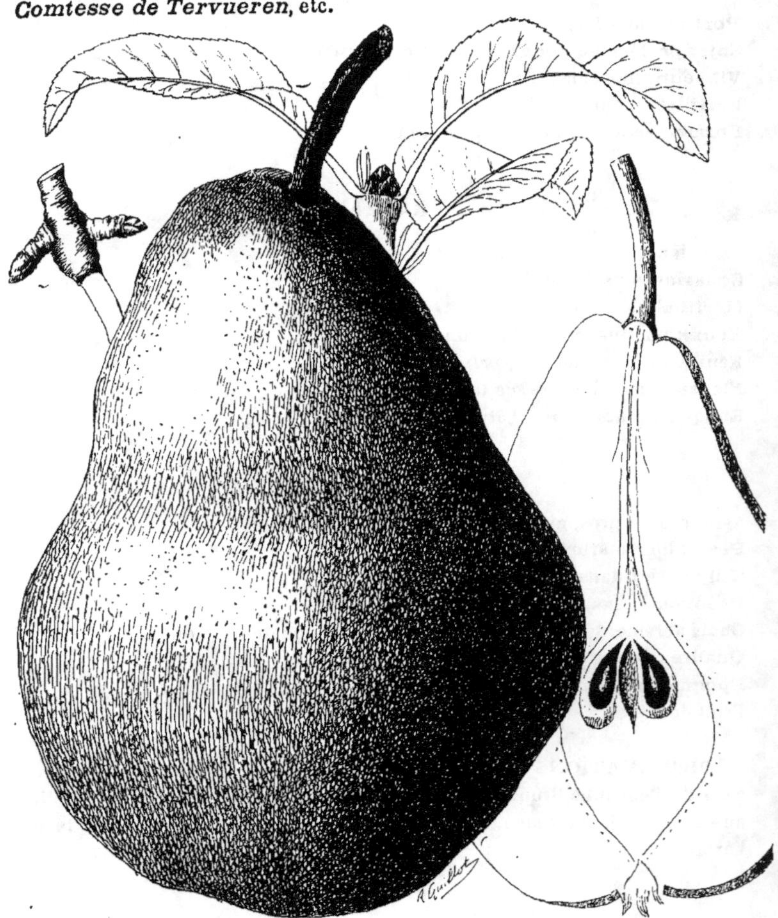

Variété réduite de moitié.

L'origine de cette Poire est inconnue; certains auteurs la font remonter à la fin du XVII° siècle, mais les descriptions données à cette époque ne sont pas assez précises pour qu'on puisse reconnaître, sûrement, la Belle Angevine ; cette variété a été introduite vers 1820 chez les pépiniéristes d'Angers et cultivée d'une façon régulière depuis cette époque.

DESCRIPTION DE L'ARBRE

Port : érigé.

Sujet préférable pour la greffe : le Cognassier pour les petites formes et en terrain riche ; le franc dans les autres cas.

Vigueur : faible ou moyenne sur cognassier.

Fertilité : médiocre sur franc, bonne sur cognassier.

Forme : l'espalier à bonne exposition.

RAMEAU

Assez gros, un peu coudé, d'un brun olivâtre à l'ombre, rouge violacé à l'insolation.

Lenticelles : petites, grisâtres, arrondies, abondantes à la base du rameau.

Coussinets : assez saillants.

Mérithalles : courts.

Yeux : moyens, coniques, à pointes aiguës, un peu écartés du rameau.

Bouton à fruits : assez gros, court, conique, non rétréci à la base, à écailles d'un brun très foncé, étroitement appliqué.

Feuilles : *limbe*, d'un beau vert brillant, épais, ample, aigu, à bord relevé, tantôt grossièrement, tantôt finement denté ; *pétiole*, gros, court, vert tendre.

Fleurs : grandes, en corymbe peu fourni.

Époque de floraison : hâtive.

FRUIT

Énorme, piriforme allongé, fortement bosselé, à base large et tronquée ; c'est la plus grosse des poires.

Peau : épaisse, lisse, d'un vert grisâtre, ponctué de gris et marbré de roux, fortement lavée de rouge vif à l'insolation, quand le fruit a été obtenu sur cognassier et à bonne exposition.

Œil : grand, dans une cavité profonde, à bord irrégulier.

Pédoncule : très long, robuste, généralement recourbé, obliquement implanté.

Chair : d'un blanc jaunâtre, grossière, cassante, peu sucrée, sans parfum, peu juteuse.

Qualité : médiocre, même lorsque le fruit est cuit.

Époque de la maturité : de janvier à mai.

Fruit d'apparat, d'amateur et de commerce.

OBSERVATIONS : Malgré son peu de vigueur, on doit cultiver la belle Angevine sur Cognassier pour obtenir de beaux fruits. Sur franc, on n'obtient, le plus souvent, que des poires petites et vertes. On devra l'établir sous de petites formes et laisser sur l'arbre un petit nombre de fruits ; l'une des meilleures méthodes consiste à surgreffer des boutons à fruits sur des variétés tardives et vigoureuses.

BERGAMOTE ESPEREN

SYNONYME : *Poire Esperen*.

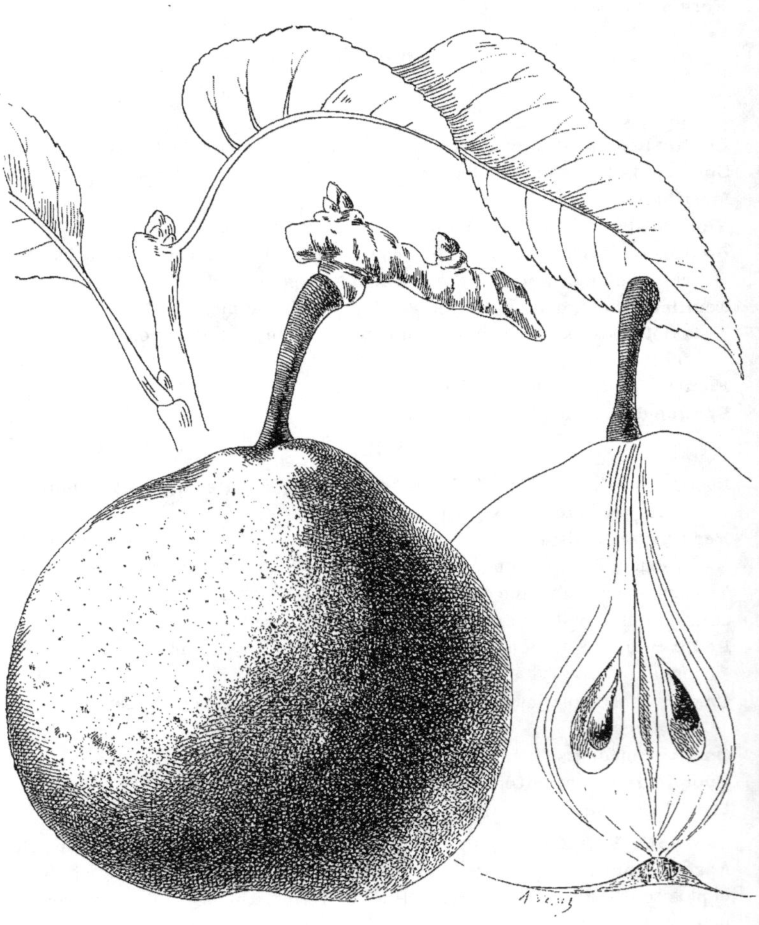

Obtenue vers 1830 par le Major Esperen, de Malines; introduite en France
vers 1844.

DESCRIPTION DE L'ARBRE

Port : érigé dans le jeune âge, puis divergent.

Sujet préférable pour la greffe : le Cognassier en général.

Vigueur : très grande.

Fertilité : très bonne, mais alternante.

Forme : toutes les formes lui conviennent.

RAMEAU

Long, flexueux, ramifié en faux bourgeons, de grosseur moyenne; un peu coudé, surtout au sommet; brun foncé à l'insolation, vert olivâtre à l'ombre.

Lenticelles : rousses, arrondies, irrégulièrement disposées.

Coussinets : assez saillants.

Mérithalles : inégaux, mais généralement grands, surtout à la base.

Yeux : moyens, courts et pointus.

Boutons à fruits : gros, ovoïdes, courts, à pointe aiguë, peu étranglés à leur base, à écailles bien appliquées, un peu luisantes, d'un brun foncé, largement éclairées de gris argenté.

Feuilles : *limbe*, luisant, grand, lancéolé, aigu; *pétiole*, long, épais, accompagné de stipules bien développées.

Fleurs : de dimension moyenne, ternes.

Époque de floraison : tardive.

FRUIT

En trochet, rarement solitaire, moyen (le fruit terminal est généralement plus gros), de forme globuleuse, souvent plus large que haut, quelquefois turbiné, bosselé.

Peau : épaisse, rude, d'un vert clair ou jaune verdâtre, abondamment ponctuée de roux ou de gris, jaunissant bien à maturité.

Œil : grand, dans une cavité large et peu profonde.

Pédoncule : moyen ou long, robuste, souvent recourbé.

Chair : tantôt blanche, tantôt d'un vert jaunâtre, généralement fine; parfois granuleuse, assez fondante, juteuse, sucrée, acidulée, bien parfumée, à saveur quelquefois résineuse.

Qualité : en général très bonne, mais très variable suivant les sols et les années.

Époque de la maturité : de décembre à avril.

Fruit d'amateur et de commerce.

OBSERVATIONS : Cette excellente variété devra se cultiver de préférence dans les sols chauds et à bonne exposition; elle donne, dans ces conditions, des fruits bons et nombreux, même dans le cas de gelées tardives. Sa bonne conservation, sa qualité, lui assurent une vente facile, quelquefois à la pièce, le plus souvent au poids. Taille longue, ménager les brindilles.

BEURRÉ D'AMANLIS

SYNONYMES PRINCIPAUX : *Hulard* (Rouen), *Thiessoise* ou *Kaissoise* (Benray), *Wilhelmine* (Belgique), *Albert*. Par corruption : *Amanlis, Amalis, Amandis*.

Obtenu à Amanlis, près Rennes, où M. J.-L. Jamin constata l'existence du pied mère (1858). Introduit en Belgique par Van Mons, sous le nom de Wilhelmine, à la fin du xviiie siècle.

DESCRIPTION DE L'ARBRE

Port : divergent.

Sujet préférable pour la greffe : presque exclusivement le Cognassier pour les formes taillées.

Vigueur : très grande.

Fertilité : très bonne et régulière.

Formes : toutes les formes, sauf la pyramide ; la haute tige lui convient particulièrement.

RAMEAU

Longs, gros, arqués, d'un vert brunâtre à l'ombre, rougeâtres à l'insolation.

Lenticelles : nombreuses, allongées, blanchâtres, un peu saillantes.

Coussinets : assez développés.

Mérithalles : longs.

Yeux : moyens, coniques, aigus.

Boutons à fruits : moyens, courts, ovoïdes, à pointe assez aiguë, renflés à leur moitié, brusquement étranglés à leur base, à écailles d'un brun foncé, éclairées de gris argenté.

Feuilles : *limbe*, épais, d'un vert brillant, grand, elliptique, à bords finement dentés ; *pétiole*, épais, court.

Fleurs : grandes, très blanches.

Époque de floraison : moyenne saison.

FRUIT

Assez gros ou gros, turbiné, rétréci au tiers supérieur, à contour régulier.

Peau : mince, d'un jaune-verdâtre, ponctuée et marbrée de fauve, lavée de brun et de rouge à l'insolation.

Œil : assez grand, peu ouvert, irrégulier, dans une cavité petite et peu profonde.

Pédoncule : assez long, mince, inséré dans une cavité irrégulière.

Chair : blanche, sauf dans le voisinage de la peau, où elle est verdâtre, assez fine, fondante, sucrée, quelquefois astringente, assez parfumée, très juteuse.

Qualité : bonne ou très bonne.

Époque de la maturité : septembre.

Fruit d'amateur et de marché.

OBSERVATIONS : Ce fruit doit être cueilli avant maturité et surveillé attentivement au fruitier, car il ne jaunit pas bien au moment de sa maturité ; la grande vigueur de cette variété et sa fertilité constante, la font recommander pour la culture en plein vent, en vue de la vente sur les marchés, même en montagne.

BEURRÉ D'ANGLETERRE

Synonymes principaux : *Angleterre, Bec-d'Oiseau, Poire Finois*
(dans l'Orne, le Calvados, l'Eure).

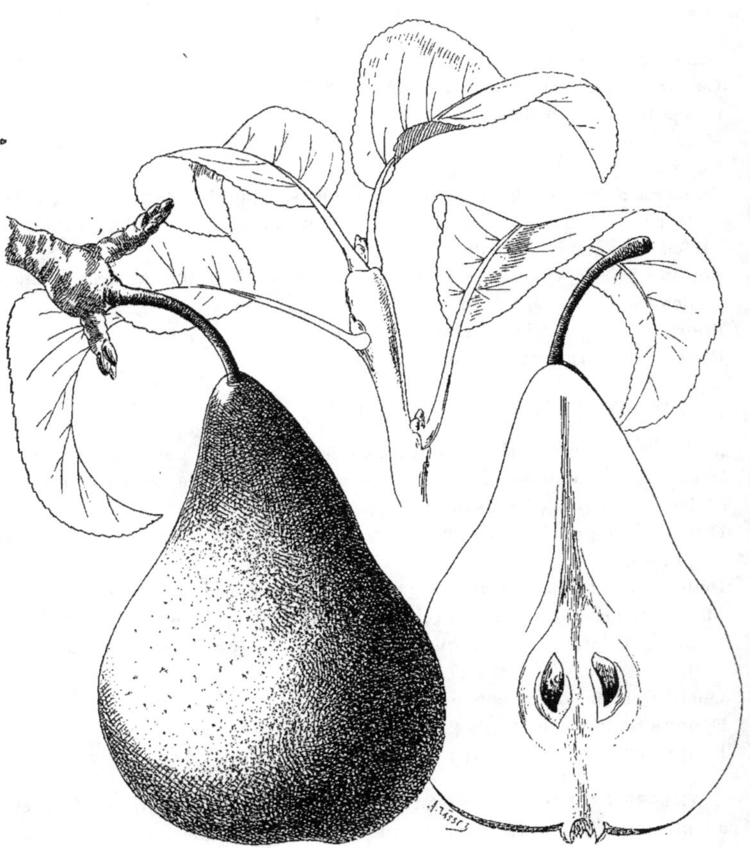

L'origine de cette ancienne variété est inconnue.

DESCRIPTION DE L'ARBRE

Port : érigé.
Sujet préférable pour la greffe : le franc presque exclusivement.
Vigueur : faible sur Cognassier, bonne sur franc.
Fertilité : très grande.
Forme : la haute tige.

RAMEAU

De longueur moyenne, assez gros, verdâtre du côté de l'ombre, rougeâtre à
l'insolation.
Lenticelles : rares, petites, grises.
Coussinets : saillants.
Mérithalles : courts.
Yeux : gros, aigus, fortement écartés du rameau, surtout ceux de la base.
Boutons à fruits : moyens, ovales, un peu renflés en leur milieu, non
étranglés à leur base, à écailles un peu disjointes, d'un brun foncé à la
base, brun clair au sommet.
Feuilles : *limbe*, d'un beau vert, ovale, à pointe aiguë, à bord relevé, portant
des dents irrégulières et peu profondes; *pétiole*, gros et court.
Fleurs : grandes.
Époque de floraison : moyenne saison.

FRUIT

Petit, ventru, à base tronquée, s'amincissant fortement pour finir presque en
pointe au pédoncule.
Peau : rude, épaisse, d'un vert pâle, abondamment ponctuée et maculée de
brun fauve.
Œil : moyen, assez ouvert, dans une cavité presque nulle.
Pédoncule : assez long, de grosseur moyenne, souvent un peu arqué.
Chair : verdâtre, mi-fine, assez fondante, sucrée, relevée et parfumée, très
juteuse.
Qualité : bonne.
Époque de la maturité : septembre.
Fruit de marché, à cuire à confire.

OBSERVATIONS : Cette variété fait l'objet d'un grand commerce dans
la plupart des grandes villes; son fruit peut se manger cru, le plus souvent il
est employé cuit. Il est très recherché pour la confiserie.

BEURRÉ BACHELIER

Synonymes principaux : *Poire Bachelier, Poire Chevalier.*

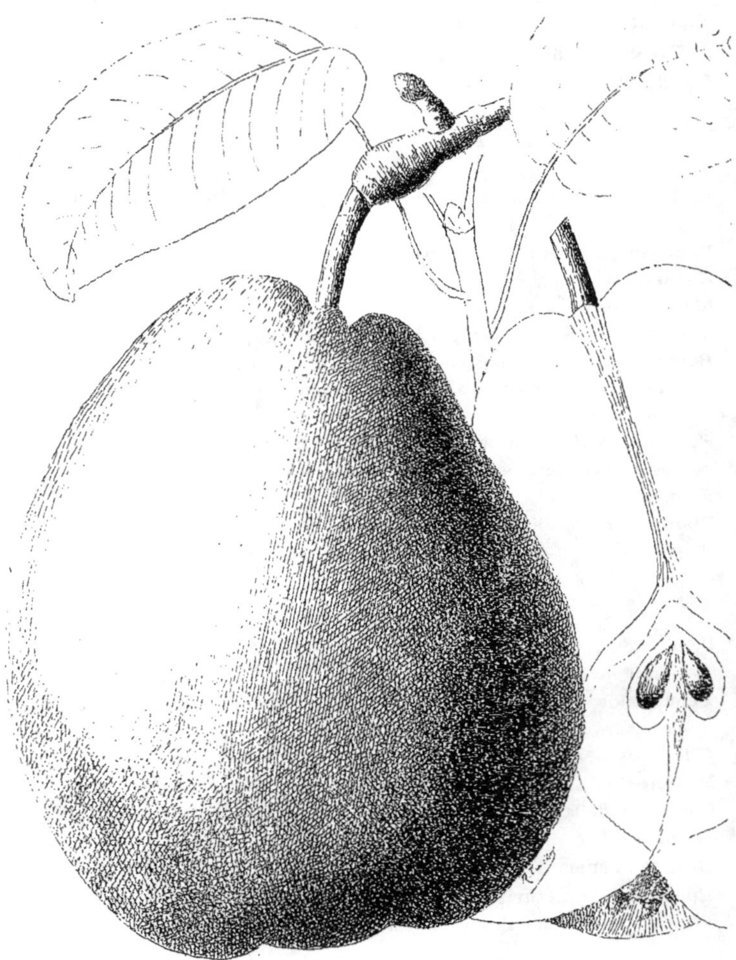

Obtenu par Louis-François Bachelier, horticulteur à Cabelles-Brouck
(Nord), avant 1845, répandu et recommandé par le Comice horticole de
Bourbourg depuis 1851.

DESCRIPTION DE L'ARBRE

Port : érigé.

Sujet préférable pour la greffe : le Cognassier dans les bons terrains et
  pour les formes moyennes, le franc dans les autres cas.

Vigueur : moyenne.

Fertilité : grande.

Formes et situation : Dans les sols chauds toutes les formes lui conviennent;
  dans les sols humides, il faudra le cultiver en espalier.

RAMEAU

De grosseur et longueur moyennes, d'un brun verdâtre à l'ombre, roux à
  l'insolation, avec des taches grises par place.

Lenticelles : allongées, nombreuses, petites.

Coussinets : peu saillants.

Mérithalles : plutôt courts.

Yeux : assez gros, très aigus.

Boutons à fruits : moyens, coniques, aigus, d'un brun noirâtre avec reflets
  gris-argenté.

Feuilles : multiples à chaque œil; *limbe*, petit, tantôt allongé, tantôt cordiforme, finement denté, d'un vert mat; *pétiole*, court.

Fleurs : moyennes.

Époque de floraison : tardive.

FRUIT

Gros, turbiné, ventru, bosselé, à contour irrégulier.

Peau : fine, d'un vert clair, jaunissant bien à maturité, ponctuée de gris, un
  peu tachetée de fauve.

Œil : moyen, ouvert, dans une cavité faible et régulière.

Pédoncule : petit, mince, arqué, inséré dans une cavité irrégulière.

Chair : blanche, fine, très sucrée, juteuse, agréablement parfumée.

Qualité : très bonne.

Époque de la maturité : d'octobre à décembre.

Fruit d'amateur.

OBSERVATIONS : Cette variété est un peu sujette à la tavelure, surtout
dans les sols humides. Le fruit doit être cueilli un peu avant maturité, pour
acquérir toutes ses qualités.

BEURRÉ CLAIRGEAU

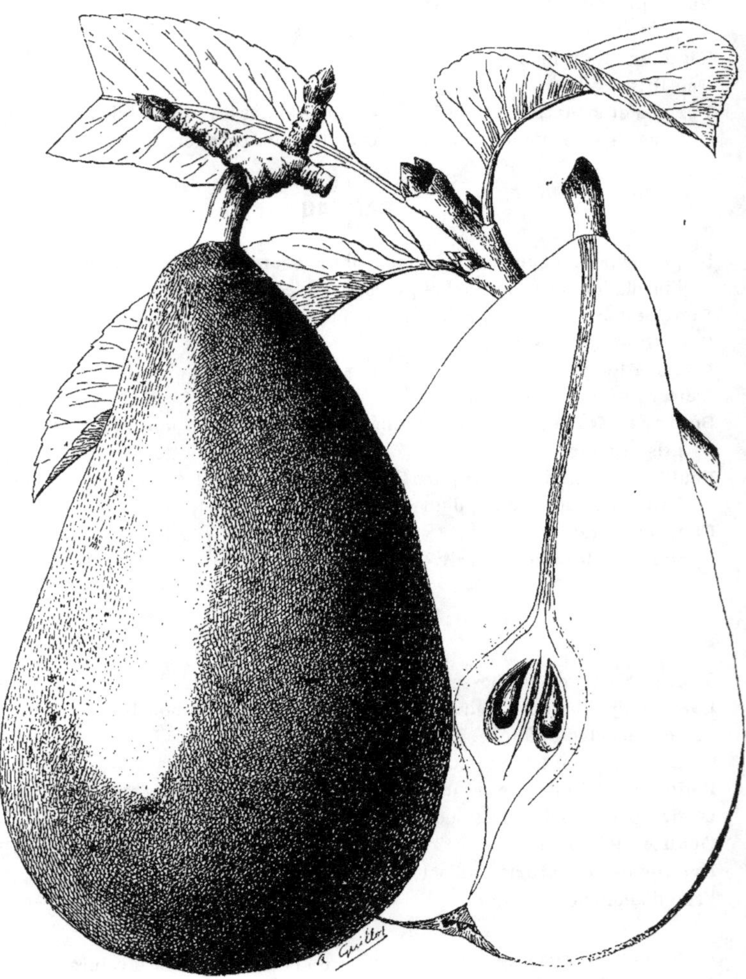

Obtenu en 1838 par Pierre Clairgeau, pépiniériste à Nantes ; mis au commerce en 1848.

DESCRIPTION DE L'ARBRE

Port : érigé.

Sujet préférable pour la greffe : le Cognassier pour les petites formes, les sols riches et les climats chauds; le franc dans tous les autres cas.

Vigueur : faible.

Fertilité : très grande, même sur franc.

Forme : toutes les formes de petites dimensions lui conviennent.

RAMEAU

Court, gros, d'un rouge-brun à l'insolation, olivâtre à l'ombre.

Lenticelles : ovoïdes ou arrondies, clairsemées.

Coussinets : peu saillants.

Merithalles : plutôt courts.

Yeux : gros, coniques, aigus.

Boutons à fruits : longs, pointus, à écailles serrées brunes, éclairées de gris cendré.

Feuilles : *limbe*, épais, d'un vert foncé, lancéolé, fortement fibré, à bords relevés en gouttière; *pétiole*, gros, de longueur moyenne, violacé à la partie supérieure.

Fleurs : petites, peu nombreuses dans chaque corymbe.

Époque de floraison : moyenne saison.

FRUIT

Très gros, tronc-conique, ou conique, souvent incurvé près du pédoncule.

Peau : lisse, fine, brillante, verte, passant au jaune à complète maturité; fortement lavée de rouge vif à l'insolation.

Œil : moyen, ouvert, situé dans une cavité petite et peu profonde.

Pédoncule : charnu, court et fort, souvent oblique, quelquefois même, perpendiculaire à l'axe du fruit.

Chair : blanche, juteuse, un peu verdâtre dans le voisinage de la peau, mi-fine, parfois un peu granuleuse, assez fondante, généralement sucrée, peu parfumée, assez juteuse.

Qualité : variable suivant les sols, tantôt assez bonne ou bonne, quelquefois très bonne.

Époque de maturité : novembre.

Fruit de commerce et d'amateur.

OBSERVATIONS : Le Beurré Clairgeau peut se cultiver en grand pour le commerce, mais il faut que cette culture soit faite dans des sols fertiles, et suffisamment chauds, pour que le fruit puisse acquérir toute sa qualité; il est alors avantageux de conduire l'arbre sous de petites formes, et sur Cognassier. Ce fruit trouve des débouchés faciles en Angleterre, où il est très estimé.

BEURRÉ DIEL

Synonymes principaux : *Beurré Magnifique, Beurré Royal, Beurré Incomparable, des Trois Tours.*

Variété trouvée au commencement du xixᵉ siècle par Meuris, chef de culture de Van Mons, sur la ferme de Dry-Toren (des Trois Tours), près Vilvorde (Belgique). Elle a été dédiée par Van Mons au pomologue allemand Georges Diel.

DESCRIPTION DE L'ARBRE

Port : divergent.

Sujet préférable pour la greffe : le Cognassier dans la plupart des cas.

Vigueur : très grande.

Fertilité : très grande et régulière.

Forme : toutes les formes; cependant, il est difficile de le conduire en pyramide à cause de son port divergent.

RAMEAU

Long, gros, arqué, portant des brindilles nombreuses et fertiles, d'un gris verdâtre à l'ombre, d'un brun-roux à l'insolation, souvent recouvert de gris cendré.

Lenticelles : rares, petites, grisâtres.

Coussinets : peu saillants.

Mérithalles : longs.

Yeux : assez gros, coniques, aigus, écartés du bois au sommet.

Boutons à fruits : gros, courts, renflés, à peine étranglés à la base, à pointe peu aiguë, à écailles larges, celles de la base sont d'un brun foncé fortement éclairé de gris argenté; celles de l'extrémité sont d'un brun clair luisant.

Feuilles : *limbe*, épais, d'un vert foncé brillant, ovale ou arrondi, obtus; *pétiole*, gros et court, surtout au sommet des rameaux.

Fleurs : nombreuses, grandes, très blanches.

Epoque de floraison : plutôt hâtive.

FRUIT

Gros, parfois très gros, turbiné, large à la base, tronconique à la partie supérieure, à contour très régulier.

Peau : assez épaisse, un peu rude, verte, régulièrement pointillée de gris et de roux, jaune foncé à maturité complète.

Œil : moyen ou assez grand, mi-clos dans une cavité large, profonde et irrégulière.

Pédoncule : assez long, fibreux, parfois arqué, implanté dans une cavité irrégulière.

Chair : blanche, mi-fine, quelquefois granuleuse, assez fondante, sucrée, relevée, souvent un peu âpre, juteuse.

Qualité : bonne ou très bonne (variable suivant les sols et les climats).

Epoque de maturité : de novembre à janvier.

Fruit d'amateur et de commerce.

OBSERVATIONS : Le Beurré Diel est d'une culture facile; sa vigueur et sa fertilité lui assurent une place prépondérante dans tous les jardins; cependant, dans les terrains humides il est sujet à la tavelure. Considéré comme fruit de commerce, il est d'un excellent rapport; le volume de son fruit le fait vendre quelquefois à la pièce, plus souvent au poids. Taille longue, éviter la taille sur rides.

BEURRÉ D'HARDENPONT

SYNONYMES : *Beurré d'Arenberg, Glou Morceau.*

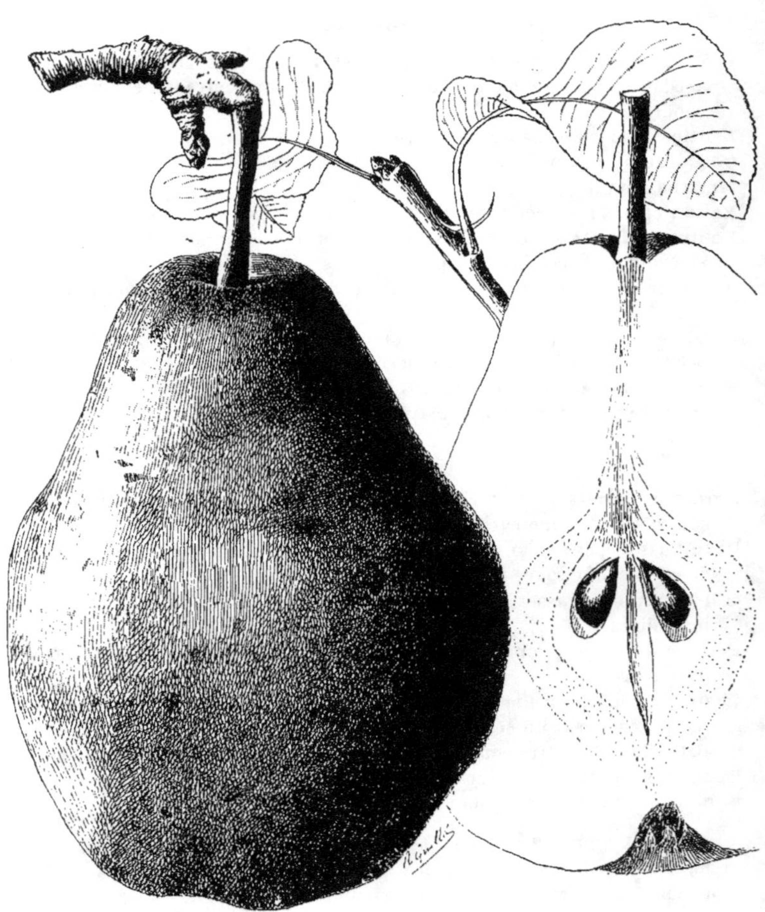

Obtenu en 1750, par l'abbé Hardenpont, à Panisclle, près Mons ; introduit en France par Noiselle, en 1806.

DESCRIPTION DE L'ARBRE

Port : érigé.

Sujet préférable pour la greffe : le Cognassier dans la plupart des cas.

Vigueur : très grande,

Fertilité : irrégulière.

Forme et situation : l'espalier au midi et à l'est.

RAMEAU

Assez long, plutôt gros, jaunâtre, presque entièrement recouvert de gris cendré, portant de nombreux bourgeons anticipés.

Lenticelles : petites, rondes, nombreuses.

Coussinets : assez saillants.

Mérithalles : courts.

Yeux : de grosseur moyenne, larges, obtus, écartés du rameau par leur extrémité.

Boutons à fruits : gros, courts, coniques, obtus, à écailles luisantes, brun foncé.

Feuilles : *limbe*, petit, épais, vert terne, coriace, à bords souvent contournés ; *pétiole*, assez gros, court.

Fleurs : grandes et très nombreuses, mais tombant souvent sans nouer.

Époque de floraison : assez tardive.

FRUIT

Gros, en forme de Coing, ayant sa partie la plus large au milieu du fruit, tronqué à la base, côtelé dans le voisinage de l'œil et du pédoncule.

Peau : chagrinée, très fine, d'un jaune verdâtre, portant quelques ponctuations verdâtres, souvent lavée de rose à l'insolation.

Œil : large, ouvert, dans une faible et irrégulière dépression.

Pédoncule : de longueur et grosseur moyennes, inséré dans une cavité peu profonde.

Chair : blanche, très fine, très fondante, très sucrée, relevée d'un parfum exquis, très juteuse.

Qualité : très bonne et très régulière.

Époque de maturité : de la fin novembre à janvier.

Fruit de commerce et d'amateur.

OBSERVATIONS : Cette variété, si remarquable par son excellente qualité, a besoin de l'abri de l'espalier à bonne exposition, à cause de son peu de résistance à la tavelure. C'est un fruit très recherché dans le commerce, où il est souvent vendu à la pièce. S'il doit être expédié, il faudra le faire voyager avant maturité, à cause de la finesse de sa peau, qui est très sensible aux meurtrissures.

BEURRÉ DUMONT

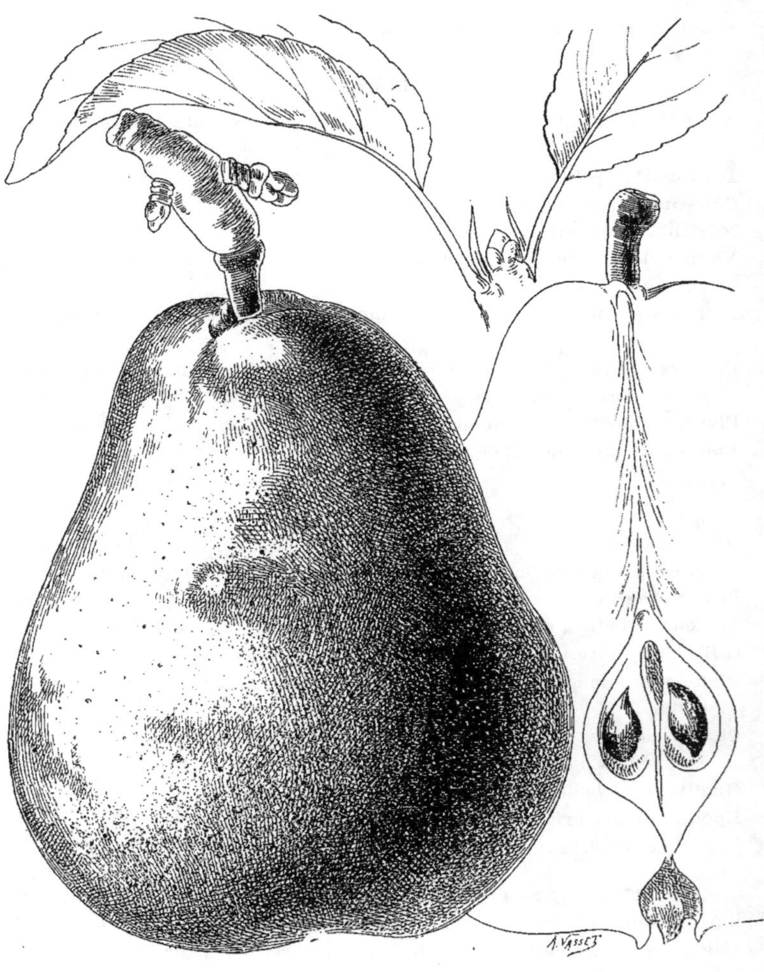

Variété obtenue par Joseph Dumont-Dachy, jardinier chez M. le baron de
Joigny, à Erquelines, près Tournai (Belgique), en 1833.

DESCRIPTION DE L'ARBRE

Port : érigé.
Sujet préférable pour la greffe : le Cognassier en général.
Vigueur : normale.
Fertilité : grande.
Forme : toutes les formes.

RAMEAU

Assez long, gros, jaune clair.
Lenticelles : apparentes, clairsemées.
Coussinets : saillants.
Mérithalles : moyens.
Yeux : moyens, coniques, collés contre le rameau.
Boutons à fruits : petits, coniques, aigus, à écailles brun foncé.
Feuilles : *limbe*, moyen, allongé, vert clair, à dentelures très fines à peine
    visibles ; *pétiole*, court, fort, accompagné de longues stipules
Fleurs : moyennes, nombreuses.
Époque de floraison : tardive.

FRUIT

Gros, de forme très variable, tantôt turbiné et ventru, bosselé, ou presque
    cylindrique.
Peau : rude, jaune-fauve, passant au rouge orangé à l'insolation, au moment
    de la maturité complète.
Œil : petit, ouvert, régulier, dans une cavité peu profonde.
Pédoncule : court, fort, droit, dans une cavité irrégulière.
Chair : blanche, fine, un peu pierreuse près des loges, fondante, très sucrée,
    un peu acidulée, délicatement parfumée, très juteuse.
Qualité : très bonne.
Époque de la maturité : d'octobre à novembre.
Fruit d'amateur.

OBSERVATIONS : La facilité avec laquelle on peut diriger cet arbre
surtout en pyramide, la saveur exquise de son fruit, sa fertilité soutenue, font
recommander en première ligne cette variété pour les jardins d'amateurs.

BEURRÉ GIFFARD

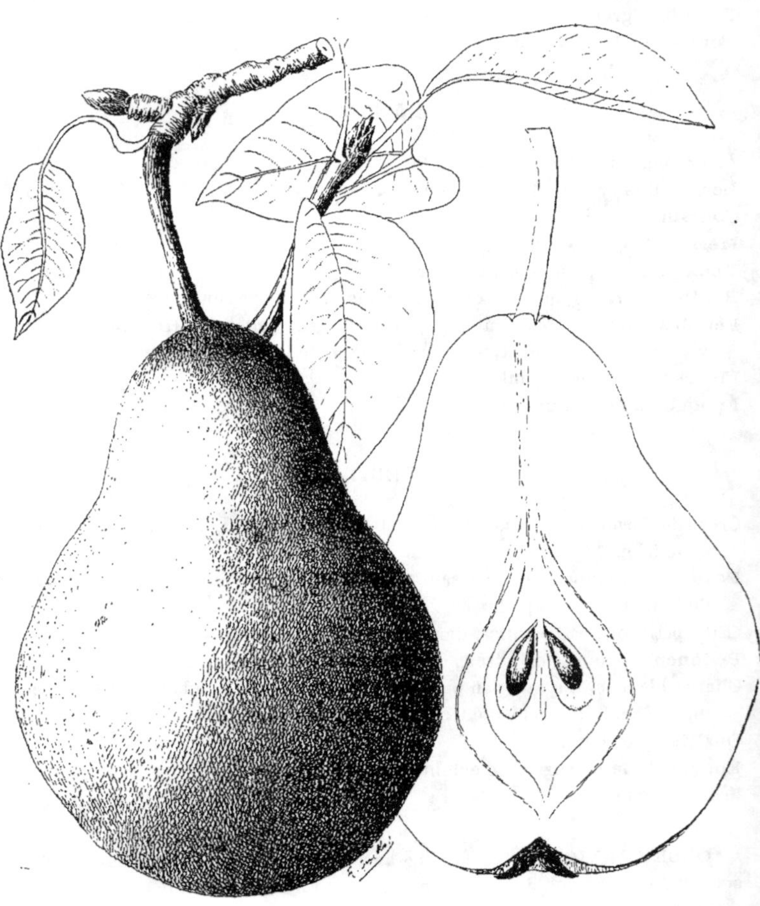

Variété obtenue en 1825 par Nicolas Giffard, cultivateur, aux Fouassières, près la Garenne-Saint-Nicolas, à Angers; ce fruit a été décrit pour la première fois en 1840 par M. Millet, président du Comice horticole de Maine-et-Loire.

DESCRIPTION DE L'ARBRE

Port : divergent.

Sujet préférable pour la greffe : le Cognassier dans les terres très fertiles; le franc dans les terres médiocres ou pour les formes à grand développement.

Vigueur : moyenne.

Fertilité : bonne.

Forme : toutes les formes, sauf la pyramide

RAMEAU

Long et grêle, un peu arqué, d'un rouge violacé foncé en partie recouvert d'un blanc grisâtre.

Lenticelles : existant à la base du rameau seulement, rares, petites, arrondies.

Coussinets : peu saillants.

Mérithalles : longs.

Yeux : petits, coniques, aigus, appliqués contre le rameau.

Boutons à fruits : moyens ou petits, ovoïdes aigus, peu rétrécis à la base, à écailles parfaitement appliquées, d'un brun clair et gris violacé.

Feuilles : pendantes; *limbe*, petit, mince, d'un vert terne, lancéolé aigu, à bords relevés et sans dentelures; *pétiole*, mince et long.

Fleurs : grandes.

Époque de floraison : moyenne saison.

FRUIT

Moyen, turbiné, ventru, rétréci à partir du tiers supérieur, à contour régulier.

Peau : mince, d'un jaune verdâtre, passant au jaune citrin à complète maturité, ponctuée de brun, lavée de carmin à l'insolation.

Œil : petit, ouvert à fleur du fruit, quelquefois même saillant.

Pédoncule : de longueur et grosseur moyennes, inséré dans une cavité petite et peu profonde.

Chair : d'un blanc verdâtre, fine, fondante, sucrée, bien parfumée, acidulée, juteuse.

Qualité : très bonne.

Époque de maturité : fin de juillet et commencement d'août.

Fruit d'amateur et de commerce.

OBSERVATIONS : Le Beurré Giffard sera cultivé avec avantage à haute tige sur franc ou en palmette sur Cognassier; c'est un fruit recommandable en raison de sa précocité et de sa qualité. On peut dire que c'est la première bonne poire hâtive. Pour cette raison, tous les amateurs doivent la faire entrer dans leurs plantations. Il est très estimé dans les cultures commerciales de l'Anjou et dans les cultures en montagne de l'Auvergne.

BEURRÉ HARDY

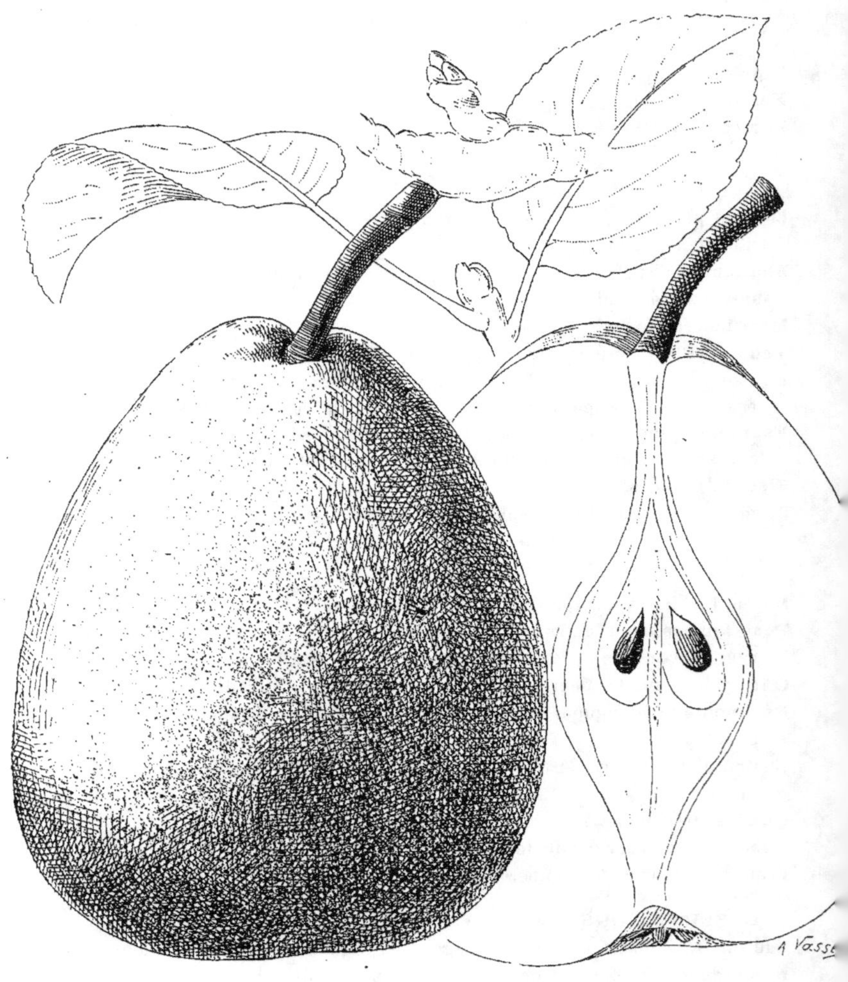

Variété obtenue par Bonnet, pomologue à Boulogne-sur-Mer; et mise au commerce par J.-L. Jamin en 1840 et dédiée à Hardy, à cette époque directeur des jardins du Luxembourg.

DESCRIPTION DE L'ARBRE

Port : érigé.

Sujet préférable pour la greffe : le Cognassier.

Vigueur : très grande.

Fertilité : grande, quand l'arbre est adulte.

Forme : toutes les formes et surtout celles à grand développement.

RAMEAU

Gros, long, d'un vert olivâtre à l'ombre, rouge grisâtre à l'insolation.

Lenticelles : nombreuses, grises, saillantes.

Coussinets : peu saillants.

Mérithalles : grands.

Yeux : moyens, coniques, aigus, duveteux, un peu écartés du bois.

Boutons à fruits : moyens ou assez gros, ovoïdes allongés, à pointe assez aiguë, peu étranglés à la base, à écailles disjointes, très finement ciliées, d'un brun foncé à la base, marron clair au sommet.

Feuilles : grandes ; *limbe*, d'un vert foncé un peu duveteux à la face inférieure, arqué, à bords relevés, à larges dentelures ; *pétiole*, fort et assez long.

Fleurs : de taille moyenne, ouvertes.

Époque de floraison : plutôt tardive

FRUIT

Assez gros ou gros, ovoïde, à base un peu aplatie, à contour très régulier.

Peau : rude, fine, d'un vert olivâtre presque entièrement recouvert de fauve bronzé, et devenant régulièrement jaune-fauve à complète maturité.

Œil : assez grand, ouvert, dans une cavité large et peu profonde.

Pédoncule : droit ou courbé, de longueur et de force moyennes, inséré dans une cavité prolongeant l'axe du fruit.

Chair : blanche, parfois verdâtre sous la peau, fine, fondante, sucrée, un peu acidulée, bien parfumée, juteuse.

Qualité : très bonne.

Époque de la maturité : de fin septembre à octobre.

Fruit d'amateur et de commerce.

OBSERVATIONS : Cette excellente variété est d'une culture très facile, car l'arbre offre toutes les qualités voulues de vigueur, de rusticité et de fertilité. Le fruit, d'une qualité très régulière, est très appécié dans le commerce. Variété à recommander pour la culture en montagne.

BEURRÉ LE BRUN

Synonyme : *Poire Le Brun* (André Leroy).

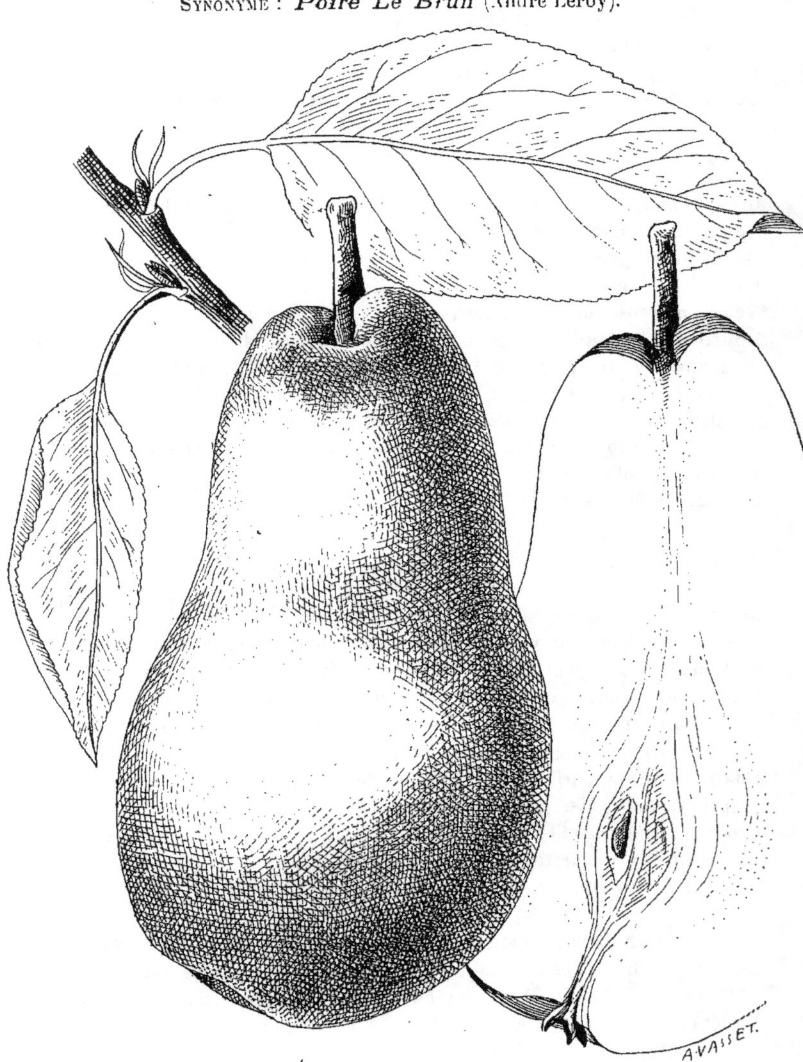

Obtenue par M. Guéniot, pépiniériste à Troyes (Aube), en 1863.

DESCRIPTION DE L'ARBRE

Port : érigé, vigoureux.
Sujet préférable pour la greffe : cognassier.
Vigueur : bonne.
Fertilité : moyenne.
Forme : toutes.

RAMEAU

Grosseur au-dessus de la moyenne, brun.
Lenticelles : nombreuses, bien apparentes, brun jaunâtre clair.
Coussinets : saillants.
Mérithalles : courts.
Feuilles : *limbe*, elliptique, pointu à l'extrémité, finement denté; *pétiole*, long,
    mince, 3 à 4 centimètres de long.
Yeux : volumineux, très rapprochés du rameau.

FRUIT

Très gros, conique, très allongé, bosselé au pourtour.
Peau : fine, mince, jaune verdâtre, maculée de fauve auprès du pédoncule et
    de l'œil.
Œil : petit, peu enfoncé dans une cavité régulière.
Pédoncule : court, fort, implanté obliquement, renflé à la base.
Chair : blanc jaunâtre, fondante et juteuse, bien parfumée, eau abondante et
    sucrée.
Qualité : bonne.
Époque de la maturité : commencement d'octobre.

OBSERVATIONS : Variété d'amateur, très fertile. Paraît bien résister à
la tavelure. L'écorce a la particularité de se craqueler et de s'exfolier chez les
sujets adultes.

BEURRÉ DE NAGHIN

Variété obtenue par Norbert Daras de Naghin, amateur, à Tournai
(Belgique), vers 1858.

DESCRIPTION DE L'ARBRE

Port : érigé.
Sujet préférable pour la greffe : le Cognassier en général.
Vigueur : au-dessus de la moyenne.
Fertilité : bonne.
Forme : toutes les formes lui conviennent.

RAMEAU

De longueur et grosseur moyennes, d'un vert olivâtre, bronzé au soleil.
Lenticelles : petites, d'un jaune blanchâtre.
Coussinets : assez saillants.
Mérithalles : courts.
Boutons à fruits : gros, allongés, à écailles brun roux.
Yeux : saillants, assez gros, ovoïdes, aigus.
Feuilles : *limbe*, moyen, coriace, vert terne, ovale, à pointe aiguë, fortement
  recourbé, à bord relevé en tuile, à dents régulières et aiguës; *pétiole*, assez
  long, vert pâle.
Fleurs : grandes.
Époque de floraison : moyenne saison.

FRUIT

Assez gros, ovoïde, ou ventru et tronqué aux deux extrémités.
Peau : d'un vert tendre, passant au jaune à complète maturité.
Œil : grand, mi-ouvert.
Pédoncule : long et grêle, implanté sur un petit mamelon.
Chair : blanche, fine, fondante, juteuse, sucrée et parfumée.
Qualité : très bonne.
Époque de la maturité : de janvier à mars.
Fruit d'amateur.

OBSERVATIONS : Cet excellent fruit d'hiver mériterait d'être plus
répandu; il commence d'ailleurs à être connu, et peut-être dans la suite
pourra-t-il prendre place parmi les fruits de commerce.

BEURRÉ SUPERFIN

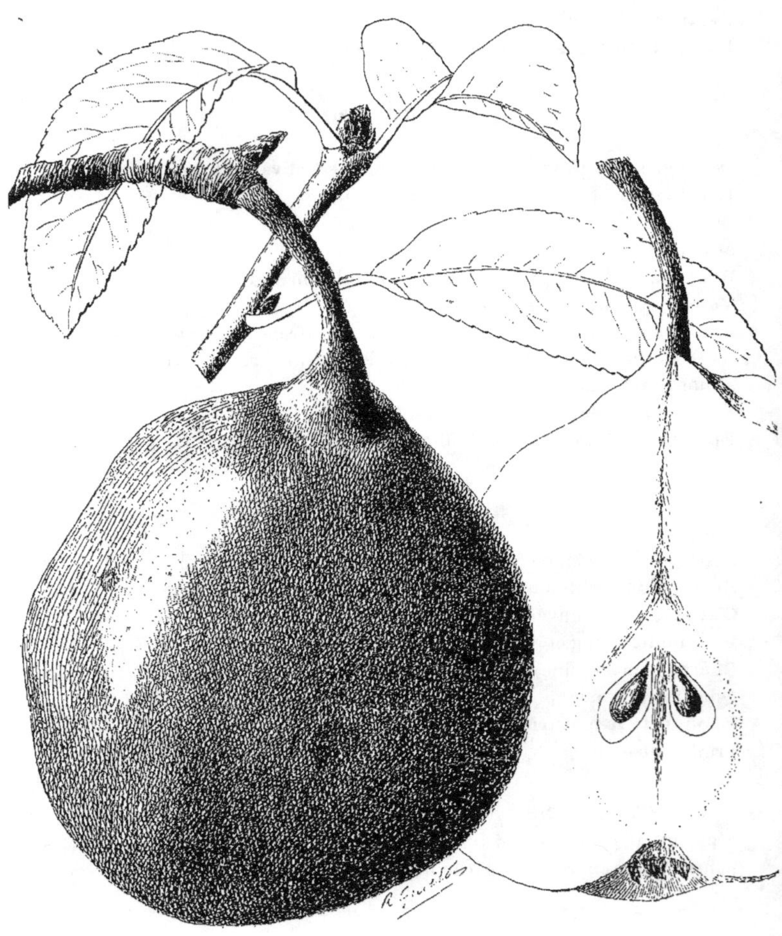

Obtenu en 1844, par Goubault, pépiniériste, à Mille-Pieds, près d'Angers;
il a été mis au commerce deux ans après.

DESCRIPTION DE L'ARBRE

Port : semi-érigé.
Sujet préférable pour la greffe : le Cognassier en général.
Vigueur : bonne.
Fertilité : bonne.
Forme : toutes les formes.

RAMEAU

Court, gros, très coudé, gris olivâtre à l'ombre, jaune rougeâtre à l'insolation.
Lenticelles : fines et nombreuses.
Coussinets : peu saillants.
Mérithalles : de longueur moyenne.
Yeux : moyens, coniques ou ovoïdes, aigus.
Boutons à fruits : assez gros, allongés, renflés, ovoïdes, à pointe plus ou
    moins aiguë ; écailles d'un brun clair, éclairées de gris.
Feuilles : *limbe*, grand, elliptique, acuminé, finement denté ; *pétiole*, long.
    gros.
Fleurs : moyennes, peu compactes.
Époque de floraison : moyenne saison.

FRUIT

Gros ou assez gros, turbiné, obtus, asymétrique, plissé dans le voisinage du
    pédoncule, mais généralement d'un seul côté.
Peau : lisse et brillante, d'un vert pâle passant au jaune doré à complète
    maturité, carminée à l'insolation, abondamment ponctuée de roux.
Œil : grand, ouvert, régulier, situé dans une cavité peu profonde.
Pédoncule : de longueur moyenne, très fort, charnu et renflé à la base, conti-
    nuant obliquement le fruit.
Chair : blanche, très fine, très fondante, sucrée, acidulée, délicatement par-
    fumée, bien juteuse.
Qualité : très bonne.
Époque de maturité : fin de septembre
Fruit d'amateur.

OBSERVATIONS : Le Beurré superfin est l'une de nos meilleures
variétés de poires, aussi peut-il prendre place dans tous les jardins d'amateurs.

BON CHRÉTIEN WILLIAMS

SYNONYMES PRINCIPAUX : *Williams, William, Bartlett de Boston*

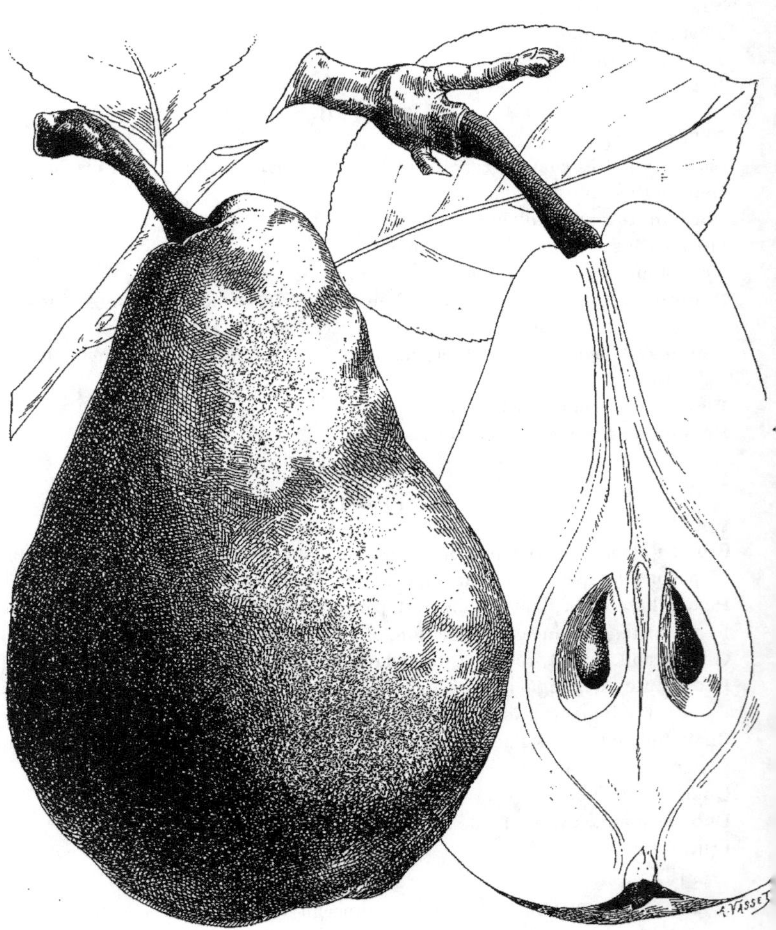

Obtenu vers 1770 par Wheeler, instituteur à Aldersmaston (Berskshire) répandu vers 1816, par Williams de Turnham Green, près Londres; introdui; au Museum en 1830.

DESCRIPTION DE L'ARBRE

Port : érigé.

Sujet préférable pour la greffe : le Cognassier dans les terrains riches et
  pour les formes moyennes ; le franc dans les autres cas.

Vigueur : moyenne.

Fertilité : bonne et régulière.

Forme : toutes les formes ; de préférence les formes moyennes.

RAMEAU

Gros, de longueur moyenne, d'un blond verdâtre à l'ombre, jaune du côté du
  soleil.

Lenticelles : rares et irrégulières.

Coussinets : assez saillants.

Mérithalles : moyens.

Yeux : moyens, peu écartés du bois, coniques, aigus.

Boutons à fruits : moyens ou petits, ovoïdes, courts, à pointe arrondie, un
  peu renflés à leur moitié, à écailles petites, serrées, étroitement appliquées,
  d'un marron foncé à la base du bouton, d'un brun clair à son extrémité.

Feuilles : *limbe*, vert jaunâtre, grand, elliptique, aigu, à bords relevés, fortement dentés ; *pétiole*, assez long, robuste.

Fleurs : plutôt petites, d'un blanc terne.

Époque de la floraison : tardive

FRUIT

Gros, cydoniforme, plus ou moins allongé, généralement bosselé, surtout
  dans le voisinage de l'œil et du pédoncule.

Peau : fine, lisse et brillante, d'un vert clair, pointillée de gris, maculée de
  fauve dans le voisinage du pédoncule, prenant à maturité une teinte jaune
  d'or, quelquefois lavée de vermillon à l'insolation.

Œil : assez grand, ouvert, à fleur de fruit, ou dans une faible dépression.

Pédoncule : fort, de longueur variable, charnu, droit ou oblique, inséré dans
  une cavité irrégulière.

Chair : blanche, très fine, fondante, très sucrée, acidulée, fortement musquée,
  très juteuse.

Qualité : très bonne.

Époque de maturité : fin d'août commencement de septembre.

Fruit d'amateur et de commerce.

OBSERVATIONS : Cette excellente variété est recherchée, soit pour la
consommation domestique, soit pour la vente. Sa grande fertilité, sa culture
facile, sa vente assurée, en font un fruit de commerce de premier ordre ; elle
est surtout demandée pour l'exportation, en particulier pour l'Angleterre.

CATILLAC

SYNONYMES PRINCIPAUX : *Cadillac, Catillard, Quenillat, Citrouille, gros Thomas, Monstrueuse des Landes, Poire de livre* (par erreur).

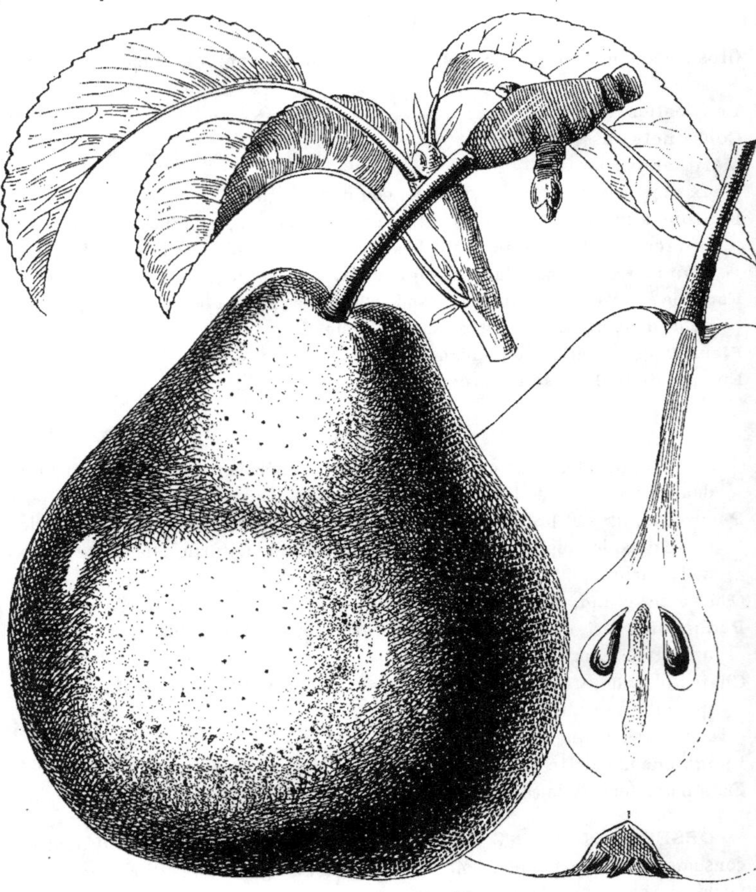

Origine inconnue : Merlet décrit ce fruit pour la première fois en 1675.

DESCRIPTION DE L'ARBRE

Port : étalé, et même divergent dans le jeune âge.

Sujet préférable pour la greffe : le franc pour la haute tige; le Cognassier dans les autres cas.

Vigueur : très grande sur franc, faible sur Cognassier.

Fertilité : bonne.

Forme : on le cultive généralement à haute tige.

RAMEAU

Très gros, long, flexueux, duveteux, vert brunâtre et jaune noisette.

Lenticelles : jaunâtres, arrondies, rares.

Coussinets : saillants.

Mérithalles : courts.

Yeux : gros et courts, coniques, obtus, écartés du rameau à leur sommet.

Boutons à fruits : exceptionnellement gros, courts, coniques, à pointe courte mais assez aiguë, à écailles parfaitement appliquées, d'un brun foncé à la base, éclairé de brun rougeâtre au sommet.

Feuilles : *limbe*, large, épais, vert pâle, à la face supérieure, duveteux et gris blanchâtre à la face inférieure, à surface presque plane, à dents presque nulles; *pétiole*, robuste et court.

Fleurs : très grandes, blanches.

Époque de floraison : tardive.

FRUIT

Très gros, parfois énorme, turbiné et très ventru, brusquement rétréci au tiers supérieur.

Peau : épaisse et rude, d'un vert clair, puis d'un jaune d'or, souvent lavée de rouge à l'insolation, ponctuée de brun foncé et marbrée de roux.

Œil : grand, mi-clos, dans une cavité large et profonde.

Pédoncule : assez long, d'un diamètre faible pour la grosseur du fruit, généralement incurvé, inséré dans une cavité peu profonde, étroite, irrégulière.

Chair : d'un blanc jaunâtre, grossière, très cassante, peu sucrée, astringente.

Qualité : bonne quand le fruit est cuit.

Époque de la maturité : mars à mai.

Fruit de marché, à cuire et à compote.

OBSERVATIONS : Cette variété est recherchée comme fruit à cuire, surtout en arrière-saison. Même à haute tige, les fruits sont volumineux, et comme ils sont abondants le produit en est considérable; aussi l'arbre est-il très répandu dans les vergers.

CHARLES ERNEST

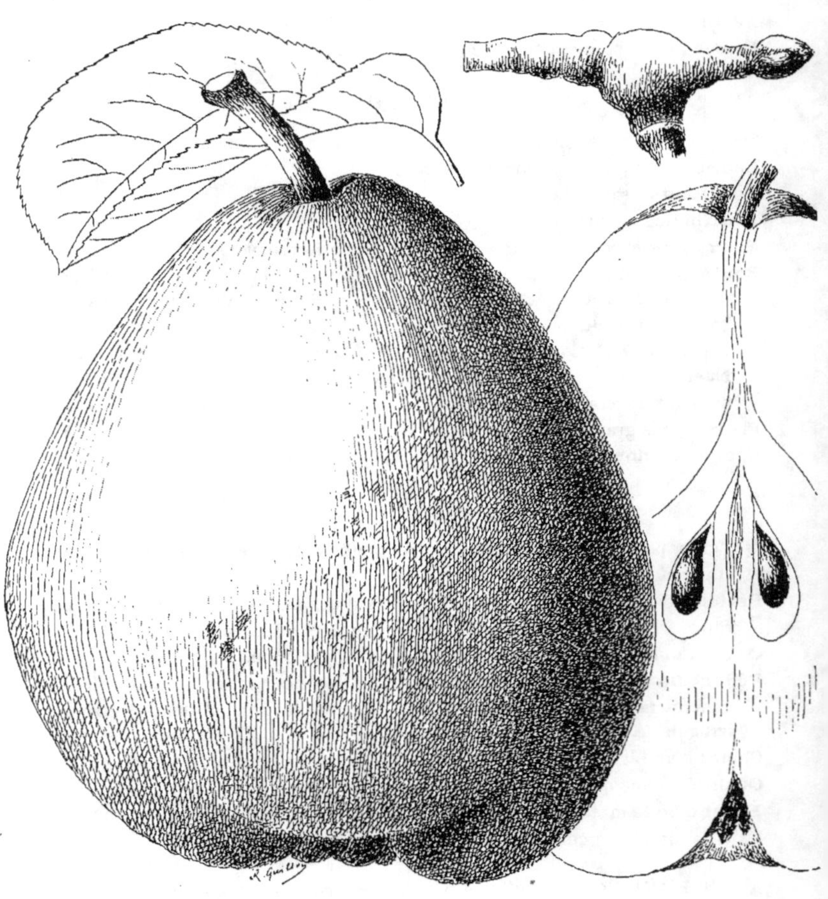

Variété obtenue en 1879 par M. Ernest Baltet, à Troyes; mise au commerce par MM. Baltet frères.

DESCRIPTION DE L'ARBRE

Port : erigé, compact.
Sujet préférable pour la greffe : le Cognassier dans les sols riches.
Vigueur : bonne.
Fertilité : grande.
Formes : toutes les formes, mais surtout les formes réguliéres comme le
fuseau.

RAMEAU

Gros, plutôt court, jaunâtre à l'ombre, jaune rougeâtre au soleil.
Lenticelles : assez grandes, bien visibles.
Coussinets : peu saillants.
Mérithalles : moyens, assez réguliers.
Yeux : allongés, aigus, peu écartés du bois.
Boutons à fruits : petits ou moyens, allongés, coniques, aigus, à écailles
bien serrées, d'un brun foncé.
Feuilles : *limbe*, large, vert foncé, arrondi, acuminé; *pétiole*, court.
Fleurs : moyennes, blanches.
Epoque de floraison : moyenne saison.

FRUIT

Gros, à contour régulier, tantôt turbiné et court, tantôt allongé.
Peau : fine, vert-clair, ponctuée de gris au soleil, tachée de vert foncé à
l'ombre, passant au jaune pâle à complète maturité, lavée le plus souvent
de vermillon à l'insolation.
Œil : moyen, ouvert, dans une faible et irrégulière dépression.
Pédoncule : gros, généralement court, sec, fibreux, implanté dans l'axe du
fruit.
Chair : blanche, fine, assez fondante, bien sucrée, faiblement parfumée,
juteuse.
Qualité : bonne.
Epoque de maturité : de novembre à décembre.
Fruit d'amateur et de commerce.

OBSERVATIONS : La beauté et la grosseur de ce fruit, sa qualité, la
propriété qu'il a de bien indiquer sa maturité par le jaunissement de sa peau,
le font apprécier comme l'un de nos bons fruits d'amateur.

CLAPP'S FAVOURITE

Synonyme : *Favor.te de Clapp*.

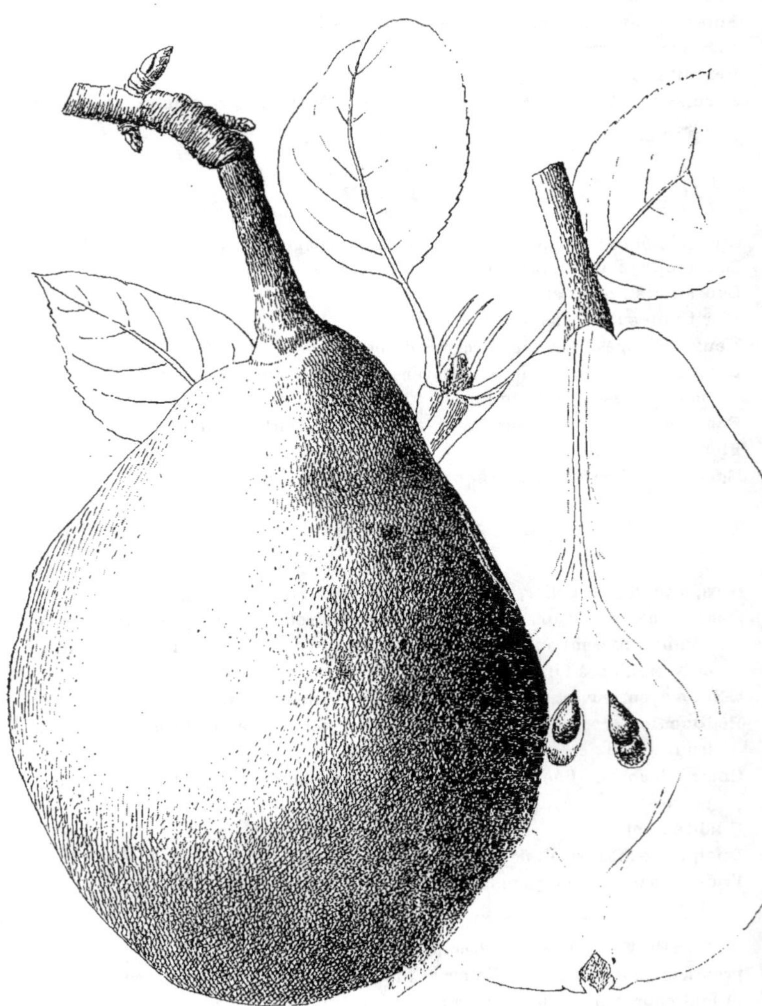

Variété obtenue par Thaddeus Clapp, de Dorschester (Massachusetts),
d'un semis de pépins de la Fondante des bois.

DESCRIPTION DE L'ARBRE

Port : érigé.
Sujet préférable pour la greffe : le Cognassier.
Vigueur : bonne.
Fertilité : bonne.
Forme : toutes les formes.

RAMEAU

Longs et gros, d'un rouge violacé.
Lenticelles : grises ou jaunâtres, allongées, nombreuses.
Coussinets : saillants.
Mérithalles : de longueur variable, sur le même rameau.
Yeux : gros, cylindro-coniques, à pointe écartée du rameau.
Boutons à fruits : moyens, ovoïdes, coniques, aigus, à écailles d'un brun
 foncé.
Feuilles : *limbe*, d'un beau vert brillant, grand, généralement arqué, en forme
 de gouttière, finement denté, accompagné de stipules fines et longues;
 pétiole, mince et long.
Fleurs : moyennes, blanches.
Epoque de floraison : tardive.

FRUIT

Gros ou très gros, généralement ovoïde allongé.
Peau : fine, vert-jaunâtre, passant au jaune d'or à complète maturité, géné-
 ralement lavée de rouge pourpre, ou de vermillon à l'insolation, abon-
 damment ponctuée de brun et réticulée de roux.
Œil : petit, peu ouvert, dans une dépression peu profonde et étroite.
Pédoncule : court, gros et robuste, prolongeant le fruit, ou implanté dans
 une cavité peu profonde.
Chair : blanche, fine, très fondante, sucrée, un peu acidulée, agréablement
 parfumée, bien juteuse.
Qualité : bonne ou très bonne.
Epoque de la maturité : deuxième quinzaine d'août.
Fruit d'amateur.

OBSERVATIONS : Comme toutes les poires hâtives, celle-ci devra être
cueillie de bonne heure, avant maturité complète, pour éviter qu'elle ne
blettisse; ce beau et bon fruit acquiert ainsi toute sa qualité.

COMTESSE DE PARIS

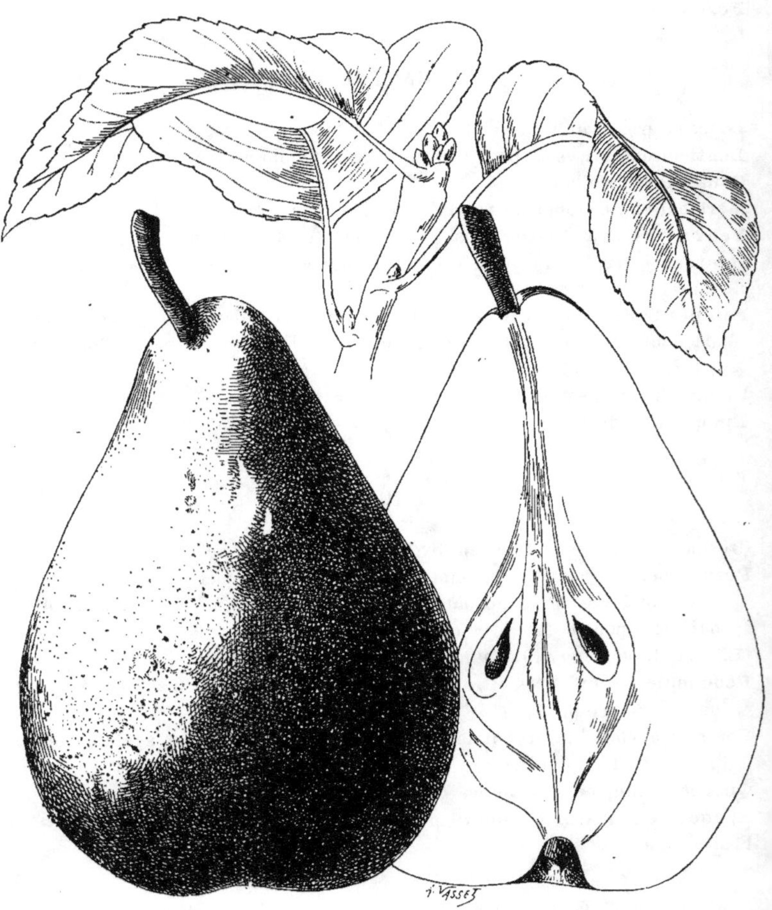

Variété mise au commerce par M. William Fourcine, à Dreux, vers 1882.

DESCRIPTION DE L'ARBRE

Port : érigé.
Sujet préférable pour la greffe : le Cognassier.
Vigueur : grande.
Fertilité : bonne.
Forme : toutes les formes lui conviennent.

RAMEAU

De longueur et grosseur moyennes, rouge foncé, tomenteux.
Lenticelles : nombreuses, allongées, blanchâtres.
Coussinets : saillants.
Mérithalles : assez longs.
Yeux : Gros, ovoïdes, écartés du rameau.
Boutons à fruits : gros, renflés au tiers inférieur, étranglés à la base, aigus,
à écailles un peu disjointes : celles du sommet, marron foncé, celles de la
base, gris argenté.
Feuilles : *limbe*, moyen, ovale, arqué, tomenteux au point que la feuille paraît
d'un gris argenté, dents nulles ; *pétiole*, moyen.
Fleurs : plutôt petites.
Epoque de floraison : assez hâtive.

FRUIT

Moyen ou assez gros, allongé, affectant d'ordinaire la forme du Saint-Germain
d'hiver.
Peau : fine, d'un vert tendre, régulièrement ponctuée de fauve, marbrée de la
même couleur dans le voisinage de l'œil ; à complète maturité, d'un jaune
verdâtre.
Œil : mi-ouvert dans une faible dépression.
Pédoncule : de longueur et grosseur moyennes, implanté obliquement.
Chair : blanche, très fine, sucrée, relevée d'un parfum agréable, très juteuse.
Qualité : très bonne.
Epoque de maturité : de décembre à janvier.
Fruit d'amateur.

OBSERVATIONS : La Comtesse de Paris mériterait d'être plus cultivée ;
l'arbre, facile à conduire sous toutes les formes et surtout en pyramide,
donne en abondance d'excellents fruits ; elle mérite donc de figurer dans **tous**
les jardins d'amateurs.

CONFÉRENCE

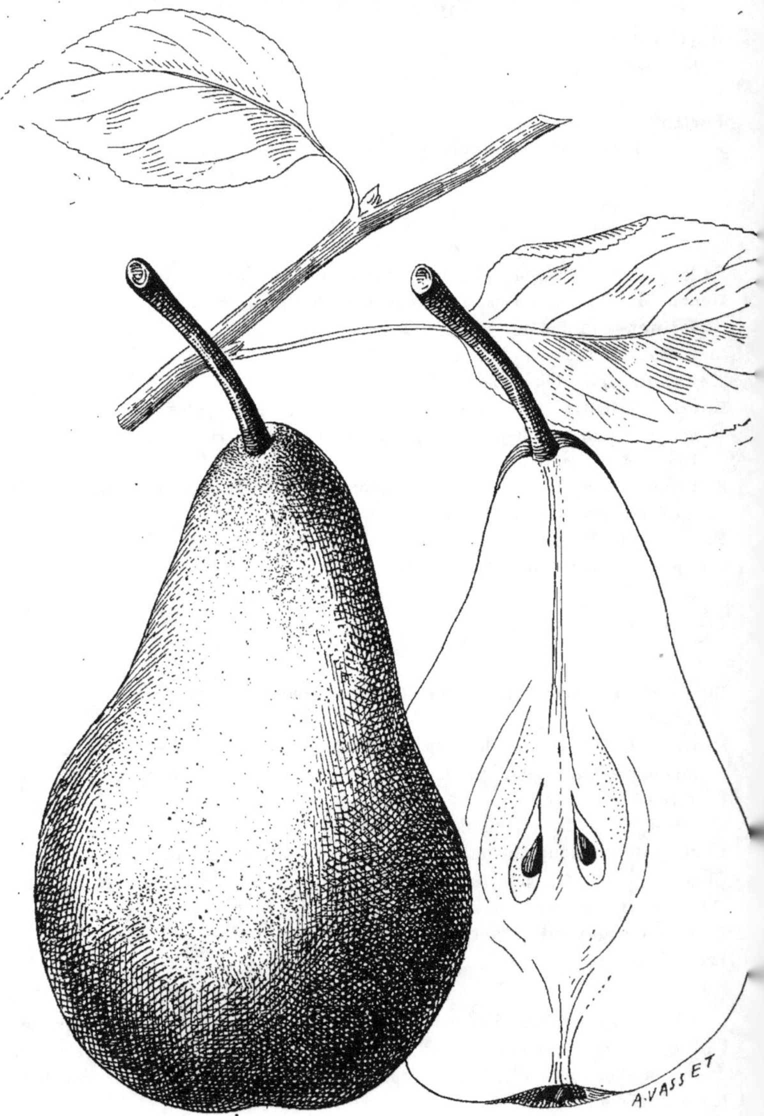

Obtenue par M. Rivers, vers 1885

DESCRIPTION DE L'ARBRE

Port : érigé.
Sujet préférable pour la greffe : le cognassier en général.
Vigueur : au-dessus de la moyenne.
Fertilité : fertile et très fertile.
Forme : toutes les formes lui conviennent.

RAMEAU

Assez long, de moyenne grosseur, brun rougeâtre à l'insolation et vert olive à
l'ombre.
Lenticelles : petites, grisâtres, parfois allongées, nombreuses à la base du
rameau.
Cous-inets : assez saillants.
Mérithalles : de longueur moyenne.
Yeux : assez gros, ovoïdes, coniques, larges à la base.
Boutons à fleurs : gros et allongés avec les écailles brun foncé.
Feuilles : *limbe*, vert foncé, grand et large, à bord plissé, finement denté;
pétiole, long et de grosseur moyenne, vert pâle.

FRUIT

Gros, allongé, s'amincissant fortement à la moitié de sa hauteur, calebassée.
Peau : vert clair, devenant vert jaunâtre à maturité.
Œil : moyen, ouvert, dans une dépression à peine marquée.
Pédoncule : de longueur moyenne, mince, très légèrement renflé à son
extrémité, arqué.
Chair : blanc saumoné, fine, juteuse, douce, mi-fondante, sucrée, à saveur
très agréable.
Qualité : très bonne.
Époque de maturité : fin octobre.
Fruit de table.

OBSERVATIONS : Fruit d'amateur. Cueillir avant maturité. Très
apprécié pour sa fertilité.

CONSEILLER A LA COUR

Synonyme : *Maréchal de Cour.*

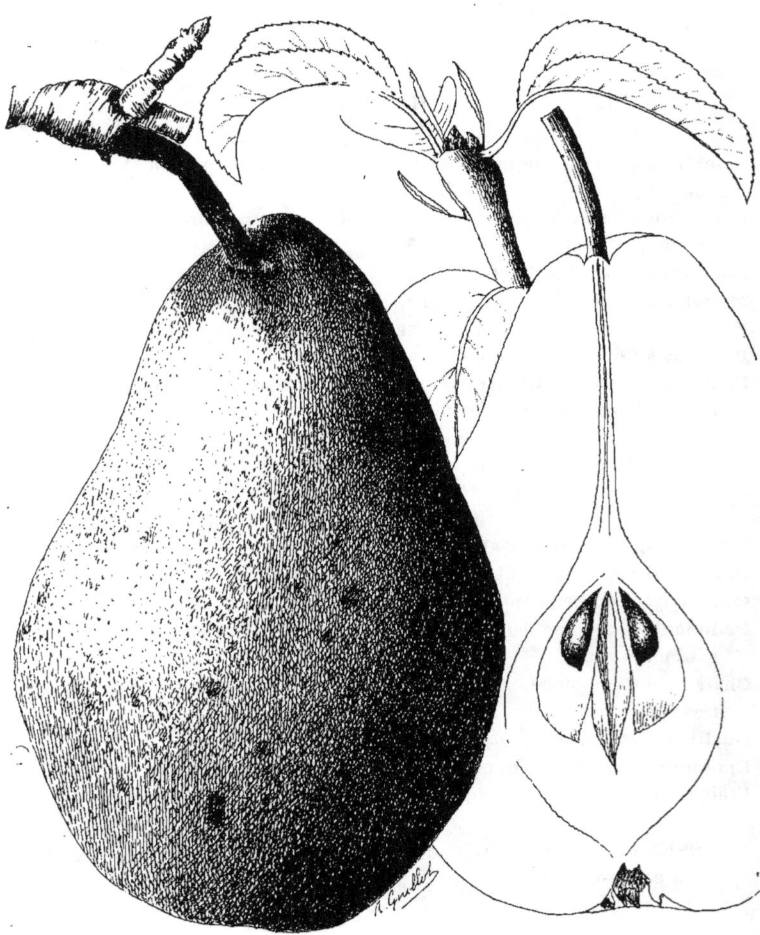

Variéte obtenue par Van Mons, en 1841, propagé par Alexandre Bivert, quelques années plus tard.

DESCRIPTION DE L'ARBRE

Port : érigé.
Sujet préférable pour la greffe : le Cognassier pour les formes taillées.
Vigueur : grande.
Fertilité : bonne.
Formes : toutes les formes.

RAMEAU

Assez long, robuste, d'un gris verdâtre, roussâtre au soleil.
Lenticelles : assez grandes, bien visibles.
Coussinets : assez saillants.
Mérithalles : assez longs.
Yeux : moyens, courts, coniques, écartés, brun foncé.
Boutons à fruits : assez gros, allongés, à écailles bien appliquées, brun très foncé.
Feuilles : *limbe*, vert jaunâtre, allongé, à pointe courte, dents fines et régulières ; *pétiole*, gros, court, faiblement canaliculé.
Fleurs : grandes.
Époque de floraison : moyenne saison.

FRUIT

Assez gros ou gros, ordinairement assez régulier, un peu ventru au tiers inférieur, aminci vers le haut.
Peau : verte, abondamment tachée et maculée de gris.
Œil : fermé dans une étroite et faible cavité.
Pédoncule : assez long, mince, arqué.
Chair : demi-fine, juteuse un peu acidulée.
Époque de maturité : novembre.
Qualité : assez bonne.
Fruit d'amateur.

OBSERVATIONS : La qualité de ce fruit est variable suivant les terrains ; dans les sols secs et chauds il est sucré, agréablement parfumé ; dans les sols humides, il est acidulé ; néanmoins, l'arbre est partout rustique et généreux et convient pour le verger.

CURÉ

SYNONYMES PRINCIPAUX : *Belle de Berry, de Clion, Curette, Cueil
lette d'hiver, Bon-Papa, Belle Adrienne, Poire des prêtres.*

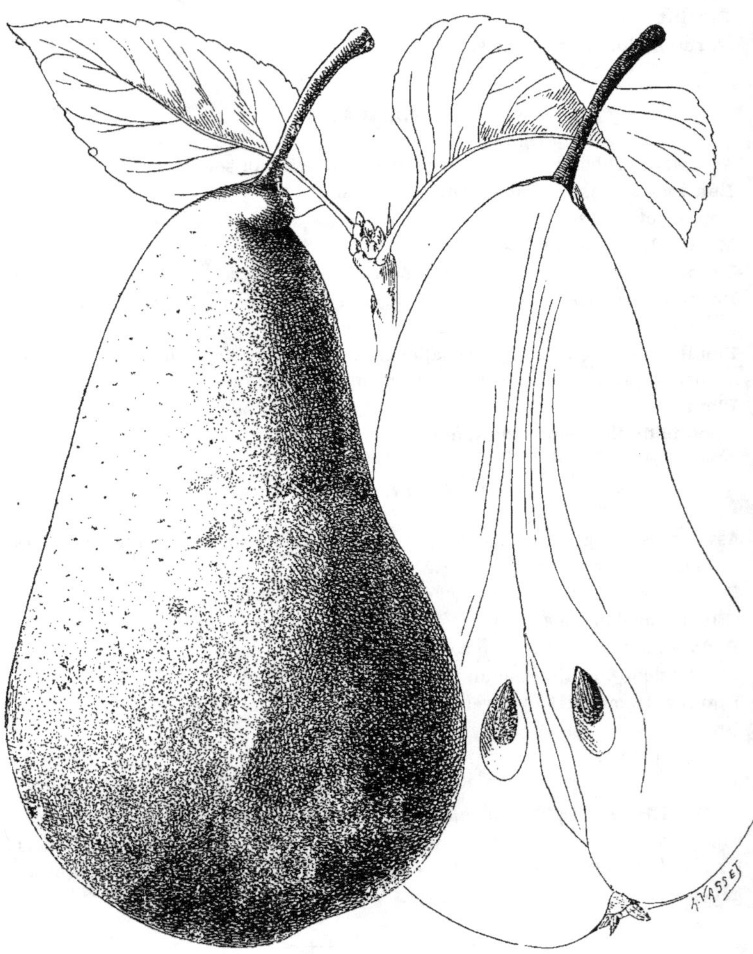

Cette variété a été trouvée en 1760 par Leroy, curé de Villiers, dans les
bois de Fromenteau, à quelques kilomètres de Clion (Indre).

DESCRIPTION DE L'ARBRE

Port : divergent, surtout pour les branches inférieures; l'ensemble de la cime est conique.

Sujet préférable pour la greffe : le Cognassier pour les formes taillées, le franc pour le plein vent.

Vigueur : extrême.

Fertilité : très grande, quand l'arbre est adulte.

Forme : toutes les formes lui conviennent, la haute tige en particulier.

RAMEAU

Long et flexueux, de grosseur moyenne, d'un gris verdâtre à l'ombre, brun à l'insolation.

Lenticelles : peu nombreuses, grandes, fauves, saillantes.

Coussinets : peu saillants.

Mérithalles : de longueur moyenne.

Yeux : moyens, allongés, à pointe aiguë, un peu écartée du rameau.

Boutons à fruits : gros, allongés, coniques, aigus, un peu étranglés à leur base, à écailles légèrement duveteuses, bien appliquées, d'un brun foncé terne, éclairé de gris.

Feuilles : *limbe*, assez épais, d'un beau vert, arrondi, à pointe aiguë, à surface plane en général; *pétiole*, assez gros, court, d'un blanc verdâtre.

Fleurs : grandes, très blanches, en petit nombre dans chaque corymbe.

Epoque de floraison : très hâtive.

FRUIT

Assez gros ou gros, très allongé, s'amincissant fortement depuis la moitié de sa hauteur jusqu'au pédoncule.

Peau : luisante, un peu chagrinée, d'un vert pâle, devenant jaune clair à complète maturité; ponctuée de vert foncé, teintée ou lavée de rose à l'insolation. Très souvent le fruit est marqué, du côté de l'ombre, d'une ligne longitudinale brune, allant de l'œil au pédoncule.

Œil : grand, ouvert dans une cavité large et peu profonde.

Pédoncule : mince, long, arqué, inséré obliquement dans une cavité presque nulle.

Chair : blanche, ou d'un blanc verdâtre, mi-fine, mi fondante, assez sucrée, possédant un parfum peu accentué, mais caractéristique.

Epoque de maturité : de décembre à janvier.

Qualité : le fruit est assez bon ou bon cru suivant les terrains et les régions, toujours bon cuit.

Fruit de marché, à couteau et à cuire.

OBSERVATIONS : La qualité de la poire de Curé est très variable suivant les terrains ; dans les sols très chauds elle est bonne, même crue. En tout cas, la vigueur de l'arbre, sa fertilité, la vente facile du fruit en font un fruit de marché de premier ordre, peut-être le plus avantageux de tous; c'est une excellente variété de montagne.

DE TONGRE

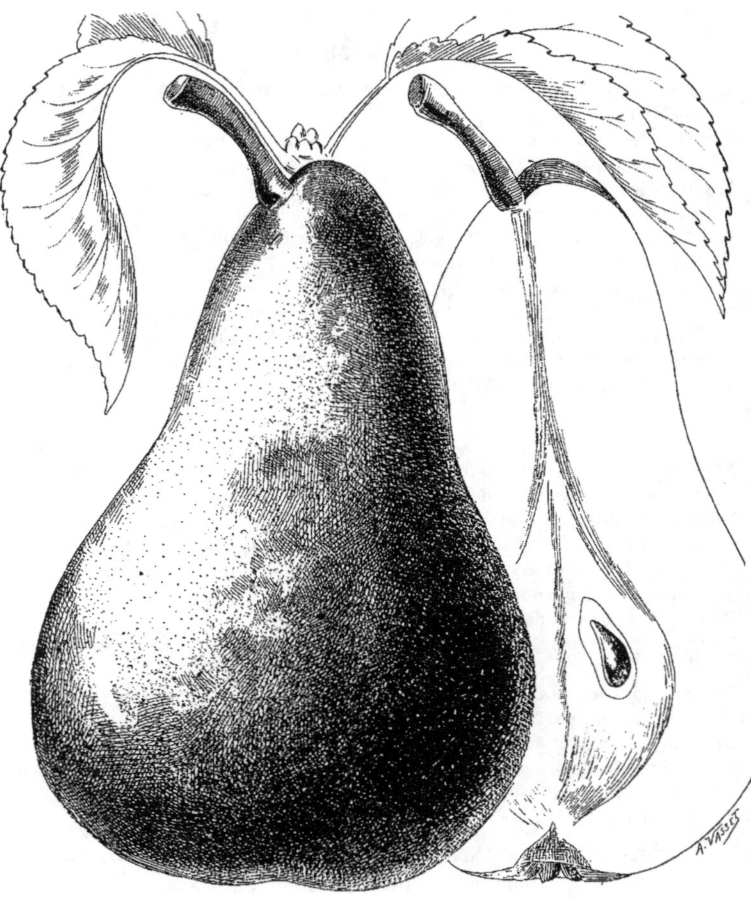

Variété obtenue par Charles-Louis Durondeau, brasseur à Tongre-Notre-Dame, près Tournai (Belgique), vers 1811.

DESCRIPTION DE L'ARBRE

Port : semi-érigé.

Sujet préférable pour la greffe : doit être greffé sur franc, dans les terres de fertilité moyenne ou insuffisante ; sur Cognassier dans les sols très riches.

Vigueur : moyenne.

Fertilité : bonne, même sur franc.

Forme : toutes les formes lui conviennent.

RAMEAU

De longueur et grosseur moyennes, droit ou un peu arqué, d'un roux verdâtre à l'ombre, brun violacé à l'insolation.

Lenticelles : irrégulièrement disposées, assez nombreuses, grisâtres, saillantes.

Coussinets : apparents.

Mérithalles : assez longs.

Boutons à fruits : longs, peu renflés et peu rétrécis à la base, à pointe longue et aiguë, à écailles mates et bien appliquées, d'un brun marron.

Yeux : moyens, anguleux, aigus, écartés du rameau surtout à sa base.

Feuilles : *limbe*, vert pâle, grand, ovale, lancéolé, à bords relevés en gouttière, légèrement dentés ; *pétiole*, mince, de longueur moyenne.

Fleurs : petites, ouvertes, en bouquets lâches à pétales écartés.

Époque de floraison : moyenne saison ou tardive.

FRUIT

Assez gros, turbiné, rétréci au tiers supérieur, bosselé.

Peau : épaisse, lisse, brillante, d'un vert brun, passant au jaune fauve à maturité largement ponctuée de gris.

Œil : moyen, mi-clos, irrégulier, dans une dépression peu profonde et large.

Pédoncule : moyen, mince, renflé aux deux extrémités, souvent oblique.

Chair : blanche, mi-fine, mi-fondante, sucrée, acidulée, assez parfumée, juteuse.

Qualité : bonne.

Époque de la maturité : d'octobre à novembre.

Fruit d'amateur.

OBSERVATIONS : La qualité de ce fruit varie suivant les terrains, mais lorsque le sol lui convient, il acquiert une saveur parfaite ; la production de l'arbre est régulière et soutenue ; c'est une variété très appréciée dans le nord de la France et en Belgique.

DOYENNÉ DALENÇON

SYNONYMES PRINCIPAUX : *Doyenné d'hiver nouveau. Saint-Michel d'hiver.*

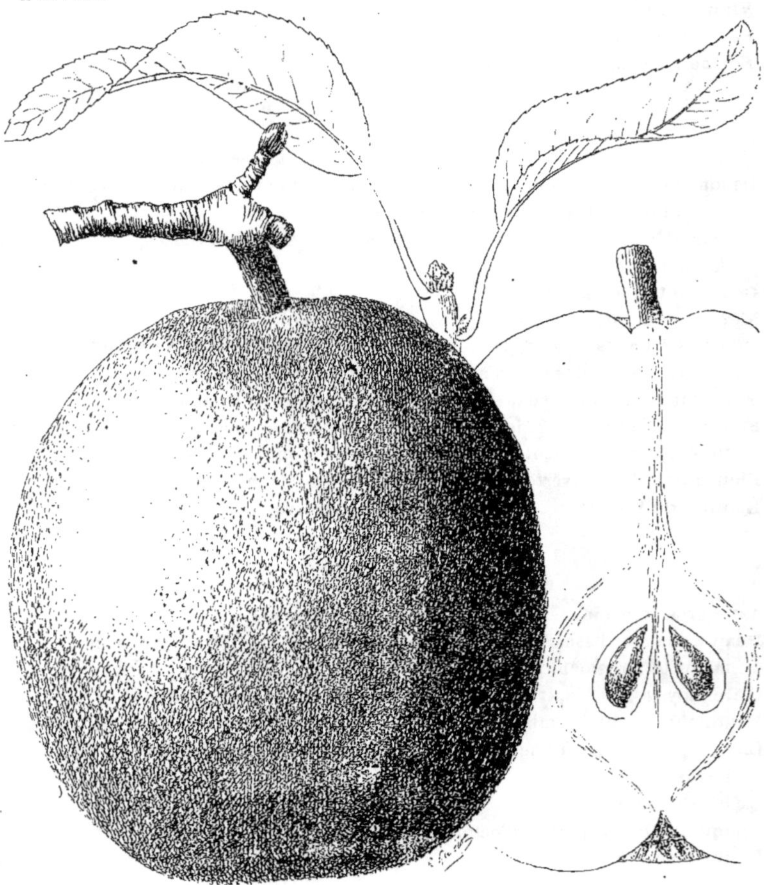

Variété découverte par l'abbé Malassis dans son champ de la Porte, commune de Pacé-Cussey, près Alençon, et mis au commerce par Thuillier, pépiniériste à Alençon, vers 1810.

DESCRIPTION DE L'ARBRE

Port : érigé.

Sujet préférable pour la greffe : le Coguassier en général.

Vigueur : grande.

Fertilité : grande et soutenue.

Forme : toutes les formes.

RAMEAU

De longueur et grosseur moyennes, d'un blond olivâtre à l'ombre, d'un gris verdâtre à l'insolation.

Lenticelles : assez nombreuses, rondes ou ovales, grises, saillantes.

Coussinets : moyens.

Mérithalles : plutôt courts.

Yeux : assez gros, coniques, aigus.

Boutons à fruits : petits, ovoïdes, courts, extrémité très obtuse, presque ronde, renflés au milieu, étranglés à la base, écailles brun foncé à la base du bouton, brun clair à son extrémité, s'écartant légèrement dès le milieu de l'hiver.

Feuilles : *limbe*, vert pâle, assez épais, lancéolé, finement denté; *pétiole*, assez long, épais.

Fleurs : moyennes.

Epoque de floraison : très hâtive.

FRUIT

Moyen, ovoïde ou globuleux, souvent bosselé.

Peau : épaisse, rude, verdâtre, largement ponctuée et maculée de brun et de gris.

Œil : moyen, mi-clos, dans une cavité variable de profondeur et de largeur.

Pédoncule : court, gros, souvent oblique.

Chair : blanc-jaunâtre, mi-fine, souvent granuleuse autour des loges, assez fondante, sucrée, acidulée, bien parfumée, juteuse.

Qualité : bonne ou très bonne.

Epoque de maturité : de décembre à mars.

Fruit d'amateur et de commerce.

OBSERVATIONS : Le Doyenné d'Alençon s'accommode de toutes les cultures, sous toutes les formes, mais cependant craint la tavelure dans les terrains humides; il faut cueillir tard ce fruit pour qu'il atteigne toute sa qualité.

DOYENNE DE JUILLET

SYNONYMES PRINCIPAUX : *Doyenné d'été, Jolimont précoce, Leroy-Jolimont, Saint Michel d'été.*

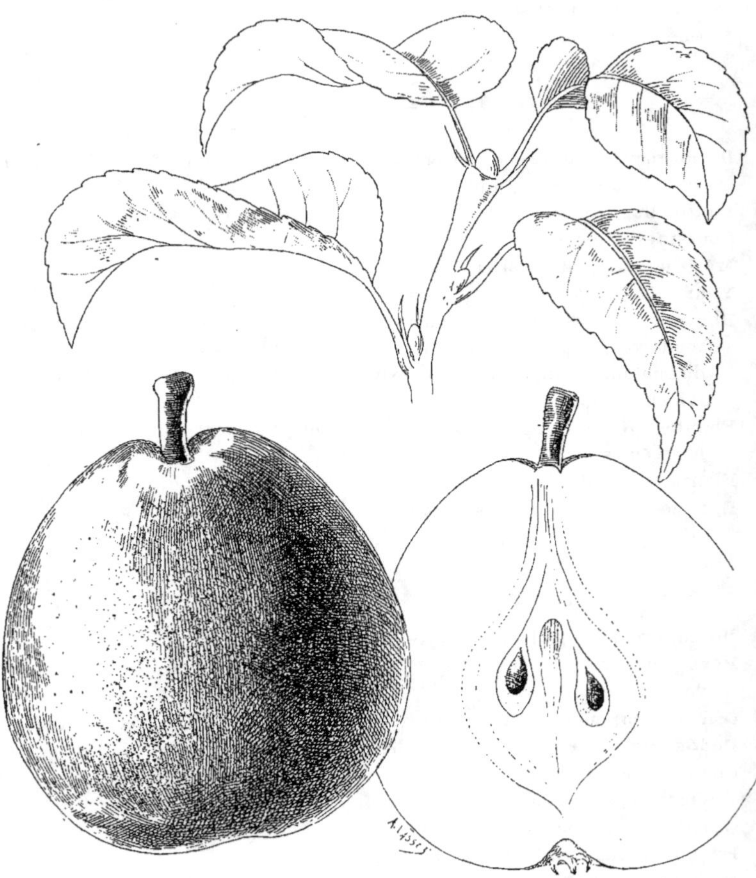

L'origine de cette variété est douteuse : les uns l'attribuent à Leroy-Jolimont au commencement du XIXᵉ siècle ; d'autres, à Van Mons au même moment ; enfin d'autres pomologues pensent qu'il provient d'un semis de hasard, découvert par les Capucins de Mons, dans leur jardin.

DESCRIPTION DE L'ARBRE

Port : semi-érigé.

Sujet préférable pour la greffe : Il ne faut employer le Cognassier que pour les petites formes et dans les terres riches ; dans tous les autres cas il faut le greffer sur franc.

Vigueur : faible.

Fertilité : très grande.

Forme : toutes les formes moyennes.

RAMEAU

De grosseur et longueur moyennes, olivâtre à l'ombre, d'un brun rougeâtre à l'insolation.

Lenticelles : nombreuses à la base du rameau, de couleur fauve.

Coussinets : peu saillants.

Mérithalles : longs.

Yeux : moyens, coniques, aigus, écartés du bois.

Boutons à fruits : gros, coniques, aigus, à écailles d'un brun foncé.

Feuilles : *limbe*, vert clair, petit, ovale ou arrondi, assez fortement denté ; *pétiole*, long et grêle.

Fleurs : petites, par bouquets.

Epoque de floraison : hâtive.

FRUIT

Petit, presque globuleux, quelquefois cordiforme, à contour régulier.

Peau : assez épaisse, vert clair passant au jaune citron, à complète maturité, lavée de carmin à l'insolation.

Œil : moyen, fermé, dans une cavité peu profonde.

Pédoncule : de longueur moyenne, gros, renflé à ses deux extrémités, parfois inséré dans une cavité peu profonde, le plus souvent prolongeant le fruit.

Chair : blanche, mi-fine, assez fondante, sucrée, acidulée, assez juteuse.

Qua'ité : bonne.

Epoque de la maturité : du 15 juillet au commencement d'août.

Fruit d'amateur.

OBSERVATIONS : Malgré la petitesse de ce fruit, il est intéressant à cause de sa précocité, car c'est la première des Poires. Il faudra l'entrecueillir et le faire mûrir au fruitier. La culture à haute tige donne de très bons résultats pour cette variété.

DOYENNÉ D'HIVER

SYNONYMES PRINCIPAUX : *Bergamote de la Pentecôte, Pastorale de Louvain, Belle d'Ixelles.*

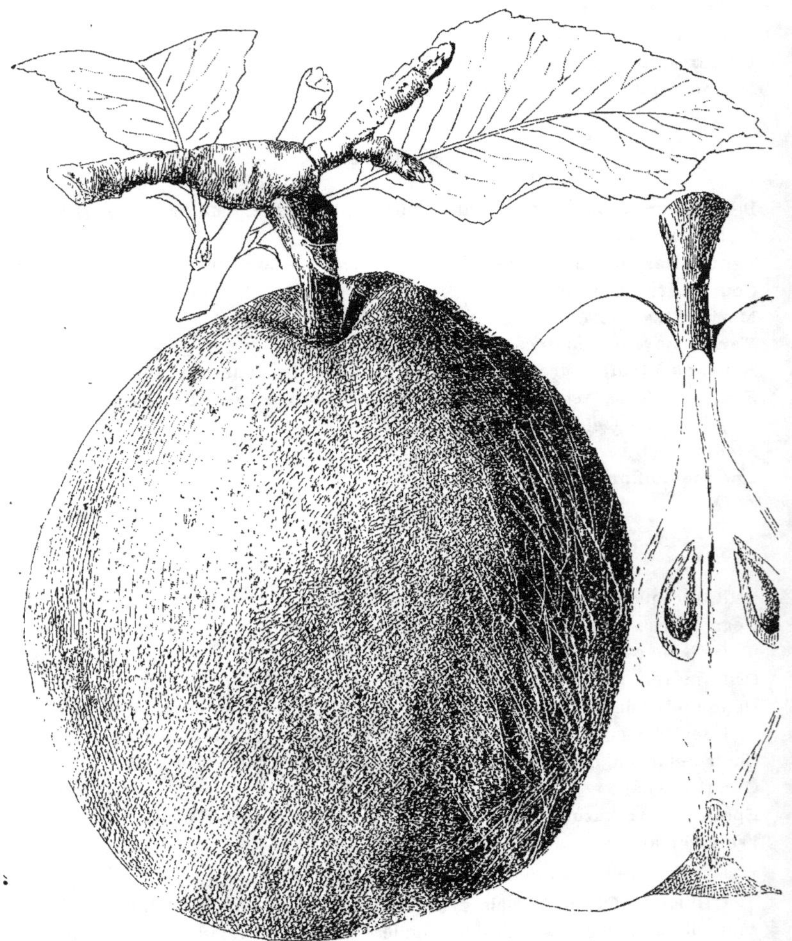

Origine douteuse, plusieurs pomologues lui assignent comme lieu de naissance l'ancien jardin des Capucins à Louvain (Belgique)

DESCRIPTION DE L'ARBRE

Port : érigé.

Sujet préférable pour la greffe : le Cognassier en général.

Vigueur : moyenne.

Fertilité : grande.

Forme et situation : l'espalier presque exclusivement.

RAMEAU

Long, de grosseur moyenne, vert bronzé à l'ombre, rougeâtre à l'insolation.

Lenticelles : assez nombreuses, grandes, arrondies.

Coussinets : généralement très saillants.

Mérithalles : petits.

Yeux : gros, larges, écartés du rameau.

Boutons à fruits : moyens, ovoïdes, obtus, à écailles brun marron ou brun clair.

Feuilles : *limbe*, vert clair, moyen, un peu en gouttière, à bord ondulé, finement denté ; *pétiole*, mince, assez long.

Fleurs : assez petites, nombreuses, à pétales blanc rosé sur les bords, dans chaque corymbe.

Epoque de floraison : hâtive.

FRUIT

Généralement gros ou très gros, un peu plus haut que large, de forme variable ; le plus souvent en forme de tonneau sur les côtés, et tronconique à la partie supérieure, tantôt ovoïde, tantôt presque globuleux, quelquefois assez allongé.

Peau : lisse et brillante, verte, très régulièrement pointillée de brun, passant au jaune paille à maturité ; un peu teintée de rouge à l'insolation, lorsque l'exposition est très chaude.

Œil : moyen ou grand, assez ouvert dans une dépression peu profonde et large.

Pédoncule : généralement court, ligneux, renflé près de la bourse, prolongeant l'axe du fruit et inséré dans une dépression marquée ; pour les fruits allongés il est implanté obliquement dans une cavité peu profonde, portant des proéminences qui la rendent irrégulière.

Chair : blanche, fine, quelquefois granuleuse autour des loges, très fondante, sucrée, très légèrement acidulée, finement et délicieusement parfumée.

Qualité : très bonne.

Epoque de maturité : de janvier à mars.

Fruit de commerce et d'amateur.

OBSERVATIONS : Cette variété est sujette à la tavelure, aussi ne devra-t-on la cultiver qu'en espalier à bonne exposition, plutôt à l'Est qu'au Sud et surtout qu'à l'Ouest. C'est l'une des variétés les plus estimées dans le commerce, aussi devra-t-on lui réserver dans les plantations faites pour la vente, la majeure partie des espaliers.

DOYENNÉ DU COMICE

SYNONYMES : *Doyenné du Comice d'Angers*, *Fondante du Comice*, *Comice* (par abréviation).

Variété obtenue en 1849 dans le jardin fruitier du Comice horticole d'Angers.

DESCRIPTION DE L'ARBRE

Port : érigé dans le jeune âge, un peu étalé quand l'arbre est adulte.

Sujet préférable pour la greffe : le Cognassier pour tous les arbres soumis à la taille.

Vigueur : très grande.

Fertilité : capricieuse, alternante.

Forme : toutes les formes.

RAMEAU

Long, de grosseur moyenne, d'un vert clair à l'ombre, rougeâtre à l'insolation.

Lenticelles : peu nombreuses, grandes, grisâtres, rondes ou ovales.

Coussinets : peu saillants.

Mérithalles : moyens ou grands.

Yeux : longs, pointus, côniques, écartes du rameau.

Boutons à fruits : assez gros, ovoïdes ou allongés, assez aigus, renflés, à écailles d'un brun clair, un peu velus.

Feuilles : *limbe*, ample, d'un beau vert foncé, mince, tantôt court, presque cordiforme, tantôt ovale et aigu ; dents fines et aiguës ; *pétiole*, de longueur et force moyennes.

Fleurs : grandes, très blanches, peu nombreuses dans chaque corymbe.

Epoque de floraison : tardive.

FRUIT

Généralement gros, quelquefois très gros, le plus souvent turbiné, régulier, quelquefois rétréci au tiers supérieur, bosselé, un peu arqué, solitaire en général.

Peau : très fine, lisse, délicate, d'un vert pâle, pointillée de gris et de roux, passant au jaune d'or ou au jaune clair à complète maturité, fortement colorée de vermillon à l'insolation.

Œil : moyen, peu ouvert, dans une cavité large, et de profondeur moyenne.

Pédoncule : généralement court, charnu, souvent oblique, très adhérent aux bourses.

Chair : très blanche, très fine, extrêmement fondante et sucrée, remarquablement juteuse, ayant un parfum léger et délicat.

Epoque de la maturité : d'octobre à novembre.

Qualité : très bonne.

Fruit de commerce et d'amateur.

OBSERVATIONS : Cette variété est généralement considérée comme la meilleure des poires ; pour atteindre toute sa qualité elle doit être cueillie assez tôt et consommée bien à point. Les gros fruits sont vendus à la pièce, un prix très élevé. On ne peut reprocher au fruit qu'une fragilité très grande, obligeant à de grands soins pour l'emballage, et à l'arbre, que sa production est un peu irrégulière.

DUCHESSE D'ANGOULÊME

Synonymes : *des Eparonnais*, et par abréviation *Duchesse*.

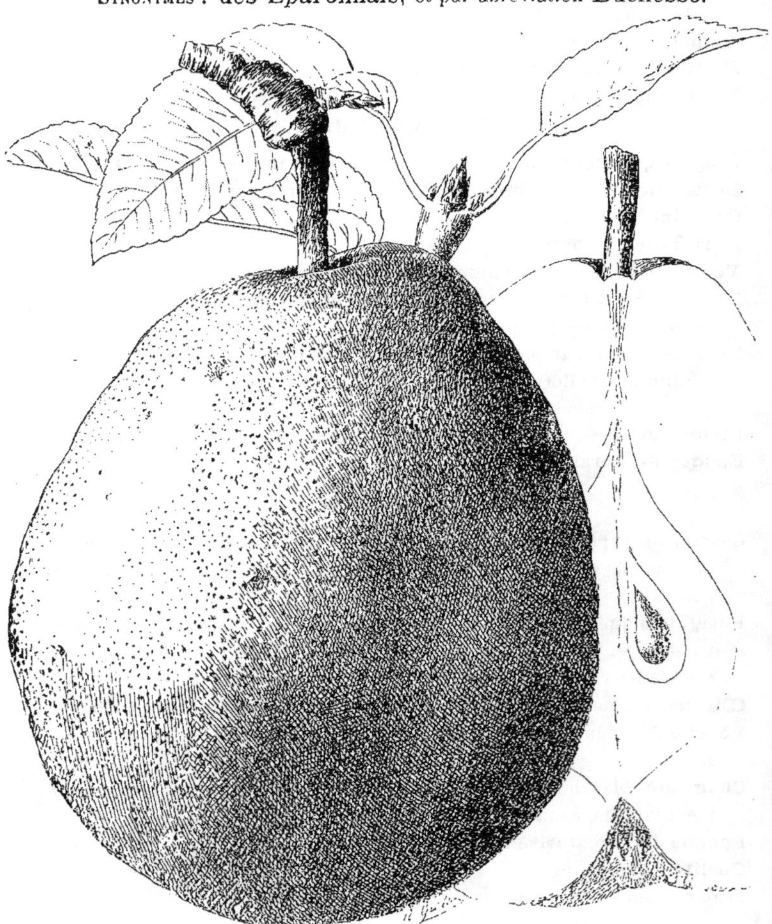

Variété obtenue par hasard dans le jardin de la ferme des Eparonnais,
commune de Querré près Champigné (Maine-et-Loire); découverte en 1809 et
propagée par Pierre Audusson, pépiniériste à Angers, qui la dédia, en 1820,
à la Duchesse d'Angoulême, après l'avoir nommée tout d'abord poire des
Eparonnais.

DESCRIPTION DE L'ARBRE

Port : érigé.
Sujet préférable pour la greffe : le Cognassier dans les bons sols.
Vigueur : moyenne.
Fertilité : très grande et régulière.
Formes : toutes les formes.

RAMEAU

Assez long, de grosseur moyenne, jaune, verdâtre à l'ombre, jaune rosé à
l'insolation, souvent terminé par un bouton à fruit.
Lenticelles : nombreuses, rondes ou ovales, grisâtres, un peu saillantes.
Coussinets : peu saillants.
Mérithalles : de longueur inégale, moyens ou assez grands.
Yeux : moyens, coniques, aigus, écartés du rameau à leur extrémité.
Boutons à fruits : assez gros, allongés, à pointe assez aiguë, renflés au tiers
inférieur, étranglés à la base, à écailles d'un brun clair un peu luisantes,
ciliées; celles de la base sont tachées de gris cendré.
Feuilles : *limbe*, vert clair, lancéolé, aigu, à surface généralement plane;
pétiole, de longueur et grosseur moyennes.
Fleurs : blanches, de grandeur moyenne, nombreuses dans chaque corymbe.
Epoque de floraison : moyenne.

FRUIT

Gros ou très gros, ovoïde ou tronconique, à sommet large, fortement bosselé.
Peau : épaisse, brillante, vert clair, pointillée et irrégulièrement tachetée de
fauve, passant au jaune clair à maturité.
Œil : petit, peu ouvert, dans une dépression large, peu profonde, avoisinée
de bosses irrégulières.
Pédoncule : de longueur et grosseur moyennes, droit ou arqué, inséré dans
une faible cavité.
Chair : un peu jaunâtre, ferme et demi-fine, quelquefois granuleuse, mi-
fondante, sucrée, d'un parfum peu accentué, mais très odorant, juteuse.
Qualité : bonne ou très bonne.
Epoque de la maturité : d'octobre à novembre.
Fruit de commerce et d'amateur.

OBSERVATIONS : Tous les genres de culture conviennent à cette
variété, même, en montagne; le fruit supporte facilement l'emballage; il
indique parfaitement sa maturité par le jaunissement de sa peau et son parfum; aussi a-t-il toujours été très apprécié comme fruit de commerce.

ÉPARGNE

Synonymes principaux : *Cuisse-Madame, Cueillette grosse Madeleine.*

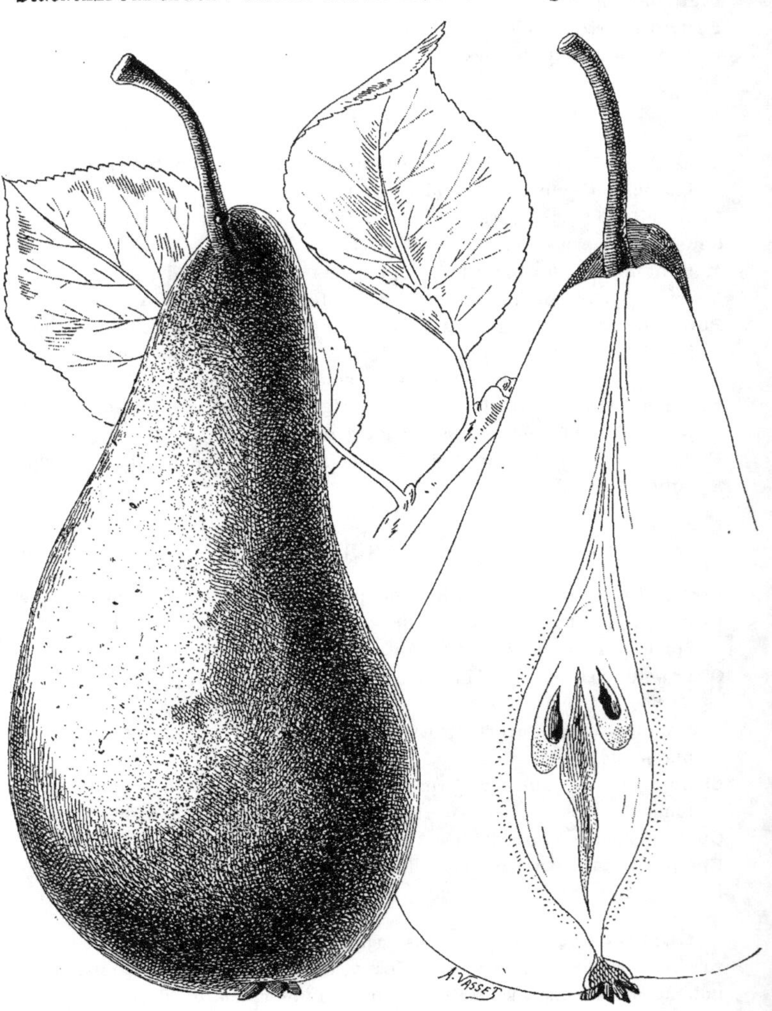

Origine très ancienne et inconnue.

DESCRIPTION DE L'ARBRE

Port : divergent et très irrégulier.

Sujet préférable pour la greffe : le Cognassier pour les formes taillées, et dans les bons sols, le franc dans tous les autres cas.

Vigueur : moyenne ou faible sur Cognassier, très bonne sur franc.

Fertilité : grande.

Forme et situation : l'espalier ou le contre-espalier; la tige de préférence.

RAMEAU

Long, gros, rouge verdâtre à l'ombre, rouge vineux au soleil, irrégulièrement taché de blanc grisâtre.

Lenticelles : rares, rondes, grisâtres, saillantes.

Coussinets : larges et très peu saillants.

Mérithalles : inégaux, plutôt longs.

Yeux : petits, déprimés, surtout à la base, aigus, appliqués contre le rameau.

Boutons à fruits : gros, ovoïdes, renflés, à pointe courte, obtuse, à écailles d'un brun fauve un peu éclairées de gris.

Feuilles : *limbe*, oblong ou arrondi, d'un vert foncé, acuminé, à bords un peu relevés, à dents petites et aiguës; *pétiole*, gros, de longueur moyenne.

Fleurs : blanches, très grandes et très ouvertes.

Epoque de floraison : hâtive.

FRUIT

De grosseur moyenne ou surmoyenne, allongé, rétréci à la partie supérieure, souvent plus d'un côté que de l'autre.

Peau : assez épaisse, verte, tachée de fauve, surtout auprès du pédoncule, passant au jaune citrin à complète maturité, assez souvent lavée de rouge à l'insolation.

Œil : assez grand, ouvert, dans une faible dépression.

Pédoncule : long ou très long, grêle, souvent recourbé.

Chair : blanche, assez fine, fondante, sucrée, un peu âpre, parfumée, très juteuse, sujette à blettir.

Qualité : bonne, sauf en montagne où le fruit est médiocre.

Epoque de la maturité : 2ᵉ quinzaine de juillet.

Fruit d'amateur et de marché.

OBSERVATIONS : On doit cultiver cette variété de préférence à haute tige, elle se prête néanmoins à la culture en contre-espalier et en espalier même au Nord, mais l'arbre est difficile à former; le fruit est assez répandu sur les marchés, et il se vend bien en raison de sa précocité.

FONDANTE DES BOIS

Synonymes principaux : *Beurré Spence, Belle de Flandres, Beurré des bois, Beurré de Deftinge, Beurré Davis.*

Variété trouvée par M. Châtillon, dans un bois près d'Alost (Belgique) et cultivée sous le nom flamand de « Bosc per »; débaptisée par Van Mons, sous le nom de poire Davy; par Bivert, sous celui de Beurré de Deftinge; par Thuillier, sous celui de Beurré Spence, etc.

DESCRIPTION DE L'ARBRE

Port : érigé.

Sujet préférable pour la greffe : le Cognassier pour les formes petites et moyennes, le franc dans les autres cas.

Vigueur : faible sur Cognassier dans les premières années, bonne ensuite.

Fertilité : bonne.

Forme : toutes les formes lui conviennent.

RAMEAU

Long, de grosseur moyenne, d'un vert foncé à l'ombre, rouge violacé à l'insolation.

Lenticelles : rares, petites, ovales, blanchâtres.

Coussinets : assez saillants à la base du rameau, nuls à l'extrémité.

Mérithalles : courts.

Yeux : moyens, ovoïdes ou pointus, écartés du bois à la base du rameau, aplatis, ciliés au sommet.

Boutons à fruits : gros, ovoïdes, aigus, à écailles disjointes, d'un brun foncé, éclairé de gris.

Feuilles : *limbe*, d'un vert clair, brillant, allongé, aigu, arqué, à bord relevé : *pétiole*, de longueur moyenne.

Fleurs : petites, légèrement rosées.

Époque de floraison : tardive.

FRUIT

Gros ou très gros, généralement ovoïde, à base assez large, à contour régulier.

Peau : assez fine, un peu rude, d'un vert clair passant au jaune d'or, ponctuée et maculée de brun et de roux, abondamment lavée de rouge carmin à l'insolation.

Œil : moyen, peu ouvert dans une faible dépression.

Pédoncule : court, de grosseur moyenne, rétréci au milieu, implanté dans une cavité étroite et peu profonde.

Chair : blanche, fine, fondante, très sucrée, bien parfumée, juteuse.

Qualité : très bonne.

Époque de la maturité : de septembre à octobre.

Fruit d'amateur.

OBSERVATIONS : Cette excellente variété se prête à toutes les cultures, mais il faudra éviter de la planter dans un sol humide, car elle est sujette à la tavelure. Sur Cognassier, il lui faut un sol riche, où elle poussera bien après quelques années. On devra surveiller le fruit à l'approche de sa maturité pour éviter le blettissement. Donne de bons résultats en montagne.

FONDANTE THIRRIOT

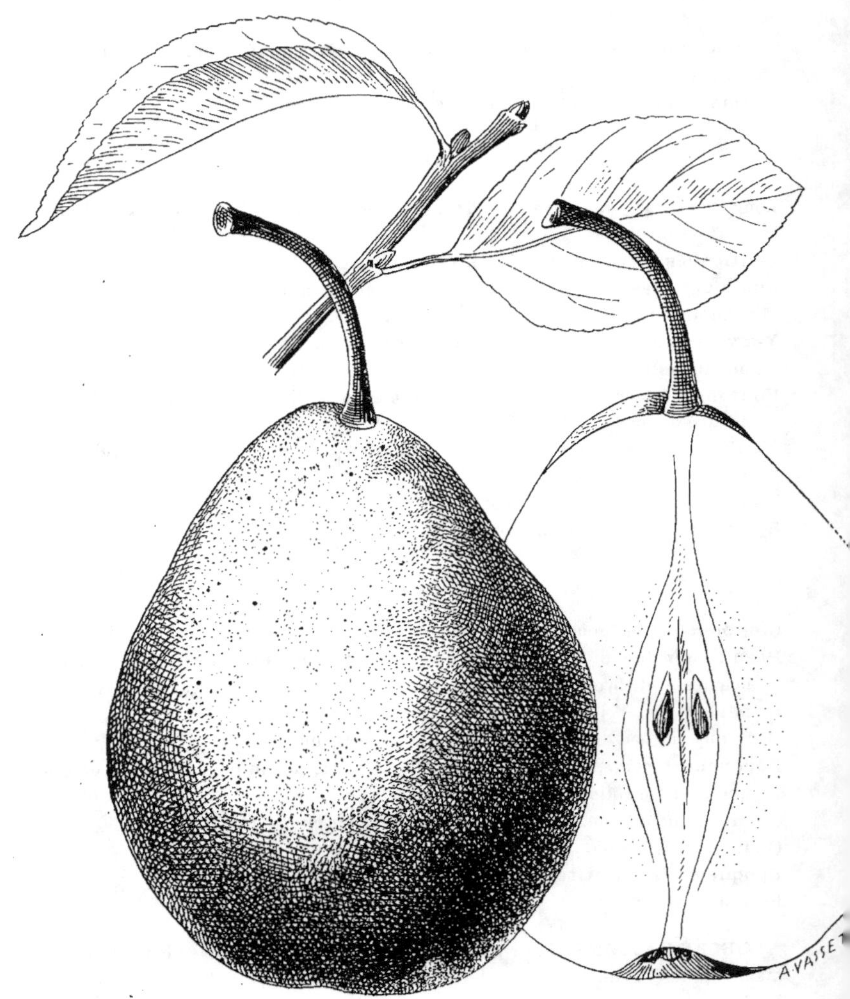

Obtenue par MM. Thirriot frères, pépiniéristes à Charleville (Ardennes), en 1858.

DESCRIPTION DE L'ARBRE

Port : érigé.
Sujet préférable pour la greffe : franc et cognassier.
Vigueur : assez bonne.
Fertilité : grande et soutenue.
Forme : plein vent.

RAMEAU

De longueur moyenne ou assez courte, grêle (beaucoup de brindilles), brun
    clair.
Lenticelles : peu nombreuses, ovales, très allongées.
Coussinets : très saillants.
Mérithalles : assez courts.
Yeux : nettement triangulaires, pointus, accolés.
Feuilles : *limbe*, petit, elliptique, légèrement acuminé; *pétiole*, assez long.
Fleurs : moyenne grandeur.

FRUIT

Assez gros, turbiné, arrondi.
Peau : fine, jaune pâle, verdâtre ponctuée.
Œil : moyen, mi-ouvert.
Pédoncule : assez long, un peu charnu au voisinage du fruit.
Chair : blanc légèrement verdâtre, fine, fondante, sucrée, très juteuse.
Qualité : bonne et très bonne.
Epoque de maturité : prolongée d'octobre à décembre.
Fruit de table.

OBSERVATIONS : Maturité très prolongée, semble être meilleure en
provenance de terrains assez forts. Résistante à la gelée (hiver 1879-1880).
Résistante à la tavelure. Lui appliquer une taille moyenne.

JEANNE D'ARC

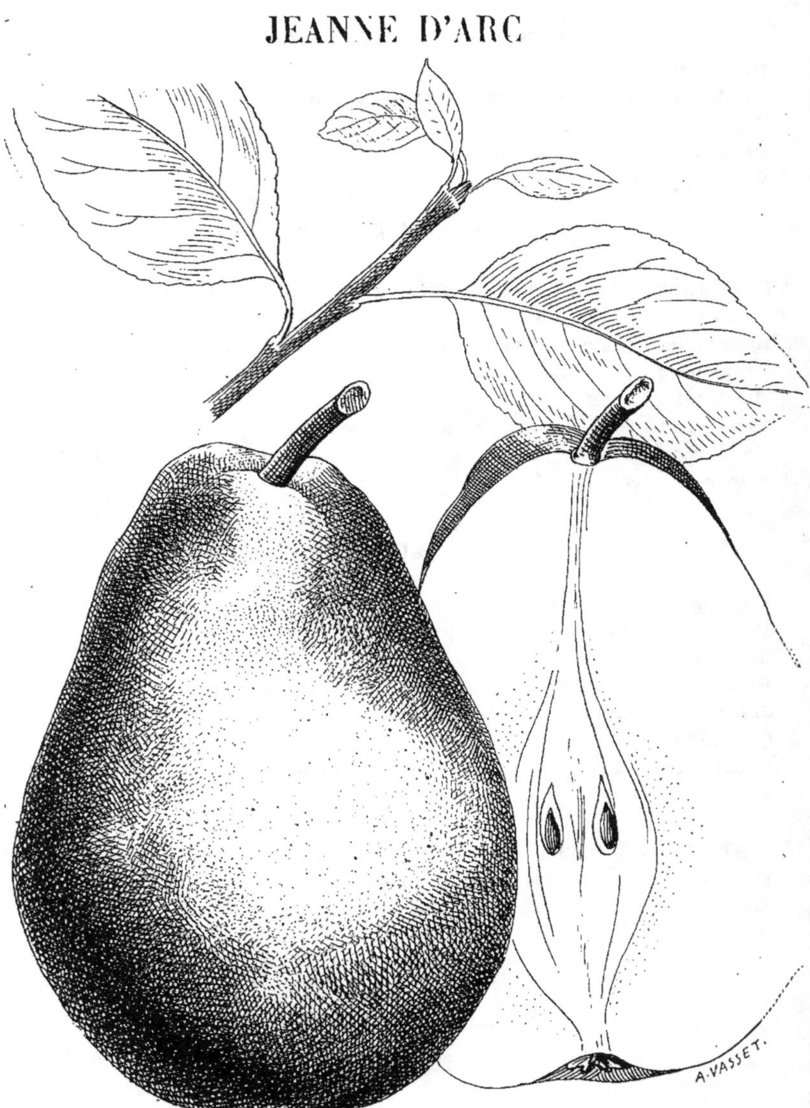

Obtenue par M. A. Sannier, de Rouen, en 1885.

DESCRIPTION DE L'ARBRE

Port : érigé.

Sujet préférable pour la greffe : le cognassier en bon terrain, le poirier franc dans les autres cas.

Vigueur : moyenne.

Fertilité : grande, mise à fruit prompte.

Forme : toutes les formes lui conviennent; vient très bien en fuseaux.

RAMEAU

De longueur moyenne, très droit, de grosseur moyenne, l'extrémité en général moitié plus grosse, brun, gris cendré à l'insolation, brun fauve à l'ombre.

Lenticelles : nombreuses, petites, d'un gris jaunâtre.

Coussinets : peu saillants.

Mérithalles : très courts.

Yeux : moyens, triangulaires, obtus, d'un gris blanchâtre, pointe peu écartée du rameau.

Boutons à fruits : gros, renflés en leur milieu, à pointe obtuse, écailles d'un brun marron foncé, éclairée de gris.

Feuilles : *limbe*, vert foncé, assez grand, épais, bord légèrement ondulé et denté; *pétiole*, long ou assez long, droit, assez fort, quelquefois légèrement teinté de rose à la naissance du limbe.

FRUIT

Généralement gros, parfois très gros, piriforme, allongé, à surface bosselée.

Peau : jaune verdâtre, ponctuée de fauve, plus largement marquée autour de de l'œil, un peu rougeâtre à l'insolation, passant au jaune fauve à complète maturité.

Œil : moyen, ouvert, dans une cavité régulière et assez profonde.

Pédoncule : court, gros, un peu charnu, oblique, inséré dans une cavité assez profonde.

Chair : blanche, ou blanc jaunâtre, demi-fine, légèrement granuleuse autour des loges, mi-fondante, très juteuse, un peu âpre, sucrée, légèrement et agréablement parfumée, eau très abondante.

Qualité : très bonne.

Époque de la maturité : décembre-janvier.

Fruit de table.

OBSERVATIONS : Variété très recommandable comme fruit d'amateur et réussit très bien en plein air. Il faut cueillir ce fruit tard. Tailler la branche fruitière courte. Variété assez résistante aux maladies.

JOSÉPHINE DE MALINES

Variété obtenue en 1830 par le major Esperen, de Malines, et dédiée à sa femme, Joséphine Baur.

DESCRIPTION DE L'ARBRE

Port : étalé ou divergent.

Sujet préférable pour la greffe : le Cognassier, dans les sols riches et pour les formes moyennes, le franc dans les autres cas.

Vigueur : moyenne.

Fertilité : faible dans le jeune âge, bonne ensuite.

Forme : les formes palissées de préférence.

RAMEAU

Court, moyen ou gros, brunâtre à l'ombre, brun-rouge à l'insolation.

Lenticelles : rares, grises, petites.

Coussinets : assez saillants.

Mérithalles : courts.

Yeux : assez gros, ovoïdes ou coniques, courts, écartés du rameau, surtout au sommet, d'un brun foncé, avec des reflets argentés.

Boutons à fruits : gros, courts, renflés à leur moitié, à écailles disjointes, brunâtres, éclairées de gris argenté.

Feuilles : *limbe*, vert clair, petit, le plus souvent arrondi, avec une pointe aiguë, généralement plat ; *pétiole*, mince, recourbé, court.

Fleurs : moyennes, par bouquets, blanc pur.

Époque de floraison : assez tardive.

FRUIT

Petit ou moyen, presque toujours turbiné, obtus, à contour bien régulier.

Peau : assez épaisse, olivâtre, marbrée de brun fauve, ponctuée de roux, passant au jaune clair à maturité.

Œil : petit, ouvert, dans une large dépression.

Pédoncule : moyen, assez gros, charnu, implanté dans une cavité irrégulière, très adhérent aux bourses.

Chair : fine, rosée, fondante, sucrée, ayant un parfum de rose bien prononcé, très juteuse.

Qualité : très bonne.

Époque de la maturité : de décembre à mars.

Fruit d'amateur et de commerce.

OBSERVATIONS : Cette Poire est très appréciée par certaines personnes, qui aiment son parfum spécial, aussi le commerce la recherche-t-il malgré son faible volume. Sa maturation, qui se fait lentement et permet de la consommer pendant tout l'hiver, la fait également estimer comme fruit d'amateur.

LE LECTIER

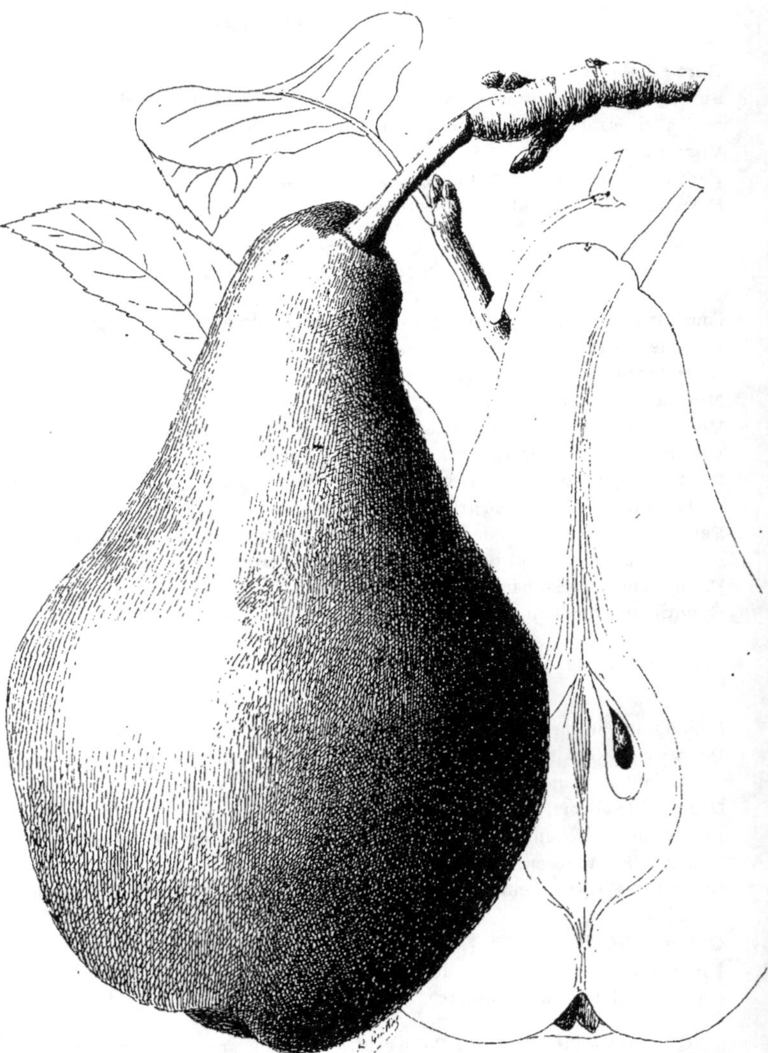

Variété obtenue d'un croisement entre le Bon Chrétien Williams et la Bergamote Fortunée, d'après son auteur, Auguste Lesueur à Orléans, vers 1882; mise au commerce en 1888, par MM. Transon frères.

DESCRIPTION DE L'ARBRE

Port : érigé.
Sujet préférable pour la greffe : le Cognassier.
Vigueur : grande.
Fertilité : bonne.
Forme : toutes les formes lui conviennent.

RAMEAU

Gros, de longueur moyenne, rouge verdâtre à l'ombre, rougeâtre à l'insolation.
Lenticelles : assez grosses, peu nombreuses, ovales, grisâtres.
Coussinets : assez saillants.
Mérithalles : moyens.
Yeux : assez volumineux, allongés et pointus, un peu écartés du bois.
Boutons à fruits : moyens, allongés, lisses.
Feuilles : *limbe*, vert luisant, allongé, ample, recourbé; *pétiole*, moyen, assez
    long.
Fleurs : grandes, peu ouvertes.
Epoque de floraison : hâtive.

FRUIT

Gros, allongé, ordinairement arqué, tantôt régulièrement conique, tantôt très
    ventru, les parties supérieures fortement rétrécies, cylindro-coniques,
    donnant au fruit la forme de calebasse.
Peau : fine d'un vert tendre passant au jaune verdâtre à complète maturité.
Œil : grand, dans une large dépression.
Pédoncule : mince, de longueur moyenne.
Chair : blanche, fine, fondante, sucrée, agréablement parfumée, juteuse.
Qualité : bonne ou très bonne.
Epoque de la maturité : de novembre à décembre.
Fruit d'amateur.

OBSERVATIONS : Cette variété, qui a déjà fait ses preuves comme fruit
d'amateur, commence à entrer dans la vente commerciale où un certain avenir
lui est peut-être réservé.

LOUISE BONNE D'AVRANCHES

Synonymes principaux : *Bonne Louise d'Avranches, Louise bonne de Longueval, Bonne de Longueval, Louise bonne de Jersey.*

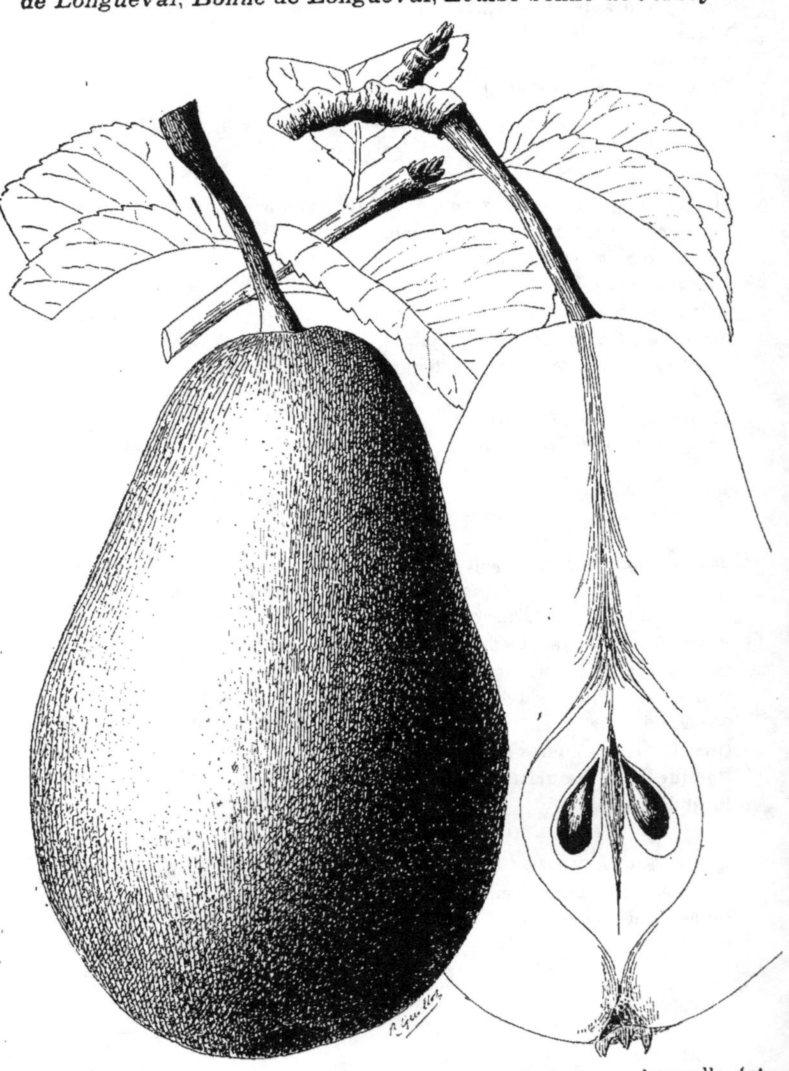

Variété trouvée vers, 1780, par M. de Longueval, à Avranches; elle fut dédiée à sa femme Louise de Longueval.

DESCRIPTION DE L'ARBRE

Port : érigé.

Sujet préférable pour la greffe : le Cognassier en général.

Vigueur : bonne.

Fertilité : très grande et très régulière.

Forme : toutes les formes lui conviennent.

RAMEAU

Long et droit, cassant, de grosseur moyenne, vert olivâtre à l'ombre, rouge
violacé à l'insolation.

Lenticelles : assez abondantes, rondes ou elliptiques, grisâtres, saillantes.

Coussinets : peu saillants.

Mérithalles : assez grands.

Yeux : petits, coniques, un peu écartés du rameau à leur sommet.

Boutons à fruits : Moyens, coniques, à pointe peu aiguë ; écailles disjointes
d'un brun clair, recouvertes en partie de gris argenté.

Feuilles : *limbe*, moyen, brillant, d'un vert foncé ; elliptique, lancéolé, à
pointe aiguë, arqué, à bord relevé en gouttière, irrégulièrement denté ;
pétiole, fort, généralement court ou assez long.

Fleurs : blanches, de grandeur moyenne, nombreuses dans chaque corymbe.

Epoque de la floraison : moyenne saison.

FRUIT

Moyen, allongé, obtus aux deux extrémités ; le plus souvent ovoïde, quelquefois
pyriforme, un peu rétréci au tiers inférieur.

Peau : fine et lisse, brillante, d'un vert clair passant au jaune paille à l'insolation, abondamment et régulièrement parsemée de points gris entourés de
rouge violacé, largement lavée de carmin à l'insolation.

Œil : moyen ou petit, ouvert, dans une dépression large et peu profonde.

Pédoncule : de longueur moyenne, généralement mince, droit, inséré dans
une cavité faible ou nulle.

Chair : blanche, mi-fine, mi-fondante, très sucrée, acidulée, un peu astringente, très agréablement parfumée, bien juteuse.

Qualité : très bonne.

Epoque de la maturité : septembre-octobre.

Fruit d'amateur et de commerce.

OBSERVATIONS : Cette variété, de conduite facile, est fertile sur franc
comme sur Cognassier et convient à tous les genres de culture. Il faudra
seulement éviter de la planter dans des sols humides, car la tavelure serait à
redouter. C'est un fruit de commerce estimé, la vente s'en fait généralement
au poids, et c'est par grande quantité qu'elle est débitée sur nos marchés.

MADAME TREYVE

Synonyme : *Souvenir de Madame Treyve.*

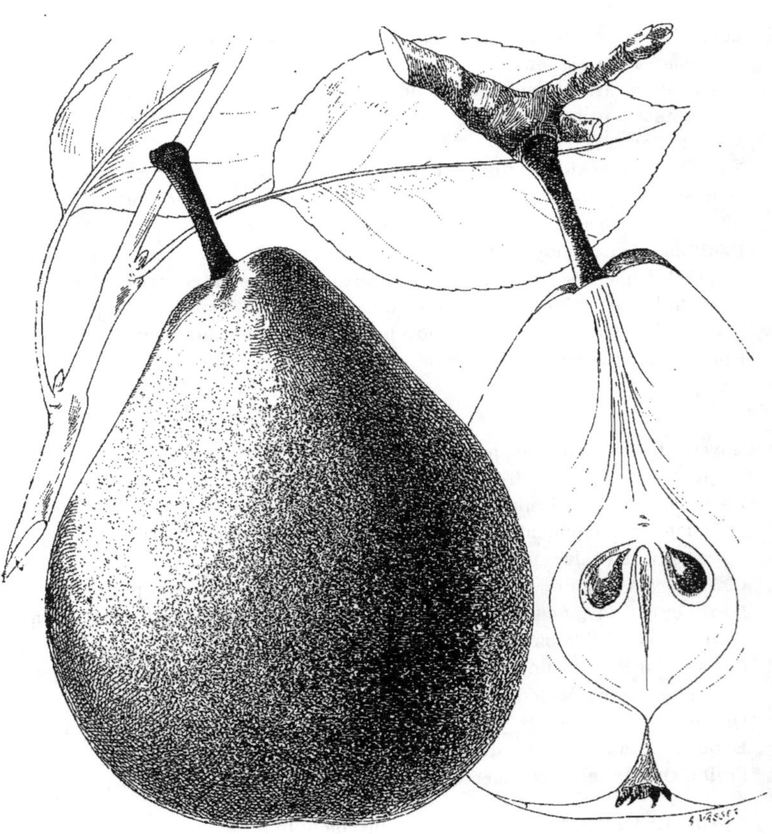

Variété obtenue d'un semis fait en 1843 par M. Treyve, pépiniériste à Trévoux ; première fructification en 1858.

DESCRIPTION DE L'ARBRE

Port : érigé.

Sujet préférable pour la greffe : le Cognassier, pour les formes petites ou moyennes dans les terrains riches ; le franc dans les autres cas.

Vigueur : moyenne.

Fertilité : très grande.

Forme : toutes les formes moyennes lui conviennent.

RAMEAU

De longueur moyenne, gros, **verdâtre** à l'ombre, jaune verdâtre à l'insolation.

Lenticelles : petites, grises, allongées.

Coussinets : assez saillants.

Mérithalles : de longueur variable, courts à la base, grands au sommet des rameaux.

Yeux : moyens, coniques, écartés du rameau.

Boutons à fruits : assez gros, ovoïdes, aigus, à écailles d'un brun foncé, recouvertes de gris et de rouge.

Feuilles : *limbe*, vert intense, de dimension restreinte, ovale, aïgu, à bord relevé en gouttière, irrégulièrement denté ; *pétiole*, gros et long.

Fleurs : blanches, grandes.

Epoque de la floraison : hâtive.

FRUIT

Assez gros ou gros, turbiné, un peu rétréci au tiers supérieur, à base large et presque plate, à contour régulier.

Peau : fine, lisse, presque uniformément verte, jaunissant bien à complète maturité.

Œil : assez grand, dans une cavité large et profonde.

Pédoncule : généralement court et robuste, souvent renflé à l'extrémité, inséré dans une cavité peu profonde.

Chair : blanche, fine, très fondante, très sucrée, légèrement acidulée, peu parfumée, très juteuse.

Qualité : très bonne.

Epoque de la maturité : fin d'août.

Fruit d'amateur.

OBSERVATIONS : Cette variété se recommande par sa grande fertilité, sa qualité remarquable et sa résistance aux maladies ; sa vigueur, sous-moyenne, fait, seule, obstacle à sa vulgarisation.

MARTIN SEC

Synonymes principaux : *Saint-Martin, Rousselet d'hiver, Martin sec d'hiver.*

Origine : très ancienne et inconnue.

DESCRIPTION DE L'ARBRE

Port : érigé; les branches inférieures cependant sont retombantes.
Sujet préférable pour la greffe : le franc.
Vigueur : bonne sur franc, faible sur Cognassier.
Fertilité : très bonne.
Forme : le plein vent presque exclusivement.

RAMEAU

De longueur et grosseur moyennes, assez fortement coudé, d'un brun gris.
Lenticelles : rares, rondes ou allongées, d'un blanc jaunâtre, un peu saillantes.
Coussinets : peu saillants.
Mérithalles : courts.
Yeux : très petits, coniques, très aigus.
Boutons à fruits : petits, coniques, aigus, rétrécis à leur base, à écailles bien appliquées d'un brun foncé terne.
Feuille : *limbe*, d'un beau vert, allongé, acuminé, à bord relevé en gouttière ou en tuile, régulièrement et assez finement denté; *pétiole*, de grosseur et force moyennes, d'un vert pâle, généralement droit.
Fleurs : grandes, ouvertes, blanc mat.
Époque de floraison : moyenne saison.

FRUIT

Petit ou moyen, turbiné, rétréci au tiers supérieur, à contour un peu irrégulier, fortement attaché à l'arbre.
Peau : un peu rude, d'un jaune d'or, presque entièrement recouverte de fauve, généralement lavée de rouge-brun à l'insolation, ponctuée de gris et de roux.
Œil : grand, généralement ouvert, dans une cavité large et peu profonde, à bords inégaux.
Pédoncule : assez long, de grosseur moyenne, généralement droit, un peu renflé à ses extrémités, inséré dans une cavité étroite et peu profonde, parfois nulle.
Chair : d'un blanc jaunâtre, fine, cassante, très sucrée, peu juteuse.
Qualité : bonne pour cuire.
Époque de la maturité : de décembre à février.
Fruit de marché, à cuire, à sécher, à confire.

OBSERVATIONS : La poire Martin sec est l'une des variétés les plus estimées pour cuire; elle est bien connue sur les marchés, particulièrement aux environs de Paris, où elle s'écoule facilement.

NEC PLUS ULTRA MEURIS

Synonymes principaux : *Nec plus Meuris, Beurré d'Anjou, Berré rouge d'Anjou.*

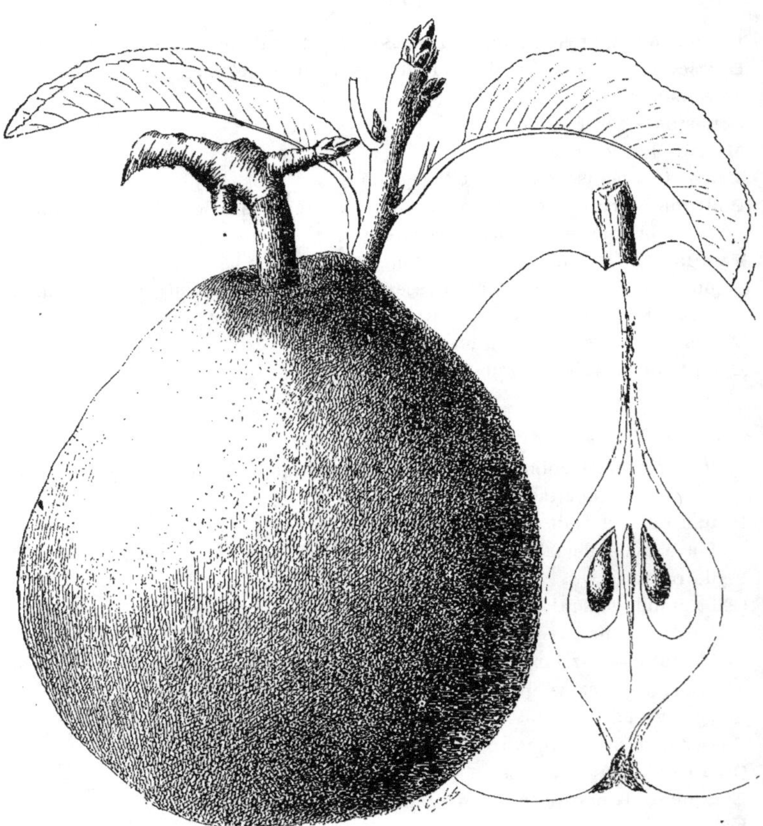

Variété obtenue par Van Mons, à Louvain (Belgique), et dédiée à Pierre Meuris, jardinier de l'obtenteur.

La propagation de ce fruit a été faite depuis 1823.

DESCRIPTION DE L'ARBRE

Port : érigé.

Sujet préférable pour la greffe : le Cognassier, pour les petites formes ; le franc, dans les autres cas.

Vigueur : modérée sur Cognassier.

Fertilité : assez bonne.

Forme : toutes les formes, pourvu qu'elles ne soient pas trop grandes.

RAMEAU

Gros et court, olivâtre à l'ombre, jaunâtre à l'insolation.

Lenticelles : nombreuses, jaune grisâtre, saillantes.

Coussinets : un peu saillants.

Mérithalles : moyens.

Yeux : gros, coniques, obtus, écartés du rameau à leur extrémité.

Boutons à fruits : assez gros, courts, à pointe peu aiguë, peu étranglés à la base, à écailles disjointes, d'un brun très foncé à la base, marron clair au sommet.

Feuilles : *limbe*, grand, vert tendre, ovale, arqué, à bord relevé en gouttière, à dents nulles ou très fines ; *pétiole*, gros et de longueur moyenne.

Fleurs : de grandeur moyenne.

Époque de floraison : hâtive.

FRUIT

Assez gros ou gros, court, ovoïde, quelquefois légèrement rétréci dans le voisinage du pédoncule, plus souvent en forme de Doyenné, à contour régulier.

Peau : fine, lisse, vert clair, marbrée de fauve, surtout au voisinage du pédoncule, passant au jaune verdâtre à complète maturité, souvent rosée à l'insolation.

Œil : petit, ouvert, dans une faible dépression.

Pédoncule : court, gros, charnu, un peu arqué, inséré dans une cavité assez profonde.

Chair : blanche, très fine, fondante, très sucrée, très agréablement parfumée, très juteuse.

Qualité : très bonne.

Époque de la maturité : novembre.

Fruit d'amateur.

OBSERVATIONS : Cette variété a une floraison suffisante, mais peu de fleurs nouent ; aussi devra-t-on la cultiver sur Cognassier, la fructification étant plus régulière. Bien à point, cette Poire est un fruit d'amateur délicieux.

NOUVEAU POITEAU

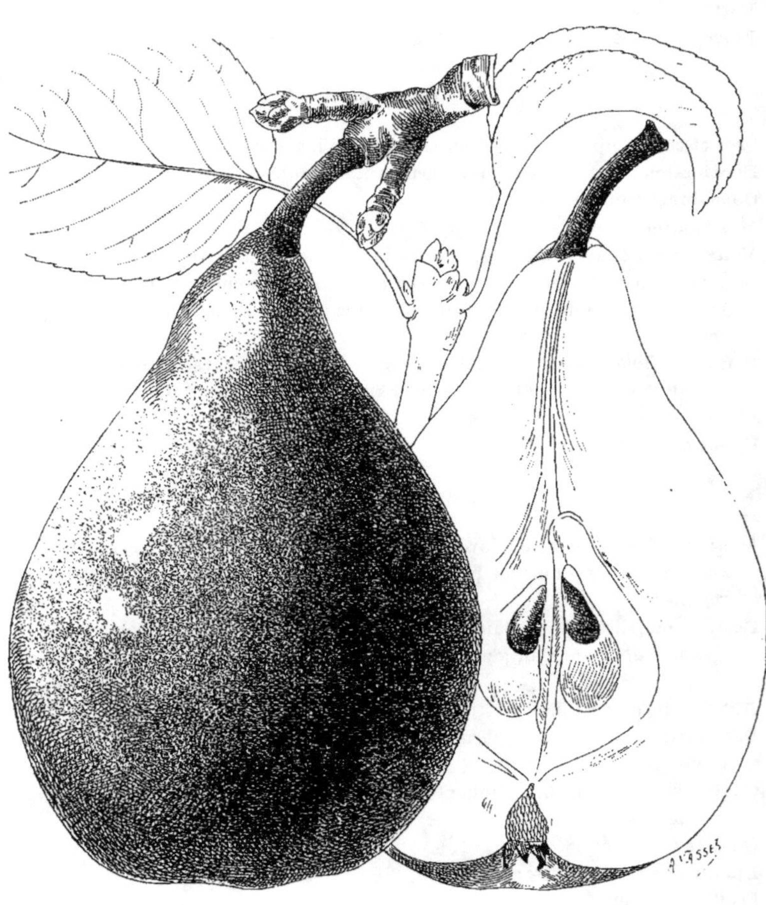

Cette variété est un gain posthume de Van Mons, dédiée par ses fils, en 1843, à Antoine Poiteau, botaniste et pomologue à Paris.

DESCRIPTION DE L'ARBRE

Port : érigé.
Sujet préférable pour la greffe : le Cognassier, sauf pour la haute tige.
Vigueur : grande.
Fertilité : très bonne.
Forme : toutes les formes.

RAMEAU

Gros, assez court, brun-violacé à l'insolation.
Lenticelles : peu nombreuses.
Coussinets : très accusés.
Mérithalles : moyens.
Yeux : petits, ovoïdes, aplatis et larges à la base.
Bouton à fruit : gros, brun.
Feuilles : *limbe*, grand, arrondi à bord régulièrement denté; *pétiole*, long
et assez gros.
Fleurs : grandes, mi-ouvertes, blanc pâle.
Époque de floraison : moyenne saison.

FRUIT

Gros, ovoïde allongé au sommet, bosselé, ventru vers son milieu, plus renflé
d'un côté que de l'autre.
Peau : fine, verte, quelquefois rugueuse, tachée de brun-roux à l'insolation.
Œil : petit, fermé dans une large dépression à bords plissés.
Pédoncule : long, assez gros, charnu à la base et courbé, implanté à fleur
de peau.
Chair : blanche, légèrement verdâtre, très fine, fondante, juteuse, sucrée.
Qualité : bonne ou très bonne lorsque le fruit est mangé à point; blettit très
facilement.
Époque de maturité : d'octobre à novembre.
Fruit d'amateur.

OBSERVATIONS : Cette variété se comporte admirablement en pyramide en raison du port de ses rameaux. Le seul reproche à lui faire est que
la peau du fruit ne jaunisse pas en mûrissant, ce qui en rend l'examen
difficile. On devra cueillir le fruit au moins huit jours avant la complète
maturité.

OLIVIER DE SERRES

Variété obtenue vers 1847 par Boisbunel, à Rouen ; la mise à fruit du
pied-mère s'est faite vers 1851.

DESCRIPTION DE L'ARBRE

Port érigé.
Sujet préférable pour la greffe : le Cognassier dans les terrains riches.
Vigueur : moyenne et irrégulière.
Fertilité : irrégulière.
Formes : toutes les formes lui conviennent.

RAMEAU

De longueur et grosseur moyennes, vert sombre ou brunâtre, donnant
naissance à de nombreux rameaux anticipés.
Lenticelles : nombreuses, petites, peu visibles.
Coussinets : gros et très saillants.
Mérithalles : courts.
Yeux : petits, ovoïdes, courts, aigus, écartés du bois, l'épaisseur du coussinet
fait paraître les yeux volumineux à première vue.
Boutons à fruits : gros, mais très courts, ovoïdes obtus, nullement rétrécis
à la base, à écailles assez bien appliquées, à extrémité ciliée d'un brun
clair, quelques-uns entièrement recouverts d'un gris cendré.
Feuilles : *limbe*, petit, épais, d'un vert clair, arqué, à bord relevé, finement
denté ; *pétiole*, mince et long.
Fleurs : nombreuses, petites, blanches
Époque de floraison : moyenne saison.

FRUIT

Moyen, globuleux, plus large que haut, en forme de Pomme, souvent bosselé.
Peau : assez épaisse, rude, d'un brun-fauve, un peu rougeâtre à l'insolation.
Œil : grand, ouvert, dans une cavité de dimensions très variables, à bords
irréguliers.
Pédoncule : court, robuste, un peu arqué.
Chair : blanchâtre ou jaunâtre, assez fine, fondante et sucrée, à saveur
acidulée, bien parfumée, juteuse.
Qualité : très bonne.
Époque de la maturité : de janvier à fin mars.
Fruit d'amateur et de commerce.

OBSERVATIONS : Cette excellente variété offre l'inconvénient d'être
d'une fertilité irrégulière, elle donne souvent beaucoup de fleurs mais peu de
fruits ; ceux-ci sont bien recherchés, et lorsqu'ils ont un volume assez considérable, atteignent à la pièce un prix relativement élevé.

PASSE-COLMAR

Synonymes principaux : *Passe-Colmar épineux*, *Colmar d'Hardenpont*, *Colmar doré*, *Beurré d'Argenson*, *Colmar de Silly-Précel*, *Morette sucrée*.

Variété obtenue en 1758 par l'abbé d'Hardenpont, à Mons.

DESCRIPTION DE L'ARBRE

Port : un peu étalé.

Sujet préférable pour la greffe : le Cognassier dans les terrains fertiles seulement, le Poirier franc dans les terres médiocres ou de fertilité moyenne.

Vigueur : faible sur Cognassier.

Fertilité : bonne, souvent alternante.

Forme : toutes les formes lui conviennent; choisir les petites pour les arbres sur Cognassier.

RAMEAU

De longueur moyenne, grêle, jaune verdâtre, un peu roux à l'insolation, donnant naissance à de nombreux bourgeons anticipés.

Lenticelles : petites, rondes, saillantes, peu nombreuses.

Coussinets : saillants.

Mérithalles : généralement courts.

Yeux : assez gros, obtus, ovoïdes ou coniques, écartés du rameau.

Boutons à fruits : moyens, coniques, aigus, non étranglés à la base, à écailles mal appliquées : celles de la base sont presque entièrement d'un gris argenté, celles du milieu et du sommet de même teinte ou d'un brun clair.

Feuilles : *limbe*, petit, vert clair ou jaunâtre, ovale, lancéolé, aigu, plat ou à bord légèrement relevé, finement denté, régulièrement fibré; *pétiole*, fort et assez long.

Fleurs : assez petites, ternes, nombreuses.

Époque de floraison : tardive.

FRUIT

Moyen, turbiné, rétréci au quart supérieur, ou ventru conique, fortement bosselé.

Peau : assez fine, d'un vert clair, passant au jaune d'or à complète maturité, légèrement lavée de rose ou de rouge ponctué de fauve à l'insolation.

Œil : moyen, ouvert, dans une dépression large, irrégulière, peu profonde.

Pédoncule : de longueur et grosseur moyennes, renflé à l'extrémité, inséré dans une faible cavité.

Chair : blanc jaunâtre, fine, mi-fondante, quelquefois cassante, acidulée, sucrée, délicatement parfumée, très juteuse.

Qualité : très bonne.

Époque de la maturité : de la fin de novembre à janvier.

Fruit d'amateur.

OBSERVATIONS : Cette variété, très estimée et très répandue, est précieuse dans les jardins, car son fruit mûrit lentement sans blettir; bien que son époque de maturité ordinaire soit le commencement de l'hiver, on en conserve quelquefois jusqu'en mars.

PASSE-CRASSANE

SYNONYME : *Passe-Crassanne Boisbunel.*

Variété obtenue par Boisbunel, pépiniériste à Rouen, d'un semis fait en
1845; la mise à fruit date de 1855.

DESCRIPTION DE L'ARBRE

Port : érigé.

Sujet préferable pour la greffe : le Cognassier dans les terres riches et pou
les formes petites ou moyennes ; le Poirier franc dans les autres cas.

Vigueur : moyenne.

Fertilité : grande, la mise à fruit se fait très promptement.

Forme : toutes les formes lui conviennent.

RAMEAU

Très gros et court, d'un brun foncé presque noir.

Lenticelles : rares, blanchâtres, rondes, saillantes, nombreuses à la base du
rameau.

Coussinets : généralement saillants.

Mérithalles : courts.

Yeux : gros, unis, ovoïdes ou courts, presque globuleux.

Boutons à fruits : assez gros, ovoïdes, obtus, peu ou **pas étranglés à la**
base, à écailles bien appliquées d'un brun foncé, un peu éclairées de gris
argenté sur les bords.

Feuilles : *limbe*, très grand, d'un vert foncé, brillant, elliptique, fortement
arqué, à bord relevé en gouttière, bordé de dents très fines, quelquefois
nulles ; *pétiole*, gros et court.

Fleurs : blanches, moyennes, largement ouvertes, **peu nombreuses.**

Époque de floraison : assez tardive.

FRUIT

De volume très variable, généralement moyen ou assez gros, parfois très gros,
le plus souvent globuleux, et déprimé aux deux extrémités, et, par suite
plus large que haut, à surface bosselée.

Peau : rude, chagrinée, d'un vert brunâtre passant au jaune fauve à complète
maturité, largement maculée de roux, rougissant parfois au soleil.

Œil : moyen, enfoncé, mi-ouvert.

Pédoncule : court, assez gros, droit ou courbé.

Chair : blanche ou blanc jaunâtre, fine ou assez fine, granuleuse autour des
loges, et auprès de l'œil, quelquefois élastique, fondante, bien sucrée,
acidulée, parfumée, un peu âpre, très juteuse.

Qualité : très bonne.

Epoque de la maturité : de janvier à mars.

Fruit de commerce et d'amateur.

OBSERVATIONS : La Passe-Crassanne est l'une des variétés tardives
les plus précieuses ; elle se prête à tous les modes de cultures, et réussit particulièrement bien en plein air. Sa conservation facile, sa faculté de voyager
sans subir de dégâts, la font rechercher par le commerce, qui l'achète assez
cher au poids, très cher à la pièce. Dans l'état actuel du marché, c'est l'une
des meilleures variétés pour la spéculation. Il faut cueillir ce fruit tard, pour
éviter qu'il ne se flétrisse au fruitier. Tailler la branche fruitière sur des yeux
apparents.

PRÉSIDENT MAS

Obtenue par M. Boisbunel, horticulteur à Rouen, en 1852.

DESCRIPTION DE L'ARBRE

Port : érigé.

Sujet préférable pour la greffe : cognassier.

Vigueur : moyenne au début, meilleure ensuite.

Forme : pyramide ou contre espalier.

RAMEAU

Assez long, droit, gros, vert clair.

Lenticelles : grises, proéminentes surtout à la base.

Coussinets : forts.

Mérithalles : courts, assez égaux.

Yeux : gros, bien écartés du rameau.

Feuilles : *limbe*, grand, vert foncé, peu denté; *pétiole*, court, assez gros.

FRUIT

Gros ou très gros, ovoïde, conique, bosselé au pourtour, toujours plus haut que large.

Peau : lisse, vert jaunâtre, régulièrement couverte de taches brun clair, surtout vers l'œil.

Œil : moyen, dans une cavité profonde, évasée.

Pédoncule : moyen, mince et arqué, implanté dans une cavité petite assez profonde.

Chair : blanche, fine, fondante, bien sucrée, agréable, parfumée, juteuse.

Qualité : très bonne.

Époque de la maturité : novembre à début janvier (novembre-décembre).

Fruit de table.

OBSERVATIONS : Variété peu ou point attaquée par la tavelure. Cette variété peut lutter de finesse et de qualité avec les premiers fruits de Doyenné d'hiver, arrivés à maturité dès décembre.

SOLDAT LABOUREUR

Synonyme : *Duchesse de Brabant* (par erreur).

Variété obtenue vers 1820 par le major Esperen, de Malines (Belgique).

DESCRIPTION DE L'ARBRE

Port : érigé.
Sujet préférable pour la greffe : le Cognassier.
Vigueur : grande.
Fertilité : bonne.
Forme : toutes les formes.

RAMEAU

De longueur moyenne, gros, d'un jaune olivâtre à l'ombre, roux violacé au
  soleil avec des plaques allongées grisâtres.
Lenticelles : grises, rares, de forme irrégulière.
Coussinets : assez saillants.
Mérithalles : courts et inégaux.
Yeux : très volumineux, ovoïdes, pointus, écartés du bois.
Boutons à fruits : gros, ovoïdes, allongés, aigus, à écailles disjointes, d'un
  brun clair, éclairées de gris argenté.
Feuilles : *limbe*, vert foncé, allongé, pointu, arqué, à bords relevés en gout-
  tière, faiblement denté ; *pétiole*, mince, assez long, accompagné de stipules.
Fleurs : blanches, moyennes.
Époque de la floraison : tardive.

FRUIT

Moyen, généralement allongé, quelquefois turbiné, court, à surface bosselée.
Peau : d'un vert clair, marbrée et ponctuée de fauve dans le voisinage de l'œil
  et du pédoncule, passant au jaune d'or à complète maturité.
Œil : assez grand, dans une cavité peu profonde, quelquefois à fleur du fruit.
Pédoncule : de longueur et grosseur variables, tantôt moyen, tantôt court,
  fort et charnu, implanté généralement droit dans une cavité étroite, peu
  profonde.
Chair : d'un blanc jaunâtre, mi-fine, fondante, quelquefois un peu pierreuse
  autour des loges, très sucrée, acidulée, bien parfumée, juteuse.
Qualité : bonne.
Époque de la maturité : novembre-décembre.
Fruit d'amateur.

OBSERVATIONS : Cette variété de bonne vigueur se prête particulièrement à la culture en pyramide, forme qu'elle prend pour ainsi dire naturellement. Il faut récolter le fruit de bonne heure pour éviter le blettissement.

TRIOMPHE DE JODOIGNE

Variété obtenue en 1843 par Simon Bouvier, bourgmestre à Jodoigne (Belgique).

DESCRIPTION DE L'ARBRE

Port : divergent.

Sujet préférable pour la greffe : le Cognassier dans la plupart des cas.

Vigueur : très grande.

Fertilité : bonne.

Forme : les formes palissées de préférence.

RAMEAU

Long, de grosseur moyenne, flexueux incurvé, retombant, vert olivâtre à l'ombre, brun rougeâtre à l'insolation, souvent recouvert de gris mat.

Lenticelles : petites, grisâtres, arrondies.

Coussinets : assez saillants.

Mérithalles : de longueur variable, longs à la base, ils sont courts ou de longueur moyenne au milieu et à l'extrémité du rameau.

Yeux : gros, triangulaires ou coniques, aigus, à pointes rapprochées du rameau

Boutons à fruits : gros, coniques, renflés en leur milieu, à pointe obtuse, à écailles d'un brun marron foncé, éclairées de gris.

Feuilles : *limbe*, très grand, épais, coriace, d'un beau vert brillant, elliptique, aigu, rarement arqué, à bord presque toujours ondulé, faiblement denté; *pétiole*, gros, de longueur moyenne, profondément canaliculé.

Fleurs : blanches, grandes, largement ouvertes.

Époque de la floraison : moyenne saison.

FRUIT

Gros ou très gros, ventru, rétréci au tiers supérieur, à sommet étroit, à surface bosselée.

Peau : assez épaisse, verte, abondamment maculée de brun et de fauve, surtout dans le voisinage du pédoncule, ponctuée de vert clair, ne passant au jaune clair qu'après maturité et blettissement.

Œil : moyen, ouvert, dans une cavité peu profonde.

Pédoncule : assez long, plutôt mince, droit ou courbé, généralement renflé à ses deux extrémités, inséré dans une cavité peu profonde, présentant souvent une gibbosité à sa base.

Chair : blanche ou un peu jaunâtre, mi-fine, fondante, sucrée, un peu acidulée, parfumée, bien juteuse.

Qualité : bonne et très variable.

Époque de la maturité : d'octobre à novembre.

Fruit d'amateur.

OBSERVATIONS : La pyramide convient mal à cette variété à cause de son port irrégulier; il faut, pour obtenir des fruits de bonne qualité, les cueillir de bonne heure, et les surveiller au fruitier, ne pas attendre le jaunissement complet de la peau, car le fruit blettit en restant vert.

TRIOMPHE DE VIENNE

Variété obtenue en 1864 par M. Collaud, jardinier à Montagnon, mise au commerce par Blanchet (Claude), horticulteur à Vienne (Isère).

DESCRIPTION DE L'ARBRE

Port : érigé.

Sujet préférable pour la greffe : le franc, sauf pour les petites formes et les sols très fertiles.

Vigueur : faible sur Cognassier.

Fertilité : bonne.

Forme : toutes les formes de développement moyen.

RAMEAU

De faible longueur, gros, coudé, d'un brun olivâtre

Lenticelles : allongées, d'un jaune clair.

Coussinets : saillants.

Mérithalles : courts.

Yeux : noirs, gros, aplatis, aigus.

Boutons à fleurs : moyens, pointus.

Feuilles : *limbe*, assez grand et large, d'un vert pâle, à pointe aiguë, à bord relevé en gouttière, portant des dents larges et peu aiguës, *pétiole*, moyen.

Fleurs : grandes, mi-ouvertes, blanches.

Époque de la floraison : moyenne saison.

FRUIT

Gros ou très gros, allongé, à contour un peu anguleux.

Peau : jaune vif, ponctuée et marbrée de fauve,

Œil : moyen, ouvert, irrégulier, dans une cavité assez profonde et déformée par des gibbosités.

Pédoncule : de force et longueur moyennes, implanté droit dans une cavité plissée et peu profonde.

Chair : blanche, fine, fondante, bien sucrée, délicatement parfumée, très juteuse.

Qualité : très bonne.

Époque de la maturité : de fin août à septembre.

Fruit d'amateur.

OBSERVATIONS : le Triomphe de Vienne est un très bon fruit, mais qui a parfois le défaut de blettir à l'intérieur. Le peu de vigueur de l'arbre ne permet pas d'en faire la culture pour la spéculation; néanmoins, il se comporte bien en montagne, en Auvergne.

WILLIAM'S DUCHESSE

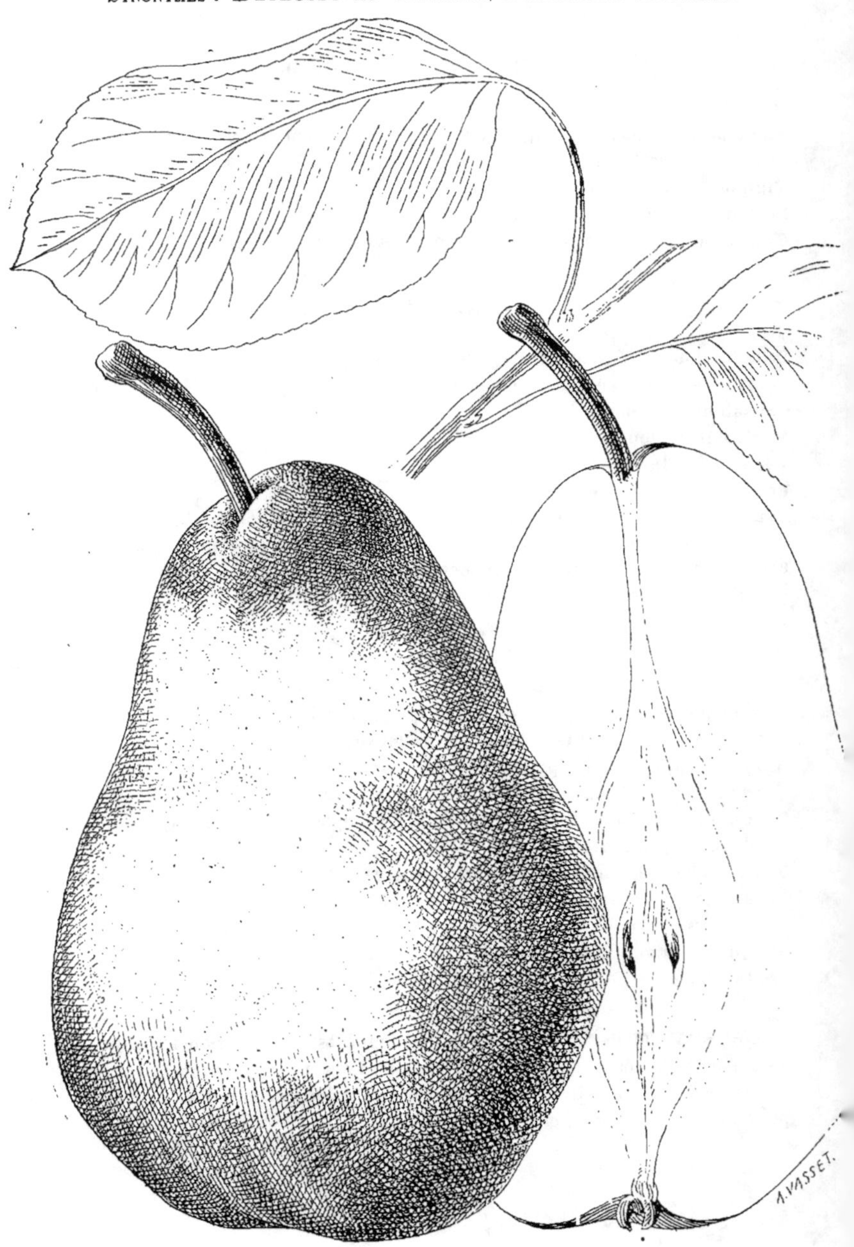

Obtenue vers 1890, d'origine anglaise.

DESCRIPTION DE L'ARBRE

Port : érigé.
Sujet préférable pour la greffe : franc et cognassier.
Vigueur : bonne même sur cognassier.
Fertilité : alternante.
Forme : pyramides et palmettes.

RAMEAU

Assez long, assez gros, marron cuir.
Lenticelles : irrégulièrement placées, peu saillantes.
Coussinets : à peu près nuls.
Mérithalles : assez longs.
Yeux : triangulaires, assez petits, appliqués, brun-noir, bouton assez gros,
   ovales, pointus.

FRUIT

Gros et très gros, piriforme, allongé.
Peau : un peu rugueuse, marbrée et ponctuée de fauve.
Œil : grand ouvert ou mi-ouvert.
Pédoncule : moyen, fort ou assez fort, auréolé de fauve.
Chair : blanc légèrement jaunâtre, fine ou demi-fine, fondante, très sucrée,
   acidulée, vineuse, quelquefois un peu âpre, très juteuse.
Qualité : excellente ou assez bonne suivant les terrains et la conservation.
Époque de la maturité : octobre.
Fruit de table.

OBSERVATIONS : A consommer parfaitement mûre, ne blettit que très
lentement, semble préférer les terrains secs et les climats peu chauds.

POMMIER

(*Pirus malus* Linné; *Malus communis* Lamarck.)

Caractères principaux. — Arbre de deuxième grandeur, à port étalé et même divergent. Écorce brunâtre, duveteuse, lisse, devenant un peu rugueuse sur le vieux bois, mais ne se crevassant pas autant que celle du Poirier.

Feuilles grandes, ovales, d'un vert foncé, un peu rugueuses, tomenteuses à la face inférieure. Pétiole assez court, accompagné de stipules adhérentes.

Yeux aplatis, duveteux, peu aigus, dans l'ordre 2/5. Ils donnent naissance à des bourgeons présentant les mêmes caractères que ceux du Poirier. Les yeux ont une tendance plus marquée que ceux du Poirier à s'annuler.

Les boutons à fruits sont gros, arrondis, et donnent naissance à un corymbe feuillu. Fleurs généralement rosées. Sépales et pétales au nombre de cinq, grands et largement ouverts ; cinq styles, plus ou moins unis à leur sommet ; ovaire infère.

Fruit à cinq loges, renfermant chacune deux graines. Chair plus ou moins cassante, quelquefois cotonneuse, contenant un assez grand nombre de cellules renfermant des gaz, qui donnent à la pulpe un aspect nacré et au fruit une légèreté plus grande que celle de la Poire. Le mésocarpe ne contient pas de cellules scléreuses.

Origine. — Le Pommier est un arbre indigène ; il est cultivé depuis la plus haute antiquité.

Sol. — Le Pommier est bien moins exigeant que le Poirier sous le rapport du sol ; presque toutes les terres lui conviennent. Les terrains trop sableux ou trop secs lui sont cependant contraires ; dans les terres argileuses, quand elles ne sont pas très humides, le Pommier offre une bonne végétation, mais les fruits y sont souvent sans saveur et de mauvaise conservation. Les bonnes terres silico-argileuses ou argilo-calcaires sont celles où ses produits sont les plus abondants et les meilleurs.

Porte-greffes. — Les sujets sur lesquels on greffe le Pommier sont le franc, le doucin, le paradis.

Le premier devra être employé exclusivement pour les arbres de verger ; le doucin pour les formes taillées à grand développement, pyramides, gobelets, palmettes à plusieurs séries. Le paradis enfin sert à établir les petites formes, et surtout les cordons horizontaux ou couchés. Toutefois, dans les terrains où le **Pommier se** plaît bien et où il a une tendance à prendre une grande

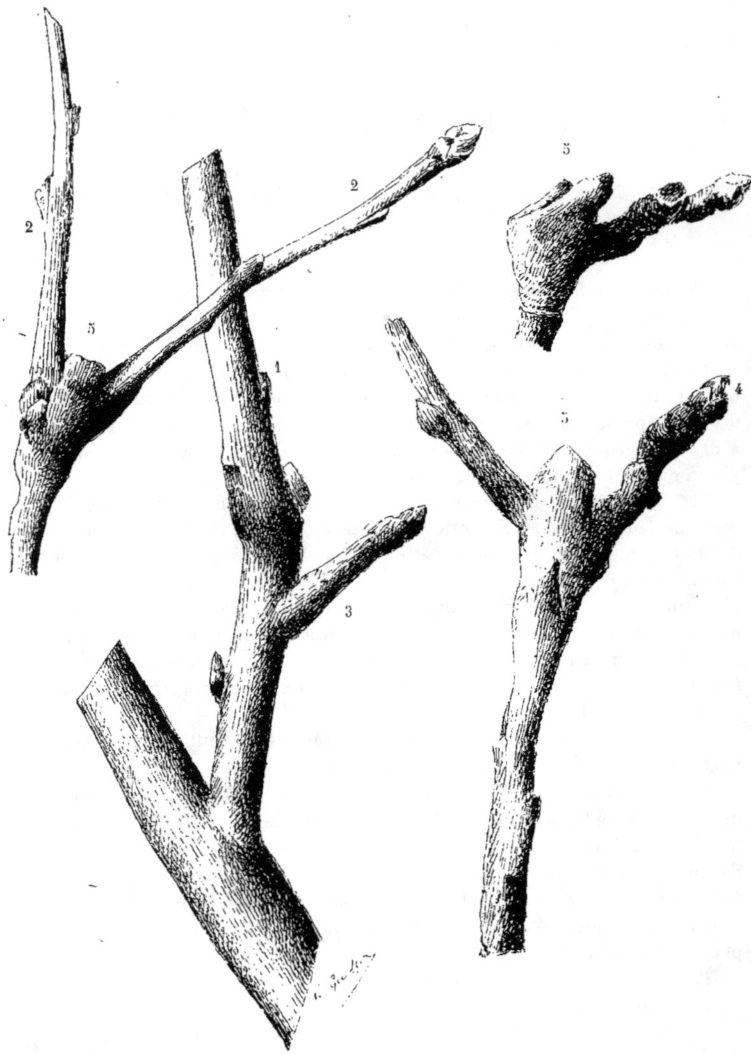

LÉGENDE. — 1, rameau à bois ; 2, brindilles ; 3, dard ; 4, boutons à fleurs ou lambourdes ; 5, bourses.

végétation, on pourra employer le paradis pour les formes moyennes, gobeets, fuseaux, **U**, **V** pour losanges, etc. D'autre part, dans les sols **secs** ou très calcaires, on se servira du doucin pour les cordons.

Toutes les fois que la culture sera faite en **vue** de la production et de la vente des fruits, il faudra choisir le paradis de préférence, car c'est sur ce porte-greffe que l'on obtient les produits les plus beaux et les plus savoureux.

Culture et formes. — **Les** modes de culture sont les mêmes que ceux du Poirier ; cependant le cordon est plus employé. La culture en verger est réservée aux espèces dites à deux fins (Belle fille, Châtaignier, Court-pendu, de Jaune, Locard, etc.). Quelques variétés à couteau réussissent également bien sous cette forme (Reinette de Caux, Reine des Reinettes, Reinette franche, Reinette grise, Reinette dorée, etc.). On met en espalier quelques variétés de qualité supérieure (Calville, Canada, Api); les autres variétés sont plus généralement cultivées en plein air, sous des formes palissées ou non.

La distance d'écartement entre les branches de charpente est, comme pour le Poirier, de 30 centimètres; les cordons sont généralement établis à 0ᵐ,40 du sol; si l'on cultive sous forme de cordons superposés, celui du dessus sera à 0ᵐ,80 du sol.

Considérations générales sur la taille. — Le mode de fructification du Pommier est le même que celui du Poirier. Cependant le bouton à fleurs se forme plus facilement, et en général à la deuxième année. On peut donc tailler et pincer plus court. Les yeux s'annulant plus fréquemment, on devra moins allonger les branches de charpente pour éviter qu'elles ne se dénudent. L'arcure des rameaux vigoureux est une opération souvent pratiquée sur le Pommier, dont elle favorise la mise à fruit; elle est surtout à recommander pour les arbres de grande vigueur.

API ROSE

Synonymes principaux : *Pomme d'api, Petit api, de long bois.*

Les auteurs ne s'accordent pas sur l'origine de l'api; Olivier de Serres la
fait remonter aux Grecs : Claudius Appius l'aurait rapporté, dit-on, du
Péloponèse; Merlet (1675) la croit originaire de la forêt d'Apis en Bretagne
sans indiquer dans quelle partie exacte de la région cette forêt se trouve
située.

DESCRIPTION DE L'ARBRE

Port : érigé.
Vigueur : modérée.
Fertilité : très grande.
Forme : toutes les formes lui conviennent, sauf la haute tige.

RAMEAU

Long, grêle, d'un brun violacé, faiblement tomenteux.
Lenticelles : grandes, arrondies, d'un blanc jaunâtre, bien visibles et
   nombreuses.
Coussinets : peu saillants.
Mérithalles : moyens.
Yeux : assez gros, très apprimés, allongés, à pointe peu aiguë.
Feuilles : *limbe*, petit, d'un vert clair, peu épais, ovale arrondi, à bords peu
   relevés, finement et régulièrement dentés; *pétiole*, de longueur et grosseur
   moyennes, assez profondément canaliculé, teinté de rouge vineux à la
   base; *stipules*, très petites et peu larges.
Fleurs : moyennes, bien rosées.
Époque de floraison : tardive.

FRUIT

Très petit, globuleux, déprimé, plus large que haut, rarement solitaire, le
   plus souvent en trochet, fortement attaché à l'arbre.
Peau : fine, lisse, très mince, brillante, à fond vert clair, passant au jaune
   pâle à complète maturité, presque entièrement recouverte de carmin à
   l'insolation.
Œil : petit, fermé, dans une cavité peu profonde et plissée.
Pédoncule : long, grêle, implanté dans une cavité peu large et profonde.
Chair : blanche, très fine, croquante, juteuse, assez sucrée, un peu acidulée.
Qualité : bonne.
Époque de la maturité : de janvier à mai.
Fruit de commerce et d'amateur.

OBSERVATIONS : Ce joli petit fruit si connu est avantageux à produire,
malgré sa petitesse, car il est d'une vente courante, l'effeuillage raisonné de
l'arbre et quelques soins assurent sa coloration; on le met aussi en sacs pour
lui donner un coloris plus vif, à la condition que ces sacs soient retirés en
temps utile. Il est également recherché comme fruit d'amateur et concourt à
l'ornementation des tables.

ASTRACAN ROUGE

SYNONYMES PRINCIPAUX : *Vermillon d'été, Transparente rouge,* **Astrakan** ou **Astrakhan**.

Cette variété est originaire d'Astracan, ville située à l'embouchure de la Wolga (Russie); elle est cultivée dans tout le nord de l'Europe depuis fort longtemps.

DESCRIPTION DE L'ARBRE

Port : irrégulier.
Vigueur : moyenne.
Fertilité : très grande.
Forme : les petites ou moyennes formes, en général.

RAMEAU

Gros, de longueur moyenne, d'un vert grisâtre nuancé de brun clair.
Lenticelles : petites, généralement allongées, d'un blanc sale, assez rares.
Coussinets : saillants.
Mérithalles : courts.
Yeux : assez gros, coniques, obtus, duveteux, collés contre le bois.
Feuilles : *limbe*, moyen, allongé, faiblement acuminé, à bords un peu relevés
  en gouttière, fortement dentés ; *pétiole*, gros et court, à peine canaliculé ;
  stipules, courtes et étroites.
Fleurs : grandes, blanches.
Époque de floraison : moyenne saison.

FRUIT

Assez gros ou gros, globuleux, un peu aplati.
Peau : assez épaisse, d'un jaune verdâtre, ponctuée de gris, presque complè-
  tement recouverte de carmin pruiné, sauf dans le voisinage du pédoncule.
Œil : grand, mi-clos, à longs sépales dans une cavité large et de moyenne
  profondeur.
Pédoncule : Fort, un peu arqué, inséré dans une cavité large et profonde.
Chair : blanche, fine, demi tendre, bien sucrée, un peu acidulée, bien par-
  fumée, assez juteuse.
Qualité : bonne.
Époque de la maturité : fin juillet.
Fruit d'amateur.

OBSERVATIONS : L'Astracan est à cultiver dans tous les jardins d'amateurs, car c'est la plus hâtive parmi les Pommes de bonne qualité. Pour la
taille, on doit se souvenir que les yeux s'annulent facilement. L'arbre résiste
aux grands hivers.

BELLE DE BOSKOOP

SYNONYMES : *Reinette de Boskoop, Schône von Booskop* (Allem.), *Schoone van Boskoop* (Holl.).

Obtenue par M. K. J. V. Ottolander, à Boskoop, par Gouda (Pays-Bas).

DESCRIPTION DE L'ARBRE

Port : plutôt érigé.
Vigueur : très bonne.
Fertilité : grande.
Forme : palmettes, buissons, cordons et tiges.

RAMEAU

De longueur et de grosseur moyennes, brun-rouge noirâtre, **puis gris.**
Lenticelles : arrondies, saillantes, grises, puis noires.
Coussinets : assez petits mais en saillie nettement épaulée.
Mérithalles : moyens.
Yeux : très velus, arrondis.
Boutons à fruits : gros, ovoïdes.

FRUIT

Gros, un peu conique.
Peau : jaune citron, lâchement ponctuée de gris, assez rugueuse.
Œil : assez grand, mi-fermé.
Pédoncule : moyen ou assez long, fin.
Chair : jaune paille, fine, assez ferme, sucrée, finement acidulée, très juteuse.
Qualité : bonne et très bonne.
Époque de la maturité : décembre, janvier, février.
Fruit de table.

OBSERVATIONS : Malgré la grosseur de ses fruits, cette variété peut être cultivée sur tige où elle donne de bons résultats.

BELLE DE PONTOISE

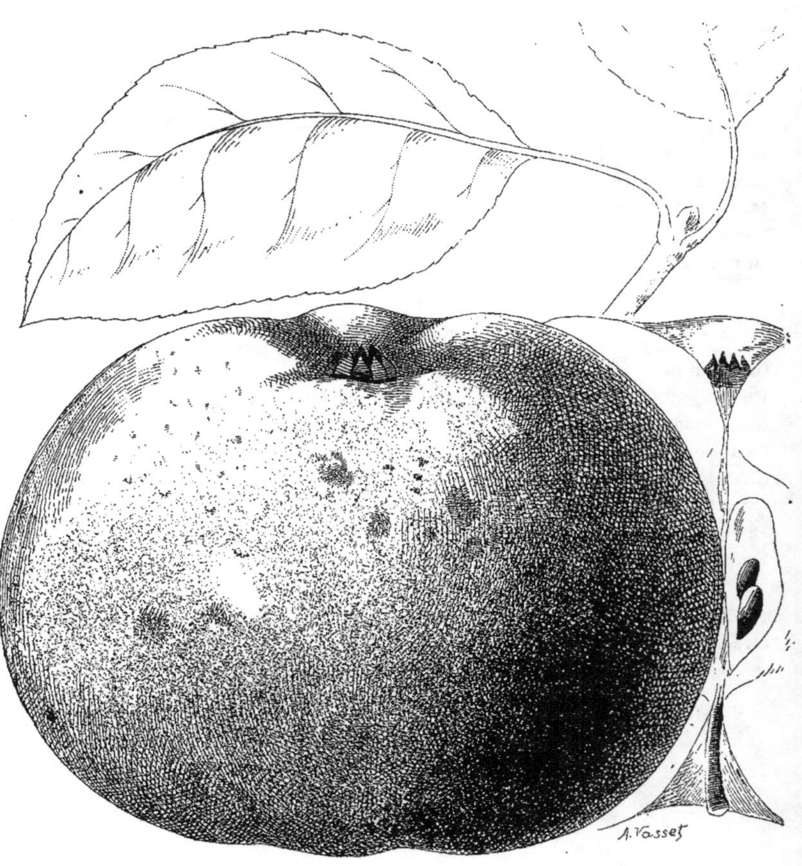

Obtenue d'un pépin de la variété *Grand-Alexandre*, semé par M. Rémy,
père, à Pontoise, et mise au commerce en 1879.

DESCRIPTION DE L'ARBRE

Port : étalé, irrégulier.
Vigueur : grande.
Fertilité : bonne.
Forme : toutes les formes.

RAMEAU

Long et gros, brun olivâtre.
Lenticelles : abondantes, fines, irrégulières, jaune fauve.
Coussinets : saillants et pointus.
Mérithalles : de longueur moyenne.
Yeux : gros, arrondis, aplatis, duveteux.
Feuilles : *limbe*, grand, gaufré, arrondi, acuminé, à bords irrégulièrement et
    profondément dentés; *pétiole*, long, gros, largement canaliculé, rouge
    grenat à la base; *stipu'es*, régulières, moyennes.
Fleurs : grandes, rose violacé à l'extérieur des pétales.
Époque de floraison : moyenne saison.

FRUIT

Gros, aplati, côtelé vers l'œil.
Peau : vert brun, tachée de fauve, passant au rouge sombre à l'insolation.
Œil : fermé, à sépales développés dans une dépression à bord côtelé.
Pédoncule : long, assez mince dans une cavité étroite au fond et évasée.
Chair : verdâtre, ferme, assez fine, juteuse, sucrée, relevée.
Qualité : bonne.
Époque de maturité : de janvier à mars.
Fruit d'amateur et de commerce.

OBSERVATIONS : Cette variété vigoureuse et rustique, en même temps
que généreuse, se recommande par la grosseur et la beauté du fruit facile
à conserver et d'une bonne valeur au printemps.

BELLE FILLE

Synonymes principaux : *Belle femme, Bonne fille, Vincent.*

Origine très ancienne et inconnue.

DESCRIPTION DE L'ARBRE

Port : divergent.
Vigueur : moyenne.
Fertilité : très grande.
Forme : la haute tige de préférence.

RAMEAU

Assez long, de grosseur moyenne, d'un rouge violacé, peu duveteux.
Lenticelles : petites, jaunâtres, arrondies, très nombreuses.
Coussinets : assez saillants.
Mérithalles : assez longs.
Yeux : moyens, aplatis, duveteux, blancs.
Feuilles : *limbe*, petit, généralement arrondi, d'un vert terne et pâle,
   dents petites, aiguës, assez profondes ; *pétiole*, de grandeur et grosseur
   moyennes, d'un rose violacé à la base ; *stipules*, petites, en forme de faux.
Fleurs : petites, rosées.
Époque de floraison : très tardive.

FRUIT

Moyen ou assez gros, globuleux, à base plate, un peu conique au sommet.
Peau : lisse, mince, luisante, d'un jaune verdâtre passant au jaune clair à
   complète maturité, tachée de fauve au voisinage de l'œil et du pédoncule,
   rouge sombre largement ponctuée de gris, à l'insolation.
Œil : petit, fermé, à sépales petits et aigus, situé dans une cavité profonde,
   étroite au fond, à large ouverture.
Pédoncule : gros et court, renflé à l'extrémité, inséré dans une cavité étroite
   et profonde.
Chair : blanche, assez fine, croquante, sucrée, acidulée, juteuse.
Qualité : bonne.
Époque de maturité : de décembre à avril.
Fruit de marché.

OBSERVATIONS : Cette Pomme est recherchée sur les marchés comme
fruit à couteau ; dans les années de grande production, on peut l'utiliser pour
la fabrication du cidre.

BELLE FLEUR JAUNE

Synonymes principaux : *Belle flavoise, Linnœus pippin, Lincoln pippin, Calville étoilé* (par erreur).

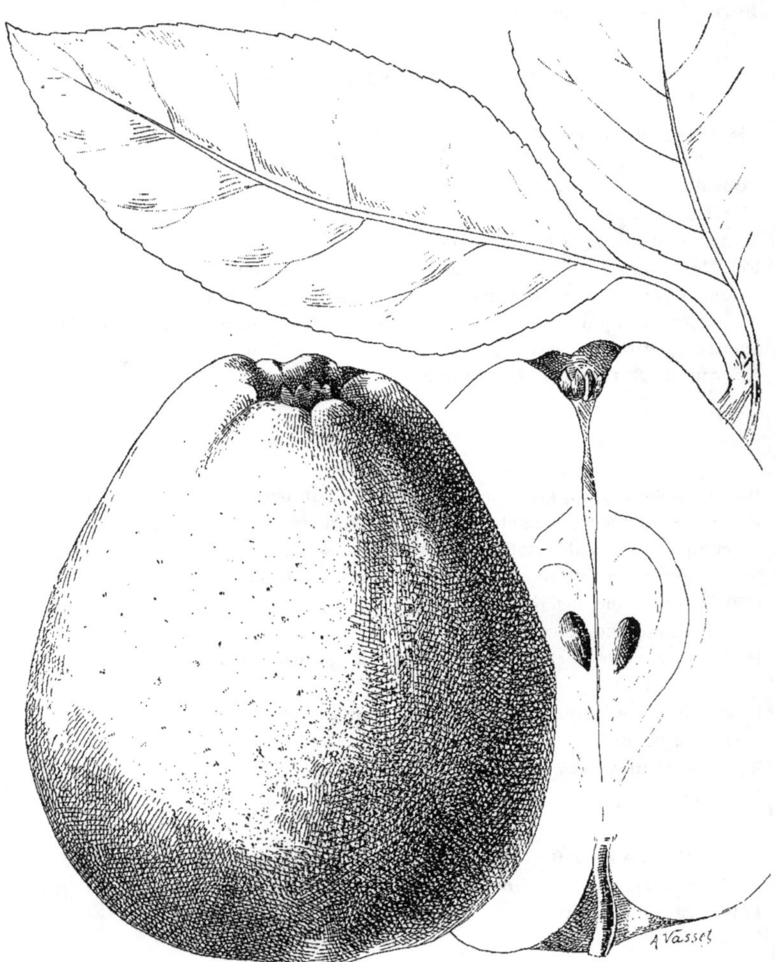

Cette variété est originaire d'Amérique, État de New-Jersey.

DESCRIPTION DE L'ARBRE

Port : ramifié, nettement divergent.
Vigueur : grande.
Fertilité : bonne.
Forme : toutes les formes lui conviennent.

RAMEAU

Long et mince, brun verdâtre à l'ombre, gris argenté à l'insolation, donnant
    naissance à de nombreuses brindilles.
Lenticelles : rares, rondes ou allongées, d'un jaune orangé.
Coussinets : peu saillants.
Mérithalles : courts.
Yeux : moyens, très duveteux, à écailles disjointes.
Feuilles : *limbe*, petit, d'un vert foncé, allongé, lancéolé, aigu, à bords peu
    relevés, découpé en dents grandes, profondes et assez régulières ; *pétiole*,
    de longueur et grosseur moyennes, rose ou rouge violacé, teinte qui se
    prolonge sur la nervure médiane ; *stipules*, petites et courtes.
Fleurs : petites, longuement pédonculées, blanches et bordées de rose vif.
Époque de floraison : semi-tardive.

FRUIT

Assez gros ou gros, allongé, tronconique, parfois presque conique, rétréci
    et côtelé dans le voisinage de l'œil.
Peau : mince, lisse, brillante, d'un jaune clair, un peu lavée de rouge à
    l'insolation, parsemée de points gris.
Œil : fermé dans une cavité étroite, peu profonde, à bords côtelés.
Pédoncule : long, renflé à son extrémité, dans une cavité étroite et peu
    profonde.
Chair : d'un blanc jaunâtre, fine, tendre, bien sucrée, un peu acidulée, très
    agréablement parfumée, bien juteuse.
Qualité : bonne.
Époque de la maturité : de décembre à février.
Fruit d'amateur.

OBSERVATIONS : Cette variété, parfaitement rustique, vient à toute
exposition et se prête à tous les genres de culture ; elle résiste particulièrement
bien à la tavelure.

BOROWINKA DIT BOROVITSKY

SYNONYMES PRINCIPAUX : *Barovisky, Borowicky, Barovesky, Boro-*
wisky, Charlamowsky, Chardamowka, Duchesse d'Oldenbourg.

Origine : Variété originaire de Russie ; elle a été introduite en France en
1834 par J.-L. Jamin.

DESCRIPTION DE L'ARBRE

Port : érigé.

Vigueur : moyenne.

Fertilité : très grande.

Forme : toutes les formes petites et moyennes.

RAMEAU

De grosseur moyenne, plutôt court, d'un rouge-brun, presque entièrement recouvert d'un duvet blanchâtre, fortement nervé, surtout au-dessous des yeux.

Lenticelles : très petites, d'un jaune clair, presque blanches, tantôt rondes, tantôt allongées, peu nombreuses.

Coussinets : assez saillants, se prolongeant en nervures sur le rameau.

Mérithalles : moyens.

Yeux : moyens, aplatis, triangulaires, d'un rouge-brun.

Feuilles : *limbe*, grand et large, d'un vert foncé, presque rond, très peu acuminé, parfois même, sans pointe terminale, à bords contournés, un peu relevés, largement et obtusément dentés; *pétiole*, long et gros, pubescent, rouge vineux à la base, faiblement canaliculé; *stipules*, petites et étroites.

Fleurs : grandes, violacées au revers des pétales.

Époque de floraison : hâtive.

FRUIT

Assez gros, globuleux, aplati aux pôles.

Peau : fine, d'un jaune citron, abondamment et longitudinalement striée de carmin.

Œil : grand, ouvert en général, cependant quelquefois fermé, situé dans une cavité large et profonde.

Pédoncule : long et grêle.

Chair : blanche, quelquefois un peu verdâtre, demi-fine, tendre, assez fondante, acidulée, parfumée, peu sucrée, très juteuse.

Qualité : bonne.

Époque de la maturité : fin juillet et août.

Fruit d'amateur.

OBSERVATIONS : Cette variété est maintenant fort répandue dans les jardins, où elle est appréciée par sa précocité et par sa fertilité remarquable, même chez les jeunes sujets. L'arbre résiste aux plus fortes gelées.

CALVILLE BLANC

Synonymes principaux : *Calville blanche, Calleville, Calville à côtes, Bonnet carré*.

Origine très ancienne et inconnue. Certains auteurs la disent originaire du jardin des Tuileries à Paris, sous Henri IV, d'autres lui attribuent, comme lieu de naissance, Calleville (Eure). Quelques-uns la font remonter à l'époque romaine.

DESCRIPTION DE L'ARBRE

Port : semi-érigé, étalé lorsque l'arbre atteint un âge avancé.

Vigueur : bonne

Fertilité : très grande.

Forme : toutes les formes ; néanmoins la haute tige ne doit pas être employée dans les terrains trop frais où l'arbre et le fruit sont sujets à la tavelure.

RAMEAU

De longueur et grosseur moyennes, d'un brun olivâtre, couvert d'un fin duvet violacé à la base, fortement duveteux au sommet, sensiblement nervé.

Lenticelles : petites, arrondies, jaunâtres, peu nombreuses.

Coussinets : assez saillants.

Mérithalles : longs.

Yeux : assez gros, duveteux, aplatis.

Feuilles : *limbe*, d'un vert pâle mat ; assez grand, ovale, faiblement acuminé, à bords un peu relevés, festonnés, dents larges et arrondies ; *pétiole*, de longueur et grosseur moyennes, à peine rosé à la base, bien canaliculé ; *stipu'es*, petites et filiformes à la base du rameau, un peu plus grandes au sommet.

Fleurs : grandes, nombreuses, rosées.

Époque de floraison : plutôt hâtive.

FRUIT

Gros ou très gros, plus large à la base qu'au sommet, présentant des côtes fortement saillantes partant du voisinage de l'œil.

Peau : fine, lisse, onctueuse, d'un vert clair passant au jaune paille et ayant l'aspect de la cire à complète maturité, un peu lavée de rose à l'insolation, présentant de rares ponctuations blanchâtres.

Œil : fermé dans une dépression assez profonde, large, rendue très irrégulière par les côtes saillantes.

Pédoncule : assez long et grêle dans une cavité profonde et évasée.

Chair : d'un blanc jaunâtre, très fine, tendre, sucrée, juteuse, possédant un parfum spécial très agréable.

Qualité : supérieure à toutes les autres variétés.

Époque de la maturité : de décembre à avril.

Fruit de commerce et d'amateur.

OBSERVATIONS : La pomme Calville est considérée comme la meilleure ; c'est elle qui atteint dans le commerce les prix les plus élevés. Les fruits de choix ne sont obtenus que sur les arbres cultivés en espalier et lorsqu'ils sont soumis à l'ensachage. Cette variété, sujette à la tavelure, s'accommode difficilement de la culture en plein air.

CALVILLE ROUGE DU MONT D'OR

DESCRIPTION DE L'ARBRE

Port : **divergent, étalé.**
Vigueur : moyenne.
Fertilité : bonne et très grande.
Forme : cordons, vases et espalier en petites formes.

RAMEAU

Assez long, de grosseur moyenne, brun et duveteux au sommet.
Lenticelles : petites, peu nombreuses.
Coussinets : peu saillants.
Mérithalles : assez longs.
Yeux : moyens, aplatis.
Feuilles : *limbe*, vert foncé, assez grand, ovale, légèrement acuminé ; *pétiole*,
    longueur moyenne.
Fleurs : grandes, nombreuses, rosées avant l'épanouissement.
Époque de floraison : hâtive.

FRUIT

Gros et très gros, forme de Calville avec côtes moins saillantes, arrondies.
Peau : fine, lisse, vert clair, se colorant de rouge carminé à l'insolation.
Œil : dans une dépression assez profonde.
Péconcule : court et grêle.
Chair : blanche, fine, tendre, sucrée, juteuse à maturité complète, parfum
    agréable.
Qualité : bonne.
Époque de la maturité : septembre-octobre.

OBSERVATIONS : Variété se colorant bien, meilleure que Grand
Alexandre. Très sensible au puceron lanigère.

CHATAIGNIER

SYNONYME de *Chastignier*.

Origine : ancienne et incertaine ; certains auteurs la croient originaire de Normandie.

DESCRIPTION DE L'ARBRE

Port : étalé.
Vigueur : assez bonne.
Fertilité : variable.
Forme : la haute tige de préférence.

RAMEAU

Court et gros, d'un rouge-brun, duveteux sur presque toute sa longueur.
Lenticelles : assez grosses, rondes, très rares.
Coussinets : très saillants.
Mérithalles : très courts.
Yeux : moyens ou gros, allongés, apprimés, duveteux.
Feuilles : *limbe*, arrondi, un peu ou pas acuminé, plat, à dents inégales,
     assez profondes, peu aiguës ; *pétiole*, court, rigide, à peine teinté de rose à
     la base, faiblement canaliculé ; *stipules*, très petites et courtes.
Fleurs : moyennes.
Époque de floraison : tardive.

FRUIT

De grosseur moyenne, presque régulièrement sphérique, un peu aplati.
Peau : fine, lisse, d'un jaune clair à complète maturité, presque complètement
     recouverte de rouge clair à l'ombre, de carmin sombre à l'insolation.
Œil : petit, fermé, à sépales longs et aigus, situé dans une cavité de pro-
     fondeur et largeur moyennes.
Pédoncule : court et assez gros, inséré dans une cavité étroite et profonde.
Chair : blanche, fine, cassante, sucrée, acidulée, peu parfumée, juteuse.
Qualité : ce fruit est bon cru et très bon cuit.
Époque de maturité : de décembre à avril.
Fruit de marché.

OBSERVATIONS : La vieille réputation de cette variété et la recherche
dont elle est l'objet font qu'il est vendu sous son nom des fruits locaux qui
n'ont rien de commun avec le Châtaignier. Aussi, peut-on dire, que beaucoup
de localités où l'on cultive ces Pommes ont chacune un fruit différent, dit
« Châtaignier ». Les caractères distinctifs de cette variété sont la fertilité
régulière de l'arbre et la facilité de conservation du fruit.

COURT-PENDU GRIS

SYNONYMES PRINCIPAUX : *de Capendu, Court-pendu doré, Courpendu, Court-pendu plat*.

Origine : ancienne et inconnue ; cette Pomme était déjà cultivée au commencement du XVe siècle.

DESCRIPTION DE L'ARBRE

Port : érigé.
Vigueur : modérée.
Fertilité : bonne.
Forme : la haute tige de préférence.

RAMEAU

Gros et court, d'un brun olivâtre totalement recouvert d'un duvet violacé.
Lenticelles : petites, blanchâtres, assez nombreuses.
Coussinets : peu saillants.
Mérithalles : courts.
Yeux : gros, allongés, à écailles disjointes, duveteux, blanchâtres.
Feuilles : *limbe*, arrondi, d'un vert foncé, assez longuement acuminé, à bords
peu relevés, régulièrement dentés; *pétiole*, court, robuste, un peu teinté
de rouge, faiblement canaliculé; *stipules*, petites et filiformes.
Fleurs : petites.
Époque de floraison : très tardive.

FRUIT

Moyen, à contours arrondis, fortement aplati, à lobes inégaux.
Peau : rude, épaisse, d'un vert gris, passant au jaune à complète maturité,
marbrée de roux, obscurément teintée de rouge-brun à l'insolation.
Œil : grand, ouvert ou mi-ouvert, à sépales larges, situé dans une cavité
large et peu profonde.
Pédoncule : très court, gros, inséré dans une cavité profonde.
Chair : jaunâtre, cassante, très sucrée, assez acidulée, bien parfumée, assez
juteuse.
Qualité : bonne.
Époque de la maturité : de novembre à avril.
Fruit de marché et d'amateur.

OBSERVATIONS : Cette variété se fait remarquer par sa conservation
très facile; elle est fort cultivée dans le Centre, le Nord et l'Est, notamment
dans la Seine-Inférieure et dans l'Aisne où il s'en fait un commerce important.

COX'S ORANGE PIPPIN

Synonymes principaux : *Cox's orange, Orange de Cox, Reinette orange de Cox.*

Variété obtenue en 1830 par Cox, à Colnbrook-Lawn, sur la route de Londres à Windsor.

DESCRIPTION DE L'ARBRE

Port : irrégulier.
Vigueur : moyenne.
Fertilité : grande.
Forme : la basse tige, de préférence.

RAMEAU

Grêle, coudé, étalé, brun olivâtre.
Lenticelles : petites, elliptiques longitudinalement, abondantes.
Coussinets : saillants et pointus.
Mérithalles : courts.
Yeux : moyens, duveteux, ovoïdes, écartés du bois.
Feuilles : *limbe*, petit, ovale, acuminé, à bords relevés et finement dentés;
    pétiole, long, duveteux, peu canaliculé, jaune verdâtre, violacé à la base.
Fleurs : moyennes.
Epoque de floraison : moyenne saison.

FRUIT

Surmoyen, arrondi, légèrement aplati, plus large que haut, à pourtour
    régulier.
Peau : lisse, brillante, jaune saumoné, lavée de rose et de rouge strié à
    l'insolation.
Œil : moyen, fermé, dans une cavité large et peu profonde.
Pédoncule : court, dans une cavité assez profonde et évasée.
Chair : blanc-jaunâtre, fine, tendre, fondante, sucrée, à saveur agréable.
Qualité : très bonne.
Epoque de maturité : d'octobre à novembre décembre.
Fruit d'amateur et de commerce.

OBSERVATIONS : Cette variété est surtout à recommander pour le
jardin fruitier, en formes libres et palissées où le fruit acquiert toute sa beauté
et sa qualité.

DE JAUNE

SYNONYMES PRINCIPAUX : *Pomme d'Argent, Reinette du Mans.*

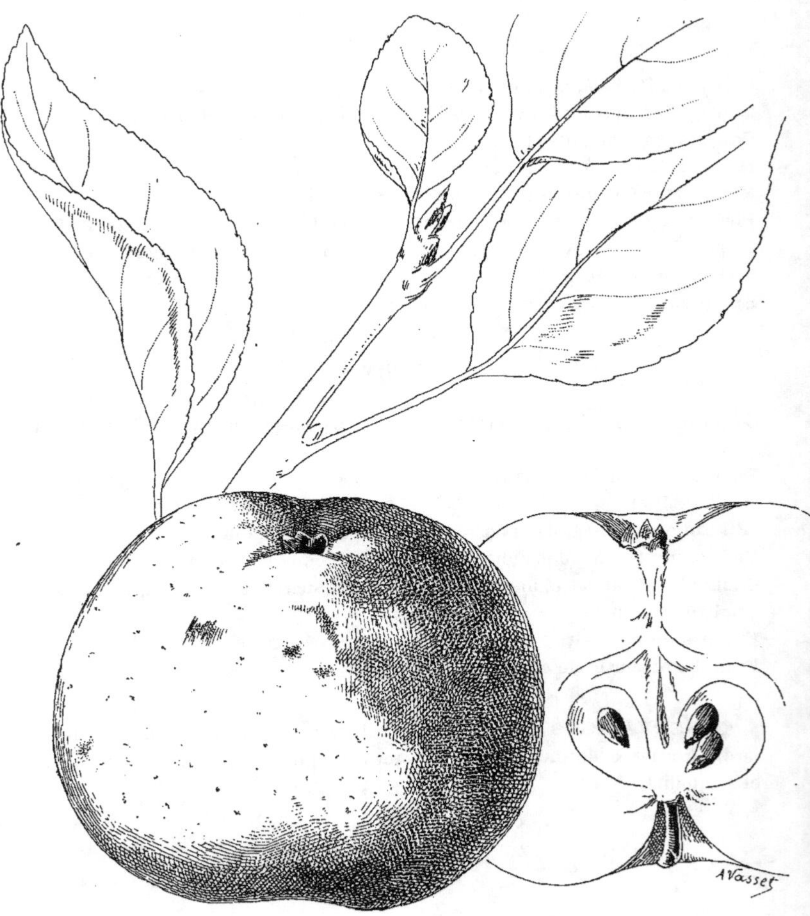

Cette variété semble originaire de la Sarthe, canton de Montfort, où l'on en rencontre des Pommiers extrêmement vieux.

DESCRIPTION DE L'ARBRE

Port : semi-érigé.
Vigueur : moyenne.
Fertilité : très grande.
Forme : la haute tige presque exclusivement.

RAMEAU

Long et assez gros, d'un vert grisâtre, un peu duveteux au sommet.
Lenticelles : grisâtres, allongées, peu nombreuses.
Coussinets : peu saillants.
Mérithalles : longs.
Yeux : petits, coniques, assez aigus, blanchâtres.
Feuilles : *limbe*, moyen ovale ou arrondi, se terminant régulièrement en une
   pointe assez aiguë, à bords un peu relevés; dents assez profondes et gros-
   sières; *pétiole*, long, de grosseur moyenne, vert, profondément canaliculé;
   stipules, étroites, en forme de faux.
Fleurs : petites.
Époque de floraison : très tardive.

FRUIT

Moyen, globuleux, plus ou moins déprimé, plus large que haut.
Peau : fine, lisse, d'un jaune clair à complète maturité, ponctuée et tachée
   de gris et de roux.
Œil : petit ou moyen, clos ou mi-clos, à sépales étroits et courts, situé dans
   une cavité étroite et peu profonde.
Pédoncule : court et gros, inséré dans une cavité large, profonde et régulière.
Chair : d'un blanc jaunâtre, fine, résistante, un peu cassante, sucrée, légère-
   ment acidulée, agréablement parfumée, juteuse.
Qualité : bonne.
Époque de la maturité : de janvier à mai.
Fruit de marché.

OBSERVATIONS : Cette variété, que l'on cultive beaucoup dans la
Sarthe, est très recherchée sur le marché, notamment à Paris où elle fait
l'objet, à l'arrière-saison, d'un important commerce rendu avantageux par la
facile conservation du fruit.

 LES MEILLEURS FRUITS

POMME FARO

Origine inconnue.

DESCRIPTION DE L'ARBRE

Port : divergent, mais forme une tête de grande envergure et superbe.
Vigueur : très grande.
Fertilité : grande, à partir de 25 à 30 ans.
Forme : la haute tige exclusivement.

RAMEAU

Long en général, grosseur au-dessous de la moyenne, plutôt grêle, brun foncé
à l'insolation, éclairé brun clair à l'ombre.
Lenticelles : rares, petites et un peu allongées.
Coussinets : fortement marqués, saillants.
Mérithalles : assez longs.
Yeux : petits, assez larges, arrondis, très aplatis, collés contre le bois, gris
cendré.
Feuilles : *limbe*, d'un vert luisant, large et grand, arrondi, gaufré, bord irré-
gulièrement et profondément denté ; *pétiole*, court, gros, rouge-grenat à la
base, se prolongeant jusque vers la moitié du limbe.
Fleurs : grosseur moyenne, courtes et arrondies, écailles brun clair éclairées
de gris argenté.
Époque de floraison : tardive.

FRUIT

Moyen, plus large que haut, légèrement bosselé.
Peau : rouge vif luisant, plus accentué à l'insolation, rouge clair strié à
l'ombre.
Œil : assez grand, à peine mi-ouvert dans une cavité large et profonde.
Pédoncule : court et assez gros, inséré dans une cavité assez large, de
moyenne profondeur.
Chair : blanche, demi-fine, tendre, demi-fondante, sucrée, parfumée, juteuse.
Qualité : très bonne.
Époque de la maturité : janvier-avril.
Fruit de table, à cuire, de marché.

OBSERVATIONS : Cette variété très cultivée dans la Brie, le fruit se
conservant très bien, favorisée par son coloris et sa qualité, fait l'objet d'un
grand commerce. L'arbre est très recommandable pour le verger, sa vigueur
est tellement grande que sa mise à fruits est un peu lente dans son jeune
âge.

GENDREVILLE

On croit ce fruit originaire de la Brie, en Seine-et-Marne, où il est très répandu.

DESCRIPTION DE L'ARBRE

Port : étalé.
Vigueur : bonne.
Fertilité : très grande.
Forme : la haute tige exclusivement.

RAMEAU

Long et grêle, terne, d'un jaune verdâtre.
Lenticelles : arrondies, saillantes, bien visibles, assez nombreuses.
Coussinets : peu saillants.
Mérithalles : longs.
Yeux : petits, coniques, à pointe recourbée sur le rameau, grisâtres.
Feuilles : *limbe*, petit, d'un vert mat, brusquement et longuement acuminé,
à bords festonnés, peu relevés ; *pétiole*, long et grêle, teinté de rouge sur
une faible longueur à la base, assez fortement canaliculé ; *stipules*, petites,
étroites.
Fleurs : petites.
Époque de floraison : très tardive.

FRUIT

Assez gros, globuleux, côtelé surtout au voisinage de l'œil.
Peau : fine, lisse, assez brillante, d'un jaune paille, presque entièrement
recouverte de carmin présentant une tache fauve, en forme d'étoile, autour
du pédoncule.
Œil : moyen, clos, à sépales longs et larges, situé dans une cavité peu pro-
fonde, large et irrégulière.
Chair : d'un blanc verdâtre, fine, cassante, assez sucrée, acidulée, peu par-
fumée, juteuse.
Qualité : bonne.
Époque de la maturité : de janvier à mai.
Fruit de marché.

OBSERVATIONS : Cette variété, très cultivée dans la Brie, est avantageuse par suite de sa grande facilité de conservation et la richesse de son
coloris qui en favorise la vente ; aussi est-ce une variété très recommandable
pour le verger.

GRAEFENSTEIN

Synonymes : *Graefensteiner, Gravenstein.*

Cette variété semble avoir été trouvée dans le Schleswig-Holstein, au château de Graefenstein ; elle a commencé à se répandre vers 1760.

DESCRIPTION DE L'ARBRE

Port : étalé et même divergent.
Vigueur : bonne.
Fertilité : bonne.
Forme : toutes les formes.

RAMEAU

Long, gros, d'un rouge violacé entièrement recouvert d'un duvet blanc
jaunâtre.
Lenticelles : presque blanches, arrondies, très rares.
Coussinets : presque nuls.
Mérithalles : plutôt courts.
Yeux : triangulaires, très aplatis, un peu rougeâtres, duveteux.
Feuilles : *limbe*, d'un vert foncé à la face supérieure, peu tomenteux à la face
inférieure qui est d'un vert clair, ovale, se terminant en pointe aiguë, à
bords un peu relevés portant des dents petites, régulières et aiguës;
pétiole, de grosseur et longueur moyennes, teinté de rose vineux dans toute
sa longueur; *stipules*, courtes et larges.
Fleurs : surmoyennes.
Époque de floraison : assez hâtive.

FRUIT

Assez gros, tronconique, côtelé, aussi large que haut en général (on ren-
contre cependant des fruits allongés, d'autres aplatis).
Peau : lisse, à fond verdâtre, puis jaune-clair, parfois safrané, abondamment
striée et tachée de rouge à l'insolation.
Œil : moyen, fermé, cotonneux, à sépales larges, situé dans une cavité pro-
fonde et côtelée.
Pédoncule : gros et court, inséré dans une cavité large et profonde.
Chair : blanche, fine, tendre, assez fondante, sucrée, **acidulée**, bien parfumée,
assez juteuse.
Qualité : bonne.
Époque de la maturité : d'octobre à décembre.
Fruit d'amateur.

OBSERVATIONS : La Pomme Graefenstein est recommandable; c'est un
bon fruit d'amateur. Son aspect séduisant, sa qualité, sa facilité de culture
sous toutes les formes, feront inscrire cette variété sur **toutes les listes de**
plantation.

GRAND ALEXANDRE

Synonymes principaux : *Empereur Alexandre, Empereur de Russie, Empereur Alexander, Gros Alexandre*.

Introduite de Moscou, d'après Bivort, à la fin du xviiie siècle, sous le nom d'Empereur Alexandre.

DESCRIPTION DE L'ARBRE

Port : semi érigé, puis étalé et même divergent.
Vigueur : moyenne.
Fertilité : très grande.
Forme : toutes les formes, mais surtout les basses tiges ; néanmoins, ce
  Pommier réussit assez bien à tige.

RAMEAU

Long, de grosseur moyenne, d'un brun clair, peu duveteux à la base, recouvert au sommet d'un duvet gris argenté.
Lenticelles : petites, allongées, bien visibles, assez nombreuses à la base du
  rameau, saillantes.
Coussinets : assez saillants.
Mérithalles : très longs.
Yeux : gros, triangulaires, à écailles disjointes, un peu teintés de rose à la
  base, duveteux et gris-cendré au sommet.
Feuilles : *limbe*, grand, d'un vert assez foncé, allongé, se terminant par une
  pointe assez longue, à bords peu relevés et festonnés, dents larges et
  arrondies ; *pétiole*, long, de grosseur moyenne, assez profondément cana-
  liculé ; *stipules*, petites et larges.
Fleurs : très grandes, en bouquets lâches.
Époque de floraison : fin avril, commencement de mai.

FRUIT

Gros et très gros, plus large que haut, tronqué aux deux pôles, présentant
  des côtes larges et plus ou moins proéminentes.
Peau : lisse, onctueuse, d'un vert blanchâtre pruiné, passant au jaune pâle
  à complète maturité, fortement lavée et striée longitudinalement de
  carmin vif, surtout du côté du soleil ; finement pruinée.
Œil : ouvert, large, dans une cavité large et profonde, irrégulière à la nais-
  sance des côtes.
Pédoncule : long et de grosseur moyenne.
Chair : d'un blanc verdâtre, fine, mi-cassante, fondante, sucrée, acidulée,
  bien juteuse.
Qualité : assez bonne ou bonne, lorsque le fruit est mangé à point.
Époque de la maturité : septembre-octobre.
Fruit de commerce et d'amateur.

OBSERVATIONS : Ce très beau fruit est recherché par le commerce à
cause de son volume et de sa belle coloration ; c'est une des plus belles
Pommes de la saison ; les fruits de choix de cette variété atteignent des prix
élevés ; les fruits petits ou de second choix sont sans valeur.

GROS-LOCARD

Origine inconnue; la culture qui en est faite dans diverses régions, depuis fort longtemps, ne permet pas de lui attribuer un lieu de naissance bien certain. -

DESCRIPTION DE L'ARBRE

Port : étalé.
Vigueur : bonne.
Fertilité : très grande.
Forme : la haute tige de préférence.

RAMEAU

Long et fort, verdâtre à l'ombre, d'un brun violacé éclairé de gris à l'insolation, peu duveteux, sauf au sommet.
Lenticelles : très grandes, peu saillantes, arrondies, nombreuses.
Coussinets : peu saillants.
Mérithalles : longs.
Yeux : larges, mais très aplatis, blancs, duveteux.
Feuilles : *limbe*, d'un vert terne, arrondi, longuement acuminé, à bords peu relevés ; dents larges, profondes, très aiguës ; *pétiole*, de longueur et grosseur moyennes, d'un rose violacé sur presque toute sa longueur ; *stipules*, filiformes, peu longues.
Fleurs : moyennes.
Époque de floraison : très tardive.

FRUIT

Gros, globuleux, fortement comprimé, très régulier.
Peau : mi-fine, lisse, luisante, jaune, un peu rosée à l'insolation, ponctuée de roux et largement maculée de la même couleur dans le voisinage du pédoncule.
Œil : grand, fermé, à sépales petits et recourbés, situé dans une cavité large, peu profonde et régulière.
Pédoncule : court et fort, inséré dans une cavité large, généralement profonde.
Chair : blanche, mi-fine, tendre, sucrée, un peu acidulée, peu parfumée, juteuse.
Qualité : assez bonne.
Epoque de la maturité : de décembre à mars.
Fruit de marché.

OBSERVATIONS : Le fruit, malgré son fort volume, tient fortement aux branches et donne de bons résultats à haute tige. Ce Pommier forme un très bel arbre et fournit d'abondantes récoltes. Il est très répandu dans la Brie, le Loiret, l'Aube, l'Yonne et la Sarthe.

JEANNE HARDY

Obtenue par l'École Nationale d'Horticulture, en 1878.

DESCRIPTION DE L'ARBRE

Port : érigé.
Vigueur : forte ou très forte.
Fertilité : grande.
Forme : basse, cordons ou losanges.

RAMEAU

Longueur et grosseur au-dessus de la moyenne, brun clair, duveteux.
Lenticelles : petites, allongées, assez nombreuses.
Coussinets : saillants.
Mérithalles : assez longs.
Yeux : gros, écailleux, duveteux.
Feuilles : *limbe*, grand, allongé, vert, assez foncé ; *pétiole*, long et de grosseur moyenne.
Fleurs : très grandes.
Époque de floraison : fin avril, début de mai.

FRUIT

Gros ou très gros, plus large que haut.
Peau : lisse, jaune doré, vivement coloré de carmin du côté du soleil.
Œil : ouvert, large, dans cavité large, irrégulière et cotelée.
Pédoncule : long et de grosseur moyenne.
Chair : blanc jaunâtre, fine, un peu ferme, juteuse, sucrée, parfum relevé d'un goût de reinette.
Qualité : bonne.
Époque de la maturité : octobre à décembre.
Fruit d'amateur et de commerce.

OBSERVATIONS : Peut remplacer Grand Alexandre ; sa maturité se prolonge plus longtemps.

ONTARIO

Origine américaine.

DESCRIPTION DE L'ARBRE

Port : érigé.
Vigueur : grande.
Fertilité : bonne.
Forme : formes naines pour la production du fruit de luxe.

RAMEAU

De longueur et grosseur moyennes, brun olivâtre.
Lenticelles : rondes ou peu allongées, petites et peu nombreuses.
Coussinets : peu saillants.
Mérithalles : longs ou très longs.
Yeux : coniques, petits, duveteux.
Feuilles : *limbe*, très large, denté très profondément ; *pétiole*, long, teinté de
  rouge.
Fleurs : grandes.
Époque de floraison : début de mai.

FRUIT

Gros ou très gros, aplati sur les deux pôles.
Peau : épaisse, lisse, vert jaunâtre, teintée de rouge à l'insolation.
Œil : grand, dans une cavité profonde et irrégulière.
Pédoncule : long, inséré dans une cavité régulière et profonde.
Chair : blanc jaunâtre, fine, fondante, sucrée, parfumée, peu juteuse.
Qualité : très bonne.
Époque de la maturité : novembre à décembre.
Fruit de table.

OBSERVATIONS : Variété très fructifère. Se formant bien en fuseaux.
La culture de plein vent donne de bons résultats en certaines régions,
notamment en Suisse. Résiste bien aux maladies. Peu attaquée par le puceron
lanigère.

PEASGOOD NONSUCH

SYNONYMES PRINCIPAUX : *Sans pareil Peasgood. Non pareille de Peasgood.*

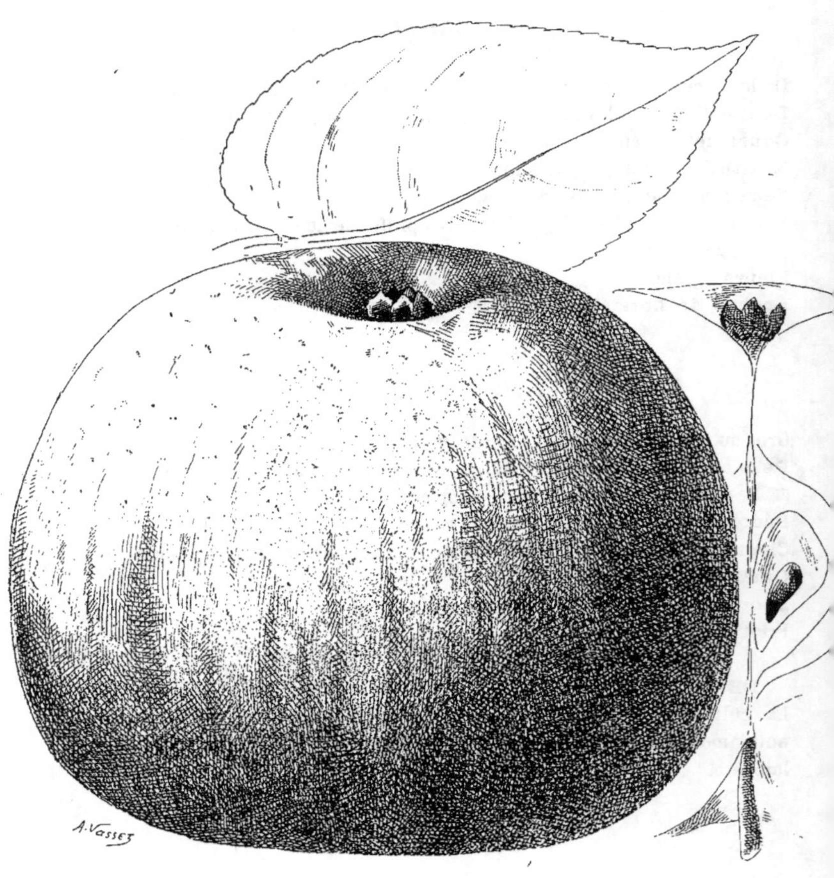

Variété obtenue par M. Peasgood, à Stamford (Angleterre); mise au commerce par MM. W. et J. Brown, en 1874.

DESCRIPTION DE L'ARBRE

Port : érigé.
Vigueur : très grande.
Fertilité : bonne.
Forme : toutes les formes naines.

RAMEAU

Assez long, de grosseur moyenne, rouge grenat, recouvert de gris violacé,
    peu duveteux.
Lenticelles : petites, arrondies, blanchâtres, très rares.
Coussinets : presque nuls.
Mérithalles : courts.
Yeux : petits, triangulaires, aplatis, blanchâtres.
Feuilles : *limbe*, grand, d'un vert brillant, ovale, arrondi, recourbé surtout à
    l'extrémité qui est assez longuement acuminée, à bords faiblement relevés,
    dents assez larges, obtuses, presque rondes ; *pétiole*, court, de grosseur
    moyenne, assez bien canaliculé, à peine rosé à la base ; *stipules*, assez
    grandes et assez larges, contournées parfois en hélice ou recourbées.
Fleurs : grandes.
Époque de floraison : assez tardive.

FRUIT

Gros ou très gros, globuleux, aplati (plus large que haut), à pourtour
    régulier.
Peau : d'un jaune pâle, lavée de rose et striée longitudinalement de carmin,
    ponctuée de gris.
Œil : grand, ouvert, à sépales courts, dans une cavité assez grande,
    régulière.
Pédoncule : court et assez fort, dans une cavité large et profonde.
Chair : jaunâtre, fine, mi-tendre, sucrée, un peu acidulée, bien parfumée,
    juteuse.
Qualité : bonne.
Époque de la maturité : octobre-novembre.
Fruit d'amateur et de commerce.

OBSERVATIONS : Ce fruit est l'un des meilleurs parmi les gros fruits
on le cultive surtout en cordon et en palmette.

RAMBOUR D'HIVER

Origine ancienne et inconnue.

DESCRIPTION DE L'ARBRE

Port : branches longues et divergentes.
Vigueur : très grande.
Fertilité : assez bonne.
Forme : la haute tige presque exclusivement.

RAMEAU

Long, gros, coudé, divergent, d'un brun olivâtre à l'ombre, d'un rouge-brun
à l'insolation, recouvert par places de blanc argenté.
Lenticelles : jaune clair, assez rares.
Coussinets : saillants, faiblement nervés.
Mérithalles : longs.
Yeux : moyens, à écailles mal soudées, fortement duveteux, collés contre le
bois.
Feuilles : *limbe*, grand, épais, ovale ou elliptique, d'un vert pâle en dessus,
duveteux en dessous, courtement acuminé, à bords plats, à dents régulières
et aiguës; *pétiole*, gros et court, rosé à la base, bien canaliculé; *stipules*,
assez longues et grêles.
Fleurs : grandes, rose pâle.
Époque de floraison : moyenne saison.

FRUIT

Gros, irrégulièrement globuleux, le plus souvent obliquement tronqué,
quelquefois allongé, à côtes larges et peu profondes.
Peau : mince, lisse, à fond jaune vif, fortement lavée et longitudinalement
striée de carmin à l'insolation.
Œil : assez grand, fermé, dans une cavité large, assez profonde, très irrégu-
lière.
Pédoncule : de longueur moyenne, inséré dans une cavité large et pro-
fonde.
Chair : d'un blanc un peu jaunâtre, mi-fine, tendre, mi-fondante, assez sucrée,
acidulée, peu parfumée.
Qualité : assez bonne ou bonne.
Époque de la maturité : de décembre à février.
Fruit de marché et d'amateur.

OBSERVATIONS : C'est un très bel arbre de verger; son fruit est très
estimé pour la cuisson et pour la pâtisserie.

REINETTE BAUMANN

SYNONYMES PRINCIPAUX : *Baumann's rothe winter, Reinette de Bollviller.*

Obtenue au commencement du XIXe siècle par Van Mons, qui l'a dédiée aux frères Baumann, pépiniéristes à Bollviller (Haut-Rhin).

DESCRIPTION DE L'ARBRE

Port : presque érigé.
Vigueur : bonne.
Fertilité : très grande, précoce et soutenue.
Forme : toutes les formes.

RAMEAU

Long, de grosseur moyenne, d'un brun rougeâtre au milieu, peu duveteux,
 même au sommet.
Lenticelles : grandes, arrondies, nombreuses.
Coussinets : peu saillants.
Mérithalles : longs.
Yeux : moyens, un peu rougeâtres, peu duveteux.
Feuilles : *limbe*, d'un vert terne, généralement petit, arrondi, plat, à dents
 petites et peu aiguës ; *pétiole*, mince, de longueur moyenne, teinté de
 rouge à la base, bien canaliculé ; *stipules*, petites.
Fleurs : nombreuses.
Époque de floraison : assez tardive.

FRUIT

Moyen, globuleux, un peu aplati aux pôles, à contour régulier, à côtes très
 faibles.
Peau : lisse, brillante, à fond jaune, presque entièrement recouverte de
 carmin pourpré.
Œil : moyen, ouvert ou mi-clos, à sépales courts, situé dans une cavité large,
 peu profonde, un peu plissée.
Pédoncule : Gros et court, dans une cavité profonde et étroite.
Chair : d'un blanc jaunâtre, mi-fine, mi-tendre, sucrée, acidulée, légèrement
 parfumée, assez juteuse.
Qualité : bonne.
Époque de la maturité : de novembre à mars.
Fruit d'amateur.

OBSERVATIONS : Cette variété est surtout remarquable par sa grande
fertilité et la richesse de coloris de son fruit ; l'arbre a cependant l'inconvénient de laisser tomber ses fruits de bonne heure.

REINE DES REINETTES

Synonymes : ***Kronen Reinette*** (Reinette de la Couronne), ***Queen of the pippins***, ***Winter Gold Pearmain***.

Origine ancienne et inconnue. Les différentes appellations étrangères, sous lesquelles elle est connue depuis fort longtemps, ne laissent pas supposer qu'elle soit d'origine française; certains pomologues la croient d'origine anglaise ou américaine, d'autres lui attribuent la Hollande comme lieu de naissance.

DESCRIPTION DE L'ARBRE

Port : érigé.
Vigueur : très bonne.
Fertilité : grande.
Forme : toutes les formes.

RAMEAU

Gros et court, d'un brun violacé, entièrement recouvert d'un duvet gris argenté.

Lenticelles : allongées, de grandeur inégale, la plupart assez grosses, assez nombreuses, jaune vif.

Coussinets : larges et saillants.

Mérithalles : courts.

Yeux : gros, ovoïdes, gris cendré.

Feuilles : *limbe*, d'un beau vert brillant, ovale, allongé, longuement acuminé, à bords peu relevés, largement et régulièrement dentés; *pétiole*, gros, court, teinté de rose dans presque toute sa longueur; faiblement canaliculé; *stipules*, en alène, assez longues.

Fleurs : moyennes.

Époque de floraison : tardive.

FRUIT

Assez gros, cylindro-conique, à base et à sommet larges.

Peau : lisse et brillante, assez épaisse, d'abord d'un vert jaunâtre, puis d'un jaune d'or à complète maturité, lavée de rouge orangé, longitudinalement striée de rouge plus foncé.

Œil : très grand, très ouvert, à sépales dressés, situé dans une cavité large et peu profonde.

Pédoncule : assez long, inséré dans une cavité profonde et large.

Chair : d'un blanc un peu jaunâtre, mi-cassante, sucrée et un peu acidulée, bien parfumée, très juteuse.

Qualité : très bonne.

Époque de la maturité : d'octobre à mars.

OBSERVATIONS : La Reine des Reinettes se prête à tous les genres de culture; elle réussit particulièrement bien à haute tige et c'est l'une des variétés qui ont été le plus employées dans les plantations sur routes. On rencontre sur le même arbre des fruits mûrs de très bonne heure, en même temps que d'autres se conservant fort longtemps. C'est une excellente variété qui doit figurer dans tous les jardins.

REINETTE DE CAUX

Origine incertaine. Certains lui donnent, d'après son nom, une origine normande ; d'autres pensent qu'elle est allemande.

DESCRIPTION DE L'ARBRE

Port : semi-érigé.
Vigueur : très bonne.
Fertilité : remarquable.
Forme : toutes les formes, mais surtout la haute tige.

RAMEAU

Assez long et grêle, assez fortement côtelé, d'un rouge-brun, duveteux au
   sommet seulement, coudé à chaque feuille.
Lenticelles : petites, rondes, très nombreuses.
Coussinets : assez saillants.
Mérithalles : longs.
Yeux : moyens, aplatis, duveteux.
Feuilles : *limbe*, moyen, d'un vert clair, peu allongé, quelquefois arrondi,
   longuement acuminé, à bords peu relevés, régulièrement et finement
   dentés ; *pétiole*, long, de grosseur moyenne, teinté de rouge vineux ou de
   rouge vif à sa base, faiblement canaliculé dans le voisinage du limbe ;
   stipules, longues et fines, en ellipse.
Fleurs : moyennes, rosées.
Époque de floraison : moyenne saison ou tardive.

FRUIT

Moyen, globuleux, à contour régulier, le plus souvent aplati aux pôles.
Peau : fine, un peu rude, à fond jaune herbacé ou doré, longitudinalement
   striée de rouge terne ou de carmin à l'insolation.
Œil : moyen, assez ouvert, à sépales quelquefois caducs, situé dans une
   cavité large et peu profonde.
Pédoncule : long et grêle, dans une cavité profonde.
Chair : jaunâtre, fine, ferme, croquante, sucrée, acidulée, bien parfumée,
   juteuse.
Qualité : très bonne.
Époque de la maturité : de décembre à mai.
Fruit de marché et d'amateur.

OBSERVATIONS : Cette variété qui semble se plaire sous les climats
les plus variés est universellement répandue ; c'est surtout une variété de
verger où ses qualités de bonne vigueur et de fertilité se font surtout apprécier. Le fruit tient solidement à l'arbre et les grands vents ne sont pas trop à
redouter pour cette variété. La Reinette de Caux donne aussi un bon cidre.

REINETTE DE CUZY

SYNONYMES PRINCIPAUX : *Reinette à côtes* (dans l'Allier), *Reinette carrée de Montbard* (environs d'Auxonne). *Reinette de Bourgogne.*

Cette variété, très ancienne, est originaire du hameau de Chapuis, commune de Cuzy, près d'Autun (Saône-et-Loire).

DESCRIPTION DE L'ARBRE

Port : semi-érigé.
Vigueur : bonne.
Fertilité : très grande.
Forme : la haute tige.

RAMEAU

Gros et court, coudé, d'un vert olivâtre à l'ombre, rougeâtre au soleil, presque
  entièrement recouvert de gris cendré.
Lenticelles : grandes, longues, assez rares.
Coussinets : peu saillants, mais larges, faisant deux saillies latérales sur le
  bois.
Mérithalles : courts.
Yeux : courts, aigus, larges et aplatis.
Feuilles : *limbe*, épais, grand, ovale ou arrondi, à dents grossières et inégales ;
  pétiole, court et robuste, souvent recourbé, carminé à la base, assez forte-
  ment canaliculé ; *stipules*, longues et larges, bien développées.
Fleurs : moyennes, blanc rosé.
Époque de floraison : tardive.

FRUIT

Moyen ou assez gros, souvent allongé et tronconique, quelquefois globu-
  leux, fortement côtelé.
Peau : fine, lisse, brillante, d'un vert herbacé passant au jaune vif à com-
  plète maturité, ponctuée de fauve.
Œil : moyen, à sépales courts, situé dans une cavité assez large, fortement
  plissée.
Pédoncule : court, de grosseur moyenne, inséré dans une cavité étroite et
  profonde.
Chair : d'un blanc jaunâtre, fine, tendre, assez sucrée, légèrement acidulée,
  assez parfumée, juteuse.
Qualité : bonne.
Époque de la maturité : de décembre à mai.
Fruit de marché et d'amateur.

OBSERVATIONS : C'est surtout une variété de verger qui donne des
produits très appréciés dans les régions de l'Est et du Centre de la France.

REINETTE DORÉE

SYNONYMES PRINCIPAUX : *Golden pippin, Reinette jaune tardive, Reinette grise dorée, Reinette dorée de Vitry.*

Origine ancienne et inconnue.

DESCRIPTION DE L'ARBRE

Port : érigé.
Vigueur : moyenne.
Fertilité : bonne.
Forme : la haute tige.

RAMEAU

Assez gros, peu allongé, d'un rouge marron au sommet, verdâtre à la base, duveteux au tiers supérieur.

Lenticelles : rondes, blanchâtres, très visibles, assez abondantes.
Coussinets : larges, formant saillies latérales, aplatis.
Mérithalles : inégaux, le plus souvent courts.
Yeux : assez gros, duveteux, blanchâtres, à pointe collée contre le rameau.
Feuilles : *limbe* luisant, d'un vert foncé, arrondi, un peu acuminé, à bords contournés et relevés en gouttière, à dents larges et profondes; *pétiole*, gros, court, duveteux, teinté de rouge sur une courte longueur à partir de la base, très faiblement canaliculé; *stipules*, petites et étroites.
Fleurs : grandes, rose pâle.
Époque de floraison : moyenne saison.

FRUIT

Moyen, tronconique ou globuleux, fortement tronqué aux deux pôles.
Peau : mince, lisse, d'un jaune d'or pâle à l'ombre, fauve ou orangé au soleil, ponctuée de brun.
Œil : ouvert, à sépales caducs, situé dans une dépression peu large, très peu profonde et atténuée sur les bords.
Pédoncule : assez long, souvent charnu, dans une cavité étroite et profonde.
Chair : blanche, fine, serrée, mi-tendre, bien sucrée, un peu acidulée, très agréablement parfumée, très juteuse.
Qualité : très bonne.
Époque de la maturité : de décembre à mars et même au delà
Fruit d'amateur et de marché.

OBSERVATIONS : Excellente pour le verger, cette variété donne aussi de bons résultats lorsqu'elle est greffée sur Paradis. Le fruit possède une saveur particulière qui le fera toujours rechercher.

REINETTE DE CANADA (Blanche)

SYNONYMES PRINCIPAUX : *Reinette du Canada, Canada, Canada blanc, Grosse Reinette d'Angleterre.*

Origine ancienne et inconnue.

DESCRIPTION DE L'ARBRE

Port : étalé, irrégulier.
Vigueur : grande.
Fertilité : irrégulière.
Forme : toutes les formes.

RAMEAU

Gros, long, un peu nervé dans le voisinage des pétioles, d'un brun violacé.
Lenticelles : rondes, d'un blanc jaunâtre, assez nombreuses, saillantes.
Coussinets : larges, peu saillants.
Mérithalles : courts.
Yeux : gros, duveteux, blanchâtres.
Feuilles : *limbe*, d'un beau vert brillant, ovale arrondi à pointe aiguë, à
  bords relevés en gouttière, à dents grandes et aiguës; *pétiole*, gros et court,
  duveteux, un peu rosé à la base, faiblement canaliculé; *stipules*, assez
  longues et minces.
Fleurs : très grandes.
Époque de floraison : moyenne saison.

FRUIT

Gros ou très gros, généralement plus large que haut, quelquefois tronconique, plus souvent déprimé, à large base, à surface bosselée, présentant des côtes assez prononcées.
Peau : terne, rude, d'un vert clair passant au jaune herbacé à maturité complète, maculée de brun-fauve surtout au voisinage des pôles, parsemée de
  points gris, rares, mais très visibles, parfois un peu rosée à l'insolation.
Œil : grand, généralement ouvert. Quelquefois mi-clos ou clos, situé dans
  une cavité profonde, large et régulière.
Pédoncule : assez gros, inséré dans une cavité profonde, large et régulière.
Chair : d'un blanc jaunâtre, fine, tendre, spongieuse, un peu sucrée, douce,
  bien parfumée, assez juteuse.
Qualité : très bonne.
Époque de la maturité : de décembre à mars et même au delà.
Fruit de commerce, d'amateur et de marché.

OBSERVATIONS : La Reinette de Canada (blanche) est une variété précieuse à tous égards qu'on plantera avec avantage aussi bien dans les jardins
que dans les vergers. Le fruit trouvera une vente facile soit à la pièce, soit
au poids. On ne peut reprocher à l'arbre que d'être sujet aux attaques du
chancre et d'être d'une fertilité inconstante.

REINETTE DE CANADA (Grise)

Synonyme : *Canada gris.*

Origine inconnue.

DESCRIPTION DE L'ARBRE

Port : étalé.

Vigueur : bonne.

Fertilité : grande.

Forme : toutes les formes.

RAMEAU

Long et gros, d'un brun olivâtre, presque entièrement recouvert d'un duvet
gris argenté.

Lenticelles : assez grosses, généralement rondes, rares, mais très visibles.

Coussinets : peu saillants.

Mérithalles : de longueur moyenne.

Yeux : gros, duveteux, coniques, d'un blanc grisâtre.

Feuilles : *limbe*, d'un vert foncé, arrondi, longuement acuminé, presque
plat, à dents grandes, peu aiguës et assez régulières; *pétiole*, gros, court,
à peine teinté de rose à la base, peu canaliculé; *stipules*, de longueur et de
largeur moyennes, en forme de faux.

Fleurs : moyennes, rosées.

Époque de floraison : moyenne saison.

FRUIT

Gros, plus large que haut, semblable comme forme à la Reinette de Canada
(blanche).

Peau : rude, d'un vert terne comme celle de la Reinette de Canada (blanche)
jusqu'en juillet et août, puis se recouvrant entièrement à cette époque de
gris-roux.

Œil : grand, dans une cavité large et profonde.

Pédoncule : court, dans une cavité large et profonde.

Chair : d'un blanc jaunâtre ou verdâtre, fine, fondante, sucrée, un peu
acidulée, bien parfumée, assez juteuse.

Qualité : très bonne.

Époque de la maturité : de décembre à mars.

Fruit d'amateur et de commerce.

OBSERVATIONS : Souvent on a cultivé sous le nom de Canada gris la
Reinette grise royale qui s'en distingue par un bois plus court et plus gros,
par une vigueur moins grande et par sa couleur constamment grise depuis la
formation du fruit. La Reinette de Canada (grise) semble n'être qu'une sous-
variété de la Reinette de Canada (blanche) dont elle a les principaux caractères, sauf celui de la couleur dans les derniers mois qui précèdent la récolte.
Elle semble avoir sur celle-ci l'avantage de mieux résister aux attaques du
chancre.

REINETTE FRANCHE

SYNONYMES PRINCIPAUX : *Reinette blanche*, *Reinette blonde*, *Reinette franche rose*, *Reinette commune*, *Reinette de Normandie*, *Franzosische Edel Reinette, etc.*

Origine ancienne et inconnue.

DESCRIPTION DE L'ARBRE

Port : semi-érigé.
Vigueur : bonne.
Fertilité : très grande.
Forme : toutes les formes.

RAMEAU

Long et assez grêle, d'un brun-rouge, recouvert de gris blanchâtre, fortement
    nervé dans toute la longueur des mérithalles.
Lenticelles : grandes, arrondies ou allongées, assez nombreuses.
Coussinets : saillants, portant de fortes nervures latérales et médianes.
Mérithalles : assez longs.
Yeux : gros, courts, arrondis, peu aigus, duveteux.
Feuilles : *limbe*, assez grand, allongé, d'un vert terne, à pointe longue et
    aiguë, à bords peu relevés, portant des dents assez aiguës et fines; *pétiole*,
    de grosseur moyenne, long, à peine rosé à la base; *stipules*, minces, en
    forme de faux.
Fleurs : moyennes.
Epoque de floraison : tardive.

FRUIT

Moyen, généralement tronconique, un peu plus haut que large, à côtes
    courtes et peu accentuées.
Peau : épaisse, un peu rude, d'un vert clair passant au jaune herbacé à com-
    plète maturité, ponctuée et maculée de brun, parfois un peu lavée de rose
    à l'insolation.
Œil : moyen, mi-clos, dans une cavité large et peu profonde.
Pédoncule : gros et court, inséré dans une cavité étroite et profonde.
Chair : d'un blanc jaunâtre, fine, croquante, acidulée, très sucrée, possédant
    un parfum prononcé et agréable, bien juteuse.
Qualité : très bonne.
Epoque de la maturité : de décembre à mars.
Fruit d'amateur et de marché.

OBSERVATIONS : Excellent fruit à tous les points de vue, la Reinette
franche est portée par un arbre se prêtant bien à toutes les formes et, en particulier, à la haute tige. Eviter les situations trop humides ou froides.

REINETTE GRISE DE SAINTONGE

Synonyme : *Reinette grise haute bonté.*

Origine ancienne et inconnue. Elle est cultivée depuis plusieurs siècles dans l'ouest de la France et notamment dans les Charentes.

DESCRIPTION DE L'ARBRE

Port : érigé.
Vigueur : moyenne.
Fertilité : très grande.
Forme : toutes les formes et en particulier la haute tige.

RAMEAU

De longueur et grosseur moyennes, verdâtre à l'ombre, d'un brun-roux à
l'insolation, recouvert d'un duvet gris.
Lenticelles : rondes, petites, nombreuses.
Coussinets : peu saillants.
Mérithalles : courts.
Yeux : moyens, très aplatis, duveteux.
Feuilles : *limbe*, petit, d'un vert terne en dessus, grisâtre en dessous, à bords
peu relevés et ondulés, à dents grandes et irrégulières; *pétiole*, gros et
raide, canaliculé, rosé à la base; *stipules*, petites et grêles, incurvées.
Fleurs : grandes, rosées.
Époque de la floraison : moyenne saison.

FRUIT

Moyen, tantôt globuleux, tantôt allongé ou aplati, nettement tronqué au
sommet.
Peau : mince, rude, d'un vert blanchâtre, recouverte de gris ou complètement
bronzée, ponctuée de brun, quelquefois lavée de rouge à l'insolation.
Œil : grand, mi-clos, à sépales longs et aigus.
Pédoncule : de longueur variable, généralement gros et court.
Chair : jaune verdâtre, fine, ferme et croquante, sucrée, peu acidulée, pos-
sédant un parfum anisé, assez juteuse.
Qualité : très bonne.
Époque de la maturité : de janvier à avril.
Fruit d'amateur et de marché.

OBSERVATIONS : Cette variété très appréciée dans la région qui lui a
donné son nom y fait l'objet d'un commerce important. Elle s'est répandue
dans toute la France et même à l'étranger. Elle est surtout remarquable par sa
fertilité et la facilité avec laquelle son fruit se conserve jusqu'à une époque
très avancée.

REINETTE GRISE DE VITRY

Synonymes principaux : *Reinette grise*, *Reinette toute grise*, *Reinette grise d'hiver*, *Reinette grise française*, *Belle fille* (par erreur), *Haute bonté* (par erreur).

Origine ancienne et inconnuu.

DESCRIPTION DE L'ARBRE

Port : érigé.
Vigueur : assez bonne.
Fertilité : très grande.
Forme : en haute tige de préférence.

RAMEAU

Long et grêle, vert brunâtre à l'ombre, et brun rougeâtre à l'insolation,
    duveteux.
Lenticelles : rondes, petites, rares.
Mérithalles : de moyenne longueur.
Yeux : moyens, coniques, duveteux, aplatis.
Feuilles : *limbe*, d'un beau vert en dessus, jaune verdâtre, duveteux en
    dessous, allongé, lancéolé et acuminé; *pétiole*, de longueur et grosseur
    moyennes, à peine canaliculé, teinté de couleur lie de vin à la base; *stipules*,
    étroites, infléchies.
Fleurs : moyennes, rosées.
Époque de floraison : tardive.

FRUIT

Moyen, globuleux, ou tronconique, à lobes souvent inégaux.
Peau : rude, mais fine, d'un vert clair presque entièrement recouverte de
    gris bronzé, granitée et marbrée de roux.
Œil : petit, clos ou mi-clos, à sépales grêles, situé dans une cavité unie,
    petite, souvent placée de côté.
Pédoncule : moyen, inséré dans une cavité régulière, profonde et large.
Chair : jaunâtre ou verdâtre, fine, compacte, très sucrée et agréablement
    acidulée, finement parfumée, bien juteuse.
Qualité : très bonne.
Époque de la maturité : de janvier à avril.
Fruit d'amateur et de marché.

OBSERVATIONS : Cette variété se cultive avec avantage à haute tige;
elle s'accommode cependant des formes taillées et, sous ces différents modes
de culture, donne toujours une abondante récolte.

RIBSTON PIPPIN

SYNONYMES PRINCIPAUX : *Ribstone*, *Formosa Pippin*, *Glory of
York*, *Traver's*, *Pepin Ribston*, etc.

Obtenue dans le jardin du château de Ribstone, près Knaresborough (comté
d'York), vers 1688.

DESCRIPTION DE L'ARBRE

Port : étalé.
Vigueur : moyenne.
Fertilité : grande.
Forme : toutes les formes.

RAMEAU

De longueur et grosseur moyennes, coudé, d'un **rouge-brun** ardoisé, **très** duveteux.
Lenticelles : grandes, assez nombreuses.
Coussinets : saillants.
Mérithalles : courts.
Yeux : gros, coniques, duveteux, aplatis.
Feuilles ; *limbe*, grand, ovale. arrondi, à bords fortement relevés profondément denté ; *pétiole*, gros, long, à peine canaliculé ; *stipules*, longues et grêles.
Fleurs : grandes, rosées à l'extérieur.
Époque de floraison : assez tardive.

FRUIT

Gros, cylindro-conique, de forme variable.
Peau : un peu rugueuse, d'un jaune d'or, lavée de rouge à l'insolation, ponctuée et marbrée de fauve.
Œil : moyen, mi-clos, situé dans une cavité large, profonde, à bords un peu côtelés.
Pédoncule : court, arqué, inséré dans une cavité étroite et profonde.
Chair : jaunâtre, fine, compacte, assez ferme, sucrée, acidulée, possédant un agréable parfum, juteuse.
Qualité : très bonne.
Époque de la maturité : d'octobre à décembre, se prolonge parfois jusqu'en février.
Fruit d'amateur.

OBSERVATIONS : Cultivée en France, surtout comme fruit d'amateur, cette variété fait l'objet d'un important commerce à l'étranger, notamment en Allemagne. Surveiller le moment de cueillette, car le fruit se détache facilement de l'arbre.

ROYALE D'ANGLETERRE

SYNONYMES PRINCIPAUX : *Reinette d'Angleterre, Angleterre, Reinette rayée de rouge, etc*.

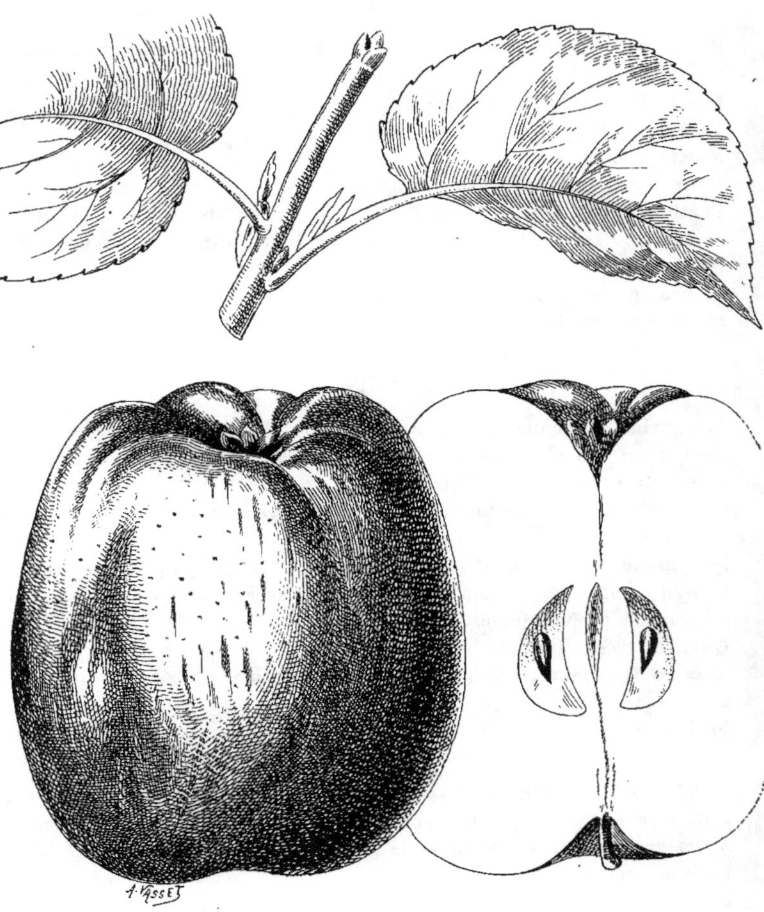

Origine incertaine; on sait cependant qu'elle a été introduite en France à la fin du XVIIIe siècle par les Chartreux de Paris.

DESCRIPTION DE L'ARBRE

Port : érigé, puis divergent.
Vigueur : très bonne.
Fertilité : grande et constante quand l'arbre est adulte.
Forme : toutes les formes.

RAMEAU

Long et fort, d'un brun olivâtre, presque entièrement recouvert de gris
violacé, portant plusieurs nervures, surtout en dessous de la base des
pétioles.
Lenticelles : jaunâtres, rondes ou allongées, saillantes, semées irréguliè-
rement.
Coussinets : peu saillants.
Mérithalles : légèrement au-dessous de la moyenne.
Yeux : assez gros, coniques, obtus, duveteux, blanchâtres.
Feuilles : *limbe*, grand, peu allongé, courtement acuminé, à bords peu
relevés, à dents grandes, profondes, souvent doubles ; *pétiole*, très gros,
court, à peine teinté de rouge à la base, faiblement canaliculé ; *stipules*,
bien accusées, écartées, en forme de faux.
Fleurs : grandes, légèrement rosées.
Époque de la floraison : hâtive.

FRUIT

Gros, allongé, tronconique, côtelé, à lobes souvent inégaux.
Peau : épaisse, lisse, d'un vert jaunâtre, longitudinalement rayée de rouge à
l'insolation.
Œil : moyen, ouvert, à sépales larges, courts et dressés, situé dans une cavité
assez profonde.
Pédoncule : court ou de longueur moyenne, gros, inséré dans une cavité
étroite et assez profonde.
Chair : d'un blanc jaunâtre, assez fine, tendre, parfois spongieuse, sucrée,
un peu acidulée, bien parfumée, assez juteuse.
Qualité : bonne ou très bonne.
Époque de la maturité : d'octobre à fin décembre et se prolongeant souvent
tout l'hiver.
Fruit d'amateur et de marché.

OBSERVATIONS : Cette variété est un peu longue à fructifier, car elle
est très vigoureuse ; mais lorsque la fructification s'établit, elle est bien
régulière. On la cultive souvent à tige, forme sous laquelle elle donne d'excellents résultats. La Royale d'Angleterre est une bonne Pomme à couteau et
à compote.

TRANSPARENTE DE CRONCELS

Obtenue, en 1869, par M. Ernest Baltet et mise au commerce par
MM. Baltet frères, pépiniéristes, faubourg de Croncels, à Troyes (Aube).

DESCRIPTION DE L'ARBRE

Port : érigé.
Vigueur : très bonne.
Fertilité : très grande.
Formes : toutes les formes.

RAMEAU

Assez long, de grosseur moyenne, un peu strié de rouge-brun, presque
entièrement recouvert d'un duvet gris violacé.
Lenticelles : assez grandes, allongées, jaunâtres, assez abondantes à la
base du rameau, très rares au sommet.
Coussinets : peu épais, mais larges et saillants latéralement.
Mérithalles : courts.
Yeux : moyens, duveteux, presque blancs, très aplatis.
Feuilles : *limbe*, vert clair, un peu luisant, arrondi, légèrement accuminé, à
bords contournés et peu relevés, régulièrement, largement et peu pro-
fondément dentés ; *pétiole*, long et fort, lie de vin à la base, à peine
canaliculé ; *stipules*, moyennes, allongées.
Fleurs : grandes.
Époque de floraison : moyenne saison.

FRUIT

Assez gros, globuleux, tronqué au sommet, un peu côtelé.
Peau : fine, lisse, d'un ton de cire blanc-jaunâtre, teintée de rose pâle à l'inso-
lation, légèrement ponctuée de gris clair.
Œil : assez grand, ouvert ou mi-clos, situé dans une cavité large et profonde.
Pédoncule : grêle, de longueur moyenne, inséré dans une cavité profonde
et assez large.
Chair : blanchâtre, parfois un peu jaunâtre ou rosée, fine, tendre, sucrée,
acidulée, bien parfumée, juteuse.
Qualité : très bonne.
Époque de la maturité : fin août et septembre.
Fruit d'amateur.

OBSERVATIONS : Cette variété s'est montrée d'une rusticité remarquable et a résisté aux plus grands froids ; sa vigueur et sa fertilité
permettent de la cultiver sous les plus grandes formes ; c'est une excellente
Pomme d'amateur

POMME VÉRITÉ

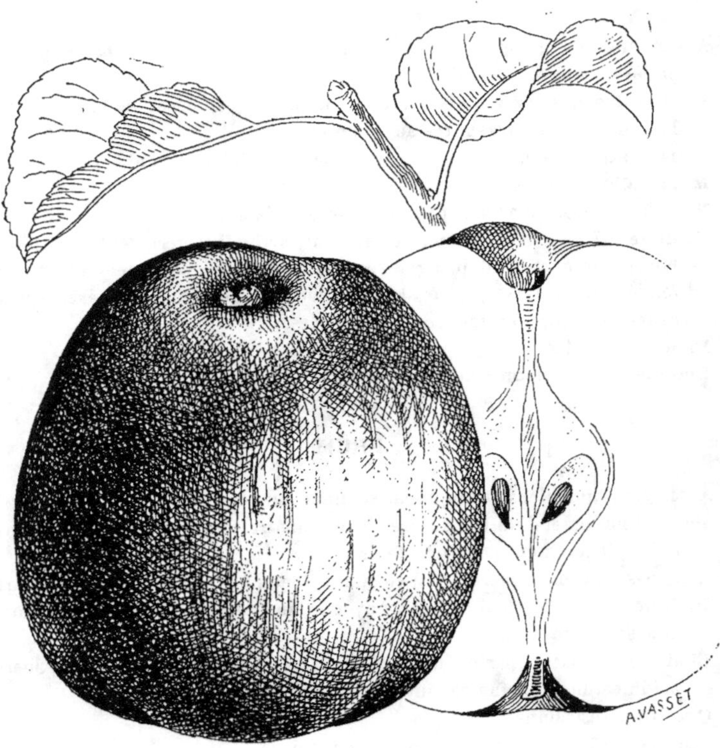

Origine inconnue. On la suppose originaire de la Brie, en Seine-et-Marne,
où elle est très répandue et y est certainement cultivée depuis plus de 200 ans.

DESCRIPTION DE L'ARBRE

Port : érigé dans son jeune âge, puis étalé en vieillissant.
Vigueur : très grande.
Fertilité : très grande en prenant de l'âge.
Forme : la haute tige exclusivement.

RAMEAU

Long en général, de grosseur au-dessus de la moyenne, plutôt grêle, brun
violacé, éclairé de gris cendré à l'insolation.
Lenticelles : rares, petites et un peu allongées.
Coussinets : assez saillants.
Mérithalles : plutôt courts.
Yeux : triangulaires, un peu rougeâtres, aplatis, collés contre le bois.
Feuilles : *limbe*, étroit, d'un vert mat, allongé, bord relevé en gouttière, pro-
fondément et régulièrement denté; *pétiole*, droit, de grosseur moyenne et
assez long, légèrement teinté de rouge à sa base.
Époque de floraison : tardive, généralement dernière quinzaine de mai.

FRUIT

Moyen, plus large que haut en général, mais assez souvent plus haut que
large.
Peau : peu épaisse, lisse, luisante, rouge vif, carmin foncé à l'insolation,
tache fauve en forme d'étoile autour du pédoncule.
Œil : grand, ouvert, dans une dépression assez profonde et irrégulière.
Pédoncule : gros, très court, dans une cavité assez profonde.
Chair : blanche, légèrement nuancée de rose assez souvent, ferme, très serrée,
cassante, assez sucrée, sans parfum, assez juteuse.
Qualité : bonne, pour son époque de maturité.
Époque de la maturité : de mars à juin inclusivement.
Fruit de table, de marché, à cuire et à cidre.

OBSERVATIONS : Cette variété à deux fins est très cultivée dans la
Brie, et par son grand rendement elle est très recommandable pour le verger.
La richesse de coloris du fruit, sa longue et facile conservation sont tout en
faveur de cette variété pour le marché. Très résistante aux insectes et maladies cryptogamiques.

WINTER BANANA

Synonymes : *Banane d'hiver, Flory.*

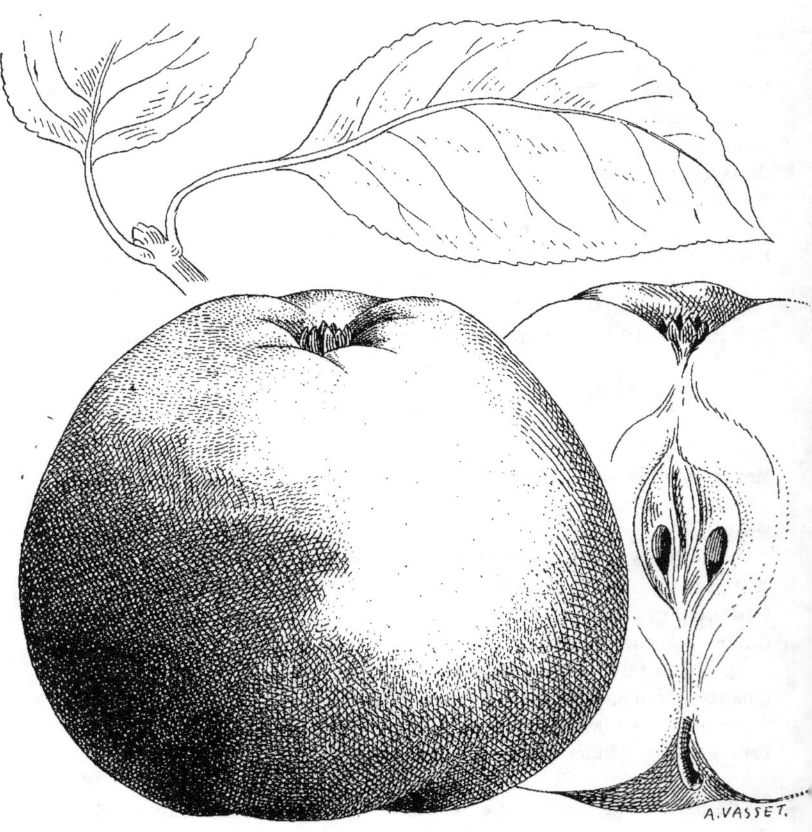

Probablement originaire de l'Ohio.

DESCRIPTION DE L'ARBRE

Port : assez déjeté.
Vigueur : bonne.
Fertilité : soutenue.
Forme : buissons, palmettes ou cordons.

RAMEAU

De longueur moyenne, plutôt grêle, gris brunâtre.
Lenticelles : nombreuses, arrondies, très saillantes.
Coussinets : assez petits, mais nettement épaulés.
Mérithalles : moyens.
Yeux : très courts et larges, boutons assez gros, pointus, rougeâtres

FRUIT

Assez gros et gros, sphérique, souvent un peu allongé, cotelé ou bosselé près
de l'œil.
Peau : fine, lisse, cireuse, jaune soufre, lavée de rouge vif trois quarts.
Œil : moyen, assez fermé.
Pédoncule : grêle, moyen.
Chair : beurre clair, fine, assez fondante, sucrée, peu acidulée, douce, juteuse.
Qualité : bonne.
Époque de la maturité : hiver et printemps.
Fruit de table.

OBSERVATIONS : Loges carpellaires non soudées au centre, nombreux
pépins arrondis. Le fruit tient bien et n'est attaqué par aucune maladie.

PRUNIER

(Prunus domestica et P. insititia.)

Caractères généraux. — Arbre de troisième grandeur, à cime arrondie. Écorce d'un vert rougeâtre ou violacé, devenant grise et se fendillant avec

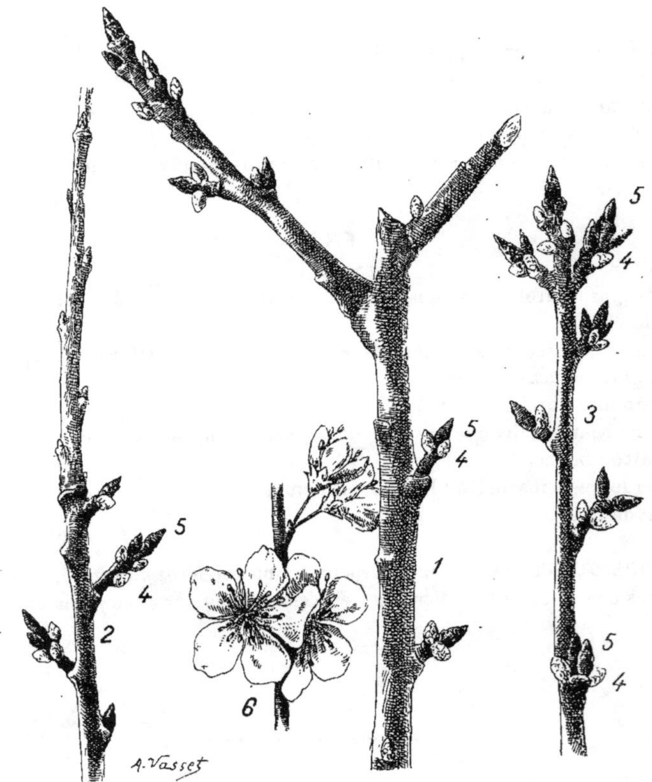

LÉGENDE. — 1, Rameau mixte; 2, Brindille allongée; 3, Brindille couronnée; 4, Boutons à fleurs; 5, Yeux à bois; 6, Fleurs épanouies.

l'âge. Feuilles ovales, dentées, rarement lisses, se terminant en pointe. Yeux pointus, multiples ou associés avec les boutons. Ceux-ci sont multiflores; les fleurs sont blanches, à étamines nombreuses, de vingt à trente; les autres caractères sont ceux du Pêcher.

Fruit charnu, généralement globuleux, quelquefois un peu allongé, à peau fine, plus ou moins pruinée. Pédoncule assez long. Noyau lisse, aplati, pointu, renfermant une seule amande (par avortement).

Origine. — Les variétés cultivées semblent appartenir à deux types botaniques : 1° *Prunus domestica*, originaire de la Perse, du Caucase ou même de l'Europe méridionale; 2° *Prunus insititia*, qui est indigène.

Sol. — Le Prunier n'est pas très exigeant sur la nature du sol. Il se défend dans les terres peu profondes, par suite de son système radiculaire qui est traçant. Presque tous les genres de sols, même calcaires, lui conviennent. Il ne redoute que le grand excès d'humidité ou de sécheresse. Dans les terres fraîches, il pousse vigoureusement, mais sa fructification est irrégulière.

Porte-greffes. — On le greffe sur Saint-Julien, Damas et Myrobolan. Sur ce dernier, la végétation est bonne pendant les premières années, mais l'arbre vit peu. Il existe cependant une variété de Myrobolan, le M. blanc, sur lequel la longévité du prunier est assez grande; la fructification obtenue avec ce porte-greffe est un peu lente à se produire, mais lorsqu'elle est établie elle reste bien régulière.

Culture. — Le Prunier s'accommode mal de la taille sévère et la fructification est difficile à obtenir sur les sujets qui y sont soumis. Il réussit néanmoins, sous toutes les formes, avec une taille modérée et des pincements fréquents.

Les formes préférées sont la tige et la demi-tige à bonne exposition.

Considérations générales sur la taille. — Le Prunier forme ses fleurs sur le bois d'un an ; les yeux à bois n'accompagnent pas toujours les boutons à fleurs ; il faudra s'en souvenir au moment de la taille, pour éviter les coursonnes sans appelle-sève. Les yeux à bois sont presque toujours accompagnés de stipulaires. En général, la taille sur les arbres soumis aux formes régulières sera très modérée; on devra surtout agir par le pincement. Dans les formes libres, une taille légère éclaircira la tête et empêchera la confusion des branches.

BONNE DE BRY (Prune)

Origine : trouvée dans la vallée de la Marne, aux environs de Bry-sur-
Marne, où elle est très cultivée.

DESCRIPTION DE L'ARBRE

Port : érigé ou mi-étalé, peu compact.
Vigueur : moyenne.
Fertilité : bonne.
Formes : de préférence les formes de plein vent : tige, demi-tige ou buisson

RAMEAU

Assez long, de grosseur moyenne, vert à l'ombre, brun cendré au soleil.
Lenticelles : presque nulles.
Coussinets : moyens, saillants.
Mérithalles : assez courts.
Yeux : assez gros, ouverts.
Feuilles : *limbe*, moyen, elliptique, à bord légèrement denté ; *pétiole*, court,
assez gros, canaliculé.
Glandes : petites, vertes, globuleuses.
Fleurs : moyennes.
Époque de floraison : tardive.

FRUIT

De grosseur moyenne, globuleux.
Peau : d'un bleu violacé, légèrement pruinée.
Point pistillaire : dans une légère dépression.
Sillon : peu prononcé.
Pédoncule : mince, assez long, inséré dans une petite cavité.
Chair : d'un jaune verdâtre, assez fine, sucrée, peu parfumée et peu juteuse.
Noyau : petit, adhérent.
Qualité : bonne.
Époque de la maturité : mi-juillet.
Fruit d'amateur et de marché.

OBSERVATIONS : Cette variété est avantageuse en raison de sa précocité et de son mérite pour les confitures ; résistant très bien à l'emballage, elle trouve un débouché facile sur les marchés.

COE'S GOLDEN DROP (Prune)

SYNONYMES PRINCIPAUX : **Bury Seedling, Coe's Plum, New Golden Drop, Goutte d'Or.**

Obtenue par Jervoise Coe, à Bury Saint Edmunds, comté de Suffolk (Angleterre) Cette origine a été contestée.

DESCRIPTION DE L'ARBRE

Port : divergent.
Vigueur : grande.
Fertilité : bonne et soutenue.
Formes : toutes les formes.

RAMEAU

Assez gros, long, d'un brun violacé très foncé
Lenticelles : petites et rares.
Coussinets : assez saillants.
Mérithalles : de longueur moyenne.
Yeux : moyens, aigus, très écartés du rameau, en éperon.
Feuilles : *limbe*, grand, ovale, à bords contournés et ondulés, grossièrement
   denté et surdenté, vert foncé luisant; *pétiole*, court et fort, violacé.
Glandes : globuleuses, verdâtres.
Fleurs : grandes.
Époque de floraison : moyenne saison ou assez tardive.

FRUIT

Gros, ovoïde, allongé, resserré vers le pédoncule.
Peau : épaisse, résistante, jaune d'or, ponctuée de rouge à l'insolation.
Point pistillaire : peu marqué.
Lèvres : inégales.
Sillon : large et peu profond, mais bien marqué, surtout vers le sommet.
Pédoncule : long et grêle, inséré dans une cavité très faible, étroite et peu
   profonde, au sommet d'un mamelon.
Chair : jaune, assez fine, ferme, très sucrée, bien parfumée.
Noyau : gros et long, aplati, à arête saillante, non adhérent.
Qualité : bonne et très bonne pour la cuisson.
Époque de maturité : deuxième quinzaine de septembre.
Fruit d'amateur, de table ou pour pruneaux.

OBSERVATIONS : Cette belle et bonne Prune est l'une des plus tardives; elle offre l'avantage de se conserver au fruitier, où elle perd un peu de
son eau, mais où elle conserve sa qualité. Il en existe une sous-variété à peau
rougeâtre.

34

D'AGEN (Prune)

Synonymes principaux : *Prune d'Ente, Prune d'Ast, Robe de
Sergent*.

Cette variété est originaire des environs d'Agen (Lot-et-Garonne); la
date de l'obtention est inconnue.

DESCRIPTION DE L'ARBRE

Port : retombant.
Vigueur : bonne.
Fertilité : très grande, surtout dans la région méridionale.
Formes : la haute tige exclusivement.

RAMEAU

Grêle, d'un rouge verdâtre à l'ombre, brun violacé à l'insolation.
Lenticelles : petites, peu nombreuses.
Coussinets : petits, mais saillants, prolongés sur les mérithalles par de longues nervures.
Mérithalles : assez courts.
Yeux : petits, aigus, écartés du rameau.
Feuilles : *limbe*, allongé, à pointe aiguë et à bords un peu relevés; *pétiole*, long et mince.
Glandes : moyennes, globuleuses, brunâtres.
Fleurs : grandes.
Époque de floraison : tardive.

FRUIT

Moyen, assez régulièrement ovoïde, se terminant en pointe arrondie au point d'attache du pédoncule.
Peau : un peu rougeâtre à l'ombre, violacée à l'insolation, pruinée.
Point pistillaire : petit, à fleur de la peau.
Sillon : peu sensible.
Pédoncule : long et assez gros, inséré dans une faible cavité.
Chair : vert jaunâtre, réticulé de jaune plus clair, assez juteuse, sucrée.
Noyau : très long et très étroit, aigu aux extrémités, à flancs peu rebondis, ailé.
Qualité : très bonne pour pruneaux.
Époque de la maturité : septembre.
Fruit de conserve en pruneaux.

OBSERVATIONS : Le Prunier d'Agen est moins répandu dans le Nord que dans son pays d'origine, où il occupe d'importantes surfaces et où il donne, en récoltes abondantes, des produits universellement estimés.

DE MONTFORT (Prune)

Obtenue par Mme Hébert, pépiniériste à Montfortin (Seine-Inférieure);
propagée par Prévost, à Rouen.

DESCRIPTION DE L'ARBRE

Port : érigé, puis étalé.
Vigueur : bonne.
Fertilité : précoce, bonne et soutenue.
Formes : la haute tige de préférence.

RAMEAU

Gros et long, olivâtre à l'ombre, rougeâtre à l'insolation, fortement duveteux.
Lenticelles : relativement nombreuses.
Coussinets : très saillants.
Mérithalles : généralement longs.
Yeux : petits, aigus, écartés du rameau.
Feuilles : *limbe*, moyen, allongé, à bords un peu relevés et finement dentés; *pétiole*, court et fort, canaliculé.
Glandes : petites, solitaires ou au nombre de deux.
Fleurs : moyennes.
Epoque de floraison : tardive.

FRUIT

Moyen ou assez gros, quelquefois ellipsoïdal, plus souvent ovoïde, la partie la plus large étant voisine du pédoncule.
Peau : épaisse et résistante, d'un violet éclairé par un fin réseau de veines nombreuses et grisâtres, abondamment pruinée.
Point pistillaire : à fleur du fruit.
Lèvres : égales, peu saillantes.
Sillon : large et profond.
Pédoncule : court et grêle, inséré dans une cavité étroite et relativement profonde.
Chair : jaunâtre, fine, tendre, fondante, sucrée, vineuse, agréablement parfumée, très juteuse.
Noyau : moyen, ovale, allongé et plat, à arête dorsale assez tranchante, à arête ventrale arrondie.
Qualité : très bonne.
Époque de la maturité : fin juillet, commencement d'août.
Fruit d'amateur et de marché.

OBSERVATIONS : Cette très bonne variété est préférable à la Prune de Monsieur, dont l'époque de maturité est à peu près la même; n'est qu'un peu plus hâtive.

JEFFERSON (Prune)

Obtenue par le juge Buel et dédiée par lui à Jefferson, président de la République des Etats-Unis d'Amérique.

DESCRIPTION DE L'ARBRE

Port : semi-érigé.
Vigueur : bonne.
Fertilité : moyenne.
Formes : toutes les formes.

RAMEAU

Long et gros, brillant, d'un brun foncé, maculé de gris argenté, pubescent et
rouge violacé à l'extrémité.
Lenticelles : allongées, petites, assez nombreuses.
Coussinets : courts et saillants.
Mérithalles : de longueur moyenne.
Yeux : ovoïdes, à pointe écartée du rameau.
Feuilles : *limbe*, assez grand, ovale lancéolé, à bords souvent ondulés et
relevés, largement denté; *pétiole*, long et assez gros, profondément cana-
liculé.
Glandes : parfois absentes, le plus souvent petites et réniformes, au nombre
de deux.
Fleurs : moyennes.
Époque de floraison : hâtive.

FRUIT

Gros, ellipsoïdal.
Peau : fine, d'un jaune verdâtre, lavé de rose à l'insolation, abondamment
pruinée.
Point pistillaire : jaunâtre dans une très faible dépression.
Lèvres : inégales.
Sillon : large et peu profond.
Pédoncule : assez gros, de longueur moyenne, inséré dans une cavité presque
nulle.
Chair : d'un jaune verdâtre, fine, bien sucrée et bien parfumée, très juteuse.
Noyau : de grosseur moyenne, ovale, l'une des pointes est aiguë, l'autre
obtuse, à arête ventrale saillante et peu tranchante, à arête dorsale
arrondie; peu adhérent.
Qualité : très bonne.
Époque de la maturité : fin août, commencement de septembre.
Fruit d'amateur.

OBSERVATIONS : Cette belle et bonne Prune n'est pas très répandue sur
les marchés, mais elle mérite d'être cultivée pour la consommation domestique; elle succède à la Reine Claude.

KIRKE (Prune)

Synonymes principaux : *Prune Kirke, Kirke's Plum.*

Origine inconnue : elle a été importée en Angleterre par Kirke, de Brompton.

DESCRIPTION DE L'ARBRE

Port : érigé dans le jeune âge, puis étalé.
Vigueur : très grande.
Fertilité : remarquable, mais quelquefois alternante.
Formes : toutes les formes.

RAMEAU

Long et fort, d'un brun carminé ou violacé maculé de gris jaunâtre.
Lenticelles : petites et nombreuses.
Coussinets : saillants et courts.
Mérithalles : courts.
Yeux : gros, aigus, à pointe écartée du rameau.
Feuilles : *limbe*, grand, ovale, à bords relevés, à dents larges et régulières,
     vert foncé ; *pétiole*, assez court, de longueur moyenne.
Glandes : grosses, globuleuses.
Fleurs : grandes.
Époque de floraison : hâtive.

FRUIT

Gros, globuleux, à lobes inégaux.
Peau : fine, peu adhérente, violet foncé, ponctué de roux, abondammen
     recouverte de pruine.
Point pistillaire : petit, à fleur de fruit.
Lèvres : inégales, peu saillantes.
Sillon : large, peu sensible.
Pédoncule : moyen, inséré dans une très faible dépression.
Chair : d'un jaune verdâtre, fine, sucrée, assez parfumée, très juteuse.
Noyau : assez gros, ovale, à flancs peu rebondis, à arête ventrale accom-
     pagnée de deux sillons, peu adhérent.
Qualité : très bonne.
Époque de la maturité : deuxième quinzaine d'août.
Fruit d'amateur.

OBSERVATIONS : Cette variété n'est pas assez répandue, elle est peu
cultivée en vue de la vente, et cependant la vigueur de l'arbre et sa fertilité
très grande et régulière, la beauté et la bonne saveur du fruit sont des qualités qui feraient de la Kirke une excellente Prune de marché. Eviter au fruit
une cueillette tardive.

MIRABELLE GROSSE (Prune)

Synonymes principaux : *Mirabelle double de Metz*, *Mirabelle grosse de Nancy*, *Drap d'or*, *Perdrigon jaune*, *Perdrigon hâtit*.

Origine ancienne et inconnue.

DESCRIPTION DE L'ARBRE

Port : semi-érigé, tête globuleuse.
Vigueur : moyenne.
Fertilité : bonne.
Formes : la tige de préférence.

RAMEAU

Court, de grosseur moyenne, olivâtre à l'ombre, brunâtre à l'insolation, irré-
    gulièrement taché de gris.
Lenticelles : rares et petites.
Coussinets : longs et saillants.
Mérithalles : courts.
Feuilles : *limbe*, petit, ovale, à bords plats ou peu relevés, irrégulièrement
    dentés ; *pétiole*, moyen, carminé, canaliculé.
Glandes : brunes, globuleuses.
Fleurs : petites.
Époque de floraison : moyenne saison.

FRUIT

Petit, globuleux, déprimé.
Peau : très fine, d'un jaune clair, un peu rosée à l'insolation, pointillée de
    rouge, recouverte de pruine.
Point pistillaire : petit, à fleur de fruit.
Lèvres : presque nulles.
Sillon : à peine sensible.
Pédoncule : assez court et grêle, inséré dans une cavité étroite et peu
    profonde.
Chair : jaune, transparente, fine, fondante, assez sucrée, assez juteuse.
Noyau : petit, à flancs assez rebondis et à arêtes assez saillantes.
Qualité : bonne.
Époque de la maturité : fin août, commencement de septembre.
Fruit d'amateur.

    OBSERVATIONS : Ce fruit, assez bon cru, fait d'excellentes conserves,
inférieures cependant à celles de la Mirabelle petite.

MIRABELLE PETITE (Prune)

SYNONYMES PRINCIPAUX : *Mirabelle abricotée,* *Mirabelle précoce, Mirabelle de Metz.*

Origine très ancienne; Merlet cite cette variété dans son *Abrégé des bons fruits,* en 1675. Le semis ou la sélection en ont fourni quelques formes méritantes.

DESCRIPTION DE L'ARBRE

Port : étalé, compact.
Vigueur : moyenne.
Fertilité : très grande.
Formes : toutes les formes.

RAMEAU

Court et grêle, fortement ramifié, d'un vert brunâtre, taché de gris.
Lenticelles : rares, petites, grises, arrondies.
Coussinets : courts et saillants, fortement nervés.
Mérithalles : courts.
Yeux : petits, coniques, aigus, écartés du rameau.
Feuilles : *limbe*, petit, ovale, acuminé, à bords relevés régulièrement et
  finement dentés ; *pétiole*, grêle, assez court, faiblement canaliculé, verdâtre.
Glandes : petites, globuleuses, solitaires ou au nombre de deux et même de
  trois.
Fleurs : petites.
Époque de floraison : moyenne saison.

FRUIT

Très petit, courtement ellipsoïdal ou globuleux, à lobes égaux.
Peau : fine, adhérente, d'un jaune d'or ou ambré, lavée et ponctuée de carmin
  à l'insolation.
Point pistillaire : grisâtre, dans une très faible dépression.
Lèvres : peu saillantes et égales.
Sillon : large et assez profond.
Pédoncule : grêle et assez long pour le fruit, inséré dans une dépression peu
  profonde et très large.
Chair : fine, jaunâtre, sucrée, très parfumée, acidulée, peu juteuse.
Noyau : petit, ovoïde, à flancs rebondis, à arête ventrale aiguë, à arête
  dorsale obtuse, non adhérent.
Qualité : bonne quand le fruit est cru, excellente pour confitures.
Époque de la maturité : courant d'août.
Fruit d'amateur et de marché.

OBSERVATIONS : La Mirabelle petite est la Prune la plus recherchée
pour les conserves de toute nature. Les confitures faites avec cette variété ont
un parfum spécial et un goût exquis.

DE MONSIEUR (Prune)

Synonymes principaux : *Monsieur hâtif, New Orléans, Altesse du Roi*.

Origine ancienne et inconnue.

DESCRIPTION DE L'ARBRE

Port : mi-érigé.
Vigueur : très grande.
Fertilité : bonne et soutenue.
Formes : toutes les formes.

RAMEAU

Gros et long, d'un brun foncé, largement taché de gris cendré, très pubescent,
 à nervures saillantes.
Lenticelles : rares et peu visibles.
Coussinets : saillants.
Mérithalles : longs.
Yeux : gros, ovoïdes, à pointe aiguë, écartés du rameau.
Feuilles : *limbe*, grand et large, courtement acuminé, à bords légèrement
 relevés et finement dentés ; *pétiole*, robuste, pubescent, d'un vert clair un
 peu lavé de rose.
Glandes : ovoïdes, brunâtres.
Fleurs : grandes.
Époque de floraison : moyenne saison.

FRUIT

Assez gros, globuleux, déprimé à son sommet.
Peau : assez fine, peu adhérente, d'un violet foncé, **pruinée**.
Point pistillaire : à peine marqué.
Lèvres : peu proéminentes.
Sillon : large et peu profond.
Pédoncule : de longueur et de force moyennes, inséré dans une cavité petite
 et peu profonde.
Chair : d'un jaune verdâtre, tendre, sucrée, parfumée, bien juteuse.
Noyau : moyen, à flancs rebondis, à arête ventrale saillante et peu tranchante,
 à arête dorsale obtuse.
Qualité : assez bonne.
Époque de maturité : deuxième quinzaine de juillet et commencement d'août.
Fruit d'amateur et de marché.

OBSERVATIONS. — La *Prune de Monsieur* compte parmi les plus
répandues. L'arbre est aussi remarquable que le fruit, car peu de Pruniers
peuvent rivaliser avec lui comme vigueur et fertilité.

QUETSCHE D'ALLEMAGNE (Prune)

SYNONYMES PRINCIPAUX : *Quetsche commune*, *Quetsche de Lorraine*, *Quetsche de Metz*, *Prune d'Allemagne*, *Haus Zwetsche*.

Origine incertaine; d'après quelques pomologues, elle serait cultivée depuis un siècle environ, surtout dans le Nord-Est de la France et en Alsace Lorraine.

DESCRIPTION DE L'ARBRE

Port : dressé, puis semi-étalé.
Vigueur : bonne
Fertilité : très bonne.
Formes : la haute tige exclusivement.

RAMEAU

Long et grêle, flexueux, brunâtre.
Lenticelles : petites, brunes, saillantes.
Coussinets : saillants, courts, fortement nervés.
Mérithalles : irréguliers, en général assez allongés.
Yeux : petits, pointus, écartés du rameau.
Feuilles : *limbe*, allongé, s'amincissant longuement aux deux extrémités, à bords un peu relevés, finement dentés; *pétiole*, long et assez gros.
Glandes : très petites.
Fleurs : assez grandes.
Époque de floraison : moyenne saison.

FRUIT

Moyen ou assez gros, irrégulièrement ovoïde, à lobes souvent inégaux.
Peau : d'abord d'un vert clair, puis d'un rouge violacé, pruinée.
Point pistillaire : à fleur du fruit ou situé dans une cavité allongée, large et peu profonde.
Sillon : plus ou moins prononcé, mais toujours large.
Pédoncule : gros, assez long, inséré tantôt dans une cavité large et profonde, tantôt dans une cavité peu profonde et étroite.
Chair : d'un jaune verdâtre, réticulée de jaune vif, mi-fine, peu juteuse, douceâtre.
Noyau : long, à pointe aiguë, à flancs peu rebondis.
Qualité : bonne pour pruneaux.
Époque de maturité : septembre.

OBSERVATIONS : Cette variété est réputée pour faire des pruneaux; la dessiccation s'obtient assez rapidement, le fruit n'étant pas très juteux.

L'arbre se reproduit par rejets et par la greffe; de nombreuses formes sont nées du semis ou de la sélection.

En Alsace et en Lorraine, elle est très employée pour les usages culinaires.

QUETSCHE D'ITALIE (Prune)

SYNONYME : *Fellemberg*.

Origine incertaine; toutefois, cette Prune semble avoir pris naissance dans le nord de l'Italie.

DESCRIPTION DE L'ARBRE

Port : étalé.
Vigueur : très grande.
Fertilité : bonne, quoique tardive.
Formes : la haute tige exclusivement.

RAMEAU

Long et grêle, d'un vert brunâtre.
Lenticelles : rares, grises, allongées.
Coussinets : courts et saillants.
Mérithalles : assez grands.
Yeux : petits, allongés, à pointe écartée du rameau.
Feuilles : *limbe*, allongé, rétréci à ses deux extrémités, à bords relevés, gros-
   sièrement denté; *pétiole*, long et grêle.
Fleurs : grandes.
Époque de floraison : tardive.

FRUIT

Assez gros, ovoïde, plus ou moins régulier.
Peau : d'abord d'un vert clair, puis noir violacé, pruinée.
Point pistillaire : à fleur de fruit ou dans une très large cavité
Sillon : peu profond, presque nul au milieu du fruit.
Pédoncule : assez long, recourbé, inséré dans une cavité presque nulle.
Chair : jaune verdâtre, à saveur douceâtre, peu juteuse, assez sucrée, peu
   parfumée.
Noyau : allongé, aplati, pointu à ses extrémités.
Qualité : bonne pour pruneaux.
Époque de maturité : fin septembre.

OBSERVATIONS : Cette variété est estimée au même titre que la
Quetsche d'Allemagne pour la fabrication des pruneaux. L'arbre est de bonne
fertilité à l'âge adulte, mais il est peu productif dans le jeune âge. Bien mûr,
le fruit est assez bon mangé cru.

REINE-CLAUDE D'ALTHAN (Prune)

SYNONYMES : *Reine-Claude du comte d'Althan.*

Origine : obtenue par M. Prochaska, jardinier de M. le comte Joseph
d'Althan, à Swoyschitz, en Bohême.

DESCRIPTION DE L'ARBRE

Port : érigé.
Vigueur : bonne.
Fertilité : très grande.
Formes : la haute tige presque exclusivement.

RAMEAU

Gros ou très gros, assez long, d'un rouge vineux.
Lenticelles : petites et assez nombreuses
Coussinets : saillants.
Mérithalles : moyens.
Yeux : gros, aigus, écartés du rameau.
Feuilles : *limbe*, ovale, court, arrondi, non acuminé, plat, à bords finement
  dentés ; *pétiole*, fort et de longueur moyenne.
Glandes : assez grosses, globuleuses.
Fleurs : grandes.
Époque de floraison : tardive.

FRUIT

Gros, globuleux, tronque à ses deux pôles.
Peau : assez épaisse, se détachant de la chair, jaunâtre, fortement lavée de
  pourpre violacé, pruinée.
Lèvres : inégales.
Sillon : large et peu profond.
Pédoncule : grêle, assez long, inséré dans une cavité peu profonde, assez
  large.
Chair : d'un jaune-clair, fine, un peu ferme, bien sucrée, juteuse, possédant
  un parfum qui rappelle celui de la Reine-claude dorée.
Noyau : non adhérent.
Qualité : très bonne.
Époque de maturité : commencement de septembre.

OBSERVATIONS : Cette variété se prête mal à la taille et demande à
être cultivée à haute tige ou en buisson à développement libre, forme sous
laquelle elle donnera des produits en abondance.

REINE-CLAUDE DE BAVAY (Prune)

Synonymes principaux : **Monstrueuse de Bavay, Prune de Bavay**.

Obtenue en 1841 par le major Esperen, à Malines (Belgique). Elle a été dédiée à M. X. L. de Bavay, directeur des pépinières de Vilvorde.

DESCRIPTION DE L'ARBRE

Port : semi érigé.
Vigueur : bonne.
Fertilité : grande et soutenue.
Formes : toutes les formes.

RAMEAU

Long et gros, d'un rouge brunâtre, taché de gris.
Lenticelles : nombreuses, irrégulières, gris blanc.
Coussinets : peu saillants.
Mérithalles : moyens, d'inégale longueur.
Yeux : assez gros, allongés, aigus, aplatis contre le rameau.
Feuilles : *limbe*, assez grand, à bords ondulés et un peu relevés, irrégulièrement et largement dentés ; *pétiole*, court et fort.
Glandes : grosses, globuleuses, au nombre de deux.
Fleurs : grandes.
Epoque de floraison : hâtive.

FRUIT

Gros, régulièrement ellipsoïdal.
Peau : épaisse, luisante, d'un jaune verdâtre pruiné, tachée de roux à l'insolation.
Point pistillaire : dans une très légère dépression.
Lèvres : peu saillantes.
Sillon : bien formé, peu profond.
Pédoncule : assez long, grêle, inséré dans une faible dépression.
Chair : d'un jaune verdâtre, assez fine, bien sucrée, agréablement parfumée, très juteuse, parfois un peu adhérente au noyau.
Noyau : gros, ovoïde, à flancs rebondis, à arêtes assez saillantes, un peu adhérent.
Qualité : bonne, après cueillette tardive.
Epoque de la maturité : fin septembre et commencement d'octobre.
Fruit d'amateur.

OBSERVATIONS : Cette variété doit être cultivée de préférence dans les sols chauds, à bonne exposition, car le fruit n'acquiert de la qualité que dans ces conditions. Cette Prune toujours très belle est alors de bonne qualité et devient un fruit de premier ordre. Elle supporte bien l'emballage et, comme tel, ferait un bon fruit de commerce.

REINE-CLAUDE DIAPHANE (Prune)

Synonymes principaux : *Transparent Gage, Reine-Claude transparente.*

Origine : attribuée à Lafay, rosiériste à Bellevue, près Paris, qui en fut le promoteur.

DESCRIPTION DE L'ARBRE

Port : irrégulier, à rameaux longs et un peu divergents.
Vigueur : grande.
Fertilité : moyenne.
Formes : toutes les formes.

RAMEAU

Long et fort, brunâtre, violacé à l'insolation, taché de gris.
Lenticelles : petites, rares, grisâtres.
Coussinets : saillants.
Mérithalles : assez courts.
Yeux : moyens, coniques, aigus, écartés du bois.
Feuilles : *limbe*, très grand, ovale, allongé, courtement acuminé, à bords plats, profondément et irrégulièrement dentés, vert clair; *pétiole*, fort et court.
Glandes : grosses, globuleuses, solitaires ou par deux.
Fleurs : grandes.
Epoque de floraison : moyenne saison.

FRUIT

Gros, assez régulièrement globuleux, presque translucide.
Peau : très fine, d'un jaune ambré, largement lavée de rose et de carmin à l'insolation, recouverte d'une pruine délicate.
Point pistillaire : petit, dans une dépression peu profonde mais très large.
Lèvres : sensibles, égales entre elles.
Sillon : assez profond, surtout auprès du point d'attache.
Pédoncule : gros, de longueur moyenne.
Chair : fine, jaunâtre, sucrée, bien parfumée, très juteuse.
Noyau : de grosseur moyenne, ovoïde, à flancs rebondis et à arêtes assez saillantes.
Qualité : bonne.
Epoque de la maturité : fin août, commencement de septembre.
Fruit d'amateur et de commerce.

OBSERVATIONS : Cette variété se fait remarquer par une conservation assez facile sur l'arbre et une maturation prolongée. La peau étant assez délicate, le fruit se prête mal aux expéditions lointaines. Néanmoins, grâce à sa beauté, cette Prune est recherchée par le commerce, qui achète à la pièce les fruits de premier choix.

REINE-CLAUDE DORÉE (Prune)

SynonymeS principaux : *Reine-Claude verte, Abricot vert, Verte bonne, etc.*

Origine ancienne et inconnue.

DESCRIPTION DE L'ARBRE

Port : étalé.
Vigueur : bonne.
Fertilité : très grande.
Formes : toutes les formes.

RAMEAU

De grosseur et de longueur moyennes, d'un vert brunâtre à l'ombre, d'un brun
    violacé à l'insolation, recouvert d'un duvet bleuâtre.
Lenticelles : petites, jaunâtres, peu apparentes.
Coussinets : saillants, se prolongeant en nervures latérales.
Mérithalles : courts.
Yeux : petits, pointus, écartés du rameau.
Feuilles : *limbe*, de grandeur moyenne, de forme très variable, tantôt
    arrondie, tantôt allongée, se rétrécissant en général d'une façon plus
    brusque à l'extrémité qu'à la base, vert assez foncé ; *pétiole*, de longueur
    et de force moyennes.
Glandes : aplaties, déprimées, même à la base supérieure, au nombre de deux
    ou de trois.
Fleurs : moyennes.
Epoque de floraison : moyenne saison.

FRUIT

Gros, à peu près globuleux, cependant un peu déprimé aux pôles.
Peau : fine, verdâtre, devenant tantôt jaune verdâtre ou tantôt jaune doré à
    complète maturité, délicatement pruinée et pointillée de carmin ; à l'inso-
    lation, elle prend une teinte un peu rosée.
Point pistillaire : dans une cavité large et profonde.
Sillon : assez profond, mais très large.
Pédoncule : court, assez gros, dans une cavité assez profonde et large.
Chair : d'un jaune verdâtre, fine, fondante, extrêmement juteuse, très sucrée,
    délicieusement parfumée, parfois un peu adhérente au noyau.
Noyau : moyen, ovale, aplati, à arêtes assez saillantes.
Qualité : excellente.
Epoque de la maturité : deuxième quinzaine d'août.
Fruit d amateur et de commerce.

OBSERVATIONS : C'est la Prune la meilleure et l'une des plus produc-
tives ; la faveur universelle dont elle jouit est pleinement justifiée. Cette
remarquable variété est également des plus recherchées pour les confitures

REINE-CLAUDE HATIVE (Prune)

SYNONYMES : *Reine-Claude de juillet, Reine-Claude Davion* (par erreur).

Origine inconnue.

DESCRIPTION DE L'ARBRE

Port : irrégulier, un peu divergent.
Vigueur : bonne.
Fertilité : grande.
Formes : toutes les formes.

RAMEAU

De longueur et grosseur moyennes, vert-gris à l'ombre, **brun-roux** à l'insolation.
Lenticelles : rares, saillantes, brunes.
Mérithalles : courts.
Yeux : moyens, pointus, aplatis sur le rameau.
Feuilles : *limbe*, moyen, ovale, arrondi, duveteux; *pétiole*, court, gros, bien canaliculé.
Glandes : globuleuses, bien marquées.
Fleurs : grandes.
Epoque de floraison : tardive.

FRUIT

Moyen ou assez gros, globuleux, déprimé au sommet.
Peau : verte, tiquetée de rose à l'insolation.
Point pistillaire : dans une légère dépression.
Sillon : léger.
Pédoncule : court.
Chair : tendre, très sucrée, juteuse, agréable.
Noyau : petit, arrondi.
Qualité : bonne.
Epoque de maturité : du milieu à fin de juillet.
Fruit d'amateur.

OBSERVATIONS : Variété à recommander en raison de son époque de maturité.

REINE-CLAUDE TARDIVE (Prune)

SYNONYMES : *Reine-Claude tardive de Chambourcy, Reine-Claude Latinois.*

Variété trouvée à Chambourcy (Seine-et-Oise), vers 1840.

DESCRIPTION DE L'ARBRE

Port : mi-érigé.
Vigueur : grande.
Fertilité : bonne.
Formes : Toutes les formes.

RAMEAU

Gros, de longueur moyenne, gris-fauve à l'ombre, brun-roux à l'insolation.
Lenticelles : rares, gris-cendré.
Coussinets : très saillants.
Mérithalles : courts.
Yeux : moyens, écartés du rameau.
Feuilles : *limbe*, assez grand, allongé en ellipse à dents régulières ; *pétiole*,
    long, assez gros, velu et violacé.
Glandes : petites ou nulles.
Fleurs : moyennes.
Époque de floraison : tardive.

FRUIT

Gros, arrondi, déprimé aux deux pôles.
Peau : verte, pruinée, tachée et pointillée de carmin à l'insolation.
Point pistillaire : peu apparent.
Sillon : à peine marqué.
Lèvres : régulières.
Pédoncule : moyen, courbé.
Chair : ferme, fine, sucrée, assez juteuse, relevée.
Noyau : petit, arrondi, à arêtes saillantes.
Qualité : très bonne.
Époque de maturité : du milieu à fin septembre.
Fruit d'amateur et de commerce.

OBSERVATIONS : Cette variété, très appréciée à l'époque tardive de
sa maturité, mérite d'être de plus en plus répandue.

REINE-CLAUDE VIOLETTE (Prune)

Origine ancienne et inconnue.

DESCRIPTION DE L'ARBRE

Port : érigé.
Vigueur : grande.
Fertilité : bonne.
Formes : la haute tige de préférence.

RAMEAU

Gros et long, d'un brun verdâtre foncé devenant violet noir à l'insolation, légèrement côtelé.

Lenticelles : peu apparentes, moyennes, irrégulières, grises.
Coussinets : courts et saillants, se prolongeant en fortes nervures.
Mérithalles : assez longs.
Yeux : gros et courts.
Feuilles : *limbe*, grand, courtement ovale, peu acuminé, à bords souvent relevés; *pétiole*, court et robuste.
Glandes : petites.
Fleurs : moyennes.
Epoque de floraison : hâtive.

FRUIT

Assez gros, globuleux, déprimé aux pôles.
Peau : fine, violette, légèrement pruinée.
Point pistillaire : situé dans une cavité étroite et peu profonde.
Sillon : large et assez profond.
Pédoncule : de longueur et de force moyennes.
Chair : d'un jaune verdâtre, assez fine, sucrée, bien juteuse, assez parfumée.
Noyau : moyen, aplati, assez allongé, à arêtes peu saillantes.
Qualité : bonne et très bonne.
Époque de la maturité : mi-septembre.
Fruit d'amateur et de commerce.

OBSERVATIONS : Cette variété est aussi productive que bonne; c'est l'une des meilleures Prunes violettes; elle est très recherchée sur le marché, où elle se vend à un prix rémunérateur.

36

VIGNE

(*Vitis vinifera.*)

Caractères généraux. — Arbuste à tiges longues, flexueuses, incapables de se soutenir, s'accrochant par des vrilles. Feuilles alternes, grandes, palmées, à 3 ou 5 lobes, souvent duveteuses. Yeux arrondis, duveteux. Fleurs petites, vertes, odorantes, réunies en grappes à 5 pétales soudés par le haut et formant une sorte de capuchon qui recouvre les organes et qui est soulevé par les étamines au moment de la floraison. Fruit en baie globuleuse ou quelquefois allongée, de co'oration très variable, à chair sucrée, juteuse, incolore ou plus ou moins colorée, renfermant 4 graines dites *pépins*.

Origine. — La Vigne, considérée d'abord comme une plante d'origine exclusivement asiatique, semble être en réalité indigène en Afrique, en Europe et particulièrement en France. Des débris de Vignes ont été retrouvés dans les stations préhistoriques et même dans les plus anciennes couches de terrains quaternaires (Provence).

Sol. — La Vigne indigène se développe régulièrement dans presque tous les sols, dont la composition chimique semble moins l'influencer que leur état physique. Les terres compactes et humides lui sont peu favorables.

Porte-greffes. — Lorsqu'on redoute les ravages du phylloxéra, on greffe les Vignes sur des variétés américaines plus résistantes à l'ennemi souterrain. Celles-ci sont beaucoup plus exigeantes sur la qualité du sol que la Vigne indigène. Les unes (V. *riparia*) demandent une terre assez forte, substantielle; les autres donneront une bonne végétation dans les terrains secs et siliceux (V. *rupestris*). Presque toutes redoutent les terres calcaires; aussi a-t-on dû, pour ces terres, avoir recours aux Vignes hybrides franco-américaines.

En général, le phylloxéra fait beaucoup moins de ravages dans les treilles que dans la grande culture, et on peut l'y combattre plus facilement; aussi le greffage de la Vigne présente-t-il moins d'intérêt dans les jardins que dans les vignobles.

Considérations générales sur la taille. — La Vigne donne son fruit sur les bourgeons en voie d'accroissement, qui naissent sur le bois d'un an bien aoûté. Il faut donc assurer annuellement la production de bons rameaux, bien nourris et bien lignifiés.

On taille les rameaux de prolongement pour obtenir des ramifications qui constitueront plus tard les coursonnes.

Sur les branches ayant deux ans, la taille se pratique à deux bons yeux, de façon à obtenir un bourgeon à fruit et un autre de remplacement; sur les coursonnes plus âgées, il faut supprimer le rameau qui a produit et tailler l'autre, pour avoir à la fois du fruit et un bourgeon de remplacement.

Il faut éviter la confusion des rameaux, afin que ceux qui sont conservés aient une bonne vigueur et arrivent à un aoûtement parfait.

La taille se fait généralement à deux yeux, sauf pour quelques variétés à gros bois qui fructifient mieux sur les bourgeons provenant du troisième ou quatrième œil; on éborgne, dans ce cas, les yeux intermédiaires entre celui de la base et l'œil de taille.

Un autre procédé de taille (taille à long bois) consiste à conserver chaque année deux sarments sur la souche. Le plus bas est taillé à deux yeux ; le plus haut est taillé à une longueur variable suivant la vigueur du sujet; le développement de ces yeux assurera la production de bourgeons fructifères. Le sarment taillé à long bois sera supprimé l'année suivante, et on se trouvera à la seconde taille, en présence de deux bourgeons produits par le développement des yeux conservés sur le bourgeon taillé court. Ce procédé consiste donc à renouveler chaque année la charpente, au lieu de conserver une charpente permanente et de renouveler seulement la branche fruitière.

Comme classification, nous avons adopté celle qui se rapporte aux différentes époques de maturité, comparées à celle du Chasselas doré de Fontainebleau ; soit, trois époques, plus un groupe de tardifs pour les variétés recommandées dans la culture sous verre et dont la maturation est au moins douteuse sous le climat de Paris.

Première époque : les variétés dont la maturité précède celle du Chasselas doré; *deuxième époque* : les variétés dont la maturité correspond à celle du Chasselas doré; *troisième époque* : les variétés dont la maturité succède à celle du Chasselas doré; tardives : les variétés qui ne mûrissent bien qu'en serres sous le climat de Paris.

ALPHONSE LAVALLÉE

Obtenu vers 1860. Serait le gain d'un pépiniériste de la région orléanaise.

DESCRIPTION DE LA VARIÉTÉ

Vigueur : très vigoureuse.
Fertilité : très fertile.
Taille : courte.
Culture : sous verre région de Paris; espalier sud vallée du Rhône et sud-ouest.
Région : plein air, Provence.

RAMEAU

Long, acajou foncé, gros.
Mérithalles : courts.
Nœuds : très renflés.
Feuilles : *limbe*, épais, non gaufré, face supérieure glabre, inférieure aranéeuse; *pétiole*, long, grosseur moyenne, aminci en son milieu, glabre.

FRUIT

Grappe : cylindro-conique, très grosse, serrée, ailerons supérieurs quelquefois très développés.
Grain ou baie : très gros, rond, aplati légèrement à l'ombilic et un peu bossué.
Peau : épaisse, peu élastique, bleu-violet foncé mat, pruinée.
Pédicelle : long, grosseur moyenne.
Chair : peu sucrée, parfum neutre, eau moyennement abondante, deux grosses graines.
Qualité : assez bonne.
Époque de la maturité : deuxième.
Usage : amateur et commerce.

OBSERVATIONS : De conserve et de transport facile. D'assez grands espaces en sont annuellement complantés sur la Riviera en vue de l'exportation. Assez résistante à l'oïdium. En serre elle résiste bien à la grise ou araignée rouge.

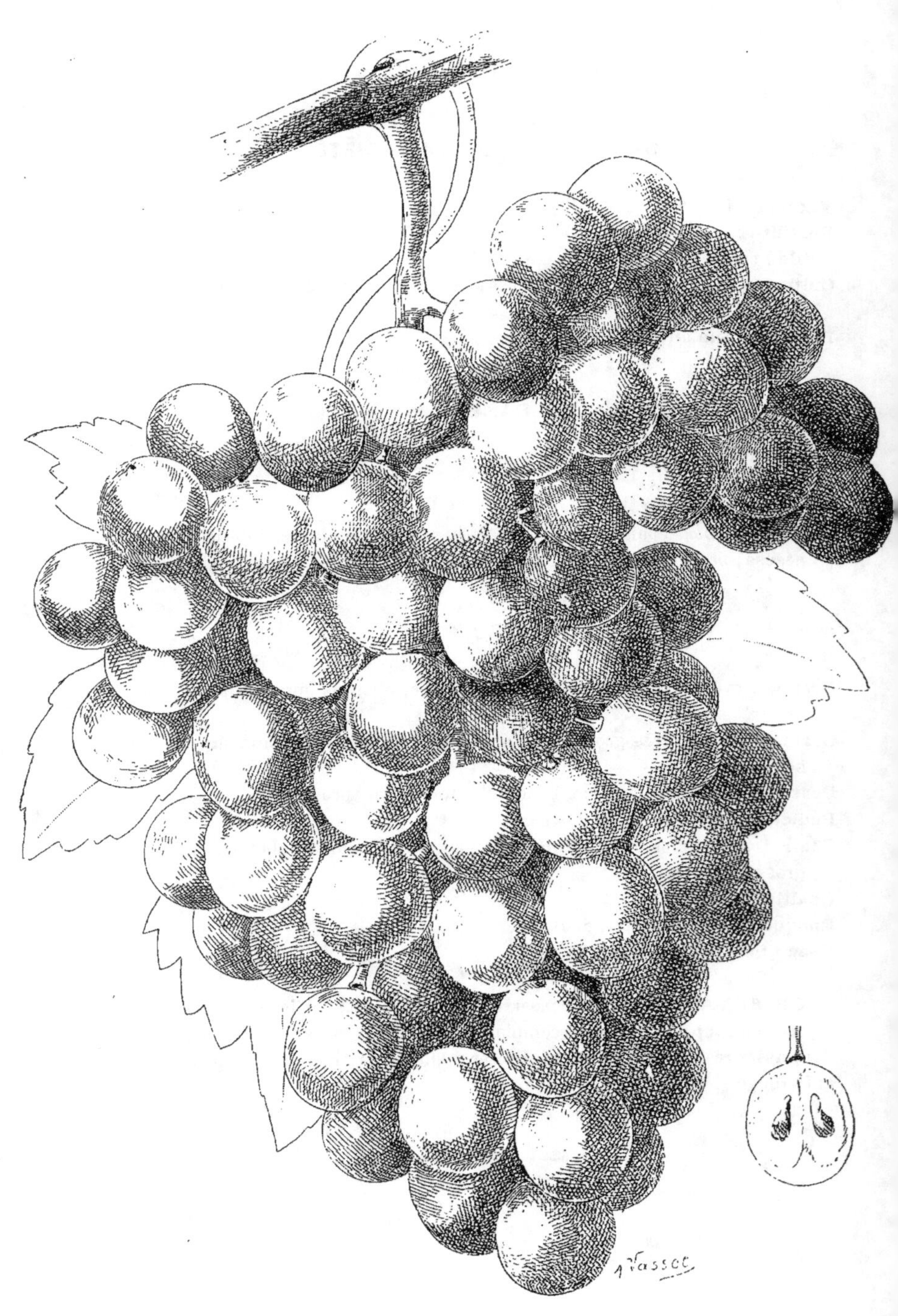

Bicane.

BICANE

Synonymes principaux : *Chasselas Napoléon* (par erreur), *Grosse perle du Jura, Chasselas d'Alger, Panse jaune, Gaon Doura* (Provence), *Raisin des Dames* (par erreur), etc.

Origine ancienne et inconnue.

DESCRIPTION DE LA VARIÉTÉ

Vigueur : bonne.

Fertilité : sous-moyenne.

Taille : plutôt longue.

Culture : en plein air, mais de préférence sous verre en raison de sa fécondation difficile.

Région : chaude.

RAMEAU

Long, droit, fort, à ramifications nombreuses, d'un jaune teinté de rouge violacé.

Mérithalles : assez longs.

Feuilles : *limbe*, assez tourmenté, moyen, aussi long que large, la face supérieure glabre, légèrement brillante et d'un vert vif, la face inférieure vert mat glabre; *pétiole*, long, droit, vert.

FRUIT

Grappe : longue, conique, rameuse, très lâche, irrégulière.

Grain ou baie : très gros, souvent énorme, ellipsoïde, vert jaunissant à maturité.

Peau : fine, abondamment pruinée.

Pédicelle : mince, assez long.

Chair : fine, ferme et abondante, sucrée, à saveur peu prononcée mais agréable, contenant souvent un unique pépin, gros, bombé et allongé.

Qualité : bonne.

Époque de la maturité : tardive.

Usage : Raisin d'amateur.

OBSERVATIONS : Cette variété est plutôt une *panse* qu'un Chasselas, Elle est assez sensible aux maladies cryptogamiques. Une grande charpente lui convient. Le cépage Bicane n'est pas recommandable en plein air, sous le climat de Paris.

Black Alicante.

BLACK ALICANTE

Synonymes principaux : *Sainte-Marie d'Alcantara*, *Black Portugai*, *Black Saint Peters*, *Speechley's Alicante, etc.*

On le croit originaire d'Espagne.

DESCRIPTION DE LA VARIÉTÉ

Vigueur : grande.
Fertilité : bonne.
Taille : longue.
Culture : en serre sous le climat de Paris.
Région : méridionale pour la culture en plein air.

RAMEAU

Allongé, de force au-dessus de la moyenne, sinueux, ramifié, tomenteux, souvent aplati à sa base, d'un jaune foncé et recouvert d'un réseau laineux très apparent.
Mérithalles : moyens.
Yeux : moyens, rouge-brun, assez aplatis sur le sarment.
Feuilles : *limbe*, grand, plus long que large, épais, peu souple, à face inférieure laineuse ; *pétiole*, long, de force moyenne, d'un vert coloré de carmin et recouvert entièrement de poils laineux très denses.

FRUIT

Grappe : grosse ou très grosse, très ailée, à ailes parfois aussi grosses que la grappe principale.
Grain ou baie : noir, gros, elliptique.
Peau : assez épaisse, fortement pruinée.
Pédicelle : gros, assez long.
Chair : molle, adhérente à la peau, de saveur assez agréable, contenant deux et trois pépins par grain.
Qualité : bonne.
Epoque de la maturité : tardive.
Usage : Raisin d'amateur et surtout de commerce.

OBSERVATIONS : Cette variété est assez sensible à l'oïdium, au mildew et à l'antrachnose. Le Black Alicante se conserve bien et s'expédie facilement. C'est l'un des plus cultivés dans les forceries françaises.

Boudalés,

BOUDALÈS

SYNONYMES : *Cinsant, Milhau, Prunelas, Morterille, Picardan noir, Espagneu, Fétaïre, Salerne,* etc.

C'est un vieux cépage du Midi. Raisin mixte de cuve et de table. Il fait le fond des vignobles de Châteauneuf-du-Pape; et comme raisin de table est vendu par milliers de tonnes à Paris et en province.

DESCRIPTION DE LA VARIÉTÉ

Vigueur : moyenne.
Fertilité : grande.
Taille : courte.
Culture : espalier sous le climat de Paris; plein air plus au sud.
Région : méridionale.

RAMEAU

Court, rouge violet pruiné, grêle.
Mérithalles : espacés.
Nœuds : peu accusés.
Feuilles : *limbe*, assez épais, mais souple; *pétiole*, long, fort élargi à son insertion, un peu canaliculé.

FRUIT

Grappe : cylindro-conique, grosse et assez grosse, ailée, peu serrée.
Grain ou baie : assez gros, ovoïde.
Peau : ferme, noir violacé, intense, recouverte de pruine épaisse et fleurie.
Pédicelle : frêle et long.
Chair : sucrée, parfumée, abondante, deux à trois graines.
Qualité : très bonne.
Époque de la maturité : quelques jours après le chasselas.
Usage : amateur et commerce.

OBSERVATIONS : Délicieux raisin de culture facile, mûrissant parfaitement ses fruits chaque année, là où le chasselas doré donne satisfaction. Assez sensible au mildiou, moins sensible à l'oïdium.

Chaouch.

A. Vasset

CHAOUCH

Synonyme : *Parc de Versailles.*

On lui attribue plusieurs origines : Egypte, Algérie, Moldavie, etc.; il a été trouvé, dit-on, dans le jardin d'un gendarme de Seutari, d'où son nom de *Tchasouch usermiu* (Raisin de gendarme).

DESCRIPTION DE LA VARIÉTE

Vigueur : grande.
Fertilité : moyenne.
Taille : longue en pays chauds et moyenne en région parisienne.
Culture : espalier sud sous le climat de Paris.
Région : chaude.

RAMEAU

Gros, long et très long, de couleur noisette et recouvert d'un duvet aranéeux et blanchâtre.
Mérithalles : longs et très longs.
Yeux : peu saillants, arrondis, petits, pâles, duveteux.
Feuilles : *limbe*, très grand, épais, étoffé, recouvert à la face inférieure d'un duvet cotonneux; *pétiole*, vert en dessous et légèrement coloré, rose en dessus.

FRUIT

Grappe : grande, conique, ailée.
Grain ou baie : gros et très gros, ovoïde, les pôles quelquefois aplatis, très ferme.
Peau : épaisse, jaune-ambré.
Pédicelle : moyen, court.
Chair : très abondante et ferme, juteuse, sucrée et de saveur très agréable, contenant deux ou trois pépins à bec bien saillant.
Qualité : bonne.
Époque de la maturité : troisième époque
Usage : Raisin d'amateur.

OBSERVATIONS : Cette variété est sujette à la coulure et demande à être fécondée artificiellement pour donner une bonne récolte; elle est assez sensible aux maladies cryptogamiques; la moindre humidité pendant la floraison fait perdre la majeure partie de sa récolte. C'est un beau Raisin de table.

Chasselas doré de Fontainebleau.

CHASSELAS DORÉ DE FONTAINEBLEAU

SYNONYMES PRINCIPAUX : *Chasselas de Thomery, Chasselas de Conflans, Chasselas de Montauban, Chasselas Angevin, Doucet, Bournet, Fendant roux, Chasselas de Pondichéry, Chasselas de Florence, etc.* On compte une cinquantaine de synonymes tant français qu'étrangers.

Cet excellent Raisin fut trouvé à Cahors, sous le règne de Henri IV, qui en fit envoyer des plants à Fontainebleau.

DESCRIPTION DE LA VARIÉTÉ

Vigueur : moyenne.

Fertilité : très grande.

Taille : courte.

Culture : en espalier de préférence dans la région parisienne.

Région : réussit partout où se cultive la Vigne.

RAMEAU

Long, de grosseur moyenne, d'un roux-fauve, plus foncé sur les parties exposées à l'insolation, carminé vert à l'extrémité.

Mérithalles : moyens.

Yeux : assez saillants, légèrement aplatis.

Feuilles : *limbe*, à face plane, glabre, vert pâle, peu luisant; *pétiole*, long, grêle, glabre, rosé, à angle presque droit avec le limbe.

FRUIT

Grappe : cylindro-conique, de grosseur moyenne ou surmoyenne.

Grain ou baie : sphérique, de grosseur moyenne.

Peau : fine, blanche ambrée, dorée à maturité complète.

Pédicelle : de force et de longueur moyennes, sub-ligneux à son insertion.

Chair : d'un blanc verdâtre, veinée de blanc, très fine, fondante et sucrée.

Qualité : excellente.

Epoque de la maturité : deuxième époque

Usagé : Raisin d'amateur et de commerce.

OBSERVATIONS : Peu sensible au mildew, se laissant facilement atteindre par l'oïdium, mais résistant à la pourriture, le Chasselas doré de Fontainebleau fait l'objet d'un important commerce.

C'est une variété de premier ordre et de bonne conservation.

Chasselas rose royal.

CHASSELAS ROSE ROYAL

SYNONYMES : *Chasselas Tramontower, Chasselas rose d'Alsace,
Tokai des Jardins*.

Origine inconnue.

DESCRIPTION DE LA VARIÉTÉ

Vigueur : moyenne.
Fertilité : bonne.
Taille : courte.
Culture : comme le Chasselas doré de Fontainebleau.
Région : réussit partout où se cultive la Vigne.

RAMEAU

De longueur et de grosseur moyennes, de couleur roux-fauve, plus foncée
près des nœuds.
Mérithalles : moyens.
Yeux : peu saillants, légèrement aplatis.
Feuilles : *limbe*, plat et uni à la face supérieure, glabre, sinus peu pro-
fonds; *pétiole*, assez long, un peu grêle, légèrement rosé.

FRUIT

Grappe : moyenne ou surmoyenne, de forme cylindro-conique, peu serrée.
Grain ou baie : moyen, sphérique.
Peau : très fine, d'un rose pâle passant au rose vif translucide.
Pédicelle : assez long, mince, légèrement renflé à son insertion.
Chair : blanc verdâtre, à filaments blanchâtres, très fine, mi-cassante, fon-
dante et sucrée.
Qualité : très bonne.
Epoque de la maturité : deuxième époque.
Usage : Raisin d'amateur.

OBSERVATIONS : Assez résistante aux maladies cryptogamiques et aux
intempéries, cette variété se conserve bien, elle possède toutes les qualités
du Chasselas doré. Elle a donné plusieurs sous-variétés également estimées.

DODRELABI

SYNONYMES PRINCIPAUX : *Gros Colman, Drodrelabi, Rumonya de Transylvanie, Gros Colmar,* etc.

Cette variété est originaire de la province de Koutaïs (Caucase). Elle fit son apparition en France vers 1858 et fut mise au commerce par Jacquemet-Bonnefond (Annonay). En 1860, André Leroy présenta une variété très analogue, comme un de ses semis sous le nom de Gros Colmar. En Angleterre, Thomas Rivers et William Thomson et, en France, Etienne Salomon, furent les propagateurs de cette variété.

DESCRIPTION DE LA VARIÉTÉ

Vigueur : très grande.
Fertilité : très bonne.
Taille : longue.
Culture : sous verre.
Région : méridionale.

RAMEAU

Allongé, fort, non sinueux, non ramifié, de couleur havane clair.
Mérithalles : longs, couverts de poils aranéeux.
Yeux : peu saillants et pointus.
Feuilles : *limbe*, grand, plus large que long, épais, très souple, peu bullé, d'un vert noirâtre terne à la face supérieure, d'un vert blanchâtre à la face inférieure, qui est entièrement recouverte de paquets de poils aranéeux ; *pétiole*, gros, court, brun-roux, duveteux.

FRUIT

Grappe : grosse, tronconique, aileronnée, l'aileron formant quelquefois une grappe aussi grosse que la principale.
Grain ou baie : très gros, sphérique ou quelque peu discoïde, noir, fortement pruiné.
Peau : épaisse, élastique.
Pédicelle : gros, assez court.
Chair : ferme, d'un vert noirâtre, au jus sans saveur, contenant deux pépins, parfois un seul, de grosseur moyenne.
Qualité : assez bonne.
Epoque de la maturité : très tardive.
Usage : Raisin d'amateur et surtout de commerce.

OBSERVATIONS : Cette variété est estimée en Angleterre. Assez sensible à la pourriture, peu sensible au mildew, elle se laisse facilement attaquer par l'oïdium. Il existe une sous-variété à feuilles pourpres, plus tardive, aux grains énormes et aux grappes plus volumineuses, comme celles du Black Alicante. Cette variété est très estimée dans les forceries pour la vente tardive.

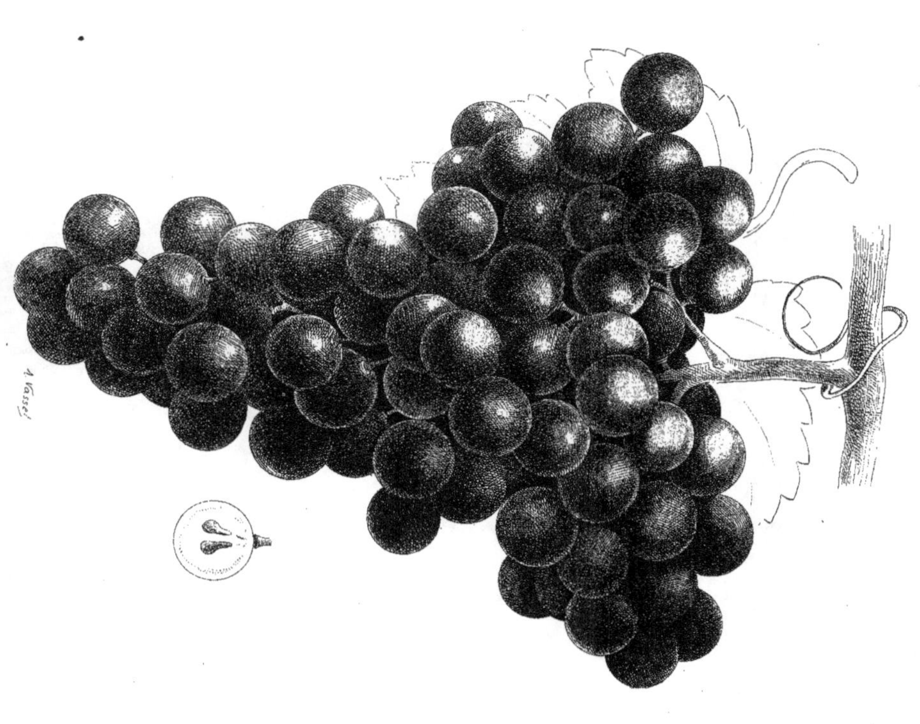

A Vassel

Forster's White seedling.

Forster's White seedling.

FOSTER'S WHITE SEEDLING

Obtenu en 1835 par Foster, jardinier de lord Downe (Beningborough Hall, York, Angleterre). Il fut propagé en 1860.

DESCRIPTION DE LA VARIÉTÉ

Vigueur : bonne.
Fertilité : grande.
Taille : normale.
Culture : en espalier et en serre.
Région : chaude.

RAMEAU

Allongé, assez fort, non sinueux, non ramifié, d'une teinte à fond jaune, plus
    sombre aux nœuds, d'un aoûtement hâtif.
Mérithalles : moyens.
Yeux : gros, pointus.
Feuilles : *limbe*, moyen et surmoyen, plus long que large, peu épais et
    souple, ni bullé, ni gaufré et presque toujours plan ; la face inférieure
    d'un vert-jaune clair, complètement aranéeuse, les nervures jaunâtres et
    pileuses; *pétiole*, long, de force moyenne, d'un vert-jaune clair lavé de
    roux avec de rares flocons laineux.

FRUIT

Grappe : au-dessus de la moyenne et grosse, atteignant parfois 24 centimètres
    de longueur, cylindrique, ailée.
Grain ou baie : assez gros, ovoïde.
Peau : peu épaisse, claire et transparente, d'abord verte, puis d'un vert jau-
    nâtre ou complètement blanche, se dorant du côté exposé au soleil,
    pruinée légèrement.
Pédicelle : moyen, assez long.
Chair : tendre, fondante, juteuse et savoureuse, contenant deux pépins.
Qualité : bonne.
Epoque de la maturité : troisième époque.
Usage : Raisin d'amateur et de commerce.

OBSERVATIONS : Cette variété à souche vigoureuse, à tronc fort et de
port érigé, résiste aux maladies cryptogamiques et, malgré sa peau mince, à
la pourriture. Conduite à l'espalier, en forme de cordons verticaux, elle
donne aux environs de Paris des résultats satisfaisants. Elle est, en serre,
le Raisin à forcer par excellence. Elle doit être cueillie à maturité complète
pour conserver toute sa valeur sur le marché, car, trop longtemps sur souche
après la maturation, la peau devient épaisse. Supportant les longs trajets,
c'est un Raisin d'exportation.

Frankenthal.

FRANKENTHAL

Synonymes principaux : *Raisin bleu de Frankenthal, Chasselas de Jérusalem, Gros bleu, Prince Albert, Bruxellois, Black Hamburgh,* etc.

Originaire d'Allemagne, de Franconie, d'après Dittrich. Fut importé en France, vers 1840, et cultivé en espalier à Thomery. Il fut ensuite introduit dans les forceries françaises après constatation des bénéfices qu'en retiraient les Belges et les Anglais dans la culture sous verre.

DESCRIPTION DE LA VARIÉTÉ

Vigueur : très grande.
Fertilité : très bonne.
Taille : longue.
Culture : en plein air et sous verre.
Région : en espalier dans la région parisienne.

RAMEAU

Fort, assez allongé, souvent ramifié, d'un jaune clair, rayé de roux.
Mérithalles : moyens.
Yeux : saillants, arrondis.
Feuilles : *limbe*, grand, épais, le plus souvent aussi long que large, la face supérieure gaufrée, d'un vert clair, la face inférieure glabre, d'un vert blanchâtre ; *pétiole*, long, de force surmoyenne, d'un vert clair, à bords du canal pourprés.

FRUIT

Grappe : surmoyenne ou grosse, serrée, ailée
Grain ou baie : assez gros et gros, les premiers presque toujours ovoïdes, les derniers plutôt sphériques.
Peau : peu épaisse, noire et fortement pruinée.
Pédicelle : fort et court.
Chair : assez ferme, très juteuse, assez sucrée, au goût agréable, sans saveur particulière.
Qualité : bonne.
Époque de la maturité : troisième époque.
Usage : Raisin d'amateur et de commerce.

OBSERVATIONS : La vigueur de cette variété exige une **grande charpente**. Le Frankenthal est très sensible aux maladies cryptogamiques et à la pourriture. Il existe deux sous-variétés : le **Mill Hill Hamburgh** et le **Dutch Hamburgh** ; le Raisin Hardy lui est très voisin.

GAMAY HATIF DES VOSGES

Synonymes : *Gamay Dormoy, Gamay hâtif de la Haute-Marne, Gamay Valentin, Gamay Millot, Gamay de Croncels*, etc.

Origine inconnue. Trouvé en 1874 à Totainville (Vosges), doit être d'origine spontanée.

DESCRIPTION DE LA VARIETE

Vigueur : vigoureuse.
Fertilité : très fertile.
Taille : courte.
Culture : plein air.
Région : jusqu'à l'extrême limite de la culture de la vigne.

RAMEAU

Allongé, état herbacé : vert, puis jaune clair; aoûtement : teinte à fond jaune
noirâtre, grosseur forte.
Mérithalles : longueur moyenne, courts à la base des sarments.
Nœuds : peu renflés, comprimés dans le sens opposé à celui des mérithalles.
Feuilles : *limbe*, un peu bullé mais non gaufré; *pétiole*, moyen de longueur
et de force, lavé de pourpre.

FRUIT

Grappe : courtement cylindro-conique, de grosseur moyenne ou sous-
moyenne, rarement ailée, ramassée.
Grain ou baie : moyen, quelque peu ellipsoïde.
Peau : assez épaisse, d'un beau noir assez luisant, épaisse.
Pédicelle : court et moyen.
Chair : sucrée, parfum simple, jus incolore assez abondant.
Qualité : très bonne.
Époque de la maturité : le plus hâtif de tous les raisins noirs de cuve.
Usage : Table et cuve.

OBSERVATIONS : Il paraît sur les marchés avant tout autre; s'il ne
peut être vendu pour la consommation, produit un excellent vin de primeur
et de conserve. Vu sa maturité hâtive, résiste assez bien à la pourriture et aux
ampélophages de génération tardive.

Gradiska.

GRADISKA

SYNONYME : *Moranet*.

Obtenu par M. Moreau-Robert, à Angers, qui a envoyé ce semis non dénommé en Hongrie, d'où il est revenu baptisé *Gradiska*, nom d'une ville de Bosnie, située sur la Save.

DESCRIPTION DE LA VARIÉTÉ

Vigueur : moyenne.
Fertilité : fertile.
Taille : courte.
Culture : sous verre et espalier sud.
Région : chaude.

RAMEAU

Peu allongé; état herbacé : vert très pâle. Avant maturité des fruits : jaune clair. Aoûtement : havane clair, légère décoloration sur la face latérale des nœuds, assez gros et gros.
Mérithalles : espacés sauf les deux ou trois premiers qui sont plus courts.
Nœuds : renflés, légèrement comprimés sur les côtés.
Feuilles : *limbe*, bullé le plus souvent légèrement révoluté; *pétiole*, longueur moyenne et un peu renflé à son insertion.

FRUIT

Grappe : aspect prismatique, surmoyenne ou grosse, ailée, peu compacte.
Grain ou baie : surmoyen, sub-ellipsoïde.
Peau : peu épaisse, blanc légèrement jaunâtre, translucide et se dorant bien, stigmate persistant au centre, mais peu apparent.
Pédicelles : allongés et minces, verrues de moyenne grosseur.
Chair : peu sucrée, un peu molle, parfum ordinaire, assez juteuse.
Qualité : bonne.
Époque de la maturité : deuxième.
Usage : commerce et amateur.

OBSERVATIONS : Raisin des plus décoratifs. Ses grains à maturité arrivent à une transparence qui n'existe chez aucun autre raisin.

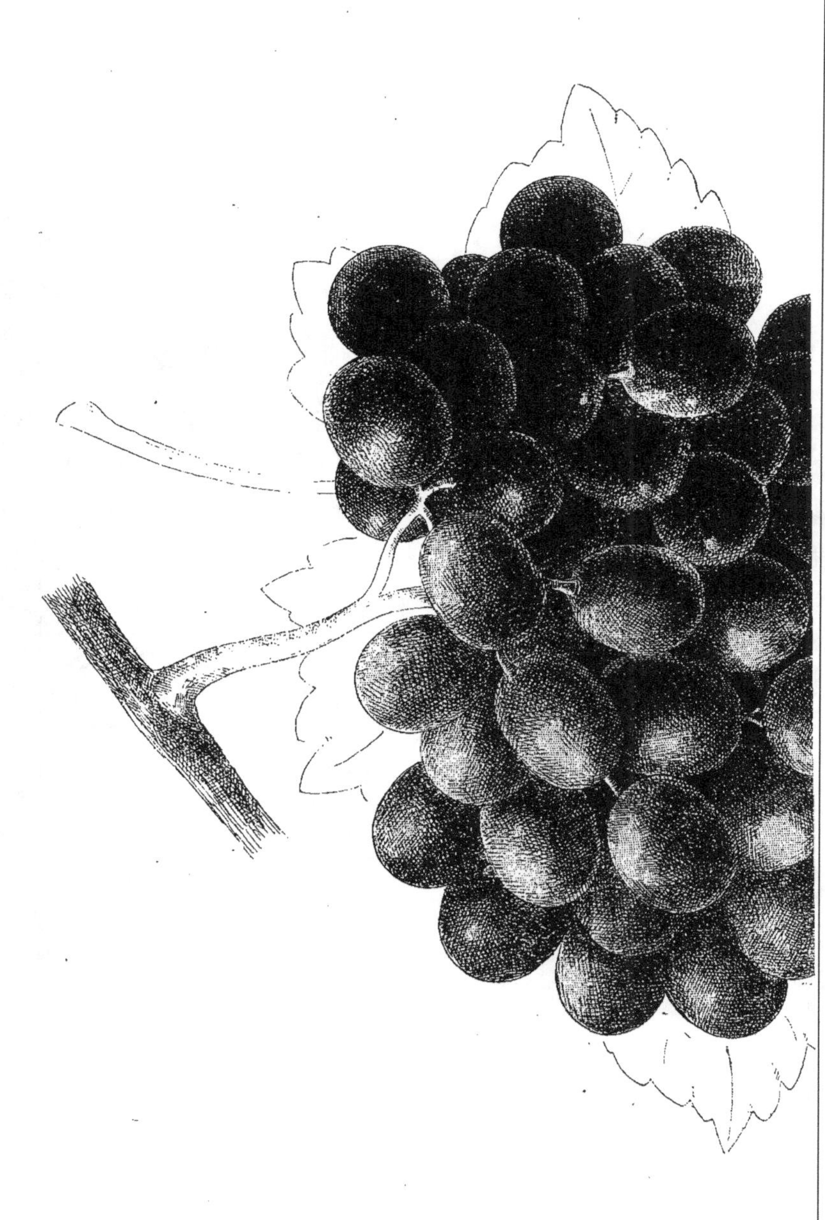

Long noir d'Espagne.

LONG NOIR D'ESPAGNE

SYNONYMES : *Noir d'Espagne, Trentham Black.*

M. Fleming, de Trentham, a le premier parlé de cette variété ; il la présenta à la Société royale d'horticulture de Londres, d'abord sous le nom de Fleming's Prince, puis sous celui de Trentham black. M. André Leroy, d'Angers, l'envoya à Chiswick sous le nom de Long noir d'Espagne.

DESCRIPTION DE LA VARIÉTÉ

Vigueur : bonne.
Fertilité : moyenne.
Taille : longue.
Culture : plein air.
Région : parisienne, en espalier.

RAMEAU

Long et gros. peu coudé, vert, légèrement violacé, plus foncé près des yeux.
Mérithalles : longs.
Yeux : longs, pointus et saillants.
Feuilles : *limbe*, vert foncé, rugueux, profondément lobé et denté, rougeâtre en fin de saison ; *pétiole*, long et gros, rougeâtre.

FRUIT

Grappe : longue et grosse, ailée, un peu serrée, se fécondant irrégulièrement.
Grain ou baie : gros, sphéro-elliptique.
Peau : épaisse, noir foncé, couverte d'une forte et superbe pruine.
Pédicelle : très fort.
Chair : sucrée, juteuse, très délicate.
Qualité : très bonne.
Époque de la maturité : troisième époque.
Usage : raisin d'amateur.

OBSERVATIONS : Cette variété, assez résistante aux insectes, aux maladies et aux intempéries, voit sa production augmentée par une fécondation artificielle. Ses grains ont tendance à craquer.

MADELEINE NOIRE

SYNONYMES : *Morillon hâtif*, *Raisin de la Saint-Jean*, *Plant de Juillet*, etc.

Origine inconnue.

DESCRIPTION DE LA VARIÉTÉ

Vigueur : très grande.
Fertilité : très bonne.
Taille : ordinaire.
Culture : plein vent ou espalier.
Région : septentrionale.

RAMEAU

Long, de grosseur moyenne, brun acajou pruiné de violet, vineux et ponctué
de noir.
Mérithalles : moyens.
Yeux : arrondis, peu renflés.
Feuilles : *limbe*, moyen, tourmenté, rond ou trilobé, fortement gaufré;
pétiole, aussi long que la nervure médiane, gros, renflé à son insertion.

FRUIT

Grappe : petite, trapue, de forme cylindrique, courte, à grains très serrés.
Grain ou baie : petit, presque sphérique.
Peau : noire, assez mince, teintée de bleu ardoisé, à la maturité.
Pédicelle : court, gros, restant herbacé à maturité.
Chair : blanche, demi-fine, cassante, sucrée, assez juteuse.
Qualité : bonne.
Époque de la maturité : très précoce.
Usage : raisin d'amateur et de commerce.

OBSERVATIONS : Cette variété est sensible à l'oïdium et assez résistante au mildew. Souvent en raison de sa grappe serrée, elle est atteinte du
Botrytis cinerea.

Ce cépage était connu autrefois en Belgique, sous le nom de Saint-Bernard
et produisait dans les Flandres un petit vin qu'on vendait à Lille sous le nom
de « verjus ».

MADELEINE ROYALE

Obtenue par Moreau Robert, d'Angers, en 1845 et mise au commerce par
lui en 1851,

DESCRIPTION DE LA VARIÉTÉ

Vigueur : grande.
Fertilité ; très grande.
Taille : courte (à deux yeux francs).
Culture : en plein vent et espalier.
Région : septentrionale.

RAMEAU

Gros, érigé, cassant, de couleur brun-fauve.
Mérithalles : assez longs.
Yeux : moyens, laineux.
Feuilles : *limbe*, moyen ou surmoyen, tourmenté, à peu près aussi long que
 large, glabre en dessus, chagriné, boursouflé, pubescent, aranéeux et
 rugueux en dessous: *pétiole*, robuste, cylindrique et glabre.

FRUIT

Grappe : grosse, tronconique, ailée, serrée.
Grain ou baie : de grosseur moyenne, sphérique, peu pruiné, parsemé de
 nombreuses petites ponctuations d'un brun grisâtre.
Peau : fine, tendre, jaune pâle, transparente.
Pédicelle : assez fort et long.
Chair : fondante, un peu molle, bien juteuse, sucrée, relevée d'une saveur
 agréable, contenant un ou deux petits pépins.
Qualité : très bonne.
Époque de la maturité : première époque.
Usage : Raisin d'amateur.

OBSERVATIONS : Assez résistante aux maladies cryptogamiques, la
Madeleine Royale l'est moins à la pourriture, par suite de l'éclatement de ses
grains à parfaite maturité.

Muscat de Hambourg.

MUSCAT DE HAMBOURG

SYNONYMES PRINCIPAUX : *Hambourg musqué, Venn's seedling, Snown's muscat Hamburgh, Black muscat, Muscat noir de Hambourg.*

D'origine inconnue, le Muscat de Hambourg était autrefois cultivé dans les serres anglaises, sous le nom de Black muscat of Alexandria. Il fut propagé ensuite par M. Snow, de West Park (Angleterre), qui, croyant se trouver en face d'une variété nouvelle, lui donna le nom de Snow's Muscat Hamburgh.

DESCRIPTION DE LA VARIÉTÉ

Vigueur : très grande.
Fertilité : très bonne.
Taille : demi-longue.
Culture : sous verre et en plein air au sud de Paris.
Région : méridionale et tempérée.

RAMEAU

Long, assez gros, de couleur havane clair, parfois foncé.
Mérithalles : assez longs.
Yeux : peu proéminents.
Feuilles : *limbe*, épais, assez grand, aussi long que large, très peu bullé; *pétiole*, long, gros, renflé à son insertion, vert à bords du canal pourpres, complètement pileux.

FRUIT

Grappe : grosse, pyramidale allongée, régulière et ailée, jamais aileronnée, peu serrée.
Grain ou baie : assez gros et gros, en forme d'olive pour les gros et sphérique pour les petits.
Peau : épaisse, élastique, d'un noir pourpré, recouverte d'une pruine assez épaisse.
Pédicelle : mince et de longueur moyenne.
Chair : ferme, bien sucrée, juteuse, relevée d'un goût musqué fin et plus agréable que le Muscat blanc. Deux embryons de pépins, non consistants accompagnent le principal pépin gros et taché de points roux.
Qualité : très bonne.
Epoque de la maturité : tardive.
Usage : Raisin d'amateur.

OBSERVATIONS : Cette variété peu sensible aux maladies craint le dessèchement des pédicelles; cultivée franche de pied, elle est sensible au pourridié. Elle se conserve longtemps sans difficultés. Les grains, très distants de cette variété, ne réclament pas le ciselage.

Muscat blanc de Frontignan.

MUSCAT BLANC DE FRONTIGNAN

SYNONYMES : *Muscat de Lunel* et de nombreux synonymes étrangers.
Origine : très ancienne et inconnue, était cultivé dès la plus haute antiquité.

DESCRIPTION DE LA VARIÉTÉ

Vigueur : grande.
Fertilité : moyenne.
Taille : longue.
Culture : en espalier dans la région parisienne.
Région : méridionale.

RAMEAU

Fort, de longueur moyenne, d'un rouge indécis, allant du rouge havane gris,
    au rouge havane clair.
Mérithalles : courts.
Yeux : petits, saillants.
Feuilles : *limbe*, moyen et grand, uni et mince, glabre sur les deux faces ;
    pétiole, fort, long, glabre, vert jaunâtre.

FRUIT

Grappe : moyenne, longue, étroite et cylindrique, rarement ailée, compacte,
    se terminant en pointe.
Grain ou baie : moyen, sphérique.
Peau : un peu épaisse, consistante, vert blanchâtre, pointillée de brun-roux.
Pédicelle : court et assez fort.
Chair : ferme, croquante, juteuse, très sucrée, à goût musqué très prononcé,
    renfermant des pépins peu nombreux, petits, nuancés de gris et de violet.
Qualité : bonne.
Époque de la maturité : troisième époque.
Usage : Raisin d'amateur.

OBSERVATIONS : Par les traitements ordinaires, on le préserve des
maladies cryptogamiques, mais il est très sensible à la pourriture ; les grains
se fendent presque toujours après une pluie suivant une période plus ou
moins longue de sécheresse. Dans certains pays, le Muscat blanc de Frontignan produit des vins de liqueur renommés.

Muscat rouge de Madère.

MUSCAT ROUGE DE MADÈRE

SYNONYMES : *Madère Vendel, Madeira Frontignan, Muskateller-rother, Grauer Muskateller, Muscat de corail, Cervina dinka, Muscat de Constance, etc.*

Originaire de Douro (Portugal), il fut cultivé en France pour la première fois à l'archevêché de Tours, d'où il fut donné au grand-père de Mᵐᵉ de Vendel.

DESCRIPTION DE LA VARIÉTÉ

Vigueur : grande.
Fertilité : bonne.
Taille : mi-longue.
Culture : en espalier dans la région parisienne.
Région : chaude.

RAMEAU

Long, de grosseur au-dessus de la moyenne, couleur havane très clair, rouge vineux autour des nœuds.
Mérithalles : assez longs et longs.
Yeux : saillants, très gros, aplatis, larges de la base et pointus.
Feuilles : *limbe*, assez grand et grand, légèrement bullé, mais non gaufré ; *pétiole*, long, peu renflé à son insertion où il forme un angle droit, vert et jaune clair, garni de nombreuses verrues petites, couleur vert foncé.

FRUIT

Grappe : de forme cylindrique, longue et de grosseur moyenne, ailée et non aileronnée, peu serrée ; pédoncule dur et fort, long, vert clair en se lignifiant.
Grain ou baie : les grains sont ronds, quelquefois aplatis, petits, moyens et gros, les petits peu nombreux, les autres en égale proportion.
Peau : peu épaisse, élastique et ferme, d'un rouge foncé luisant, sous une épaisse pruine.
Pédicelle : assez fort, de longueur moyenne.
Chair : verdâtre, assez fondante, finement musquée, partiellement adhérente à la peau, peu juteuse, contenant trois ou quatre pépins.
Qualité : très bonne.
Époque de la maturité : troisième époque.
Usage : raisin d'amateur.

OBSERVATIONS : Le Muscat rouge de Madère est sensible à la pourriture et à l'anthracnose ; assez sensible à l'oïdium, on l'en défend facilement. Vinifié dans les régions favorables, il y donne des vins de liqueur d'une grande valeur.

Muscat de Saumur.

MUSCAT DE SAUMUR

SYNONYMES PRINCIPAUX : *Précoce de Saumur, Précoce musqué de Courtiller, Madeleine musquée de Courtiller, Muscat précoce de Saumur, Early Saumur Frontignan.*

Origine : obtenu en 1847, par Courtiller, directeur du Jardin des Plantes de Saumur, d'un pépin d'Ischia non hybridé artificiellement.

DESCRIPTION DE LA VARIÉTÉ

Vigueur : moyenne.
Fertilité : grande.
Taille : courte.
Culture : plein air.
Région : toutes les régions viticoles.

RAMEAU

Assez mince, de longueur moyenne, non sinueux et non ramifié, de couleur gris noirâtre, teinté de brun aux nœuds; son aoûtement est hâtif.

Mérithalles : moyens et surmoyens.

Yeux : ovoïdes, moyens, rouge carminé.

Feuilles : *limbe*, de grandeur ordinaire, aussi large que long, plan, plutôt gaufré, la face supérieure d'un vert foncé presque glabre, avec de très rares flocons aranéeux, la face inférieure plus claire, avec de nombreux flocons, jaune au moment de sa chute; *pétiole*, de force au-dessous de la moyenne, assez long, peu renflé à son insertion, d'un vert foncé lavé de pourpre, s'accentuant vers la fin de la végétation.

FRUIT

Grappe : moyenne, jamais grosse, peu allongée, serrée; les fortes grappes sont tronconiques, ailées et possèdent souvent un petit aileron de 3 ou 4 grains; les moyennes sont cylindriques.

Grain ou baie : jaune verdâtre, sphérique, légèrement aplati aux deux pôles, moyen et surmoyen.

Peau : peu élastique, épaisse, et malgré cela sensible à la pourriture, à pruine peu épaisse.

Pédicelle : mince et court.

Chair : veinée, blanchâtre, fondante, musquée, peu juteuse, renfermant deux pépins à bec recourbé.

Qualité : très bonne.

Epoque de la maturité : première époque.

Usage : Raisin d'amateur.

OBSERVATIONS : C'est un des Raisins musqués les plus hâtifs. Sensible à l'oïdium et à la pourriture, il ne l'est pas au mildiou ni à l'antrachnose.

Précoce Malingre.

PRÉCOCE MALINGRE

SYNONYMES PRINCIPAUX : *Madeleine blanche Malingre, Early Malingre*
Origine : Obtenu de semis par Malingré, jardinier, vers 1840.

DESCRIPTION DE LA VARIÉTÉ

Vigueur : bonne.
Fertilité : très grande.
Taille : ordinaire.
Culture : en plein air et en espalier.
Région : septentrionale.

RAMEAU

De grosseur moyenne, gris-clair.
Mérithalles : assez longs.
Yeux : moyens, pâles, à angle ouvert avec le sarment.
Feuilles : *limbe*, moyen ou sous-moyen, un peu plus long que large, glabre
et luisant en dessus, lisse et d'un beau vert en dessous; feuillaison
précoce; *pétiole*, grêle, rosé.

FRUIT

Grappe : cylindro-conique, avec petits ailerons, pédoncule robuste.
Grain ou baie : assez peu serré, sous-moyen, ellipsoïdal.
Peau : fine, d'un blanc verdâtre.
Pédicelle : grêle.
Chair : fondante, juteuse, à saveur peu relevée, mais bien sucrée, contenant
trois à quatre pépins par grain.
Qualité : bonne.
Époque de la maturité : première époque.
Usage : Raisin d'amateur.

OBSERVATIONS : Cette variété résiste à l'oïdium, au mildew et à
l'antrachnose. Le grain mûrit parfois avant de jaunir.

MUSCAT D'ALEXANDRIE

Synonymes principaux : *Cabas à la Reine*, *Malaga*, *Muscat d'Espagne*, *Panse ou Passe muscat*, *Muscat de Rome*; plus, de nombreux synonymes étrangers.

Originaire d'Afrique, où il était connu sous le nom de Zibibbu (du cap Zibibb), il fut introduit en France vers le milieu du xvii° siècle.

DESCRIPTION DE LA VARIÉTÉ

Vigueur : bonne.

Fertilité : grande.

Taille : courte.

Culture : en plein air en Provence; ailleurs, de préférence en serre pour obtenir des résultats appréciables.

Région : méridionale.

RAMEAU

De longueur moyenne, non sinueux, non ramifié; de couleur jaunâtre tirant sur le roux vers les nœuds.

Mérithalles : moyens.

Yeux : proéminents, pointus.

Feuilles : *limbe*, assez grand et grand, épais, souple, plus large que long, plan, non bullé, à face supérieure d'un beau vert foncé, à face inférieure plus pâle; *pétiole*, long, de force et de grosseur moyennes.

FRUIT

Grappe : grosse, tronconique et cylindrique, allongée, régulière, épaisse, obtuse au sommet, peu ailée, non aileronnée, lâche.

Grain ou baie : gros, régulièrement elliptique.

Peau : jaune doré, ambrée à l'insolation, peu pruinée, croquante.

Pédicelle : long et mince.

Chair : croquante, finement musquée, renfermant deux gros pépins.

Qualité : très bonne.

Époque de la maturité : tardive.

Usage : Raisin d'amateur et de commerce.

OBSERVATIONS : Cette variété produit au cap de Bonne-Espérance et en Espagne des vins très estimés, genre Xérès.

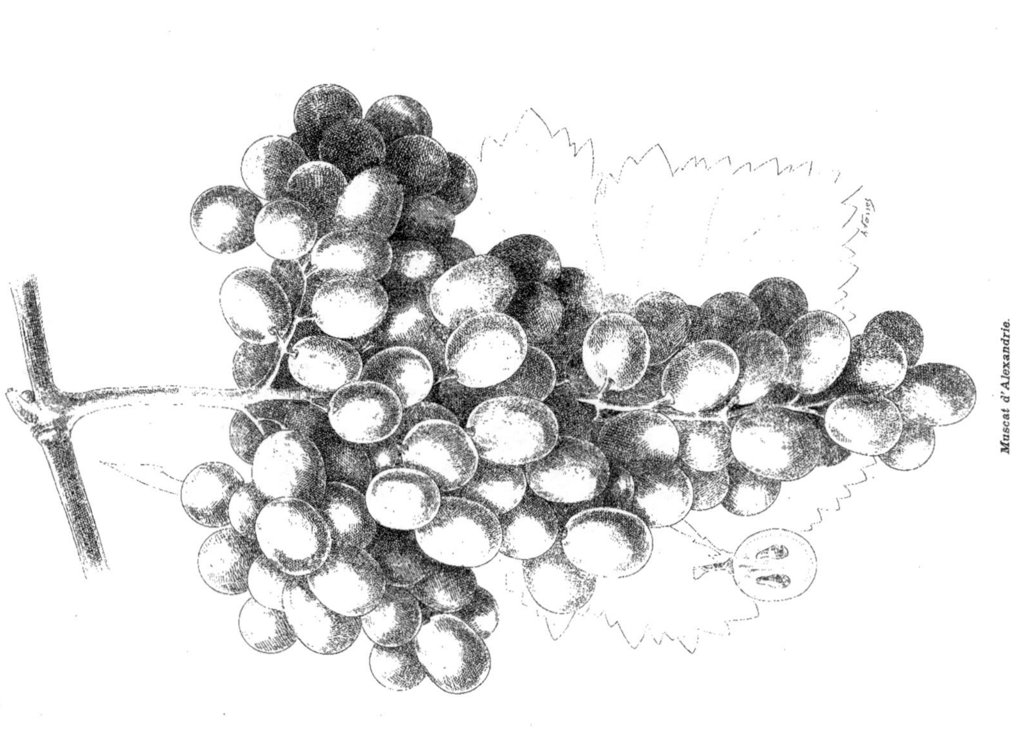

Muscat d'Alexandrie.

PINCE'S BLACK MUSCAT

Semis obtenu vers 1860. Première fructification en 1863.

DESCRIPTION DE LA VARIÉTÉ

Vigueur : vigoureuse.
Fertilité : modérée.
Taille : demi-longue.
Culture : sous verre sauf dans l'extrême sud de la France.

RAMEAU

Allongé, teinte à fond havane claire mordorée, pruinée, force moyenne.
Mérithalles : longueur surmoyenne, courts à la base.
Nœuds : renflés, comprimés dans le même sens que celui des mérithalles.
Feuilles : *limbe*, ni bullé, ni gaufré, face supérieure flocons aranéeux;
 - *pétiole*, très long, fort, renflé à son insertion, vert-jaune clair lavé de roux.

FRUIT

Grappe : cylindrique à partir des ramifications supérieures, surmoyenne et grosse, ailée, non aileronnée, serrée.
Grain ou baie : gros et très gros en égale proportion, ellipsoïde.
Peau : épaisse, noir-brun rougeâtre, pruine épaisse.
Pédicelle : court et gros, verruqueux.
Chair : sucrée sans excès, fortement musquée, eau peu abondante, trois pépins moyens.
Qualité : très bonne.
Époque de la maturité : quatrième époque.
Usage : amateur et commerce.

OBSERVATIONS : De toutes les variétés de muscats noirs connues, celle-ci est la plus tardive, mais elle possède sur les autres un avantage précieux, c'est que, cueillie en temps voulu, elle se conserve admirablement et presque sans soins. Exige, cultivée en plein air, soufrages et sulfatages.

TABLEAU DE MATURITE

DES

GENRES ET VARIÉTÉS DE FRUITS RECOMMANDÉS

PAR LA SECTION POMOLOGIQUE

DE LA SOCIÉTÉ NATIONALE D'HORTICULTURE DE FRANCE

Nota. — Les indications données sur la maturité des variétés fruitières sont basées sur le climat du Centre et de la région parisienne, dans un sol moyen et pour une exposition normale.

La date de la maturité serait avancée en raison de l'élèvement de la température, retardée en raison de son abaissement; c'est ainsi que, dans l'Anjou, la maturité des fruits est de dix jours plus précoce qu'à Paris, tandis qu'en Lorraine elle est, au contraire, d'environ dix jours plus tardive que dans notre région.

Les sols chauds, les bonnes expositions, l'abri d'un mur, les années chaudes et sèches, la plus grande quantité de décharges électriques même, facilitent et hâtent la maturité. Les altitudes élevées, les sols froids, la rareté ou l'absence du soleil, les années humides et froides, par contre, lui sont défavorables et peuvent faire que, dans certains cas, elle ne soit pas complète ainsi qu'il arrive dans certaines années, où la somme de caloriques obtenue est inférieure à celle exigée par le fruit.

Ceci soit dit, pour prévenir le lecteur que les indications suivantes, rigoureusement exactes pour la région parisienne et pendant une année normale, subiront forcément des modifications, à Paris même, telle autre année; à plus forte raison, dans telle autre région, par suite de l'influence plus ou moins grande des facteurs précités.

CLASSEMENT ALPHABÉTIQUE

des genres et des variétés, par époque de maturité.

FIN MAI.

Cerisiers . . . Guignes . . . . { de Mai. / Early Rivers.

Fraisiers . . . { Gros fruits non remontants. Noble. / Petits fruits remontants à coulants . . . . Généreuse.

PREMIÈRE QUINZAINE DE JUIN.

Cerisiers . . . { Bigarreau . . . . Jaboulay. / Cerise . . . . Impératrice Eugénie. / Guignes . . . . Noire hâtive à gros fruits.

Fraisiers . . . { Gros fruits non remontants. { Vicomtesse Héricart de Thury. / Alphonse XIII. / Gros fruits remontants . . Madame Louis Bottero. *Jusque septembre.* / Petits fruits remontants. { à coulants. . { Reine des 4 saisons. / 4 saisons blanche. / sans coulants . . . { Gaillon rouge. / — blanc.

DEUXIÈME QUINZAINE DE JUIN.

Cerisiers . . . { Bigarreaux . . . . { Jaune de Büttner. / Pélissier. / Reverchon. / Cerises . . . . Anglaise hâtive. *Maturité prolongée.* / Guignes . . . . Ohio's Beauty. / à kirsch . . . . Noire des Vosges.

Fraisiers . . . { Gros fruits non remontants. { Docteur Morère. / Eléanore. / Général Chanzy. / Madame Moutot. / Sir Joseph Paxton. / Petits fruits remontants . . *Variétés précitées.*

Groseilliers . . { à grappes rouges . . . . . Hâtive de Bertin.
{ Cassis . . . . Ordinaire.

PREMIÈRE QUINZAINE DE JUILLET.

Abricotiers. . . . . {
Desfarges.
Précoce de Boulbon.
—   Esperen.
—   de Monplaisir.

Cerisiers . . .
Bigarreaux. . . . . {
Esperen.
Gros-Cœuret.
Gustave Dupau.
Napoléon.

Cerises . . . . {
Montmorency courte queue.
—   longue queue.
Reine Hortense.
Royale.

à kirsch . . . . Rouge des Vosges.

Fraisiers . . . {
Gros fruits non remontants. {
Jucunda.
La France.
Louis Gauthier.

Petits fruits remontants. . *Variétés précitées.*

Framboisiers .   Non remontants. . . . . . {
Hornet.
Pilate.

Groseilliers . .
à grappes . . . . {
Hollande blanche.
—   rouge.
La Versaillaise rouge.

à maquereau. . . . . . . {
Golden drop.
Grosse rouge hâtive.

cassis . . . . Noir de Naples.

Pêchers. . . . . {
Amsden.
Cumberland.

Pruniers . . . . Bonne de Bry.

DEUXIÈME QUINZAINE DE JUILLET.

Abricotiers. . . . . {
Liabaud.
Luizet.
Royal.

Cerisiers . . .
Bigarreau . . . . Luizet.

Cerises . . . . {
Belle magnifique.
Montmorency de Sauvigny.

Figuier. . . . . Blanche d'Argenteuil. *(Jusqu'aux gelées.)*

39

Fraisiers . . .	{ Gros fruits remontants . .	{ Saint-Antoine de Padoue.
		{ Saint-Joseph.
	{ Petits fruits remontants. .	*Variétés précitées.*
Framboisiers .	Remontants	Merveille des 4 saisons blanche.
		— — rouge.
		Perpétuelle de Billiard.
		Souvenir de Désiré Bruneau.
		Sucrée de Metz.
		Surpasse Falstoff.
		Surprise d'Automne.
Groseilliers . .	{ à grappes	*Variétés précitées.*
	{ à maquereau.	Shanon (Hopley).
		Queen Caroline (Lovart).
		Green Ocean.
		White Smith
		Industry (Winham).
Pêcher		Précoce de Hale.
Poiriers		{ Doyenné de Juillet.
		{ Épargne.
Pommier		Astracan rouge.
Pruniers		{ Reine-Claude hâtive.
		{ De Monsieur hâtif.

PREMIÈRE QUINZAINE D'AOUT.

Abricotiers.		{ Commun.
		{ Pêche.
Cerisier		Griotte du Nord.
Figuiers		{ Barbillonne.
		{ Dauphine.
Fraisiers . . .	Remontants	*Variétés précitées.*
Framboisiers .	Remontants	*Variétés précitées. (Toute la liste jusqu'aux gelées.)*
Groseilliers . .	{ à grappes	*Variétés précitées.*
	{ à maquereau.	Grosse rouge tardive.
Mûrier		Mûre noire.
Nectariniers		{ Early Rivers.
		{ Précoce de Croncels.
Pêchers.		{ Grosse mignonne hâtive.
		{ Louis Groguet.
Poiriers		{ André Desportes.
		{ Beurré Giffard.

Pommiers . . . . { Borovitsky ou Borowinka.
                                      { Sugar loaf pippin.
Prunier . . . .   de Montfort.
Vigne . . . .   Madeleine noire.

DEUXIÈME QUINZAINE D'AOUT.

Abricotier . . . .   Sucré de Holub. (*Le plus tardif.*)
Amandiers . . . . { à coque tendre.
                                    { Princesse.
Figuiers . . . , ...   *Variétés précitées.*
Fraisiers remontants . . . .   —
Framboisiers remontants . . . . . .   —
Groseilliers . . . .   —
Nectariniers . . . . { de Félignies.
                                   { Lord Napier.
Noisetiers . . . . { Avelines *en fruits frais.*
                                   { Blanche longue.
                                   (Crawford's Early.
                                   | Galande.
                                   | Grosse mignonne ordinaire.
Pêchers . . . .{ La France.
                                   | Madeleine de Courson.
                                   (Noblesse seedling.
Poiriers . . . . { Clapp's Favourite.
                                   { Williams.
Pommier . . . . Transparente de Croncels.
                                   (Kirke.
Pruniers . . . . { Mirabelle grosse de Nancy.
                                   {   —   petite de Metz.
                                   (Reine-Claude dorée.
                                   (Madeleine royale.
Vignes . . . . { Précoce Malingre.
                                   (Muscat de Saumur.

PREMIÈRE QUINZAINE DE SEPTEMBRE.

Amandiers . . . .   *Variétés précitées.*
Figuiers . . . .   —
Fraisiers remontants . . . .   —
Framboisiers remontants . . . . . .   —
Nectariniers . . . . { Galopin.
                                   { Violet gros musqué.

Noyer	Noix verte.
Noisetiers	*Variétés précitées.*
Pêchers	Alexis Lepère. Belle Beausse. Belle Henri Pinaut.
Poiriers	Beurré d'Amanlis. Madame Treyve. Triomphe de Vienne.
Pommier	Graefenstein.
Pruniers	d'Agen. Jefferson. Quetsche d'Allemagne. — d'Italie. Reine-Claude d'Althan. — diaphane.
Vigne	Gamay hâtif des Vosges.

Deuxième Quinzaine de Septembre.

Amandiers.	*Variétés précitées.*
Châtaigniers	Marron de Lyon. — de Nouzillard.
Figuiers	*Variétés précitées.*
Framboisiers	—
Nectarinier	Victoria.
Noyers.	Toutes variétés. (*Récolte pour conserva-* *tion.*)
Noisetiers	*Variétés précitées.*
Pêchers	Admirable jaune. Arthur Chevreau. Belle Impériale. Blondeau. Bonouvrier. Reine des Vergers. Téton de Vénus. Théophile Sueur. Vilmorin.
Poiriers	Beurré d'Angleterre. — Hardy. — superfin. Louise-Bonne.
Pommier	Grand Alexandre.

Pruniers.	Coë's golden drop. Reine-Claude de Bavay. Reine-Claude tardive. Reine-Claude violette.
Vignes.	Chasselas doré de Fontainebleau. — . rose royal.

Première Quinzaine d'Octobre.

Châtaigniers.	*Variétés précitées.*
Mûrier.	A gros fruit noir. (*Variétés précitées.*)
Noisetiers	*Variétés précitées.*
Noyers.	—
Pêchers	Baltet. Opoix. Salway. (*Récoltée à cette époque, on la conserve facilement quinze jours au fruitier avant de la consommer.*)
Poiriers	Alexandrine Douillard. Beurré Le Brun. Fondante des Bois.
Pommiers	Calville rouge du Mont d'Or. Peasgood nonsuch. Reine des Reinettes. (*Se conserve plus tard.*)
Vigne	Long noir d'Espagne.

Deuxième Quinzaine d'Octobre.

Cognassiers	*Commun.* Champion. de Portugal.
Néfliers	Nèfles. (*Récolte.*)
Poiriers	Beurré Dumont. Conférence. de Tongres. Duchesse d'Angoulême. Nouveau Poiteau. William's Duchesse.
Pommier.	Royale d'Angleterre, (*et plus tard*).
Vignes.	Alphonse Lavallée. Boudalès. Chaouch.

Vignes *(suite)* . . . .
- Foster's white seedling.
- Frankenthal.
- Gradiska.
- Muscat blanc de Frontignan.
- — Pince's Black.
- — rouge de Madère.

PREMIÈRE QUINZAINE DE NOVEMBRE.

Néfliers . . . . Consommation du fruit.

Poiriers . . . .
- Beurré Diel.
- — Bachelier.
- Charles-Ernest.
- Conseiller à la Cour.
- Doyenné du Comice.
- Nec plus ultra Meuris.
- Triomphe de Jodoigne.

Pommier . . . . Jeanne Hardy.

Vignes . . . . Raisins conservés ou cultivés en serres.

DEUXIÈME QUINZAINE DE NOVEMBRE.

Poiriers . . . .
- Beurré Clairgeau.
- Fondante Thirriot.
- Président Mas.
- Soldat Laboureur.

Pommier . . . . Belle fleur jaune. *(Peut être mangée plus tard.)*

PREMIÈRE QUINZAINE DE DÉCEMBRE.

Poiriers . . . .
- Beurré d'Hardenpont. *(Maturité allant jusqu'au 15 février.)*
- Curé. *Peut aller souvent plus loin.)*
- Le Lectier. *(Du 1er au 30 décembre.)*
- Passe-Colmar. *(Du 1er au 30 décembre.)*

Pommiers . . . .
- Reinette de Cuzy.
- — dorée . .

(Ces deux pommes sont déjà bonnes à manger, mais on peut les garder tout l'hiver.)

Décembre-Janvier.

Poiriers . . . .
- Arthur Chevreau.
- Beurré de Naghin.
- Comtesse de Paris.
- Jeanne d'Arc.
- Martin Sec.

Pommiers . . . . Reinettes et autres variétés de la liste, non encore indiquées.

Janvier-Février.

Poiriers . . . .
- Doyenné d'Alençon.
- Joséphine de Malines.

Pommiers . . . . Toutes les variétés non encore indiquées.

Février-Mars-Avril.

Poiriers . . . .
- Belle Angevine.
- Bergamotte Esperen.
- Catillac.
- Doyenné d'hiver. (*Mûrit en partie plus tôt.*)
- Olivier de Serres. (*Mûrit quelquefois plus tôt.*)
- Passe-Crassane.

Pommiers . . . . Même liste.

Mars-Avril.

Pommiers . . . .
- Api rose . . . .
- Court-Pendu .
- de Jaune. . . .
- Reinette grise .

(*Ces variétés se sont toujours fait remarquer par leur très grande facilité de conservation.*)

TABLEAU DES FORMES PRÉFÉRABLES

SOUS LESQUELLES ON PEUT CULTIVER AVEC SUCCÈS

LES DIVERSES VARIÉTÉS FRUITIÈRES RECOMMANDÉES

DANS LE PRÉSENT CATALOGUE

———

Pour planter utilement son jardin, l'amateur a non seulement besoin de connaître la qualité et l'époque de maturité de chacune des variétés fruitières utilisables, mais encore les formes sous lesquelles chaque variété donnera un bon résultat, sinon le meilleur. D'autre part, les recherches de ce genre, pour chaque variété, sont malheureusement longues et fastidieuses. La Section pomologique de la Société nationale d'horticulture de France, s'est efforcée d'y remédier, en dressant les tableaux suivants qui sont basés sur le climat parisien, chaque climat ayant ses ressources et ses avantages, comme ses inconvénients.

Les indications suivantes reposent donc :

1° Sur les besoins qu'ont certaines variétés, d'une température élevée et persistante, pour mûrir leurs fruits ; ainsi, les vignes, se comportent admirablement en plein air dans la région sud de la France, l'Italie, l'Espagne, etc., tandis qu'il leur faut, au moins pour la plupart, l'abri d'un mur et l'exposition sud ou est, dans la région de Paris.

Il en est de même pour certaines variétés très tardives de Pêcher qui demandent l'abri de l'espalier aux environs de Paris, tandis qu'elles s'accommodent bien de la culture en plein air dans le Midi ; ces tableaux n'ont donc rien d'absolu et devront être modifiés suivant les milieux.

2° Sur la prédisposition aux maladies cryptogamiques ou le peu de résistance aux gelées printanières qui caractérisent la plupart des Pêchers, les Poiriers *Doyenné d'hiver*, les Pommiers *Calville blanc*, etc., etc., pour lesquels le mur et une exposition ensoleillée sont également indispensables.

3° Sur la vigueur, la rusticité et la tardiveté de floraison de certaines variétés, la rigidité et le port de leurs rameaux, la résistance de leurs fruits à l'action des vents, lorsqu'il s'agit de la culture de plein air, à haute tige ou en formes libres.

4° Sur le port érigé des rameaux, la résistance à la gelée, lorsqu'il s'agit des formes libres suivantes :

a) Pyramide : pour les variétés vigoureuses, en bon sol et dans un jardin assez grand ;

b) Fuseau : pour les variétés moins vigoureuses, en sol de fertilité moyenne dans un jardin petit;

c) En vase, pour certaines variétés qui se prêtent à cette forme dans un sol fertile exploité en vue de la spéculation.

5° Sur le port divergent et arqué des rameaux ou leur flexibilité; le besoin de support en raison du poids des fruits qui exigent l'emploi de formes palissées dont la dimension doit être en rapport avec la nature du sujet, la vigueur de la variété, la fertilité du sol ou les influences du milieu.

6° Sur la grande fertilité de certaines variétés, la qualité de leurs fruits et leur maturation facile, qui permettent leur culture en espalier à l'exposition nord.

Nota. — Indépendamment des milieux et de l'exposition, l'altitude élevée influe en abaissant la température; les terrains légers et secs réduisent un peu les influences contraires, tandis que les terrains compactes et humides les augmentent.

REGION DU CENTRE ET DE PARIS

TIGES

Toutes les variétés d'Abricotiers, Amandiers, Cerisiers, Châtaigniers, Cognassiers, Mûriers, Néfliers et Noyers réussissent bien sous cette forme en situation abritée des vents nord et ouest.

Les Pêchers, Poiriers, Pommiers et Pruniers peuvent être divisés en deux groupes :

Groupe A. — Les variétés demandant de préférence la culture à haute tige.

Groupe B. — Les variétés pouvant donner de bons résultats sous cette forme, quoiqu'elle ne soit pas leur forme de prédilection.

Pêchers. — *Groupe B.*

Admirable jaune.	Amsden.
Belle Impériale.	Mignonne hâtive.
Précoce de Hale.	Reine des Vergers.

De plus, si le terrain est chaud et la situation abritée :

Pêchers. — *Groupe B*, suite.

Nectariniers : de Félignies.
Précoce de Croncels.
Lord Napier.
Violet.

Pêchers : Ballet.
Blondeau.
Cumberland.
Galande.

Poiriers. — *Groupe A.*

Beurré d'Amanlis.
Beurré Hardy.
Catillac.
Martin Sec.

Beurré d'Angleterre.
Curé.
Épargne.

Groupe B.

Bergamotte Esperen.
Beurré Giffard.
Beurré superfin.
Conseiller à la Cour.
Doyenné du Comice.
Joséphine de Malines.
Passe-Colmar.
Soldat Laboureur.

Comtesse de Paris.
Doyenné d'Alençon.
Doyenné de Juillet.
Fondante du Panisel.
Louise-Bonne.
Nouveau Poiteau.
Passe-Crassane.
Williams.

Pommiers. — *Groupe A.*

Belle Fille.
De Châtaiguer.
Gendreville.
Reinette grise petite.
Reine des Reinettes.

Court-Pendu.
De Jaune.
Gros Locard.
Reinette de Caux.

Groupe B.

Toutes les variétés sauf : Calville blanc, à cause de la tavelure ; Grand Alexandre, Ménagère, Peasgood nonsuch dont les fruits sont trop gros et ne résistent pas aux vents.

Pruniers.

Toutes les variétés.

PYRAMIDES

Pour cette forme, les Poiriers sont les plus recommandables ; cependant on peut obtenir quelque satisfaction avec certaines variétés de Cerisier, Prunier et Pommier ; il faut tenir compte du port, de la vigueur, de la fertilité, de la résistance aux maladies cryptogamiques et leur appliquer une taille appropriée.

Groupe A. — Variétés tout spécialement recommandables.

Groupe B. — Variétés pouvant être employées avec succès.

Cerisiers. — *Groupe B*.

Anglaise hâtive.	Belle Magnifique.
Impératrice Eugénie.	Royale.

Nota. — A côté de la forme « pyramide régulière » on peut cultiver tous ces arbres à basse tige en buisson.

Poiriers. —¦ *Groupe A*.

Bergamotte Esperen.	Soldat Laboureur.
Beurré Hardy.	Beurré Dumont.
Conseiller à la Cour.	Beurré superfin.
Comtesse de Paris.	Doyenné du Comice.
Doyenné d'Alençon.	Louise-Bonne.
Le Lectier.	Nouveau Poiteau.

Groupe B.

Beurré Bachelier.	Triomphe de Jodoigne.
Beurré Diel.	Beurré d'Amanlis.
Clapp's Favourite.	Duchesse d'Angoulême.
Joséphine de Malines.	Madame Treyve.
Olivier de Serres	Passe-Colmar.
Passe-Crassane.	Williams.

Pommiers. — *Groupe B*.

Borovitsky ou Borowinka.	Reinette Baumann.
Belle fleur jaune.	Reinette de Cuzy.

Reinette du Canada.

Reinette grise.

Reine des Reinettes.

Rambour d'hiver.

Reinette de Caux.

Reinette dorée.

Reinette franche.

Royale d'Angleterre.

Transparente de Croncels.

Pruniers.

Les variétés de Pruniers qui suivent donnent d'assez bons résultats, quoique la forme soit peu recommandable.

Reine-Claude dorée.

Reine-Claude diaphane.

Reine-Claude violette et autres, sauf les Quetsches.

On peut également cultiver le Prunier en buisson.

FUSEAUX

Les conditions d'emploi sont les mêmes que pour les pyramides, avec cette différence que les variétés moins vigoureuses y donnent de meilleurs résultats.

Cerisiers. — *Groupe B.*

Anglaise hâtive.

Belle Magnifique.

Impératrice Eugénie.

Royale.

Poiriers. — *Groupe A.*

André Desportes.

Beurré Clairgeau.

Beurré Giffard.

Clapp's Favourite.

Doyenné de Juillet.

Doyenné du Comice.

Madame Treyve.

Olivier de Serres.

Passe-Crassane.

Triomphe de Vienne.

Williams.

Bergamotte Esperen

Beurré Bachelier.

Beurré Dumont.

Charles-Ernest.

Doyenné d'Alençon.

Duchesse d'Angoulême.

Louise-Bonne.

Nec plus ultra Meuris.

Passe-Colmar.

Seigneur Esperen.

Groupe B.

<table>
<tr><td>Joséphine de Malines.</td><td>Comtesse de Paris.</td></tr>
<tr><td>Le Lectier.</td><td>Soldat Laboureur.</td></tr>
<tr><td>Beurré Hardy.</td><td>André Desportes.</td></tr>
</table>

Pommiers et Pruniers.

Mêmes variétés que pour pyramides, à employer sous cette forme de préférence si le jardin est petit et le sol de qualité médiocre.

VASES

Pommier. — Le Pommier, sur paradis pour de petites formes ou sur doucin pour de grandes formes. est le genre qui convient le mieux pour le vase et cela pour toutes les variétés, à l'exception de celles qui sont prédisposées à la tavelure, comme le Calville blanc, etc...

Abricotier. — L'Abricotier est aussi cultivé d'une manière commerciale sous cette forme, et plus particulièrement aux environs de Paris, entre Triel et Mantes.

FORMES PALISSÉES — CONTRE-ESPALIERS

Abricotiers. — Les Abricotiers peuvent être cultivés ainsi, mais leur susceptibilité à la gomme est un gros obstacle à leur formation régulière.

Cerisiers. — Certaines variétés : Anglaise hâtive, Belle Magnifique, Impératrice Eugénie, Royale, voire même les Bigarreaux et les Guigniers, peuvent donner de bons résultats, sans y être plus spécialement recommandables, et encore faut-il de grandes formes, peu taillées et surtout équilibrées par le pincement.

Poiriers. — Surtout les variétés à rameaux étalés. arqués ou grêles ou à très gros fruits, qui demandent l'appui ou la direction du palissage. Dans certains cas, le palissage permet aussi d'abriter les arbres au printemps contre les gelées, en fixant des auvents mobiles sur les contre-espaliers. Les Beurré Diel, Beurré d'Amanlis, Joséphine de Malines, Passe-Colmar, Triomphe de Jodoigne, se recommandent pour cette forme.

Toutes les autres variétés notées pour pyramides et fuseaux, à plus forte raison, se comportent très bien, sous cette forme, sans cependant l'exiger.

Pommiers. — Belle fleur jaune, Grand Alexandre, Ménagère, Reinette de Canada blanche, Peasgood nonsuch, sont à préférer pour le contre-espalier, mais toutes les autres variétés s'en accommodent.

Pruniers. — Comme les Cerisiers, toutes les variétés, sans que ce soit leur forme de prédilection.

Nota. — La dimension et le détail des formes ne sont pas ici envisagés, l'arboriculteur devant les choisir suivant une foule d'autres facteurs : vigueur, fertilité, emplacement, etc. ; en un mot, suivant les besoins physiologiques et les goûts particuliers.

CORDONS HORIZONTAUX OU COUCHÉS, OBLIQUES, VERTICAUX, LOSANGES

Pour les terrains pauvres, les Poiriers peu vigoureux et fertiles sur Cognassier. Ex. :

Beurré Bachelier.	Charles-Ernest.
Beurré Clairgeau.	Doyenné de Juillet.
Beurré Giffard.	Fondante du Panisel.
Clapp's Favourite.	Louise-Bonne.
Fondante des Bois.	Passe-Colmar.
Madame Treyve.	Seigneur Esperen.
Passe-Crassane.	Triomphe de Vienne.
Williams.	Etc.

Et surtout les Pommiers sur paradis, dont toutes les variétés, autres que celles qui redoutent la tavelure, donnent d'excellents résultats en cordons horizontaux.

BASSES-TIGES — ESPALIERS

Pour l'espalier, les expositions sud, est, ouest ou nord et intermédiaires, répondent à des besoins bien différents et ont une influence variable suivant les milieux. D'une façon générale, l'espalier convient à toutes les variétés aimant le palissage ou réclamant protection contre les cryptogames et les gelées du printemps, de même qu'aux variétés demandant une température élevée pour mûrir leurs fruits.

Répartition dans la région du Centre et de Paris.

(Sol moyen, humidité normale.)

Sud. — Toutes les variétés de *Vignes* et surtout celles de deuxième et troisième époque pour assurer la maturité.

Figuiers : toutes les variétés.

Pêchers : toutes les variétés et surtout les variétés tardives pour en assurer la maturité, et cela d'autant plus que le sol est moins favorable : compact ou humide.

Est et Sud-Est. — Variétés hâtives de *Raisins*, y compris le Chasselas.

Toute la collection de *Pêchers*, surtout pour les terrains chauds et les variétés hâtives.

Poiriers : Doyenné d'hiver, Bergamotte, Crassane, Beurré d'Hardenpont.

Pommiers : Calville blanc.

Ouest et Sud-Ouest. — Les variétés hâtives de *Vignes* peuvent y réussir, mais les vents humides nuisent à la conservation ; de plus, les maladies cryptogamiques sont plus à craindre.

Abricotiers : Pour les abriter dans les pays froids, où la gelée du printemps compromet la floraison.

Pêchers : toutes les variétés de moyenne saison, surtout en sols chauds et secs, bien que la cloque et le blanc y soient à redouter à cause des vents humides.

Poiriers : d'automne et d'hiver, rustiques.

Pommiers : bonnes variétés.

Nord. — *Cerisiers* tardifs ou hâtifs, pour allonger la récolte.

Poiriers d'été : Épargne, Doyenné de Juillet, André Desportes, Beurré Giffard, Beurré Hardy, Williams, Madame Treyve, Seigneur (Espéren), Duchesse d'Angoulême, Louise-Bonne, etc...

Framboisiers, Groseilliers, etc...

Nord-Est. — *Poiriers* d'automne, sujets, ou non, à la tavelure.

Pommiers hâtifs.

Toutes les variétés de *Cerisiers*.

Et en général toutes les espèces se plaisant à l'est, lorsque le sol ou le climat sont suffisamment chauds.

TABLE DES MATIÈRES

TABLE ALPHABÉTIQUE

DES MALADIES, DES ANIMAUX ET DES INSECTES UTILES OU NUISIBLES
AUX ARBRES FRUITIERS

TABLE ALPHABÉTIQUE

DES VARIÉTÉS FRUITIÈRES RECOMMANDÉES DANS CHAQUE GENRE AVEC LEUR PRINCIPAUX SYNONYMES

Nota. — Les noms des genres ou espèces sont en caractères **gras** ; les noms adoptés, en caractères *italiques* et les synonymes, en caractères ordinaires.

31649. — Imprimerie de la Cour d'Appel, 1. rue Cassette, Paris. — 1928.